FOOD SCIENCE

식품학

신해헌 저

Preface

머리말

최근 국민경제의 성장으로 식생활 수준도 빠른 속도로 향상되고 있어, 소비자들이 식품의 영양, 기호, 위생, 저장, 유통 등 여러 면에서 향상된 식생활을 요구하게 되었다. 또한 풍족한 식생활과 과잉영양으로 인하여 식품 알레르기 및 각종 환경의 변화에 따른 성인병(생활습관병)이 급증하고 있다. 많은 연구자들에 의해서 매일 섭취하는 식품으로부터 각종 질병이 발생할 수 있다고 알려져 있으며, 이는 올바른 식품의 섭취가 질병의 발생을 억제하고 예방할 수 있다는 것이다. 따라서 이러한 요구를 충족시키기 위해 식품에 대한 올바른 이해와 전문적인 지식을 갖춘 전문인력이 필요하게 되었다.

이 책은 식품학 원론을 중심으로 하고 식품 관련 학문을 연구하는 다른 여러 분야에서 활용할 수 있도록 구성하였다. 특히 식품학 관련 용어들을 개정된 식품공전, 식품첨가물공전을 참조하여 서술하였으며, 건강지향적인 최신의 추세에 맞추어 탄수화물, 지질, 무기질 등에 관하여 여러 내용을 첨가하였으며, 최근 이슈가 되는 다양한 식품분야(트랜스 지방산, 신종유해물질, 컬러푸드 등)를 새로 보강하였다.

기본적으로 식품의 주요 영양소인 물, 탄수화물, 지질, 단백질, 무기질, 비타민의 물리 화학적 특성을 다루었고 그 외에도 효소 및 관능적 특성인 색, 향미 등에 대하여 서술하였다. 또한 가공 식품의 발달에 따른 최근의 추세에 따라 독성물질, 식품의 물성도 포함시켰다. 특히, 식품의 가공, 저장, 유통 중의 변화를 이해하기 위해서 탄수화물, 지질, 단백질 등의 변화를 따로 분류하여 서술하였다.

본 교재는 여러 식품화학 및 식품학 관련 교재, 식품품질관리 교재와 식품의약품안전처 등의 공인정보기관 홈페이지 자료 등과 함께 강의자료를 정리하여 그 내용을 충실하게 하고자 최선의 노력을 하였으나 미흡한 점과 많은 오류가 있을 것으로 예상된다. 이러한 점들은 여러 전문가들의 지도편달을 받아 수정하여 보다 좋은 내용으로 채워지길 기대하여 본다.

끝으로 이 책의 출판을 위해 도와주신 도서출판 효일 김홍용 회장님께 감사를 드린다.

저 자

Contents

차례

Chapter 1 서론

1. 식품학의 개요 | 010
2. 식품의 분류 | 011
3. 식품성분의 분류 | 012
4. 식품위생법과 식품공전 | 012
5. 식품첨가물 | 013
   (1) 식품첨가물의 역할 | 014
   (2) 식품첨가물의 분류 | 017

Chapter 2 수분

1. 물의 물리적 성질 | 023
2. 식품 내의 물의 존재 형태 | 026
3. 수분활성도 및 등온흡습곡선 | 027
4. 수분활성도와 식품의 안정성 | 031

Chapter 3 탄수화물

1. 탄수화물의 정의 | 037
2. 탄수화물의 분류 | 038
3. 탄수화물의 구조 | 039
   (1) 비대칭 탄소원자와 이성체 | 040
   (2) 고리구조 | 044
   (3) 의자형 구조 | 046
   (4) 당류의 환원작용 | 046
4. 단당류 | 047
   (1) 5탄당 | 047
   (2) 6탄당 | 049
   (3) 단당류의 유도체 | 051
   (4) 배당체 | 054
5. 이당류 | 054
   (1) 맥아당 | 055
   (2) 유당 | 056
   (3) 설탕 | 057
   (4) Trehalose | 058
6. 올리고당 | 059
   (1) Cyclodextrin | 060
   (2) 말토올리고당 | 060
   (3) 프락토올리고당 | 061
   (4) 갈락토올리고당 | 061
7. 다당류 | 062
   (1) 단순다당류 | 063
   (2) 복합다당류 | 074

Chapter 4 탄수화물의 변화

1. 전분 가수분해 효소에 의한 가수분해 | 090
   (1) α-amylase | 090
   (2) β-amylase | 090
   (3) Glucoamylase | 091
2. 전분의 호화 | 092
   (1) 전분의 호화과정과 메커니즘 | 092

(2) 전분의 X-ray 회절도 | 094
(3) 전분의 호화에 영향을 미치는 요인 | 095
3. 호화전분의 노화 | 097
(1) 전분의 노화에 영향을 미치는 요인 | 097
(2) 노화 억제방법 | 098
4. 호정화 | 098
5. 당류의 갈색화 반응 | 099
(1) 캐러멜화 | 099
(2) Maillard 반응 | 100
6. 펙틴 가수분해효소 | 100

Chapter 5 지질

1. 지질의 분류 | 105
(1) 단순지질 | 105
(2) 복합지질 | 105
(3) 유도지질 | 105
(4) 테르페노이드 지질 | 106
2. 지방산 | 106
(1) 포화지방산 | 108
(2) 불포화지방산 | 109
(3) 지방산의 이성체 | 111
(4) 유지 식품 속의 지방산 분포 | 114
(5) ω계열 지방산 | 115
3. 단순지질 | 117
(1) 중성지방 | 117
(2) 왁스류 | 119
4. 복합지질 | 120
(1) 인지질 | 120
(2) 당지질 | 123
(3) 지단백질 | 126
5. 비누화되지 않는 지방질 | 127
(1) 스테롤류 | 128
(2) 탄화수소 | 131
6. 유지의 물리적 성질 | 132
7. 유지의 화학적 성질 | 137
8. 유화 | 140
9. 유지의 쇼트닝으로서의 효과 | 141

Chapter 6 유지의 변화

1. 가수분해적 산패 | 144
2. 산화에 의한 산패 | 144
(1) 자동산화 | 145
(2) 유지의 가열산화 | 152
3. 유지의 변향 | 153
4. 유지의 산패측정 방법 | 154
5. 항산화제 | 155

Chapter 7 단백질과 아미노산

1. 아미노산 | 161
(1) 아미노산의 구조 | 161
(2) 아미노산의 종류 | 162
(3) 필수아미노산 | 166
(4) 주요 아미노산의 특징 | 167
(5) 그 밖의 아미노산 | 167
(6) 아미노산의 성질 | 168
2. 단백질의 분류 | 172
(1) 출처에 의한 분류 | 172
(2) 조성에 따른 분류 | 173
(3) 기능에 의한 분류 | 177
(4) 구조에 의한 분류 | 177

3. 단백질의 구조 | 179
(1) 1차 구조 | 179
(2) 2차 구조 | 180
(3) 3차 구조 | 183
(4) 4차 구조 | 185

4. 단백질의 성질 | 186
(1) 분자량 | 186
(2) 용해성 | 187
(3) 등전점 | 188

5. 단백질의 변성 | 189
(1) 단백질 변성 | 189
(2) 변성단백질의 성질 | 190
(3) 각종 요인별 단백질의 변성 | 191

Chapter 8 무기질과 비타민

1. 무기질 | 196
(1) 무기질의 소재와 기능 | 196
(2) 식품의 산도와 알칼리도 | 200
(3) 주요 무기질의 생리적 기능 | 201
(4) 무기질의 변화 | 208

2. 비타민 | 210
(1) 비타민의 분류 | 211
(2) 지용성 비타민 | 214
(3) 수용성 비타민 | 221

Chapter 9 효소

1. 효소의 성질 | 236

2. 효소의 분류 | 240

3. 효소반응에 영향을 미치는 인자 | 242

4. 식품에 관계되는 효소 | 245
(1) 산화환원효소 | 245
(2) 가수분해효소 | 246

Chapter 10 식품의 색

1. 색소의 분류 | 254
(1) 화학구조에 의한 분류 | 254
(2) 출처에 의한 분류 | 255

2. 식물성 색소 | 256
(1) 클로로필 | 256
(2) 카로테노이드 | 260
(3) 플라보노이드 | 263

3. 동물성 색소 | 271
(1) 헴 색소 | 272
(2) 동물성 카로테노이드 색소 | 274

4. 색의 표시 | 275
(1) 색체계 | 275
(2) 색의 표시방법 | 278

5. 컬러푸드 | 279

Chapter 11 식품의 갈변

1. 식품의 효소적 갈변 | 284
(1) Polyphenol oxidase에 의한 갈변 | 285
(2) Tyrosinase에 의한 갈변 | 285
(3) 효소적 갈변의 억제방법 | 286

2. 식품의 비효소적 갈변 | 288
(1) Maillard 반응 | 288
(2) 캐러멜화 반응 | 291
(3) Ascorbic acid 산화에 의한 갈변 | 292

Chapter 12 식품의 향미

1. 맛 | 294
   (1) 맛의 분류 | 294
   (2) 맛의 인식 | 295
   (3) 맛의 변화 | 296
   (4) 주요 맛 성분 | 298
2. 냄새 | 305
   (1) 냄새의 분류 | 305
   (2) 식물성 식품의 냄새 | 306
   (3) 동물성 식품의 향기성분 | 310

Chapter 13 식품의 독성물질

1. 식물성 독성물질들 | 314
   (1) 알칼로이드 | 314
   (2) 청산(cyan) 배당체 함유식품 | 316
   (3) 독버섯의 유독물질 | 317
   (4) 단백질, 아미노산류 | 317
   (5) 기타 | 318
2. 동물성 독성물질들 | 319
   (1) 복어에 존재하는 독성물질: tetrodotoxin | 319
   (2) 조개류의 유독물질 | 319
3. 미생물이 생성하는 독성물질들 | 320
   (1) 프로타민 | 320
   (2) 맥각 알칼로이드 | 320
   (3) 곰팡이가 생성하는 독성분 | 320
4. 신종 유해물질 | 321
   (1) 가열처리 과정 중 식품성분과 반응하여 자연적으로 생성 | 321
   (2) 식품에 첨가되는 물질이 식품성분과 반응하여 생성 | 322
   (3) 발효과정 동안 자연적으로 생성 | 323

Chapter 14 식품의 물성

1. 식품의 콜로이드성 | 326
   (1) 콜로이드의 종류 | 326
   (2) 식품 콜로이드의 안정성과 변화 | 327
   (3) 식품의 유화현상 | 328
   (4) 거품 | 329
2. 식품의 물성론 | 330
   (1) Rheology의 개념 | 330
   (2) 식품의 조직감 | 335

■ 부록 식품공전 중 식품분류(식품군, 식품종, 식품유형) | 340

■ 참고문헌 | 346

■ 찾아보기 | 348

CHAPTER 1

서론

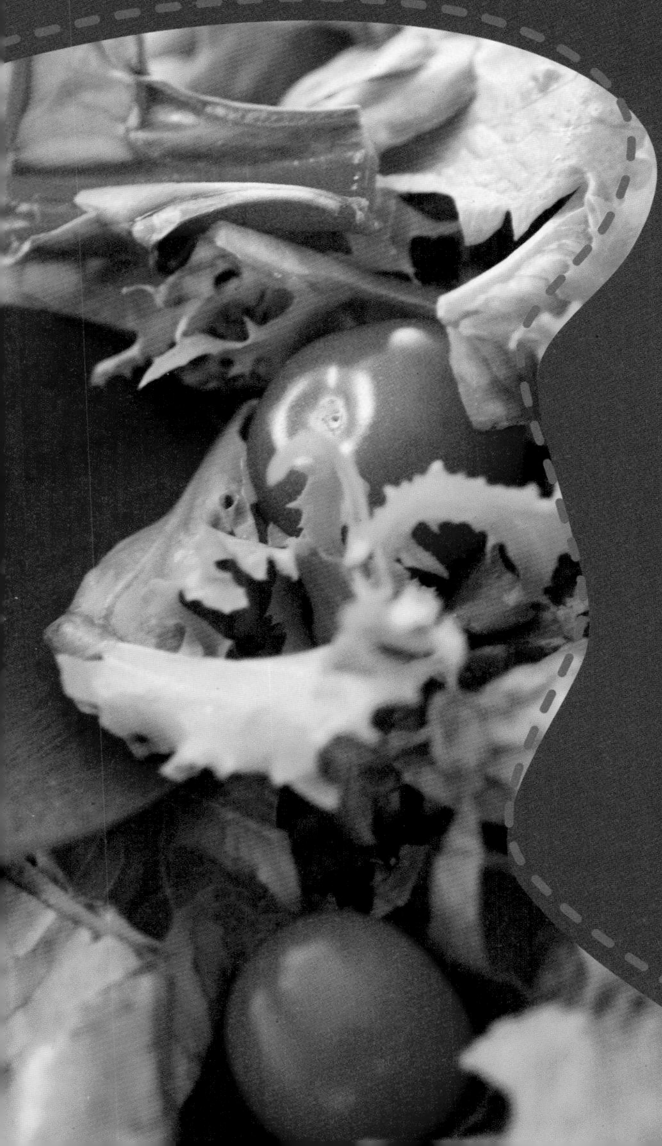

1. 식품학의 개요
2. 식품의 분류
3. 식품성분의 분류
4. 식품위생법과 식품공전
5. 식품첨가물

1. 식품학의 개요

인간은 식생활을 통하여 외부로부터 필요한 물질을 섭취하여 에너지를 생성하고 생명을 유지하며 장기나 조직을 정상적인 형태로 유지시켜 생활현상을 영위할 수 있게 한다.

이와 같이 섭취된 물질 중에 함유되어 있는 생명유지에 필요한 성분을 영양소(nutrient)라고 하며, 식품(food)은 한 종류 이상의 영양소를 함유하고 유해물질이 들어있지 않은 천연물 또는 가공품을 말한다. 그러나 식품은 어느 정도 조리 및 가공을 거쳐서 먹을 수 있는 조건을 지닌 것을 말하지만, 식품으로서 갖추어야 할 조건을 지니고 있으나 조리 및 가공되지 않은 것은 흔히 식품재료 또는 식료품이라고 부른다. 예로서, 쌀, 배추 등은 식품재료이나 우유, 과일 등은 식품재료인 동시에 식품이다.

식품은 생산되는 내력에 따라 그 구성성분이 각기 다르며 또한 식품 내에 유리상태로 존재하기보다는 여러 성분이 결합된 형태로 구성되어 있어 식품마다 다른 성질을 가지고 있다. 따라서 식품학은 식품재료(농축수산물)를 사용하여 다양한 제품을 만드는 과정과 이때의 변화, 식품재료 및 제품의 영양성, 관능적 성질, 이화학 · 생물학적 성질, 저장성, 상품성 등에 관한 것을 기초적으로 연구하는 학문이다. 즉, 식품의 유래와 형태, 성상 그리고 그 구조와 구성성분의 본질을 주로 연구하는 학문분야라 할 수 있다. 반면에 식품화학(food chemistry)이란 식품을 화학적 입장에서 연구하는 학문으로 그 주요한 내용은 식품성분에 관한 연구 및 성분의 변화나 성분 상호간의 반응 등을 연구하는 것이다.

식품화학에서의 중요한 반응은 생화학의 반응과는 근본적으로 다르다. 생화학은 주로 생체물질의 합성대사(合成代射, synthetic mechanism)를 다루지만, 식품화학은 비생체물질(非生體物質, nonliving materials)의 분해대사(分解代射, decomposition mechanism)를 더 많이 다루고 있다. John M. deMan은 식품화학을 다음과 같이 정의하고 있다.

"Food chemistry deals with components of foods and the physical changes they may undergo during processing, storage and handling."

2. 식품의 분류

식품은 천연식품과 가공식품으로 대별할 수 있다. 우리들이 식용하는 식품의 대부분은 가공식품이라 할 수 있다. 이 가공식품은 채소류, 어류, 육류 등의 원료에 식염, 설탕 등을 첨가하여 유화 · 혼합 등의 조작과 가열처리로 보존성을 갖추게 한 경우가 많다. 일반적으로 가공식품은 표 1-1과 같이 분류할 수 있다.

표 1-1 가공식품의 분류

분류방법	예
생산(지) 방식	농산가공품(두부, 된장), 수산가공품(어묵), 축산가공품(치즈, 햄)
식품 구성성분	단백질 식품(치즈, 어묵), 탄수화물 식품(면류), 지방질 식품(버터)
식품 보존방법	염장식품, 건조식품, 훈제식품(smoked food)
식품 공급원	식물성식품(곡류, 두류, 채소류), 동물성식품(어패류, 육류, 우유, 계란), 광물성식품(소금)
식품 유통	레토르트식품(retort food), 냉장식품(chilled food), 냉동식품
식품 포장방법	진공포장식품, 가스충전 포장식품, 무균화 포장식품
영양소, 맛성분, 품질	스포츠 음료(sports drink), 특수영양식품, 건강식품

이처럼 가공식품의 분류는 목적 등에 따라 다양하며, 이러한 가공식품의 특징은 자연식품에 비해서 여러 가지 장점과 단점이 있다는 것이다(표 1-2).

표 1-2 가공식품의 장단점

장점	단점
보존성	조직의 파괴와 조직감 변화
원료 가격의 인하	비타민의 감소와 영양가 저하
생산과 유통의 합리화	품질 저하(물리화학적 변화)
조미 기술의 도입과 맛의 다양화	

3. 식품성분의 분류

식품성분은 화학적으로는 크게 수분(moisture)과 고형분(solid material)으로 나눌 수 있으며, 고형분은 유기질과 무기질로 분류된다. 또한 주로 식품의 영양적 가치를 결정해 주는 일반성분 그리고 색, 향, 맛 등의 기호적 가치를 결정해 주는 성분과 효소, 유독성분과 같은 특수성분으로 크게 나눌 수 있다.

이때 사람의 생명유지에 필요한 물질로 탄수화물, 지질, 단백질, 무기질, 비타민 등 5가지로 설명하며, 이를 5대 영양성분이라고 한다. 또한 영양성분은 그 주요 역할에 따라 단백질, 지질, 탄수화물과 같이 생체 내에서 분해되어 에너지를 공급하는 열량성분, 단백질, 지질, 탄수화물, 무기질과 같이 생체조직을 구성하는 구성성분, 무기질, 비타민과 같이 생체내 대사작용을 조절하는 조절성분으로 구분할 수 있다.

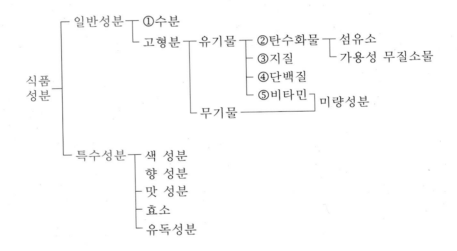

- 식품성분
  - 일반성분
    - ①수분
    - 고형분
      - 유기물
        - ②탄수화물
          - 섬유소
          - 가용성 무질소물
        - ③지질
        - ④단백질
        - ⑤비타민 (미량성분)
      - 무기물 (미량성분)
  - 특수성분
    - 색 성분
    - 향 성분
    - 맛 성분
    - 효소
    - 유독성분

4. 식품위생법과 식품공전

우리나라의 식품위생법 제2조에 식품이란 「모든 음식물(의약으로 섭취하는 것은 제외한다)를 말한다」로 정의되어 있다. 그러므로 이러한 식품을 만드는 원료로 사용되는 동식물 등의 각종 식품재료 중에서 식품첨가물로 사용되는 물질을 제외한 재료를 광의의 범위에서 식품원료라고 정의할 수 있다.

따라서, 수입 및 국내산의 특정 또는 신소재의 식품재료를 식품원료로 사용하여 식품으로 제조 · 가공하고자 할 경우에는 우선적으로 식품으로 사용이 가능한지 여부를 반드시 확인하여야 한다. 이와 관련된 우리나라 규정으로는 '식품으로 인하여 생기는 위생상의 위해(危害)를 방지하고 식품영양의 질적 향상을 도모하며 식품에 관한 올바른 정보를 제공하여 국민보건의 증진에 이바지함을 목적' 으로 제정된 식품위생법과 판매를 목적으로 하는 식품 또는 식품첨가물에 관한 기준 및 규격을 관리하기 위한 식품공전(식품위생법 제7조 제1항의 규정에 따른 제조 · 가공 · 사용 · 조리 · 보존방법에 관한 기준, 성분에 관한 규격, 제9조 제1항의 규정에 따른 기구 및 용기 · 표장에 관한 제조방법에 대한 기준, 기구 및 용기 · 포장과 그 원재료에 관한 기준)이 있다.

식품위생법에서는 식품, 식품첨가물, 기구와 용기포장을 비롯하여 식품에 대한 기준규격, 표시, 검사, 영업 및 행정처분 등 식품관리에 필요한 각종 내용을 수록하고 있으며, 식품공전은 식품위생법 제7조 1항 및 축산물위생관리법 제4조 2항에 따라 식품 등의 제조, 가공, 사용, 조리, 보존 방법에 관한 기준과 성분에 관한 규격을 정의하고 있다. 식품공전에서 개별 식품유형은 식품의 주원료, 제조공정, 용도, 섭취방법, 성상 등 식품의 특성에 따라 분류되고 있으며, 개별 식품유형의 특성에 따라 기준 및 규격이 적용되고 있다. 2019년 현재 식품공전에서는 가공식품을 식품군(대분류) 23가지로 분류하고 그 아래에 식품종(중분류), 식품유형(소분류)로 하여 각 식품별 기준 및 규격을 규정(제4장)하고 있으며, 부록에 정리하여 나타내었다.

어떠한 식품의 제조 · 가공 또는 수입 시에는 반드시 식품공전의 원료 등의 구비요건에 적합한 식품원료만을 사용하여야 하며, 판매 등이 허용되는 식품은 식품위생법 시행규칙 제3조에 표기하고 있다.

5. 식품첨가물

식품을 가공하고 조리할 때 식품의 품질을 유지 또는 개선시키거나, 맛을 향상시키고 색을 유지하게 하는 등의 목적으로 식품 본래의 성분 이외에 첨가하는 물질을 식품첨가물(food additives)이라고 한다. 우리나라의 식품위생법 2조에 식품첨가물은 '식품을 제조 · 가공 · 조리 또는 보존하는 과정에서 감미(甘味), 착색(着色), 표백

(漂白) 또는 산화방지 등을 목적으로 식품에 사용되는 물질을 말한다. 이 경우 기구(器具) · 용기 · 포장을 살균 · 소독하는 데 사용되어 간접적으로 식품으로 옮아갈 수 있는 물질을 포함한다' 로 정의되어 있다. 또한 국제식품규격(codex)에는 식품첨가물은 '식품의 일반적인 구성성분이 아니고, 그 자체를 식품으로 사용하지 않으며, 영양학적 가치의 유무에 관계없이 식품의 제조, 가공, 조리, 처리, 포장, 보관 시에 기술적인 목적을 달성하기 위해 식품에 의도적으로 첨가하는 물질' 로 정의되어 있다.

미국에서는 '식품의 구성성분이 되거나 식품의 특성에 직접 혹은 간접적으로 영향을 끼치기 위해 의도적으로 사용되는 물질' 로, 일본에서는 '식품의 제조과정 또는 식품의 가공 또는 보존 목적으로 식품에 첨가, 혼합, 침윤 등의 방법으로 사용되는 물질' 로 정의하고 있다.

식품에 사용이 가능한 식품첨가물은 모두 식품첨가물공전에 올려져 있으며, 식품의약품안전처의 안전성 평가를 통과한 물질이다. 즉, 등록되지 않은 첨가물을 사용하는 것은 불법이 된다. 2019년 1월 현재 첨가물공전에는 614종의 식품첨가물, 7종의 혼합제제가 있다.

산업이 발달하고 생활수준이 향상됨에 따라 식품의 신선도와 품질을 유지하고 식품의 부족한 영양성분을 보충하기 위해 식품첨가물은 식품의 제조 및 가공에 없어서는 안 될 중요한 물질이다. 식품의 제조 · 가공 시 필요에 의해 혹은 소비자의 기호에 따라 사용하는 식품첨가물의 역할은 다음과 같이 4가지로 나눌 수 있다. 즉, 지키기(keep), 올리기(up), 더하기(add), 바꾸기(transform)이다.

(1) 식품첨가물의 역할

1) 식품이 변하거나 상하는 것을 막는다

'지키기' 첨가물에는 보존료와 산화방지제가 있다. 소르빈산 · 안식향산 등 보존료(방부제)는 식중독균 · 부패균 · 곰팡이 등 유해균으로부터 식품을 보호하는 역할을 한다. 보존료를 첨가하면 식품의 신선도를 오래 유지하고 저장기간이 연장된다. 따라서 '무보존료' 또는 '무방부제' 라고 표시된 식품은 가능한 한 빠른 시간 내에 섭취하여야 한다.

산화방지제는 기름 성분의 산화를 방지하거나 느리게 하여 품질저하를 막아주고 저장기간을 연장시켜 주는 식품첨가물로 BHT · BHA · 에리스로마이신 등이 있다. 마요네즈 · 햄 · 껌 · 과자 등의 식품에 들어 있다.

2) 식품의 모양, 향, 맛 등의 품질을 올린다

'올리기' 첨가물은 식품의 향, 맛 등을 올려준다. 향미증진제, 착색료, 착향료, 인공감미료 등이 있다.

향미증진제는 식품의 맛과 향을 향상시키는 것으로 그들 자체에는 향이 없고 식품에 향미를 증가시키는 물질이다. L-글루탐산나트륨(MSG)은 대표적인 향미증진제로 음식에 감칠맛을 높여준다. MSG는 과다 섭취하면 두통 · 메스꺼움 등 '중국 음식점 증후군'을 유발할 가능성이 있다는 주장이 제기됐지만 그 후 중국 음식점 증후군과는 관련이 없는 것으로 밝혀졌다. 그러나 나트륨 성분이 들어 있으므로 혈압이 높은 사람은 섭취량을 줄이는 것이 좋다.

착색료는 식품 본래의 색을 유지하고 식욕을 돋우는 색을 나타내도록 사용되는 식품첨가물이다. 착색료는 천연의 식품에서 색소 성분을 추출해서 얻어지는 천연색소와 화학적인 방법으로 얻어지는 인공색소가 있으며 사탕, 빙과류, 탄산음료, 아이스크림 등에 사용되고 있다.

식용색소는 일반적으로 과자 · 캔디 · 음료 · 빙과류 등 가공식품에 소비자의 눈길을 끌기 위해 첨가한다. 인공색소의 대표격인 타르 색소 중에서 상대적으로 많이 섭취하는 첨가물은 적색 2호와 적색 3호이며 주로 아이스크림과 초콜릿에 첨가되고 있다. 이에 2007년 아이스크림에 적색 2호를 사용하지 못하도록 개정되었다. 일부이긴 하지만 예민한 사람에게 알레르기를 유발하는 첨가물도 있다. 식용색소 황색 4호 · 아황산나트륨(표백제) · 아스파탐(인공감미료) 등이다. 알레르기가 있는 사람은 가공식품의 라벨에서 이들이 포함돼 있는지 확인한 뒤 있으면 사지 않는다. 또 이를 원료로 해 만든 첨가물(대두 레시틴 · 우유 카세인 등)도 알레르기를 일으킨다는 사실을 기억해야 한다. 알레르기와 연관된 식품과 첨가물 모두 식품 라벨에서 확인이 가능하다.

아질산나트륨은 국내에서 오랫동안 안전성 논란이 계속되어온 첨가물이다. 햄 · 소시지의 색을 고정하는 발색제로 흔히 쓰인다. 자체가 발암성 물질은 아니다. 그러나 아질산나트륨이 2급 아민과 반응하면 발암물질인 니트로소아민이 생성된다. 2005년 식약청의 조사 결과 우리 국민은 대부분 아질산나트륨을 ADI 이하로 섭취하는 것으로 나타났다. 그러나 햄 · 소시지를 즐겨 먹는 청소년은 ADI를 초과 섭취할 수 있으므로 주의가 요망된다.

착향료는 상온에서 휘발성이 있어서 특유한 향기를 느끼게 하여 식욕을 증진할 목적으로 식품에 첨가하는 물질이다. 예를 들어 식품에 '바닐라향', '딸기향' 등으로 표시되어 있으면 착향료를 사용한 것이다.

감미료는 식품에 단맛을 내기 위하여 사용하는 식품첨가물이다. 인공감미료는 천연감미료인 설탕, 꿀의 대용물로 사카린, 아스파탐, 수크랄로스 등이 있다. 이러한 인공감미료는 단맛이 설탕에 비해 매우 높기 때문에 소량으로도 단맛을 내며 식품을 통하여 먹었을 때 칼로리가 낮아 다이어트 식품이나 당뇨병 환자의 환자식에 이용되고 있다. 예로 사카린의 감미도(단맛의 세기)는 설탕의 400배 이상이다(사카린 1g이면 설탕 400g과 비슷한 단맛). 사카린은 과거 발암물질로 알려져 시장에서 퇴출되기도 하였으나 여러 연구를 통해 '누명'이 벗겨졌다. 식약청이 2008년 인공감미료에 대한 안전성 평가를 실시한 결과 우리 국민이 가장 많이 섭취하는 인공감미료는 수크랄로스이며, 음료제품을 통해 많이 섭취하는 것으로 밝혀졌다. 이를 근거로 식약청은 어린이나 음료 마니아는 자신의 수크랄로스 섭취에 관심을 가질 것을 당부했다.

3) 식품의 품질을 유지시키거나 향상시킨다

유화제는 기름이나 물처럼 식품에서 혼합될 수 없는 두 종류의 액체가 분리되지 않고 잘 섞이도록 해주는 식품첨가물로 아이스크림에 사용되는 '레시틴'이 대표적인 예다.

영양강화제는 식품에 부족하거나 들어있지 않은 영양소를 첨가하면 식품의 영양가가 향상된다. 예를 들어 우유에는 비타민 D, 마가린에 비타민 A, 주스에 비타민 C를 첨가하여 영양을 향상시키며, 시리얼에는 각종 영양소들을 첨가한다.

4) 식품의 조직감 부여 및 유지 등에 필요하다

식품을 만드는 과정에 필요한 식품첨가물로는 응고제, 팽창제, 증점안정제 등이 있다.

응고제는 액체 등에 넣어 조직을 단단하게 해주고 모양을 갖게 해주는데 두부를 만드는 데 사용되며, 팽창제는 밀가루 등을 부풀게 하여 빵 등의 조직을 좋아지게 하고 적당한 모양을 갖게 해주는데 빵, 쿠키 등을 만드는 데 사용된다. 증점안정제는 식품의 점성을 높이거나 겔상태를 만들어 주어 식품에 조직감(식품의 촉감)을 좋게 하고 맛과 품질의 향상 및 유지를 위하여 사용된다.

대표적인 보존료와 인공감미료가 사용되는 식품의 예를 표 1-3에 나타내었다.

표 1-3 보존료와 인공감미료를 사용하는 대표적인 식품

보존료의 종류와 사용식품		인공감미료의 종류와 사용식품	
소르빈산	햄 · 소시지 · 치즈	사카린 나트륨	뻥튀기 · 과일음료 · 채소음료 · 절임식품
안식향산	탄산음료 · 기타 음료	아스파탐	과자 · 껌 · 캔디 · 발효식품
데히드로초산	버터 · 마가린	아세설팜칼륨	과자 · 껌 · 캔디 · 기타 음료 · 탄산음료
파라옥시안식향산	간장 · 소스류	수크랄로스	기타 음료 · 캔디 · 차 · 발효유(요구르트)
프로피온산	빵 · 치즈		

(2) 식품첨가물의 분류

우리나라 식품첨가물공전에는 식품첨가물 분류체계를 기존에는 단순히 합성 또는 천연으로 구분하였으나 식품첨가물 제조 기술이 발달하면서 합성, 천연을 구분하기 모호해졌고 현실에선 기술적 효과(보존료, 감미료 등)를 얻기 위해 첨가물을 의도적으로 사용하는 추세여서 사용 목적을 명확하게 알리는 게 필요하다고 판단하여, 2018.1.1.부터 구체적인 쓰임새 중심으로 개편하여 식품첨가물을 감미료, 발색제, 산화방지제, 향미증진제 등 31개 용도로 분류하고 품목별로 주 용도를 명시해 식품첨가물 사용 목적을 쉽게 확인할 수 있다. 예로 MSG의 주성분인 'L-글루탐산나트륨'은 그 용도인 '향미증진제'로 분류된다(표 1-4).

식품첨가물의 분류는 국가별로 많은 차이가 있으며, CODEX 국제식품규격위원회(Codex Alimentarius Commission)에서는 식품첨가물의 종류를 표 1-5와 같이 23종류로 분류하고 있다.

표 1-4 우리나라 식품첨가물공전에 의한 식품첨가물의 분류

	용도	정의
1	감미료	식품에 단맛을 부여하는 식품첨가물
2	고결방지제	식품의 입자 등이 서로 부착되어 고형화되는 것을 감소시키는 식품첨가물
3	거품제거제	식품의 거품 생성을 방지하거나 감소시키는 식품첨가물
4	껌기초제	적당한 점성과 탄력성을 갖는 비영양성의 씹는 물질로서 껌 제조의 기초 원료가 되는 식품첨가물
5	밀가루개량제	밀가루나 반죽에 첨가되어 제빵 품질이나 색을 증진시키기 위해 사용되는 식품첨가물
6	발색제	식품의 색을 안정화시키거나, 유지 또는 강화시키는 식품첨가물
7	보존료	미생물에 의한 품질 저하를 방지하여 식품의 보존기간을 연장시키는 식품첨가물
8	분사제	용기에서 식품을 방출시키는 가스 식품첨가물
9	산도조절제	식품의 산도 또는 알칼리도를 조절하는 식품첨가물
10	산화방지제	산화에 의한 식품의 품질 저하를 방지하는 식품첨가물
11	살균제	식품 표면의 미생물을 단시간 내에 사멸시키는 작용을 하는 식품첨가물
12	습윤제	식품이 건조되는 것을 방지하는 식품첨가물
13	안정제	두 가지 또는 그 이상의 성분을 일정한 분산 형태로 유지시키는 식품첨가물
14	여과보조제	불순물 또는 미세한 입자를 흡착하여 제거하기 위해 사용되는 식품첨가물
15	영양강화제	식품의 영양학적 품질을 유지하기 위해 제조공정 중 손실된 영양소를 복원하거나, 영양소를 강화시키는 식품첨가물
16	유화제	물과 기름 등 섞이지 않는 두 가지 또는 그 이상의 상(phases)을 균질하게 섞어주거나 유지시키는 식품첨가물
17	이형제	식품의 형태를 유지하기 위해 원료가 용기에 붙는 것을 방지하여 분리하기 쉽도록 하는 식품첨가물
18	응고제	식품 성분을 결착 또는 응고시키거나, 과일 및 채소류의 조직을 단단하거나 바삭하게 유지시키는 식품첨가물
19	제조용제	식품의 제조 · 가공 시 촉매, 침전, 분해, 청징 등의 역할을 하는 보조제 식품첨가물
20	젤형성제	젤을 형성하여 식품에 물성을 부여하는 식품첨가물
21	증점제	식품의 점도를 증가시키는 식품첨가물
22	착색료	식품에 색을 부여하거나 복원시키는 식품첨가물
23	추출용제	유용한 성분 등을 추출하거나 용해시키는 식품첨가물

24	충전제	산화나 부패로부터 식품을 보호하기 위해 식품의 제조 시 포장 용기에 의도적으로 주입시키는 가스 식품첨가물
25	팽창제	가스를 방출하여 반죽의 부피를 증가시키는 식품첨가물
26	표백제	식품의 색을 제거하기 위해 사용되는 식품첨가물
27	표면처리제	식품의 표면을 매끄럽게 하거나 정돈하기 위해 사용되는 식품첨가물
28	피막제	식품의 표면에 광택을 내거나 보호막을 형성하는 식품첨가물
29	향료	식품에 특유한 향을 부여하거나 제조공정 중 손실된 식품 본래의 향을 보강하기 위해 사용되는 식품첨가물
30	향미증진제	식품의 맛 또는 향미를 증진시키는 식품첨가물
31	효소제	특정한 생화학 반응의 촉매 작용을 하는 식품첨가물

표 1-5 Codex에 의한 식품첨가물 분류

	기능적 용도 표시	정의
1	산(Acid)	산도를 높이는 데 사용되거나 신맛을 주는 식품첨가물
2	산도조절제 (Acidity regulator)	식품의 산도 또는 알카리도를 조절하는 데 사용되는 식품첨가물
3	고결방지제 (Anticaking agent)	식품의 구성성분이 서로 엉겨 덩어리를 형성하는 것을 방지하는 식품첨가물
4	소포제 (Antifoaming agent)	거품 생성을 방지하거나 감소시키는 식품첨가물
5	산화방지제 (Antioxidant)	지방의 산패, 색상의 변화 등 산화로 인한 식품 품질 저하를 방지하여 식품의 저장기간을 연장시키는 식품첨가물
6	증량제 (Bulking agent)	식품의 열량에 관계 없이 식품의 증량에 기여하는 공기나 물 이외의 식품첨가물
7	착색제(Color)	식품에 색소를 부여하거나 복원하는 데 사용되는 식품첨가물
8	발색제(색도유지제) (Color retention agent)	식품의 색소를 유지 · 강화시키는 데 사용되는 식품첨가물
9	유화제(Emulsifier)	물과 기름과 같이 섞이지 않는 두 개 또는 그 이상의 물질을 균질하게 섞어주거나 이를 유지시켜주는 식품첨가물
10	유화제 염류 (Emulsifying salt)	가공치즈의 제조과정에서 지방이 분리되는 것을 방지하기 위해 단백질을 안정화시키는 식품첨가물
11	응고제 (Firming agent)	과일이나 채소의 조직을 견고하게 유지되도록 하거나 겔화제와 상호작용하여 겔을 형성하거나 강화하는 식품첨가물

12	향미증진제 (Flavor enhancer)	식품의 맛이나 향미를 증진시키는 식품첨가물
13	밀가루개량제 (Flour treatment agent)	제빵의 품질이나 색을 증진시키기 위해 밀가루나 반죽에 추가되는 식품첨가물
14	기포제 (Foaming agent)	액체 또는 고체 식품에 기포를 형성시키거나 균일하게 분산되도록 하는 식품첨가물
15	겔화제(Gelling agent)	겔 형성으로 식품에 물성을 부여하는 식품첨가물
16	광택제(Glazing agent)	식품의 표면에 광택을 내고 보호막을 형성토록 하는 식품첨가물
17	습윤제(Humectant)	식품이 건조되는 것을 방지하는 식품첨가물
18	보존료(Preservative)	미생물에 의한 변질을 방지하여 식품의 보존기간을 연장시키는 식품첨가물
19	추진제(Propellant)	식품용기로부터 식품에 주입하는 공기 이외의 가스
20	팽창제(Raising agent)	가스를 방출하여 반죽의 부피를 증가시키는 식품첨가물(또는 혼합물)
21	안정제(Stabilizer)	두 개 또는 그 이상의 섞이지 않는 성분이 균일한 분산상태를 유지하도록 하는 식품첨가물
22	감미료(Sweetener)	식품에 단맛을 부여하는 설탕 이외의 식품첨가물
23	증점제(Thickener)	식품의 점성을 증가시키는 식품첨가물

CHAPTER 9

수분 (Moisture)

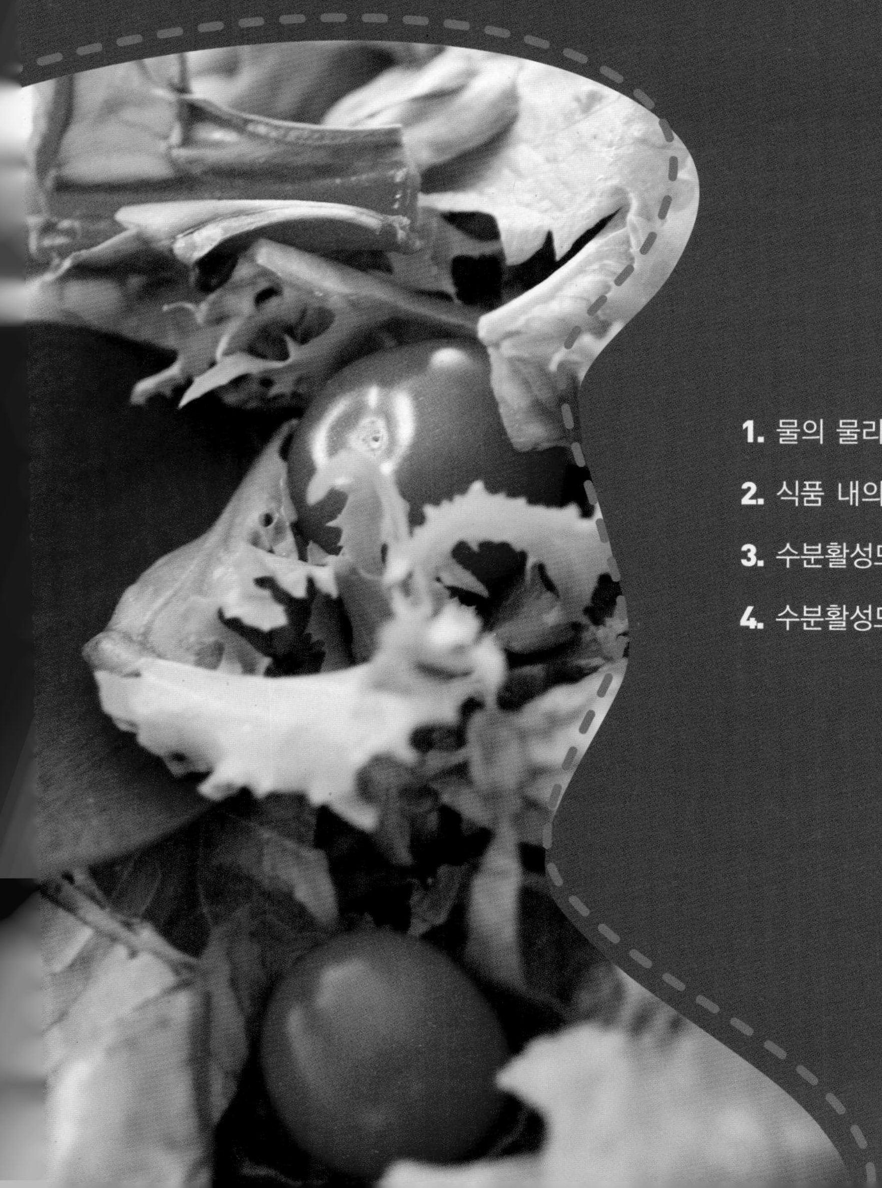

1. 물의 물리적 성질

2. 식품 내의 물의 존재 형태

3. 수분활성도 및 등온흡습곡선

4. 수분활성도와 식품의 안정성

수분은 식품의 보편적인 성분이며 가장 필수적인 성분의 하나로서 동식물 식품의 세포를 구성하고 있는 중요한 구성성분으로 작용하고 있다. 또한 물은 식품 중의 수분의 양, 분포 및 결정상태에 따라 식품의 조리, 가공, 저장 중 식품의 물리화학적 변화와 미생물학적 변화를 받는 데 영향을 주므로 식품 속의 물의 특성과 형태를 이해하는 것은 식품학에서 중요하다.

식품 속의 수분은 각종 영양소, 효소, 기타 화학물질을 분산시키는 분산매이며, 또 식품에서 일어나는 화학반응의 매체가 되어 화학적, 미생물학적으로 식품의 변질을 일으키는데, 이는 식품 속의 수분을 제거하거나 동결시킴으로써 방지할 수 있다.

물은 음료수로서 사람에게 필요하며 식품가공 및 조리에 많이 사용되고 있어 식품과 물의 관계는 매우 중요하다. 수분은 식품의 구조와 형태, 맛, 식품의 저장성이나 가공, 수송 등에 영향을 주며, 식품에 따라 함량 차이가 크다. 일반적으로 과일, 채소, 육류, 어패류 등에서는 높고 곡류, 분유, 마가린 등에서는 낮다(표 2-1).

표 2-1 식품의 수분함량(%)

식품	수분함량	식품	수분함량
토마토	95	고기	65
양상추	95	치즈	37
양배추	92	흰 빵	35
맥주	90	잼	28
오렌지	87	꿀	20
사과주스	87	버터와 마가린	16
우유	87	밀가루	12
감자	78	쌀	12
바나나	75	볶은 커피열매	5
닭	70	분유	4
연어통조림	67	쇼트닝	0

1. 물의 물리적 성질

물은 수소원자와 산소원자가 각각 가지고 있는 전자가 공유결합을 하고 있으며, 물의 구조상 특징으로서 분자 사이의 강한 인력(引力)에 의해 서로 당기는 성질을 가지고 있다.

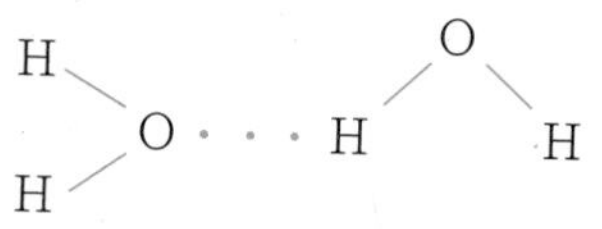

또한 분자량이 18로 비교적 작지만 녹는점, 끓는점, 열용량, 융해열, 기화열 등은 높은 값을 가지고 있다(표 2-2, 그림 2-1).

표 2-2 물과 다른 수소화합물의 물리적 특성

화합물	분자식(분자량)	녹는점(℃)	끓는점(℃)	융해열(cal/g)	기화열(cal/g)
물	H_2O(18)	0	100	80	540
메탄	CH_4(16)	-184	-161	13.9	121.9
암모니아	NH_3(17)	-78	-33	84	327
플루오르화수소	HF(20)	-83	20	54.7	360
황화수소	H_2S(34)	-82.9	-61	16.7	132
세렌화수소	H_2Se(81)	-65.7	-41.3	7.4	60.1

그림 2-1 분자량에 따른 끓는점 비교

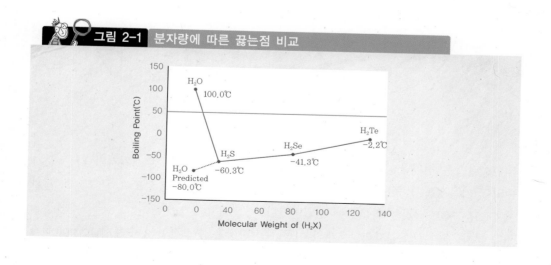

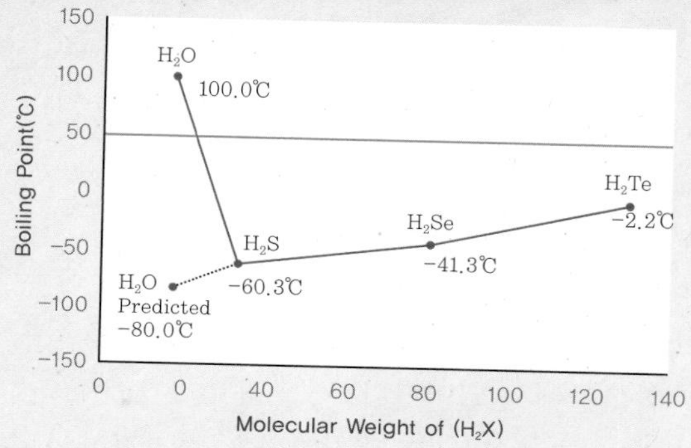

위와 같은 물의 특징은 물 분자의 구조(그림 2-2)와 수소결합을 할 수 있는 분자 능력에 의한 것이다. 물 분자 중의 수소와 산소의 결합각은 104.5°로 정사면체의 각 109°28'에 근사한 값을 가지고 있다.

분자의 구조는 물의 중심원자인 산소와 수소가 가지고 있는 전자에 의해 결정된다. 즉, 수소는 전자 1개씩을 산소와 공유하여 결합하게 되는 반면에 산소는 공유 전자 이외에 4개의 전자(2쌍의 비공유 전자쌍)를 더 가지고 있다. 분자의 입체구조는 전자쌍간의 정전기적 반발력을 최소화하기 위한 방향으로 형성되게 되므로, 비공유 전자쌍은 중심 원자에만 가까이 있어 핵 주위에서 더 큰 공간을 차지한다. 반발력이 크게 되어 4개의 전자쌍은 중심 원자인 산소 주위에 사면체 형태로 배열되고 분자의 구조는 굽은 형을 나타나게 된다.

물 분자 중의 전기음성도가 큰 산소는 공유결합된 두 개의 수소원자로부터 전자를 끌어당기기 때문에 수소원자는 부분적으로 양전하 δ^+를 띠게 되고, 산소원자는 음전하 δ^-를 띠게 된다. 따라서 물 분자 중의 전자는 비대칭적으로 분포되고 그 결과 큰 값의 쌍극자 모멘트(1.84D)를 갖게 된다. 분극화된 물 분자들이 모이면 부분 음전하를 띤 산소원자와 양전하를 띤 수소원자 사이에 수소결합을 통하여 회합이 이루어진다.

그림 2-2 물 분자의 구조

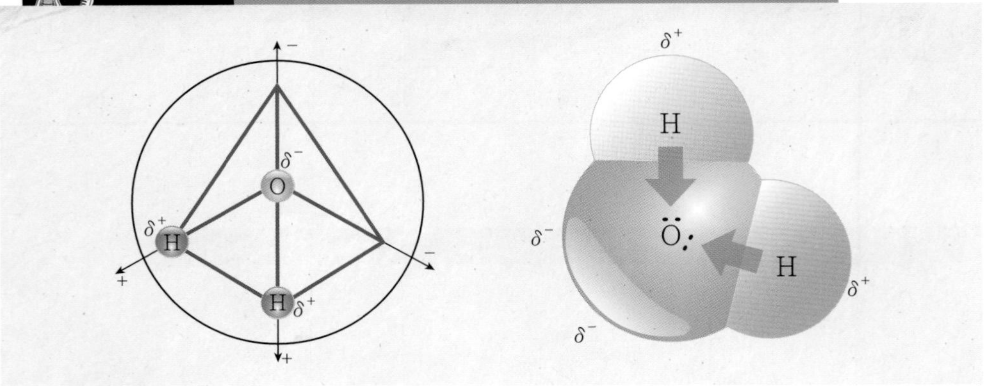

수소결합은 전기음성도가 큰 원자와 공유결합을 하고 있는 수소원자와 다른 분자 중의 전기음성도가 큰 원자 사이에 작용하는 인력으로 전기음성도가 큰 F, O, N과 -COOH, -OH를 갖는 화합물에서 일어난다.

물 분자 중의 산소원자의 두 개의 비공유 전자쌍은 수소결합의 수용체(acceptor)가

되고 부분 양전하를 갖는 두 개의 수소는 수소결합의 공여체(donor)가 된다. 이것들은 각각 정사면체의 정점을 향하고 있기 때문에 물 한 분자는 4분자의 물과 수소결합을 통하여 삼차원적인 회합을 할 수 있다(그림 2-3). 물이 분자량이 작음에도 불구하고 비정상적으로 높은 녹는점, 끓는점, 융해열, 기화열 등을 가지고 있는 것은 수소결합을 통하여 3차원적인 회합을 할 수 있기 때문이다.

그림 2-3 얼음 결정 중에서 물 분자의 회합

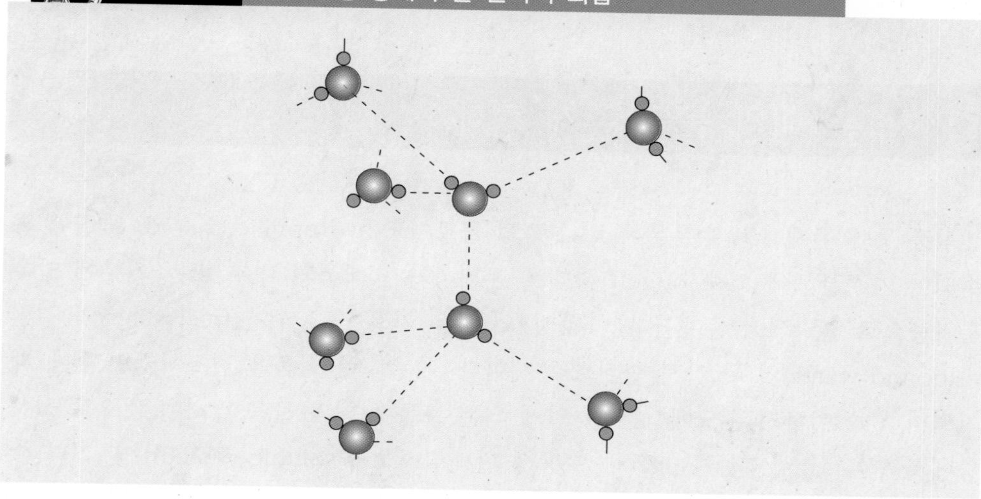

물의 또 다른 특성은 빙결할 때 팽창하여 약 9%의 밀도가 감소한다는 점이다. 얼음은 결정상태에서 4분자의 물과 회합한다. 따라서 얼음 결정 중에서 물 분자의 배위수(coordination number), 즉 이웃하고 있는 물 분자의 수는 4이다. 얼음은 융해열을 흡수하면 융해가 일어나고 이웃하는 물 분자와의 거리가 증가하게 되며 동시에 물 분자들은 비어 있던 공간에 재배치된다. 온도가 상승함에 따라 물의 배위수는 증가한다(표 2-3).

표 2-3 물 분자 배위수의 온도 의존성

온도(℃)	배위수	분자 간 거리(Å)
0	4.0(ice)	2.76
1.5	4.4	2.90
83	4.9	3.05

여기서 분자 간 거리의 증가는 팽창, 즉 밀도의 감소를 의미하며, 배위수의 증가는 밀도의 증가를 의미한다. 얼음이 물로 전환될 때 물 분자 간의 거리 증가(밀도의 감소)와 배위수 증가(밀도의 증가)가 함께 일어난다. 0~3.98℃에서는 배위수의 증가효과가 더 크고, 3.98℃ 이상에서는 거리의 증가효과가 더 크다. 따라서 물의 밀도는 3.98℃에서 최대이고 이보다 높은 온도에서는 감소한다.

2. 식품 내의 물의 존재 형태

식품 중에 존재하는 수분은 주로 친수성 콜로이드(hydrophilic colloid) 물질에 흡수되어 가수분해에 의해 겔(gel) 상태로 존재하거나 식품의 내부 또는 외부에 얇은 분자층으로 흡착되어 존재한다. 식품 내의 물은 자유수(유리수, free water)와 결합수(bound water)의 두 가지 형태로 존재한다. 자유수는 식품을 건조시키면 쉽게 제거되며, 0℃ 이하의 온도에서는 잘 얼게 되는 보통 형태의 물을 말하는 것으로 식품 중에서 염류(salts), 당류(sugars), 수용성 단백질(water soluble protein) 및 기타 수용성 성분들(water soluble constituents)을 용해하는 용매(溶媒, solvent)로 작용하는 물이다.

결합수는 수화수(hydration water)라고도 하는데, 식품성분인 탄수화물이나 단백질 분자의 일부분을 형성하는 물로서 이들 분자와 수소결합으로 밀접하게 결합하고 있으며 보통의 방법으로는 쉽게 분리시킬 수 없는 물을 말한다.

표 2-4 자유수와 결합수의 비교

자유수	결합수
① 전해질을 잘 녹인다(용매작용). ② 건조로 쉽게 제거 가능하다. ③ 미생물의 생육, 증식에 이용된다. ④ 끓는점, 녹는점이 매우 높다. ⑤ 비열이 크다. ⑥ 비중은 4℃에서 최고이다. ⑦ 표면장력이 크다. ⑧ 점성이 크다.	① 용질에 대하여 용매로 작용하지 않는다. ② 수증기압이 보통의 물보다 낮으므로 대기 중에서 100℃ 이상으로 가열하여도 제거되지 않는다. ③ 0℃ 이하의 낮은 온도(-20~-30℃)에서도 잘 얼지 않는다. ④ 자유수보다 밀도가 크다. ⑤ 동식물의 조직에 존재할 때 그 조직에 큰 압력을 가하여 압착해도 제거되지 않는다. ⑥ 식품에서 미생물의 번식과 발아에 이용되지 못한다.

3. 수분활성도 및 등온흡습곡선

식품에 함유된 물은 미생물의 생장과 여러 화학반응에 의한 식품의 변패에 밀접한 관계를 가지고 있다. 식품 속의 수분함량은 보통 %로 표시하고 있으나 동일한 수분 함량을 함유하더라도 식품에 따라 변패의 차이가 생기게 된다. 이는 식품에 함유된 수분의 함량만이 변패의 지표가 될 수 없다는 것을 의미한다. 동일한 수분을 함유하고 있더라도 식품의 종류에 따라 물이 식품 성분들과 회합하는 강도에 차이가 있다. 강하게 회합된 물은 약하게 회합된 물보다 미생물의 생장이나 가수분해적인 화학반응 같은 변패반응에 이용되기 어렵다.

식품성분에 회합되어 있는 물의 강도를 표시하기 위해서 수분활성도(water activity, a_w)라는 용어가 도입되었다. 수분활성도는 수분함량보다 각종 형태의 식품의 변패를 예측할 수 있는 더 정확한 지표가 된다. 몇 가지 식품의 수분활성도를 표 2-5에 나타내었다.

표 2-5 식품의 수분활성도

식품	수분활성도
과일, 채소	0.98~0.99
어류	0.98~0.99
육류	0.96~0.98
달걀	0.96~0.98
치즈	0.95~0.96
햄, 소시지	0.90~0.92
잼	0.82~0.94
건조과일	0.72~0.80
쌀, 두류	0.60~0.64
과자	0.25~0.26

수분활성도는 다음 식과 같이 일정 온도에서 순수한 물의 수증기압(P_o)에 대한 식품의 수증기압(P)의 비율로 정의된다.

$$a_w = \frac{P}{P_o}$$

즉 수분활성도는 식품에 함유된 물의 증기압에 의해 결정된다. 수증기압은 일반적으로 라울의 법칙에 의하여 식품 중의 수용성 용질(water soluble solute)의 종류와 함량에 좌우되므로 다음 식으로도 정의될 수 있다.

$$a_W = \frac{P}{P_o} = \frac{M_W}{M_W + M_S}$$

M_W : 식품 시료 중 물의 mole수
M_S : 식품 시료 중 용질의 mole수

식품을 저장할 때에는 가능하면 수분활성도를 낮게 유지하는 것이 유리하다. 이에 수분활성도를 낮추는 방법은 위식을 작게 만들면 된다. 즉, 분자인 용질(M_S) 증가(소금절임, 설탕절임 등), 분모인 물(M_W) 감소(건조 등)를 이용하게 된다.

수분활성도와 대기 중의 수분함량인 상대습도(relative humidity, RH)는 다음과 같은 관계가 있다.

$$RH = \frac{P}{P_o} \times 100 = a_W \times 100$$

일반적으로 식품에는 수분 이외에 영양소 등의 성분을 함유하기 때문에 $P < P_o$가 되며, 따라서 a_W는 1보다 작은 값이 된다.

수분활성도는 그 식품 속의 효소작용과 화학반응에 영향을 미칠 뿐만 아니라 미생물의 성장에도 크게 관여한다. 수분활성이 큰 식품일수록 미생물이 번식하기 쉬우며 저장성도 나쁘다. 일반적으로 수분활성도에 대한 민감성은 세균>효모>곰팡이의 순이며, 그 관계를 보면 다음과 같다.

표 2-6 미생물과 최저 수분활성도

미생물의 종류	최저 수분활성도(제한 수분활성도)
보통 세균	0.91
보통 효모	0.88
보통 곰팡이	0.80
내건성 곰팡이	0.65
내삼투압성 효모	0.60

일정한 온도에서 식품의 수분함량과 수분활성과의 관계를 나타낸 것을 등온흡습곡선(moisture sorption isotherm)이라고 한다. 등온흡습곡선은 식품 주위의 온도가 다르면 다른 모양을 갖는다. 그리고 대부분의 동식물성 식품의 등온흡습곡선은 일반적

으로 S자형이지만, 다량의 당과 소량의 가용성 물질을 함유한 식품(과실, 과자, 커피 추출물 등)은 J자형이다(그림 2-4).

그림 2-4 등온흡습곡선

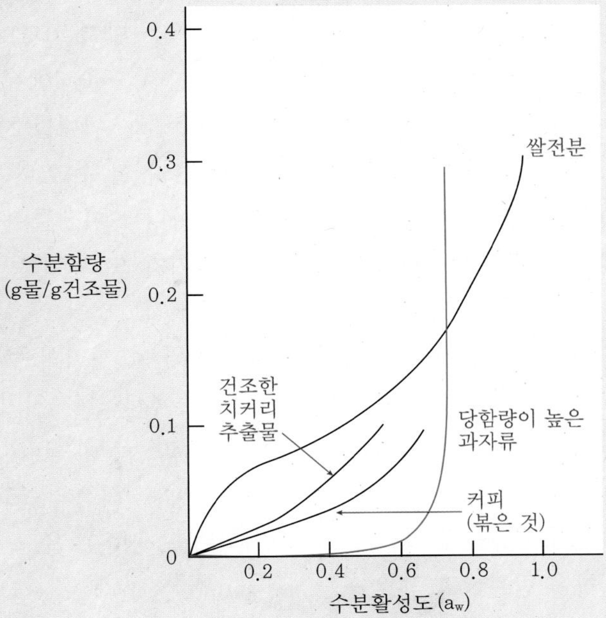

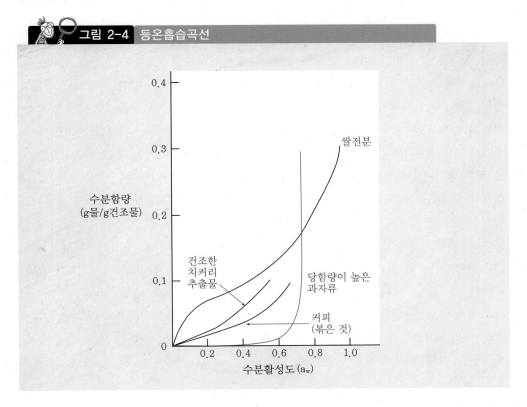

평형수분함량은 일차적으로 그 식품 자체의 성질에 대하여 크게 영향을 받으므로 각 식품의 등온흡습곡선의 형태는 각각 다르다.

어떤 식품의 수분함량이 대기 중의 수분에 의해서 평형수분함량에 도달하는 경우 그 식품의 수분함량에 따라 두 가지 경로를 생각할 수 있는데, 식품이 대기 중의 수분을 흡수하여 평형수분함량을 이루는 경우 상대습도(수분활성)와 평형수분함량 사이의 관계를 표시하는 곡선을 등온흡습곡선이라고 부른다. 한편 식품이 수분을 대기 중에 방출함으로써 평형수분함량에 도달하는 경우 이때의 곡선을 등온탈습곡선(moisture desorption isotherm)이라고 부른다. 등온흡습곡선 · 등온탈습곡선은 일반적으로 곡선의 기울기가 다른 세 영역(zone)으로 구분된다(그림 2-5).

A, B 및 C 영역에 회합되어 있는 물의 성질들은 현저히 다르다. A 영역은 곡선의 기울기가 크며 이 영역의 물은 수화물(hydrate)을 형성하거나 이온기(ionic group) 또는 극성기(polar group)와 수소결합 등을 통하여 강하게 결합된 결합수의 형태로

존재하여, 이동이 안 되고 −40℃에서도 얼지 않으며 용매역할을 하지 못한다. A 영역의 물은 전체 수분량의 매우 적은 부분을 차지한다. A 영역과 B 영역의 경계 부분은 단분자층(monomolecular layer) 수분에 해당한다.

B 영역은 곡선의 기울기가 작은 부분으로서 물은 고형물의 친수성기 주위에 물-물 또는 물-용질 사이에 여러 층으로 회합되어 존재하므로 다분자층(multimolecular layer) 수분이라고 한다. 결합은 물 분자가 비이온성 물질(당, 단백질)과 수소결합을 하고 있다. B 영역의 물은 C 영역의 물보다 이동성이 떨어지며, −40℃에서도 얼지 않지만 용매역할은 할 수 있다. A와 B 영역의 물은 일반적으로 5% 이내를 차지한다.

C 영역의 물은 식품 내 화합물에 흡착된 정도가 약하고 이동할 수 있다. 또한 용매로 작용할 수 있어 여러 화학반응의 속도가 증가할 뿐만 아니라 미생물이 생장할 수 있으며 또한 동결될 수 있다. 이 영역에서는 곡선의 기울기가 크고 수분이 지름 1㎛ 이상의 모세관 응축수로 존재하고 있으며 비교적 느슨하게 결합되어 있기 때문에 자유수의 형태로 존재하고 모세관수(capillary water)라고 한다. C 영역의 물은 전체 수분의 95% 이상을 차지한다. 그림 2-5에서 흡습곡선과 탈습곡선은 일치하지 않는다. 이러한 흡습곡선과 탈습곡선의 불일치를 히스테리시스(hysterisis)라고 한다. 이 히스테리시스 현상은 곡선의 굴곡점에서 가장 크며, 이는 식품의 고유한 성질(intrinsic properties), 건조 · 흡습에 따른 물리적 변화(위축, 팽윤), 온도, 탈습속도, 물의 이동속도 등의 영향을 받는다(그림 2-6).

그림 2-5 등온흡습탈습곡선의 각 영역

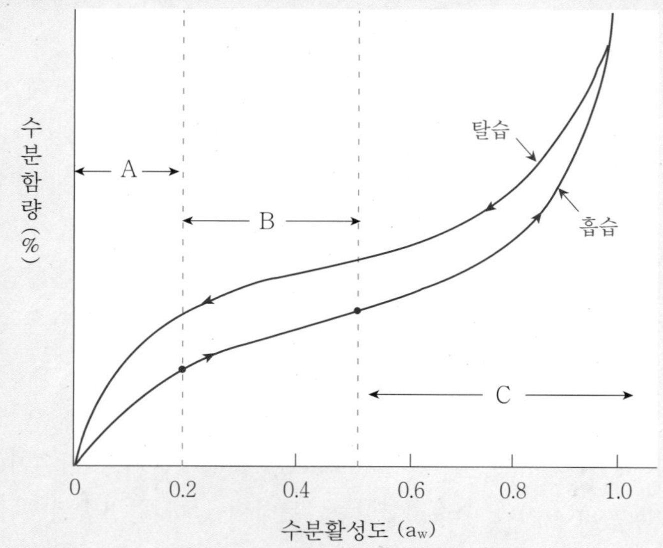

예로서, 탈습과정 중 조직을 형성하고 있는 분자 조직체의 수축에 의해 흡착표면에 이용할 수 있는 흡착장소의 수가 감소함으로써 수분의 가역적인 흡수가 불가능하게 되는 현상도 히스테리시스의 중요한 원인의 하나로 생각되고 있다.

그림 2-6 밀가루, 전분, 글루텐의 등온흡습탈습곡선

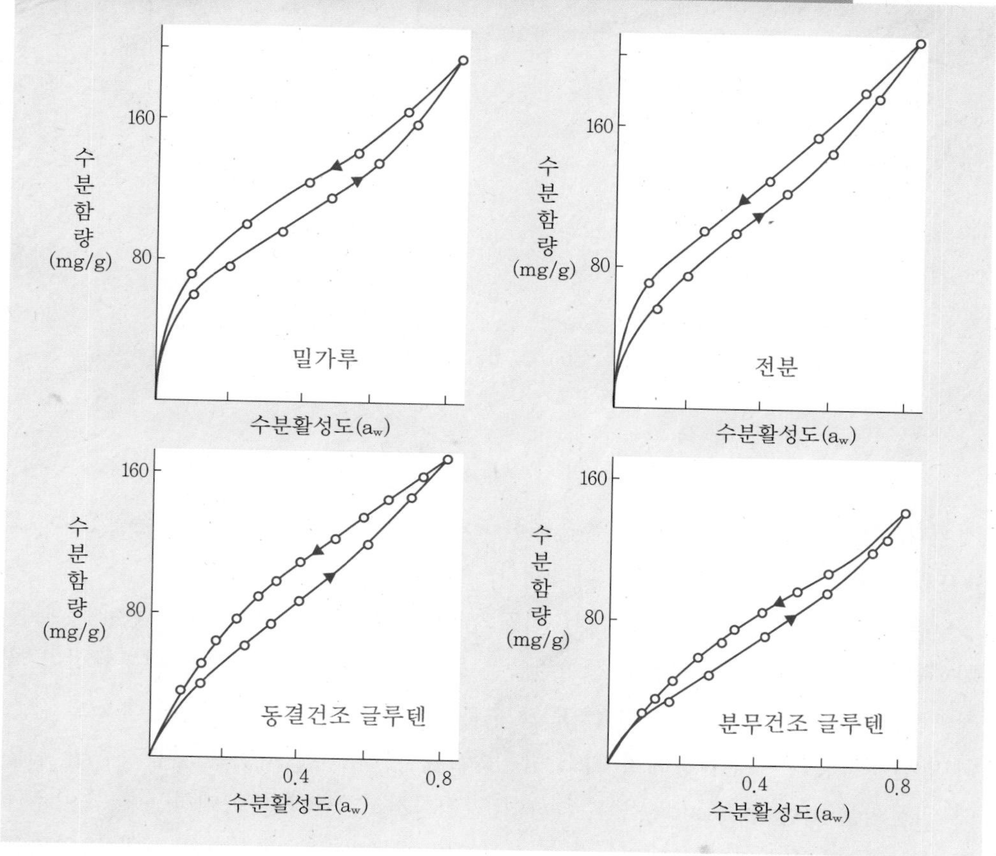

4. 수분활성도와 식품의 안정성

수분활성도는 식품에서 일어나는 미생물에 의한 변패, 효소반응, 화학반응, 물리적 변화 등과 밀접한 관계를 가지고 있다. 그림 2-7은 미생물의 성장, 효소반응, 유지의 산화반응, 비효소적 갈색화 반응 등의 속도와 수분활성도와의 관계를 나타낸

그림 2-7 수분활성도와 식품 중에 일어나는 변패과정의 반응속도

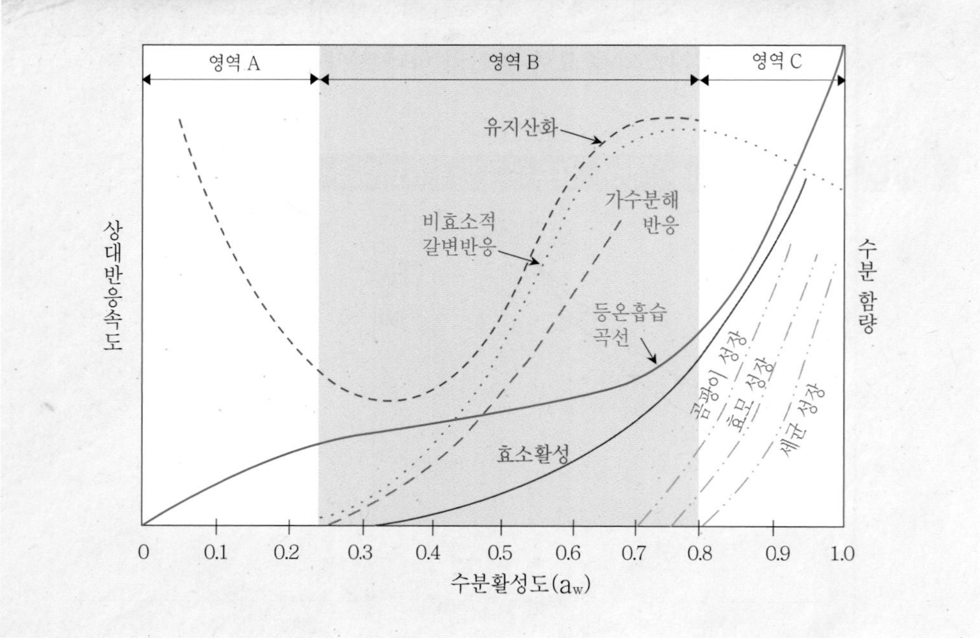

것이다. 그림에서 화학반응들은 흡습곡선 A와 B 영역의 경계부근인 수분활성도 0.2 ~0.3 범위에서 최소 반응속도를 나타낸다.

낮은 수분활성 영역(a_w<0.2)에서 지질의 산화속도와 수분활성과의 관계는 다른 화학반응들과는 다르다. 지질의 산화반응은 등온흡습곡선에서 왼쪽인 수분활성이 가장 낮을 때 큰 반응속도를 가진다. 또한 수분활성이 증가함에 따라 반응속도도 감소하며 단분자층의 수분함량에서 최소 반응속도를 나타낸다. 이것은 단분자층의 수분이 과산화물(hydroperoxide)을 수화하여 안정화하고, 산화를 촉매하는 금속이온들(Cu, Fe 등)을 수화하여 촉매기능을 감소시키기 때문이라고 생각된다. A와 B 영역을 지나 높은 수분활성 영역에 이르면 산화속도가 다시 증가하게 되는데, 이러한 현상은 높은 수분활성 영역에서는 산소의 용해도가 증가하고 거대분자들이 팽윤되어 더 많은 반응 부위들이 노출되기 때문이라고 해석되고 있다.

미생물의 성장은 제한 수분활성도 이하에서는 그 증식이 억제된다. 일반적으로 세균은 0.85 이하, 효모는 0.8 이하에서는 성장하기 어려우며, 곰팡이는 효모보다 낮은 수분활성에서 생육할 수 있다. 내건성 곰팡이와 내삼투성 효모는 수분활성 0.62에서도 성장할 수 있다.

대부분의 효소반응은 수분활성 0.3 근처에서 거의 정지된다. 낮은 수분활성에서는 기질과 생성물이 이동할 수 없고 반응물로서 물이 공급되기 어렵기 때문에 효소반응이 억제되거나 정지된다.

비효소적 갈색화 반응은 수분활성 0.6~0.7에서 최대에 도달하고, 수분활성이 낮은 영역에서는 일어나지 못하며, 0.8~1.0에서는 다시 반응속도가 감소한다.

CHAPTER 3

탄수화물 (Carbohydrate)

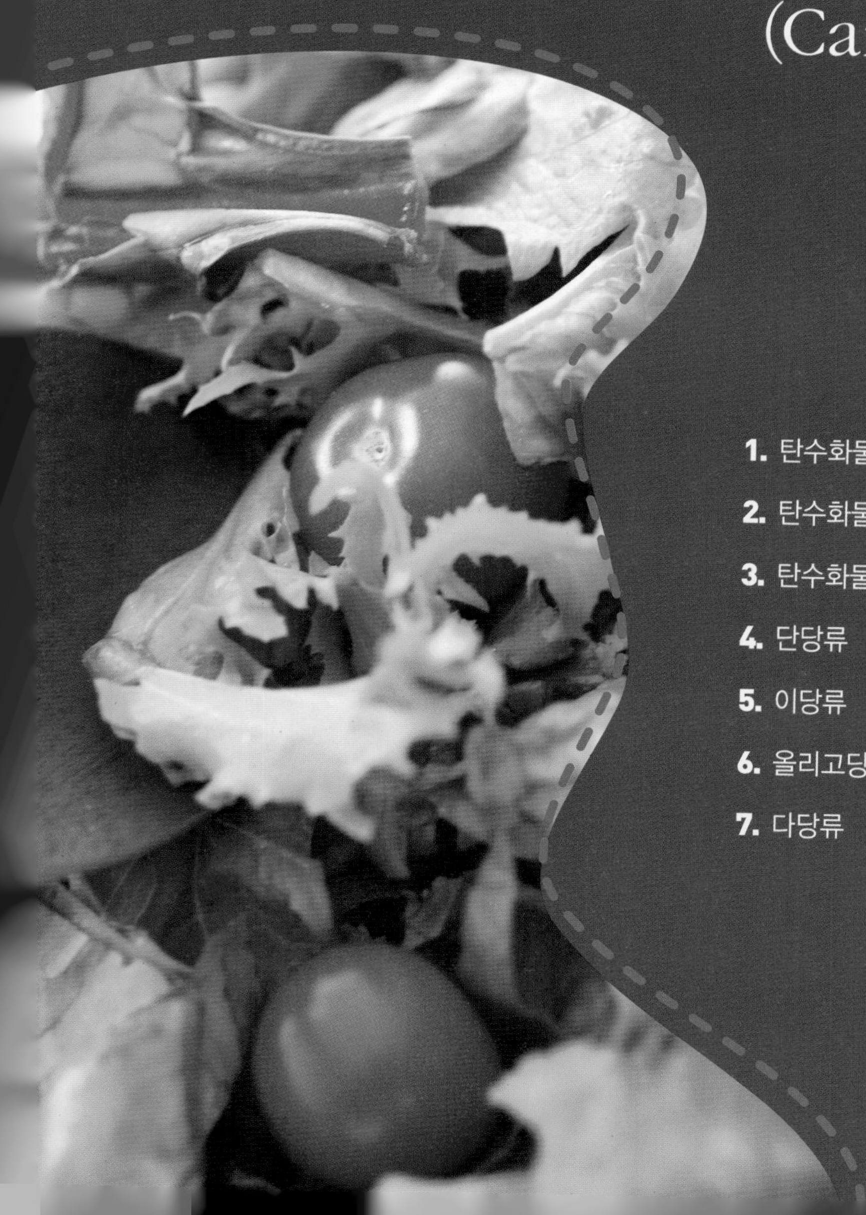

1. 탄수화물의 정의
2. 탄수화물의 분류
3. 탄수화물의 구조
4. 단당류
5. 이당류
6. 올리고당
7. 다당류

탄수화물은 지구상에 가장 풍부하게 분포되어 있는 유기물로서, 지질, 단백질과 함께 식품의 기본성분 중에서 가장 중요한 3대 성분 중의 하나로 보통 감미를 가지므로 당질(glucide)이라고 부르는 경우가 많다.

탄수화물은 인간이나 동물에게는 합성능력이 없어 식물이 광합성을 한 탄수화물을 섭취하여 주로 에너지원으로 사용한다. 식품 중에는 설탕(sucrose)이나 전분(starch) 등 여러 가지 형태로 포함되어 있고, 실제 식생활에서 중요한 각종 당류(sugars) 외에도 식물체의 주요 구성성분인 셀룰로오스(cellulose), 헤미셀룰로오스(hemicellulose), 펙틴(pectin) 등은 열량원은 아니지만 식이섬유(dietary fiber)로서 인체 내에서 생리적으로 중요한 기능을 한다. 또한 점차 중요성이 인식되고 있는 각종 고무질 물질(gums)과 동물체의 저장 탄수화물인 글리코겐(glycogen)도 탄수화물의 일종이다.

탄수화물의 존재형태를 크게 분류하면 다음과 같다.

① **저장물질**: 전분과 이눌린(inulin) 또는 그 외의 형태로 뿌리와 줄기 및 과일 등
② **보호물질**: 셀룰로오스 등의 형태로 세포막 등을 구성
③ **구성물질**: 과일 등의 성분으로서 포도당과 과당, 사탕수수의 설탕, 씨가 발아될 때의 맥아당(maltose) 등

몇 가지 식품 중에 존재하는 탄수화물의 양을 표 3-1에 나타내었다.

표 3-1 몇 가지 식품의 탄수화물량

Product	Total Sugar(%)	Mono-and Disaccharides(%)	Polysaccharides(%)
Fruits			
apple	14.5	glucose 1.17; fructose 6.04 sucrose 3.78; mannose trace	starch 1.5 cellulose 1.0
grape	17.3	glucose 5.35; fructose 5.33 sucrose 1.32; mannose 2.19	cellulose 0.6
strawberry	8.4	glucose 2.09; fructose 2.40 sucrose 1.03; mannose 0.07	cellulose 1.3
Vegetables			
carrot	9.7	glucose 0.85; fructose 0.85 sucrose 4.25	starch 7.8 cellulose 1.0

onion	8.7	glucose 2.07; fructose 1.09 sucrose 0.89	cellulose 0.71
peanuts	18.6	sucrose 4~12	cellulose 2.4
potato	17.1		starch 14 cellulose 0.5
sweet corn	22.1	sucrose 12~17	cellulose 0.7
sweet potato	26.3	glucose 0.87; sucrose 2~3	starch 14.65 cellulose 0.7
turnip	6.6	glucose 1.5; fructose 1.18 sucrose 0.42	cellulose 0.9
Others			
honey	82.3	glucose 28-35; fructose 34~41 sucrose 1~5	
maple syrup	65.5	sucrose 58.2~65.5 hexose 0.00~7.9	
meat		glucose 0.01	glycogen 0.10
milk	4.9	lactose 4.9	
sugarbeet	18~20	sucrose 18~20	
sugar cane juice	14~28	glucose +fructose 4~8 sucrose 10~20	

1. 탄수화물의 정의(definition)

탄수화물은 탄소(C), 수소(H), 산소(O)의 3가지 원소로 구성되어 있으며, 글루코사민(glucosamine)이나 황산 콘드로이틴(chondroitin sulfate)을 제외하면 N, S를 함유하고 있지 않은 것이 특징이다.

탄수화물은 원소 구성성분에 있어서 H와 O의 비율이 2 : 1로 되어 있어 물과 같은 비율을 이루어 $C_m(H_2O)_n$과 같이 표현할 수 있으므로 탄소의 수화물(水和物, hydrate of carbon)이라 하여 함수탄소(含水炭素)라고도 한다. 그러나 초산(acetic acid, $C_2H_4O_2$), 젖산(lactic acid, $C_3H_6O_3$)은 예외이다. 또한 deoxyribose($C_5H_{10}O_4$)나

rhamnose($C_6H_{12}O_5$)처럼 H와 O의 비율이 2 : 1이 아니지만 탄수화물인 것도 있다. 그러나 탄소와 물이 결합된 화합물이 아니므로 탄수화물이라는 말 대신에 당질이라고 부르는 경우가 많다. 당질이란 carbonyl기를 가진 다가(多價)알코올(polyhydroxy alcohol)을 말한다.

탄수화물은 그 화학구조로 보면 분자 내에 두 개 이상의 수산기(−OH)와 carbonyl 화합물[aldehyde기(−CHO)나 ketone기(>CO)]을 갖는 화합물과 이들의 축합화합물(glucoside bond를 형성) 또는 그 유도체를 말하며, aldehyde기 또는 ketone기를 포함하는 탄수화물을 각각 aldose 또는 ketose라 한다.

2. 탄수화물의 분류(classification)

일반적으로 화합물의 명칭을 이해하기 위해서는 다음과 같이 숫자를 표시하는 그리스어 접두사를 이해하는 것이 편리하다.

1 mono	2 di	3 tri	4 tetra	5 penta
6 hexa	7 hepta	8 octa	9 nona	10 deca

탄수화물은 가수분해를 더 이상 받지 않는 당류인 단당류(單糖類, monosaccharide)와 가수분해되어 더 간단한 당류로 분해될 수 있는 다당류(多糖類, polysaccharide)로 나눌 수 있다. 단당류는 구성 탄소원자의 수에 따라 위의 접두사 tri, tetra, penta, hexa, hepta에 ose를 접미사로 연결하여 나타낸다. 즉, 3탄당(triose), 4탄당(tetrose), 5탄당(pentose), 6탄당(hexose), 7탄당(heptose)이라 한다.

자연계에서 발견되는 주요 탄수화물을 분류하여 표 3-2에 나타내었다.

또한, 단당류가 결합한 수에 따라서는 가수분해하여 1개의 분자에서 2개의 단당류가 생기면 saccharide를 붙여서 이당류(disaccharide), 3개 혹은 4개 생산되면 3당류(trisaccharide) 혹은 4당류(tetrasaccharide)라고 한다. 일반적으로 2~10 분자의 단당류들이 결합된 당을 올리고당(oligosaccharide)이라고 한다.

표 3-2 탄수화물의 분류

1. 단당류(monosaccharide): 가수분해로 더 이상 간단한 당을 생성하지 않는 당 ① 3탄당(triose $C_3H_6O_3$): glyceraldehyde, dihydroxyacetone ② 4탄당(tetrose $C_4H_8O_4$): erythrose, threose, erythrulose ③ 5탄당(pentose $C_5H_{10}O_5$): ribose, deoxyribose, xylose, arabinose ④ 6탄당(hexose $C_6H_{12}O_6$): glucose, fructose, galactose, mannose ⑤ 7탄당(heptose $C_7H_{14}O_7$): mannoheptose, sedoheptulose
2. 올리고당류(oligosaccharide): 2~10개 단당류의 축합체 ① 이당류(disaccharides): $C_{12}H_{22}O_{11}$ 맥아당(maltose=glucose+glucose) 설탕(sucrose=glucose+fructose) 유당(lactose=galactose+glucose) trehalose(glucose+glucose) ② 3당류(trisaccharides): $C_{18}H_{32}O_{16}$ gentianose(glucose+glucose+fructose) raffinose(galactose+glucose+fructose) ③ 4당류(tetrasaccharides): $C_{24}H_{42}O_{21}$ stachyose(galactose+raffinose)
3. 다당류(polysaccharides): 10개 이상의 단당류의 축합체 ① simple polysaccharides: 동일 종류의 단당류의 축합체 starch, glycogen, cellulose(glucose의 축합체) inulin(fructose의 축합체) ② complex polysaccharides: 2종류 이상의 단당류 또는 그 유도체와의 축합체 pectin(galacturonic acid, galactose, arabinose) heparin(glucosamine, glucuronic acid) chondroitin sulfate(N-acetylgalactosamine, glucuronic acid)

3. 탄수화물의 구조(structure)

탄수화물은 두 개 이상의 수산기(-OH)와 한 개의 aldehyde기(-CHO)를 갖는 당을 aldose(그림 3-1, ⓐ)라 하며, 두 개 이상의 수산기와 한 개의 ketone기(>CO)를 갖는 것을 ketose(그림 3-1, ⓑ)라고 한다.

단당은 분자식이 서로 같아도 실제 그 성질이 다른 여러 종류의 당이 존재한다. 따라서 단당류의 구조는 평면구조가 아닌 입체구조식으로 설명할 필요가 있다.

그림 3-1 Aldose와 ketose 구조의 예

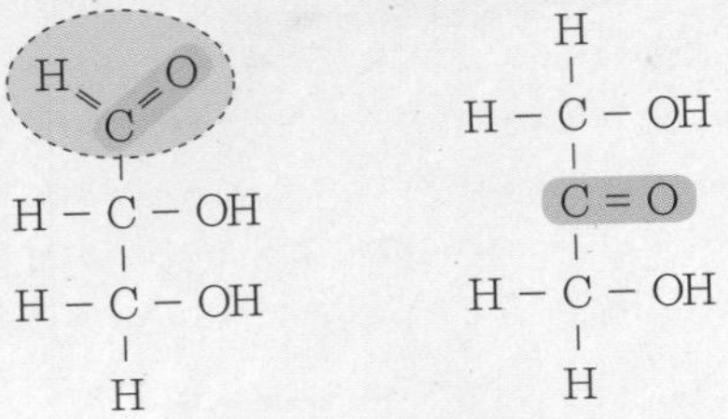

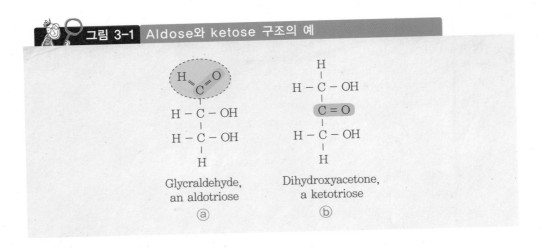

Glycraldehyde, an aldotriose ⓐ

Dihydroxyacetone, a ketotriose ⓑ

(1) 비대칭 탄소원자와 이성체

단당은 한 개 이상의 비대칭 탄소원자(asymmetric carbon atom, chiral carbon)를 가지고 있기 때문에 D형과 L형의 입체이성체(steroisomer)가 존재한다. 비대칭 탄소원자란 탄소원자에 4개의 서로 다른 원자나 원자단이 결합하고 있는 탄소원자를 말한다.

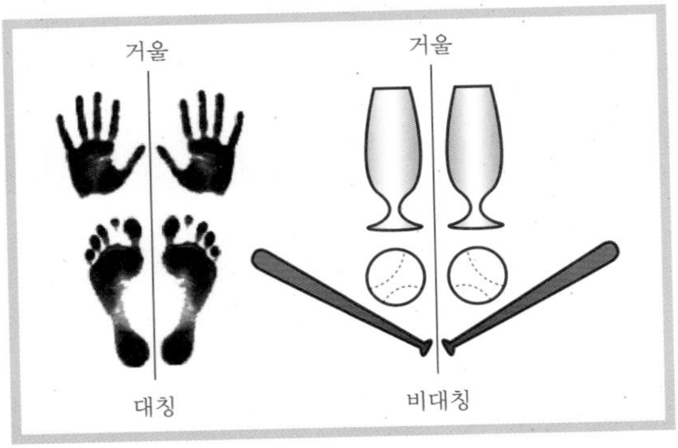

비대칭은 거울상 이미지를 겹쳤을 때 동일하지 않은 것을 말한다.

비대칭 탄소원자를 가진 단당류 중에서 가장 간단한 것은 3탄당(triose)인 glyceraldehyde이다.

Glyceraldehyde의 3개의 탄소원자 중에 위에서부터 번호를 붙여서 2번째인 2번 탄소가 비대칭 탄소원자(C*)이며 이로 인해 그림과 같이 2개의 광학이성체가 존재하고 이들을 거울상 이성질체(enantiomer)라고 한다.

그림 3-2 Glyceraldehyde의 이성체구조

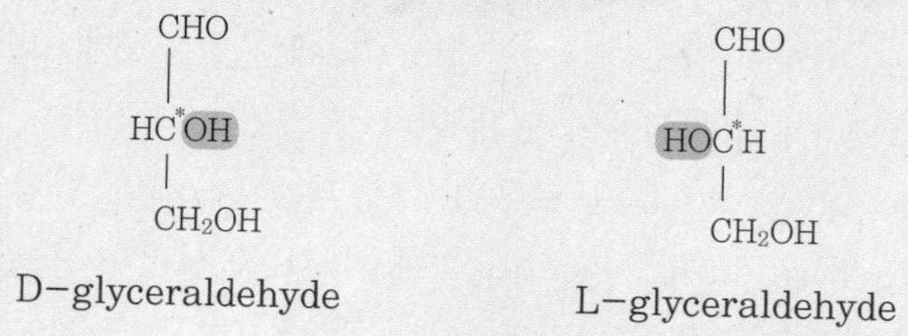

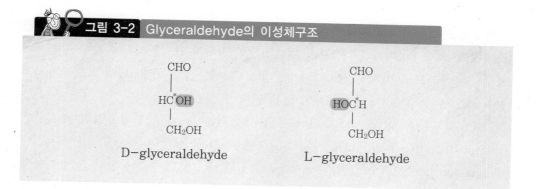

그림 3-3 D-aldehyde 당류의 관계

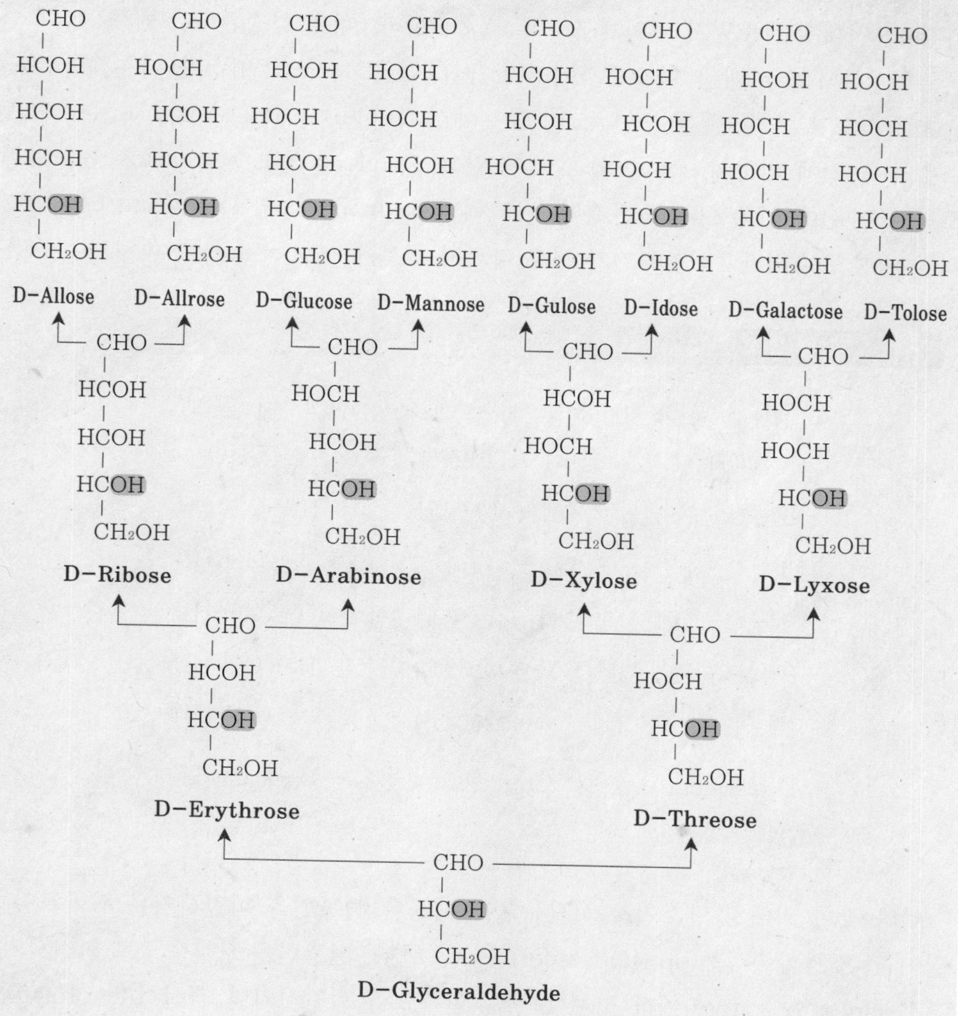

비대칭 탄소원자에 결합되어 있는 OH기가 오른쪽에 있는 것을 D형이라 하고, 왼쪽에 있는 것을 L형이라 한다. 분자 내에 n개의 비대칭 탄소원자가 존재하면 2^n개의 이성체가 생기므로 비대칭 탄소가 4개인 glucose에는 $2^4=16$개, 비대칭 탄소가 3개인 fructose에는 $2^3=8$개의 이성체가 있게 된다.

그림 3-3은 D-glyceraldehyde로부터 파생되는 D-계열 단당류들의 사슬구조(chain structure formula)를 Fischer식에 따라 표시하여 분류한 것이다. L-glyceraldehyde로부터도 그림 3-3의 단당류들과 탄소원자 수가 동일한 당의 거울상 이성질체들이 얻어지는데 이를 L-계열 당이라고 한다. 이때 aldehyde기(-CHO)로부터 가장 먼 비대칭 탄소원자의 입체구조에 따라 D형과 L형이 결정된다.

Ketose인 경우에는 4탄당인 erythrulose를 기준으로 해서 ketone기(>CO)로부터 가장 먼 비대칭 탄소원자의 입체구조에 의해 D형과 L형이 결정된다(그림 3-5).

특히, 하나의 비대칭 탄소원자에서만 구조(즉, OH기의 위치)가 다른 이성체를 epimer라고 부른다. 예를 들면, 그림 3-4에서 D-glucose와 D-mannose는 2번 탄소원자(C-2)에 의하여 epimer의 관계에 있고, D-glucose와 D-galactose는 4번 탄소원자(C-4)에 의해 epimer관계이다. 그러나 D-mannose와 D-galactose는 두 개의 비대칭 탄소원자에서 OH기가 서로 다르기 때문에 서로 epimer가 아니다.

그림 3-4 Epimer 관계의 육탄당

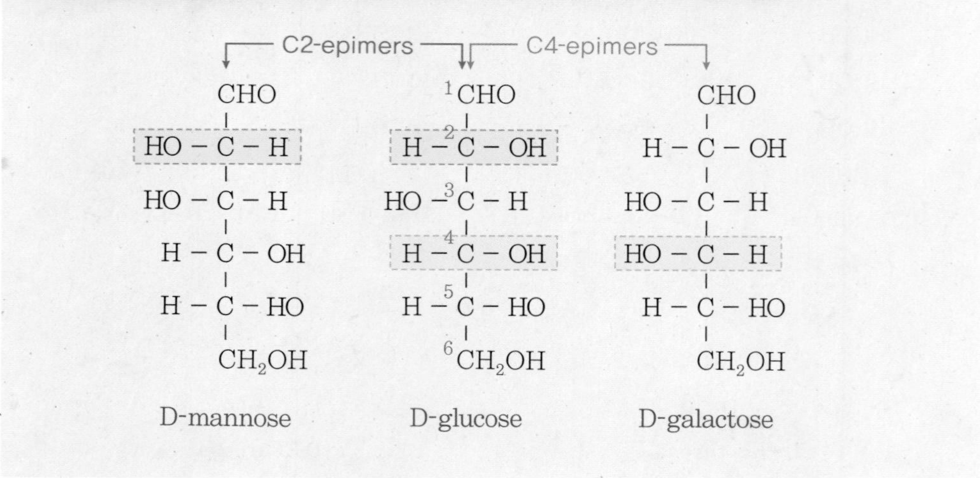

이와 같이 비대칭 탄소원자를 갖는 이성체들은 편광면을 회전시키는 광학적인 성질이 있어 광학이성체(optical isomer)라고도 한다. 편광면을 오른쪽으로 회전시키면 우선성(dextrorotatory)이라 하여 (+)를, 왼쪽으로 회전시키면 좌선성(levorotatory)

으로 (−)를 당의 이름 앞에 각각 붙여 D(+)−glucose처럼 표시하며, 편광면을 회전시키는 정도는 선광도(specific rotation)로 나타낸다.

그림 3-5 Erythrulose 구조

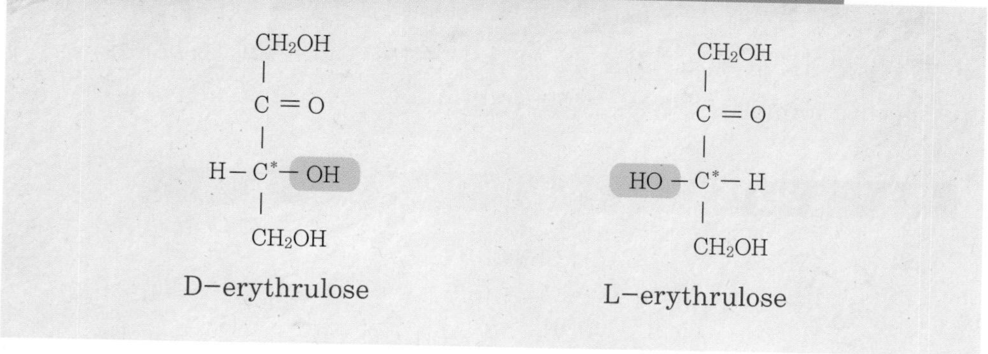

그림 3-6 편광에 의한 당의 이성체

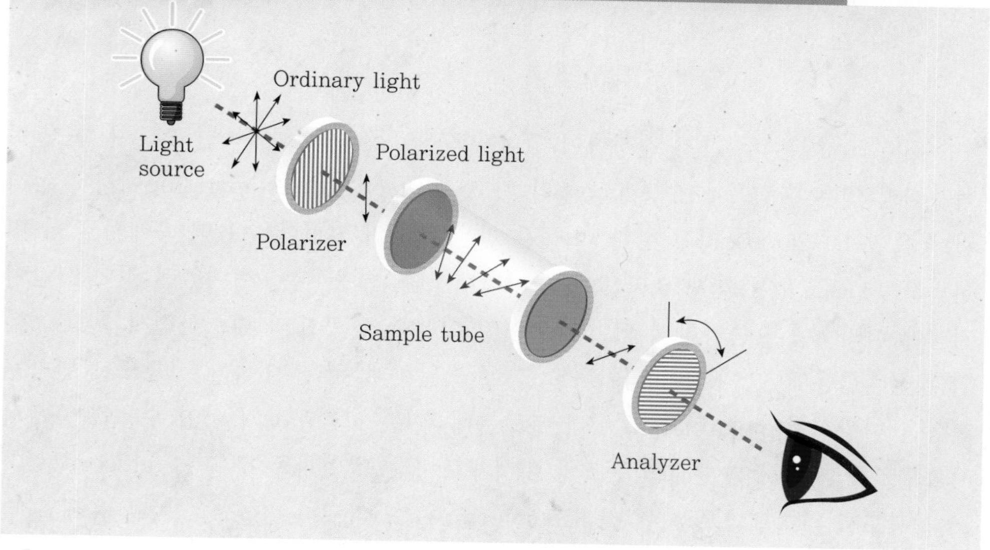

또한, 동일용액에 우선성과 좌선성의 이성체가 동일한 양으로 존재할 경우에는 광학적 활성이 서로 상쇄되어 없어지게 되어 이러한 혼합물을 racemic mixture라고 한다.

(2) 고리구조

단당류 분자는 결정상태에서는 물론이고 용액 중에서도 주로 고리구조(ring structure)를 가지고 있고, 사슬구조는 용액 중에 미량으로 존재할 뿐이다. 또한 사슬구조는 분자에 위치배치를 표시하는 방법으로는 비교적 만족스러우나, 당의 성질이나 반응을 설명하는 데 있어서는 만족스럽지 못하여 고리모양의 Haworth의 투시식(perspective formula)을 사용하고 있다(그림 3-7).

그림 3-7 D-Glucose의 Haworth식

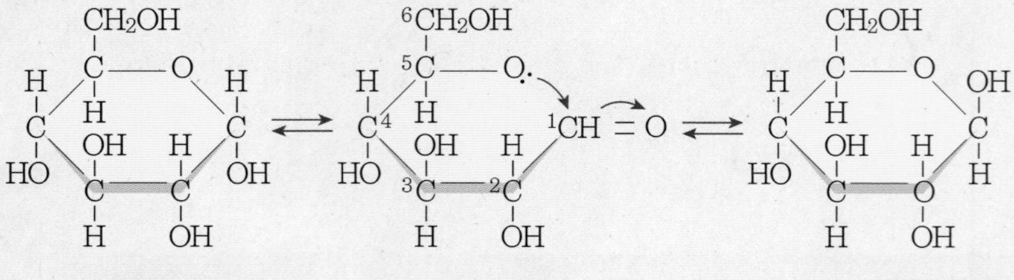

D-glucose에는 두 가지 결정형이 있다. D-glucose를 물에 녹인 후 수분 증발로 석출시켜 얻은 결정을 α-D-glucose라 하고, acetic acid 또는 pyridine에서 결정시킨 것을 β-D-glucose라고 한다. 이들은 만든 직후의 신선한 수용액 속에서 각각 비선광도 +112.2°(α형)와 +18.7°(β형)를 나타내지만, 처음에는 α형이었던 것이 시간이 지남에 따라 β형이 증가하게 되어(가역적인 이성화) 선광도가 감소하면서 α형과 β형의 평형혼합용액(37 : 63)이 되어 +52.7°에 도달하게 된다. 이렇게 선광도가 변하는 현상을 변광회전(mutarotation)이라 부르는데, 이는 고리구조의 당이 수용액 중에서 사슬구조를 거쳐서 다른 고리구조의 이성체로 전환되기 때문이다. D-glucose는 다른 선광도를 나타냄과 동시에 감미도(sweetness)도 다르다. α형으로 물에 용해된 직후에 가장 달고 β형이 섞이면 감미도가 감소한다. 이와 반대로 fructose는 녹인 직후 β형에서 가장 달며, α형으로 전환됨에 따라 감미도가 감소하게 된다.

Aldose는 C-1의 aldehyde기가 1개의 OH기와 분자 내에서 hemiacetal을 형성하여 고리모양의 구조를 이루며, carbonyl기의 탄소원자(C-1)가 비대칭 탄소와 같게 되어 2개의 광학이성체(anomer)가 생겨 각기 α형, β형이라 하며, C-1을 anomeric carbon(또는 potential carbonyl기)이라고 한다. 따라서 Haworth식에서는 C-1에 결합한 -OH기가 아래쪽을 향한 것을 α형이라 하고, 위쪽을 향한 것을 β형이라 한다. 그런데 여기서 C-1의 aldehyde기와 C-5의 OH기 사이에 cyclic hemiacetal을 이룬다면 6원 고리(six membered ring)가 되고, C-2의 ketone기와 C-5의 OH기 사이에 cyclic hemiketal을 이룬다면 5원 고리(five membered ring)가 된다. 전자를 pyranose형이라 하고 후자를 furanose형이라 한다. Furanose형은 불안정하여 자연상태에서는 결합형으로 존재한다.

그림 3-8 D-Glucose의 변광회전

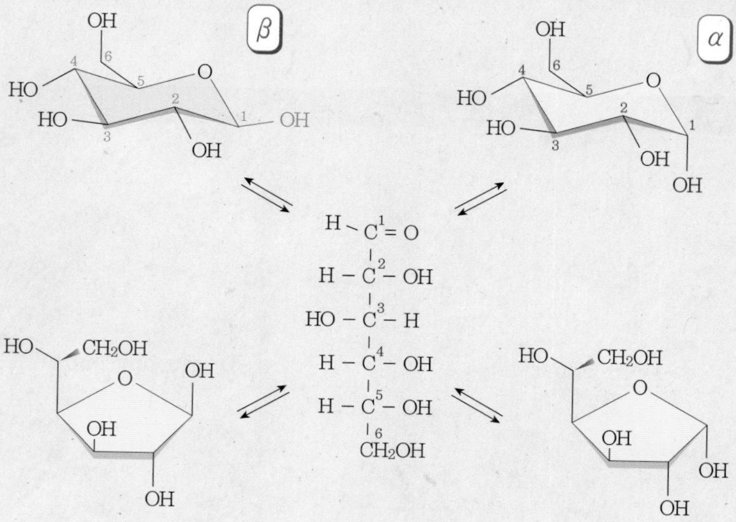

그림 3-9 Pyran과 Furan

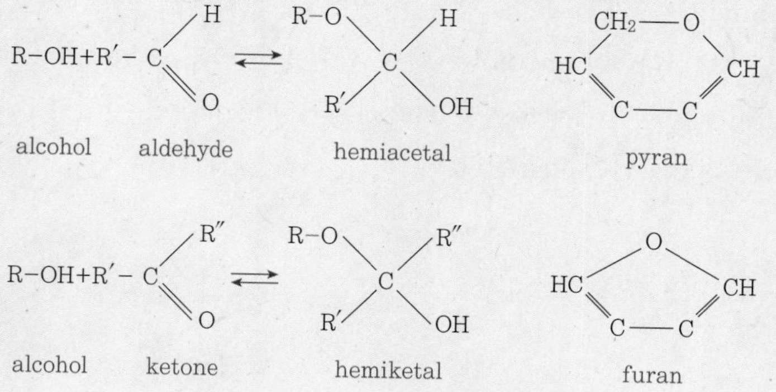

(3) 의자형 구조

Haworth식에서는 고리를 구성하고 있는 모든 원자들이 하나의 단순한 평면에 놓임으로써 탄소원자의 정상적인 결합각이 고려되지 않고 있다. 즉, D-glucose 분자의 안정한 6원 고리구조는 실제로 탄소원자의 자연스러운 결합각을 유지할 수 있는 의자형(chair form)이다(그림 3-10). 이 구조는 비틀리는 장력을 최소한으로 줄일 수 있고 부피 있는 기(OH기, CH_2OH기)들 사이의 입체장애 때문에 최대한 equatorial bond(수평 방향으로 결합된 형태)가 axial bond(축 방향)로 결합된 형태보다 안정한 구조이다.

그림 3-10 α-D-glucopyranose와 β-D-glucopyranose의 의자형태 구조

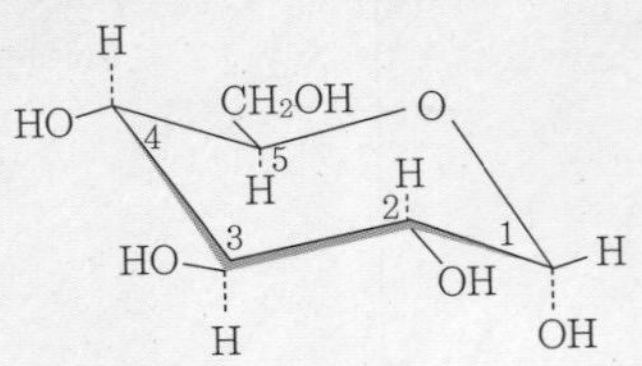

α-D-glucopyranose

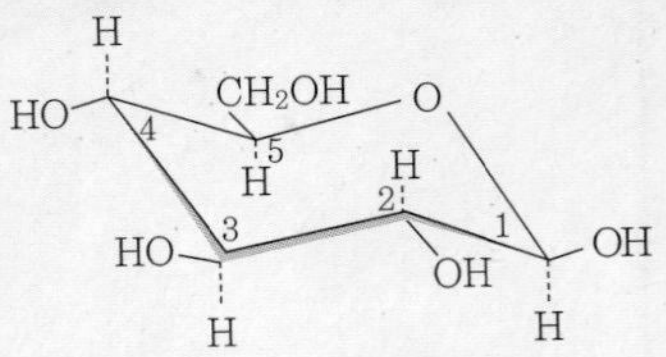

β-D-glucopyranose

(4) 당류의 환원작용

유리 carbonyl기를 가진 모든 당류는 알칼리 용액에서 가열하면 반응성이 큰 enediol 구조로 변한다. 이 enediol은 강한 환원력을 가지고 있어서 구리이온(Cu^{++}) 또는 은이온(Ag^+)을 환원시켜 금속을 석출시키거나 적색침전 시킨다. 당의 환원성은 당의 정성 또는 정량시험에 이용된다.

4. 단당류(monosaccharides)

단당류는 더 이상 가수분해되지 않는 탄수화물로서 두 개 이상의 OH기와 한 개의 carbonyl기, 즉 aldehyde기나 ketone기를 가지고 있다. 단당류는 대체로 물에 잘 녹고 단맛을 가진 환원성 물질로서 자연식품에 널리 분포되어 있다. 식품 제조 및 가공에 널리 사용되고 있는 중요한 단당류는 탄소 수가 5개인 pentose와 6개인 hexose이다.

(1) 5탄당(pentose)

5탄당은 자연계에서 유리상태로 존재하는 일은 극히 드물며 5탄당이 여러 개가 결합하여 식물체에 널리 분포된 pentosan 형태로 존재한다. 초식동물에게는 중요한 사료성분이며, 강한 환원력을 가지나 발효되지 않고 사람에게는 거의 이용되지 않는다.

1) D-xylose

식물체에 유리상태로 존재하는 일은 거의 없고, 다당류 xylan의 구성단위가 되어 식물세포벽의 구성물질을 이룬다. 짚의 주성분이 된다. Xylose는 α-D형의 우선성으로서 단맛은 설탕을 100으로 할 때에 60 정도로 비교적 단맛이 강하여 당뇨병 환자의 감미료로 쓰인다.

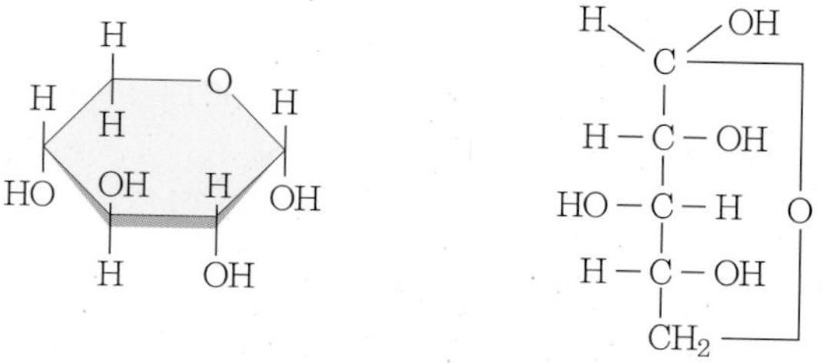

α-D-xylose

2) L-arabinose

식물 고무, 헤미셀룰로오스, 펙틴, 배당체에 결합상태로 존재하고, arabinose의 축합체인 다당류 araban은 식물의 세포막에 펙틴과 함께 존재한다. β형으로 존재하며 단맛은 설탕을 100으로 할 때에 65 정도이다.

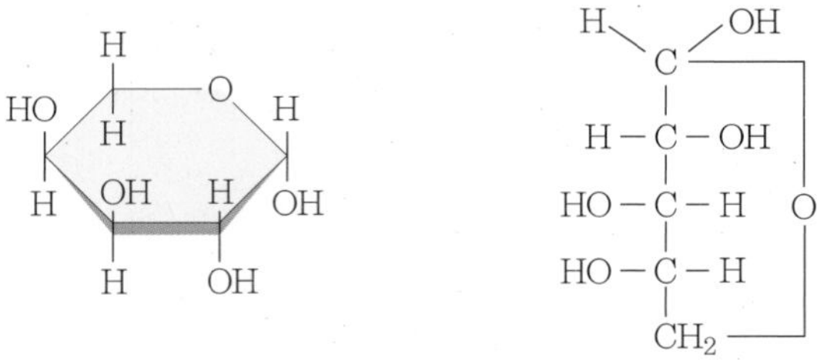

α-L-arabinose

3) D-ribose

동물 핵산의 구성성분을 이룬다. 천연의 ribose는 α-D형의 우선성이나 RNA (ribonucleic acid)와 coenzyme의 구성당은 모두 β-D-ribose이다. 그리고 2-deoxy-D-ribose는 DNA(deoxyribonucleic)의 구성성분으로 존재한다. 또한 vitamin B_2의 구성성분이 된다.

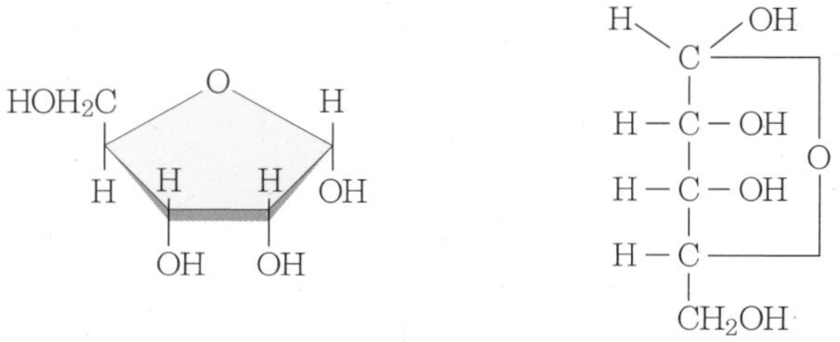

α-D-ribose

4) L-rhamnose

Methyl pentose이며, 식물체 내에서 배당체로 존재하고, 초목의 꽃의 색소를 이루는 성분이다.

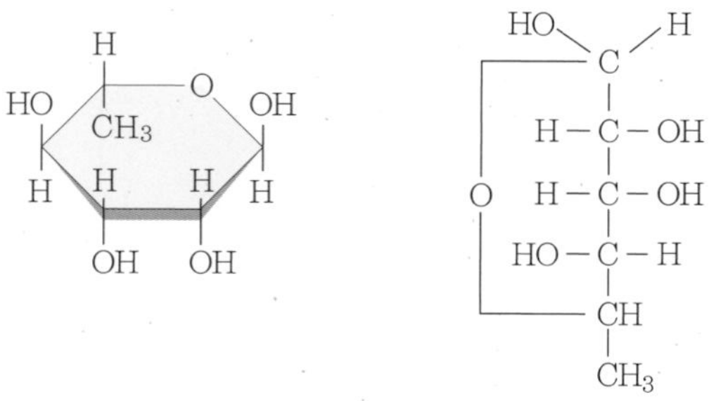

α-L-rhamnose

(2) 6탄당(hexose)

동식물계에 널리 분포되어 있으며 식품성분으로 매우 중요하다. 6탄당은 식품가공 또는 저장 중에 중요한 역할을 하는 단당류로서 강한 단맛을 가지고 있으므로 감미료로 널리 사용되고 있다. 대표적인 당류로는 aldose(−CHO)인 glucose, galactose, mannose와 ketose(>CO)인 fructose로 이들 4종류가 전부 효모에 발효되므로 zymohexose라고도 한다. 또한 6탄당은 자연식품에 존재하는 많은 고분자 탄수화물의 중요한 구성성분이다.

1) 포도당(glucose, dextrose, grape sugar)

포도당은 유리상태로 포도, 과실, 꽃 등과 혈액 속에 존재하며, 결합상태로는 전분, 셀룰로오스, 맥아당(maltose), 설탕(sucrose), 배당체에 들어 있다. 녹는점은 146℃이고, 그 이상의 온도에서는 캐러멜(caramel)이 된다. 우선성(α−D형)으로서 과당(fructose)의 반 정도의 감미를 가지며, 결정 또는 괴상일 때 달고, 변성광의 성질이 있어 수용액으로 되면 α → β(평형상태에서는 α : β=2 : 3)로 되어 감미가 감소한다.

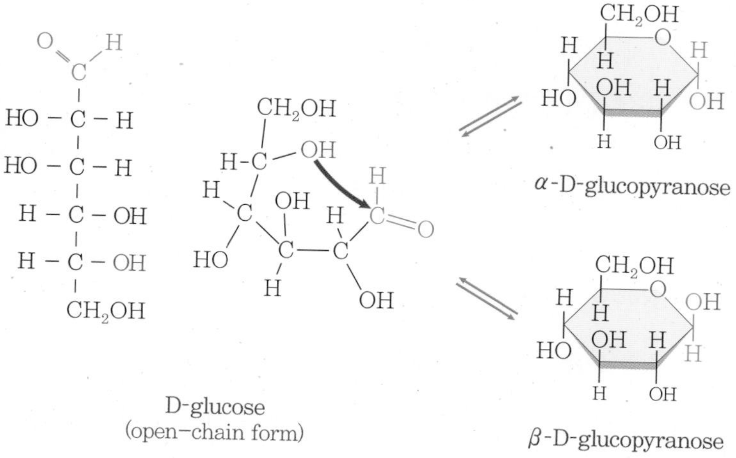

2) 과당(fructose, fruit sugar)

과당은 포도당과 같이 유리상태로 과실, 꽃, 벌꿀 등에 존재하고, 결합상태로는 포도당과 결합하여 설탕을 이루며, fructose가 다수 결합하여 이눌린이 된다. 돼지감자, 다알리아 뿌리를 가수분해하여 과당을 얻을 수 있다.

과당은 용해성이 크고 과(過)포화되기 쉬워서 결정화되기 어렵고, 매우 강한 흡습조해성을 가지며, 점도가 포도당이나 설탕보다 적다. 설탕을 100으로 하였을 때에 173 정도로 단당류 중 단맛이 가장 강하다. Ketone기를 가지고 있으므로 ketohexose라 하고, fructose의 α형은 β형 감미도의 1/3 정도이며, 고온에서 α형, 저온에서는 β형이 우성(優性)이다. 상온에서는 감미가 세고 고온에서 약해진다.

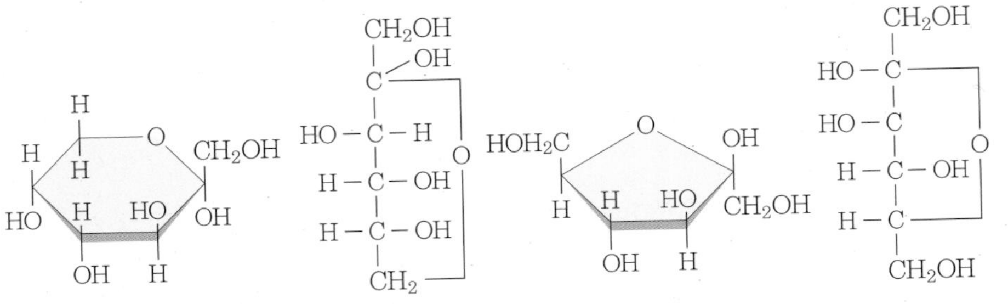

α-D-fructopyranose　α-D-fructose　β-D-fructofuranose　β-D-fructose

과당은 칼로리가 적고 혈당변화가 없는 등 건강상의 장점과 refreshing tasting을 가지고 있어 액상과당 형태로 다양한 식품(콜라, 캔커피, 아이스크림, 케첩, 사탕, 잼 등)에 첨가되어 사용되고 있다. 옥수수에서 추출한 고과당 시럽(HFCS)은 탄산음료, 과일 주스에 주요 감미료로 사용된다.

그러나 최근 연구에서 혈관 속 단백질이 과당과 엉겨 붙어 혈관 속 염증물질을 생성하여 심뇌혈관을 손상시키고, 과당이 지방산으로 쉽게 전환되어 지방간을 유발하며, 과당이 소화 흡수가 빨라 혈당을 높이고 체중, 인슐린 분비를 촉진시키는 등 여러 문제가 있는 것으로 보고되고 있어 그 사용에 주의하여야 한다.

3) 갈락토오스(galactose)

자연계에서는 유리(遊離)상태로 존재하지 않고, lactose나 그 밖의 올리고당의 구성성분으로 존재하며, 헤미셀룰로오스, 식물 고무, 한천, 당지질인 cerebroside 및 동물의 뇌수와 신경조직 등에 함유되어 있는 galactolipid의 구성성분으로서 식물조직, 해초, 뇌, 신경 등에 널리 분포되어 있다. 단당류 중 가장 발효가 어려운 당이다.

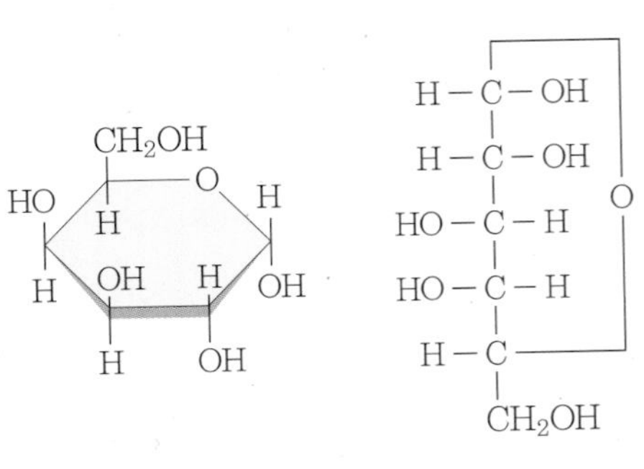

α-D-galactose

4) 만노오스(mannose)

유리상태로 존재하지 않고 식물 세포벽의 헤미셀룰로오스 성분이다. 다당류인 mannan으로 이스트(yeast), 곤약 등에 널리 존재한다.

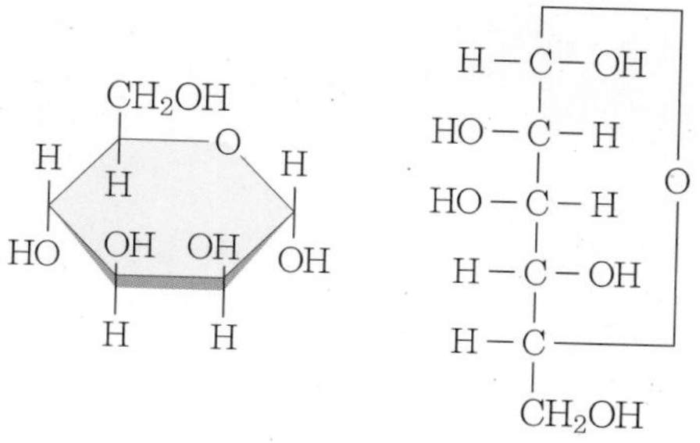

α－D－mannose

(3) 단당류의 유도체

단당류에는 반응하기 쉬운 부분이 산화 환원 또는 치환되어 각각의 특징을 갖는 알돈산(aldonic acid), 당산(saccharic acid), 우론산(uronic acid), 당알코올, 아미노당(amino sugar), 티오당(thio sugar) 등의 유도체가 얻어진다.

당유도체 중에서 당알코올은 결정 또는 물엿 상태로 얻어지며 감미료와 식품가공품 등에 이용된다. 다른 당유도체는 거의가 동물, 식물체 내의 구성성분으로 함유되어 있다. 그림 3-11에 가장 많이 이용되는 포도당에서 유도되는 유도체를 나타내었다.

중요한 당유도체의 구조식과 그 소재 등은 표 3-3에 정리하였다.

그림 3-11 D-glucose의 중요한 반응과 유도체

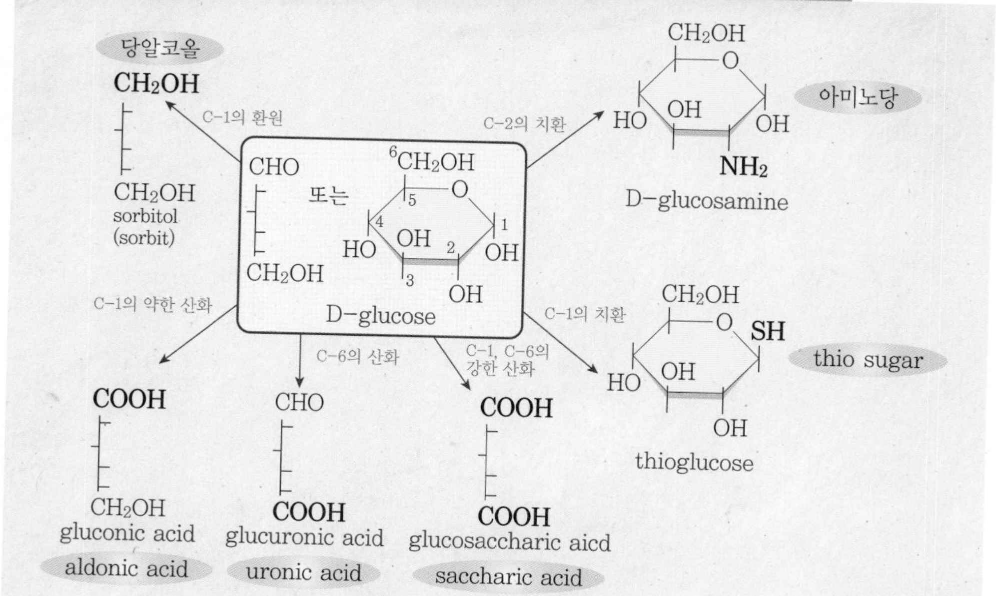

표 3-3 단당류의 유도체

일반명	구조	명칭	소재 · 기타
Aldonic acid(알돈산) aldose의 $-CHO$가 산화되어 $-COOH$로 된 당산화물(환원성 −)	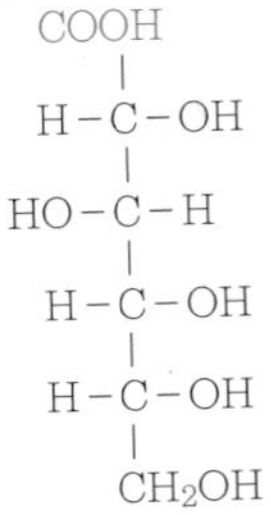	D-gluconic acid	곰팡이, 세균에 존재 Ca염, Fe염은 각각 칼슘, 철의 보급제
Saccharic acid(당산) C-1의 $-CHO$와 C-6의 $-CH_2OH$가 산화되어 $-COOH$기가 된 당산화물(환원성 −)	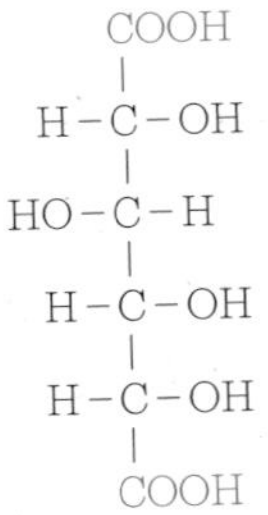	D-glucosaccharic acid (D-glucaric acid)	인도 고무나무, 물에 용해 glucose가 산화된 것
	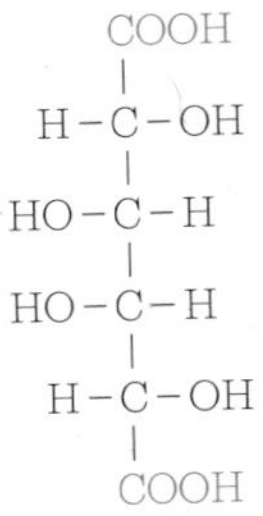	D-mucic acid 점액산 (D-galactaric acid)	galactose가 산화된 것 물에 불용
Uronic acid(우론산) 단당류 말단의 $-CH_2OH$가 산화되어 $-COOH$로 된 당산화물(환원성 +)	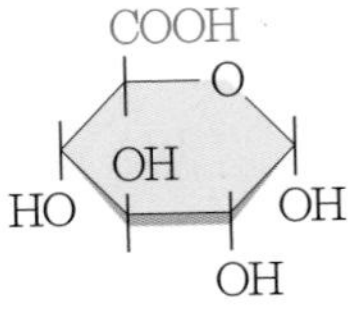	D-glucuronic acid	헤파린, 콘드로이틴황산, 히알루론산의 성분, 동물체 내에서 유해물질 해독작용에 관여
	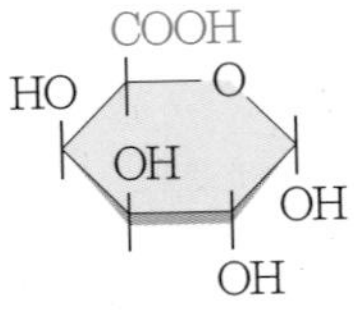	D-mannuronic acid	펙틴(pectin)의 성분으로 식물 세포막 중에 존재
	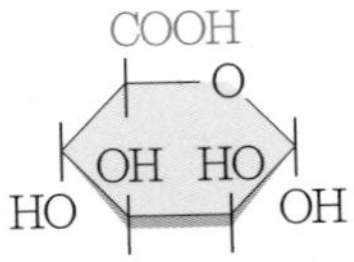	D-sorbitol (sorbit)	알긴산의 성분으로 해조류(갈조류)에 존재(다시마, 미역)

Sugar alcohol (당알코올) 당의 carbonyl기가 H_2 등으로 환원되어 $-CH_2OH$로 된 것으로 ose를 itol로 바꾼다	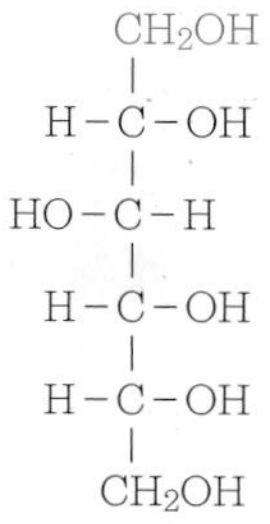	D-sorbitol (sorbit)	일부 과실에 1~2%, 홍조류 13% 함유, 수분의 흡수성질로 수분조절제, 단맛은 설탕의 50%, 비타민 C의 원료. 혈당으로 전환되지 않아 당뇨병 환자의 감미료, 식이성 감미료, 비타민 B_2의 구성 성분[glucose 환원]
	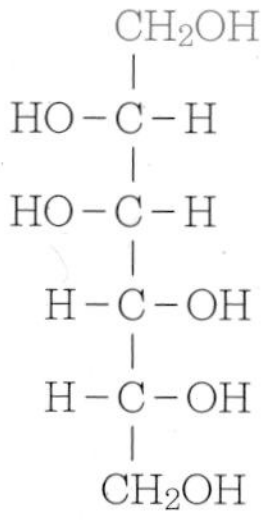	D-mannitol (mannit)	식물에 광범위하게 분포. 다시마, 고구마 및 곶감 표면의 흰 가루. 고등식물에서는 이용되지 않는다. 단맛은 설탕의 70%, 흡습성은 없다. 당뇨병 환자의 감미료. 포도당의 수소첨가로 얻음[mannose 환원]
	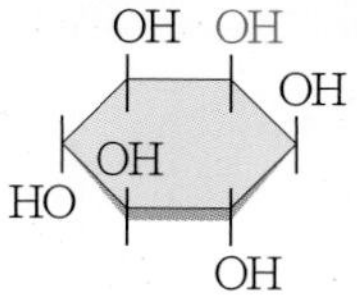	meso-inositol	뇌, 간, 난황, 대두, 소맥배아 등의 인지질의 구성성분. 근육과 내장에 유리상태로 존재하므로 근육당. 비타민의 일종(비타민 B_2 복합체)
Amino sugar (아미노당) hexose의 C-2에 결합된 $-OH$가 $-NH_2$로 치환된 생성물(환원성 +)	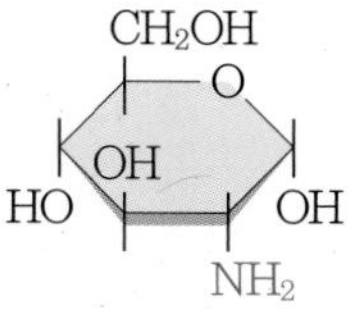	D-glucosamine (chitosamine)	곤충, 갑각류의 외골격(chitin), 헤파린, 히알루론산의 구성 성분. Chitin은 glucosamine의 amino기의 H 1개가 acetyl기로 치환된 N-acetyl glucosamine의 중합체이다. 자연계에서도 C-2 위치에만 국한된다.
	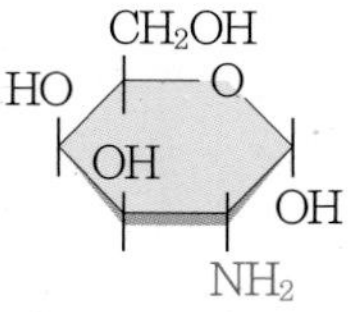	D-galactosamine (chondrosamine)	콘드로이틴 황산(연골), 당단백질, 당지질(뇌, 신경), 무코이드(점액질)에 함유되어 있다. N-acetyl-D-galactosamine
Thio sugar(티오당) 단당류분자의 carbonyl기의 O가 S로 치환된 것	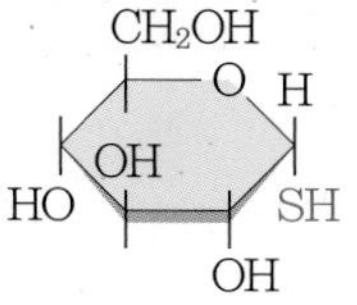	α-D-thioglucose	무, 마늘의 매운맛 성분인 배당체 sinigrin의 구성당

(4) 배당체(配糖體, glycoside)

단당류 carbonyl기의 OH기가 비당류인 다른 화합물의 OH기 사이에 일어나는 축합반응으로 물분자를 잃고 형성되는 화합물을 배당체라 한다.

배당체는 결합된 당성분의 명칭의 어간에 '-oside'를 붙여서 부른다. 즉, 당류가 glucose, galactose, ribose이면 각각 glucoside, galactoside 그리고 riboside라 한다. 배당체의 비당질 부분을 aglycon 또는 genin이라고 한다. Aglycon으로는 alcohol, phenol, anthocyan, flavone 등이 배당체에 존재한다. 따라서 같은 당이라도 aglycon의 종류에 따라 여러 가지의 배당체가 생길 수 있다. 배당체는 주로 식물계에 존재하고 약리작용이나 독성을 갖거나 색, 맛 등의 기호성에 관여하는 성분들이 많다.

표 3-4 중요한 식품의 배당체

배당체	소재	결합당	비고
Anthocyanin	검은콩, 홍당무, 뽕나무 열매	glucose, galactose(1~3개)	색
Rutin	메밀	glucose, L-rhamnose(deoxy-L-mannose) (1개씩)	비타민 P, 곡류
Stevioside	Stevia(국화과)	glucose(3개)	맛
Naringin	밀감류의 껍질	glucose, rhamnose(1개씩)	맛
Sinigrin	고추냉이, 와사비	glucose(1개)	냄새
Solanine	감자의 싹	glucose, galactose, rhamnose(1개씩)	유해물질 감자류
Amygdalin	청매, 비파의 미숙열매	glucose(2개)	유해물질

5. 이당류(disaccharide)

이당류는 가수분해되어 2개의 단당류가 생기는 당류로, 2분자의 단당류가 탈수반응에 의해 결합된 것을 말한다. 이당류에는 맥아당(maltose), 유당(lactose), 설탕

(sucrose) 등이 있으며, 식품의 성분으로서 또는 식품 제조 및 가공에 있어서 매우 중요한 당이다.

(1) 맥아당(麥芽糖, maltose)

전분 또는 글리코겐을 산이나 맥아의 amylase로 가수분해하면 생기고, 물에 녹기 쉬우며 특히 엿기름(麥芽, malt), 즉 발아(發芽)한 보리 중에 많이 함유되어 있다. 맥아당은 산 또는 효소(maltase)에 의하여 2분자의 포도당으로 가수분해된다.

맥아당은 한 분자의 α–D–glucose의 hemiacetal OH기와 다른 분자의 D–glucose의 4번 탄소위치의 OH기와 α–1,4 결합을 하고 있다. 다른 분자의 D–glucose는 반응기인 hemiacetal OH기가 유리상태에 있기 때문에 두 가지 이성체가 존재할 수 있게 되는데, 이것을 각각 α–maltose, β–maltose라고 하며 주로 β형이 많다.

α–maltose : α–glucose+α–glucose(α–1,4 결합)
β–maltose : α–glucose+β–glucose(α–1,4 결합)

그림 3-12 β–maltose의 생성

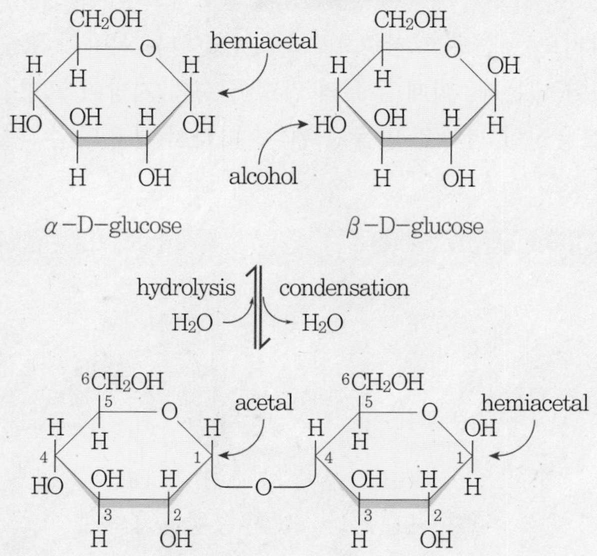

맥아당은 오른쪽 포도당에서 C-1의 OH기가 유리된 상태이므로 환원당이며, 효모에 의해 발효되고 공업적으로는 전분을 β-amylase나 산으로 가수분해하여 얻는다. 맥아당은 감미도가 설탕을 기준으로 60 정도이며, 위의 점막을 자극하지 않고 영양가가 높으므로 어린이, 환자의 영양식품으로 널리 이용된다.

(2) 유당(乳糖, lactose, milk sugar)

유당은 포유동물의 유즙 중에만 존재하는 것으로, 사람의 젖에는 5~7%, 우유에는 4~5% 정도 함유되어 있다.

유당은 β-galactose의 hemiacetal OH기와 D-glucose의 4번 탄소원자의 OH기와의 glycoside 결합으로 되어 있는데, D-glucose가 α형이면 α-lactose, β형이면 β-lactose가 된다.

α-lactose : β-galactose+α-glucose(β-1,4 결합)
β-lactose : β-galactose+β-glucose(β-1,4 결합)

유당은 칼슘의 장관흡수를 촉진하며, 소장 내에서 β-galactosidase(lactase)에 의해 가수분해되어 galactose와 glucose로 분해되어 흡수된다. α와 β-lactose는 일반 젖 중에는 2 : 3의 비율로 존재하며, 흡수성이 양호하고 감미도는 β형이 α형보다 더 단맛을 가지며 감미도는 설탕을 기준으로 16 정도이다. 분유가 흡습하면 β형이 α형으로 변하여 결정이 되는데, 이때 우유의 알맹이 속의 지방이 표면으로 나와서 표면을 덮어서 물에 불용성인 피막을 만들게 된다. 따라서 분유의 수분을 7~8%로 유지

그림 3-13 β-Lactose의 구조

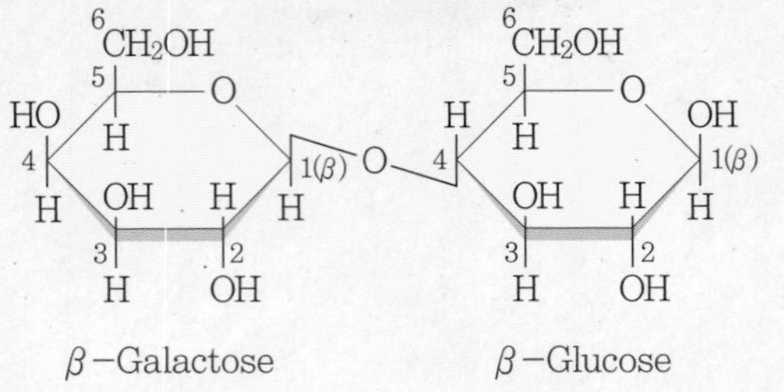

하는 것이 바람직하다.

또한 유당은 bifidus factor로 작용하여 젖산균의 발육이 촉진되고 다른 유해(有害) 세균의 번식이 억제되므로 정장의 효과가 있다. 그 외에도 칼슘과 단백질의 흡수를 촉진시켜 아기의 골격형성과 성장에 기여하며, 혈액 중의 Ca, P, Mg의 함량비를 적절히 조절하는 역할도 한다. 최근에는 유당불내증(lactose intolerance) 환자들을 위하여 유당을 lactase 처리하여 판매하고 있다.

(3) 설탕(sucrose)

설탕은 이당류 중에서 가장 널리 분포되어 있는 당으로서 특히 사탕무에 13~17%, 사탕수수의 줄기에 10~16% 함유되어 있는데, 이것을 공업적으로 그 즙을 농축한 후 결정화(crystallization)한 다음 정제하여 얻는다.

설탕은 α-glucopyranose와 β-fructofuranose가 결합된 것으로 구조에서 보는 바와 같이 C-1과 C-2의 α와 β가 결합된 것이다(α, β-1,2 결합). 즉 설탕은 α-D-glucose의 1번 탄소의 OH기와 β-D-fructose의 2번 탄소의 OH기가 결합하고 있으므로 환원력을 가지고 있지 않아서 비환원당(non-reducing sugar)이 된다. 그러나 이것을 가수분해시키면 유리 carbonyl기가 생겨서 환원당으로 변한다.

설탕은 우선성(+66.5°)으로 녹는점이 185℃이고, 효모에 의해 발효되며, 산 · 알칼리 · 효소(invertase, sucrase)에 의해 쉽게 가수분해되어 포도당(+52.2°)과 과당(-92°)의 1 : 1 혼합물이 되며, 이 혼합물의 비선광도는 좌선성이 큰 과당의 영향을 받아 -19.9°로 된다. 이와 같이 우선성의 설탕이 가수분해되면 그 선광성이 변하므로 설탕의 가수분해를 전화(inversion)라 하고, 포도당과 과당의 혼합물을 전화당(invert sugar)이라고 한다.

설탕의 감미도를 100이라고 하면 전화당은 130으로 포도당의 감미도(74)와 과당의 감미도(173)의 평균값인 124보다 더 높게 나타난다. 자연식품으로는 꿀 속에 전화당이 다량 함유되어 있는데, 이는 벌꿀의 타액 중에 들어있는 효소 invertase에 의해 설탕이 전화되었기 때문이다.

전화당은 수분을 보유하려는 성질이 있어 캔디 제조 시 건조방지를 목적으로 많이 사용된다. 전화는 과실류 중의 유기산(malic acid, citric acid, tartaric acid)에 의해 촉진되고 잼류(설탕 65~70%)는 전화당이 생성되어 용해도가 증가하므로 설탕의 석출이 방지된다.

그림 3-14 설탕의 구조

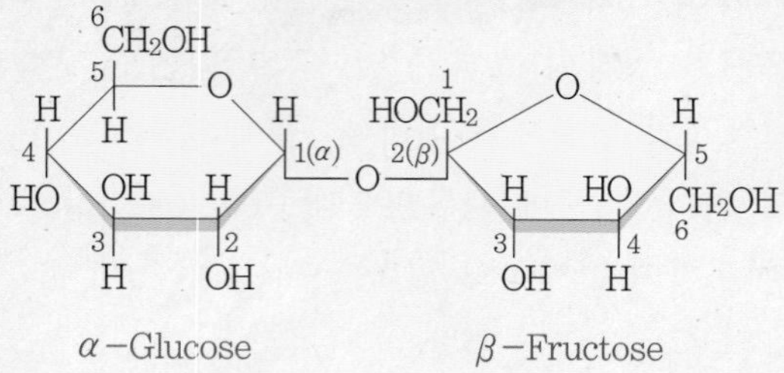

설탕은 냉온, 고온에 의한 감미도의 변화가 없으므로 단맛의 기본이 되며, 감미가 안정되어 있어서 감미도의 표준물질을 이룬다. 설탕은 소화흡수가 빠르며 피로회복에 효과가 크지만 과량 섭취하면 일시적 당뇨가 되며, 혈액 중 불완전 연소 시에 pyruvic acid, 젖산, 초산 등이 생겨 이를 중화하기 위해서 이나 뼈에서 Ca이 용출되어 이와 뼈가 약해지거나 산중독증이 된다.

(4) Trehalose

α-glucose의 1번 탄소 위치의 OH기와 다른 α-glucose의 1번 탄소 위치의 OH기가 결합하고 있으므로 환원성과 발효성이 없으며, 버섯류, 효모 등에 존재한다. 또한 생육환경이 악화되면 미생물이 식물 체내에 축적되어, 장기보존이나 건조 생체조직의 복원과 생명의 유지에 중요한 역할을 하게 된다. 세균(*Rhizobium, Arthrobacter* 등)으로부터 전분을 trehalose로 변환시키는 효소를 발견하여 공업적 생산이 가능해졌다.

그림 3-15 α-Trehalose의 구조

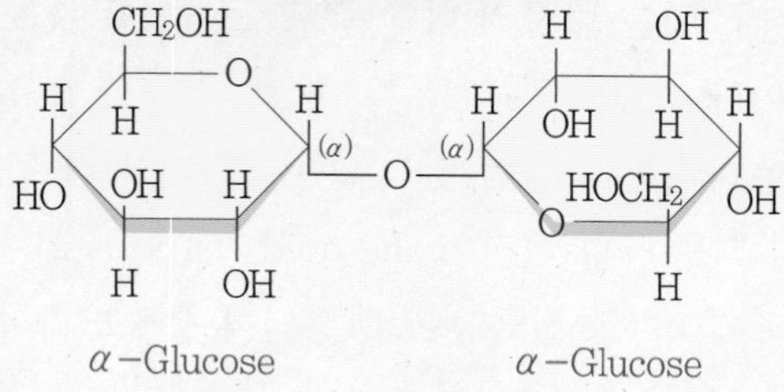

설탕보다 pH나 열에 대한 안정성이 높고 착색하기 어려운 성질을 가지며, 감미도는 45 정도로 전분의 노화방지, 생크림의 보형성 향상 등에 이용되고 있다. 단백질 변성 방지 효과와 점성유지 효과도 가지고 있기 때문에 건조식품이나 냉동식품에도 이용되고 있다.

6. 올리고당(oligosaccharide)

전분 등의 다당류에서부터 이당류를 생산하고 이를 효소에 의해 분해되는 과정은 다음 그림에 나타내었다.

올리고당은 2~10개의 단당류가 결합한 것으로, 천연에 존재하는 올리고당의 주체는 이당류이다. 대부분 전분이나 셀룰로오스 등의 다당류의 분해물로서 얻어져 탄수화물 관련효소의 전이작용에 의한 합성도 행해지고 있다. 항충치성이나 비피더스균 증식 촉진 활성 등의 생리작용을 갖고 있으며, 식품 중의 기능성 소재로서 기대되고 있다.

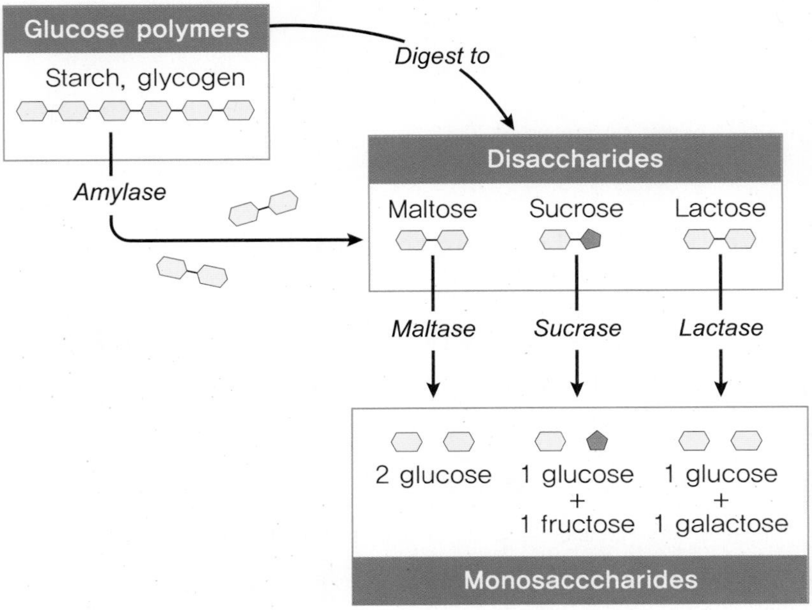

(1) Cyclodextrin

D-glucose가 α-1,4 결합으로 환상(cycle)으로 결합한 말토올리고당(malto oligosaccharide)의 총칭이다. 공업적으로는 *Bacillus* 속 유래의 cyclodextrin 합성효소(cyclodextrin glucanotransferase, CGTase)에 의해 제조되며, 6, 7, 8개의 glucose로 구성된 α-, β-, γ-cyclodextrin이 있다.

이 환상분자의 내부는 소수성(hydrophobic)이고 외부가 친수성(hydrophilic)이기 때문에, 내부에는 소수성분자가 결합하여 안정한 포접 화합물을 형성한다. 이로 인해 휘발성 물질의 휘발방지, 산화방지와 광분해성 물질의 보호, 물성개량, 유화 등의 기능을 갖고 있으며 폭넓게 이용되고 있다.

그림 3-16 β-cyclodextrin의 구조

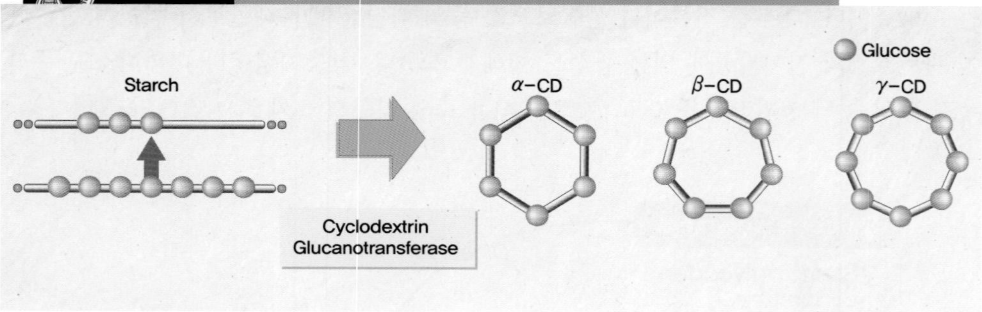

(2) 말토올리고당(malto oligosaccharide)

이당류인 맥아당이 주체이고 설탕에 CGTase를 작용시키면 glucose 측에 glucose가 α-1,4 결합으로 1개에서 3개의 결합한 G_2F, G_3F, G_4F 등의 말토올리고당이 얻어진다.

감미도는 40~60으로 점도가 높고 침투압이 낮기 때문에 식품의 윤기를 내는 데 쓰이며, 저충치성이며 환원성 말단이 비환원성의 fructose이기 때문에 아미노산과 가열해도 갈변하기 어렵다는 특징을 갖는다.

그림 3-17 CGTase에 의한 말토올리고당의 합성

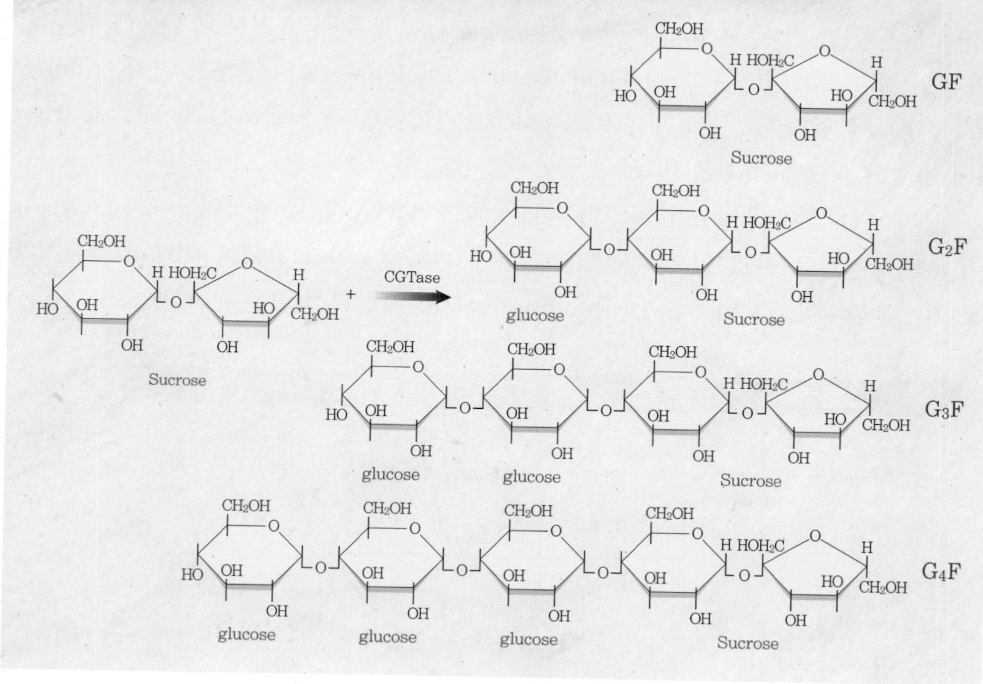

(3) 프락토올리고당(fracto oligosaccharide)

고농도의 설탕용액에 *Aspergillus niger* 유래의 β-fructofranosidase를 작용시키면 설탕의 fructose에 fructose가 1개에서 3개까지 결합한 GF_2, GF_3, GF_4 등의 프락토올리고당이 얻어진다. 감미도는 30~60으로 난소화성인 동시에 저충치성이며 혈당치나 혈중 인슐린을 상승시키지 않고 비피더스균 증식효과를 갖는다.

(4) 갈락토올리고당(galacto oligosaccharide)

갈락토올리고당은 galactose를 1분자 이상 포함하는 올리고당이다. 자연에는 주로 lactose, raffinose, stachyose 등이 있다. 갈락토올리고당은 lactose와 같은 정도의 감미도를 보이며 난소화성인 동시에 비피더스균 증식 촉진작용을 갖는다. 또한 저칼로리며 저충치성이다. 열 안정성 및 pH 안정성이 높아 캔디, 푸딩, 비스킷, 잼, 기능성 음료 등에 이용된다.

Raffinose는 콩, 면실 등의 식물종자와 사탕무 같은 뿌리와 지하줄기 등에 널리 분포되어 있다. 유칼립스투스 나무(eucalyptus)에서 분비된 꿀의 성분은 거의 raffinose로 구성되어 있다. 그 구조는 설탕의 glucose기의 6번 탄소에 α–D–galactose가 α–1,6 결합된 구조를 가지고 있다.

4당류인 stachyose는 raffinose의 galactose 6번 탄소에 또 하나의 α–D–galactose가 α–1,6 결합을 하고 있으며, 이 당도 역시 비환원당이고 효모에 의해서 부분적으로 가수분해된다. 그 외에 β–D–fructose가 4분자 결합되어 있는 scorodose도 있다.

그림 3-18 Stachyose 구조와 다른 갈락토올리고당의 관계

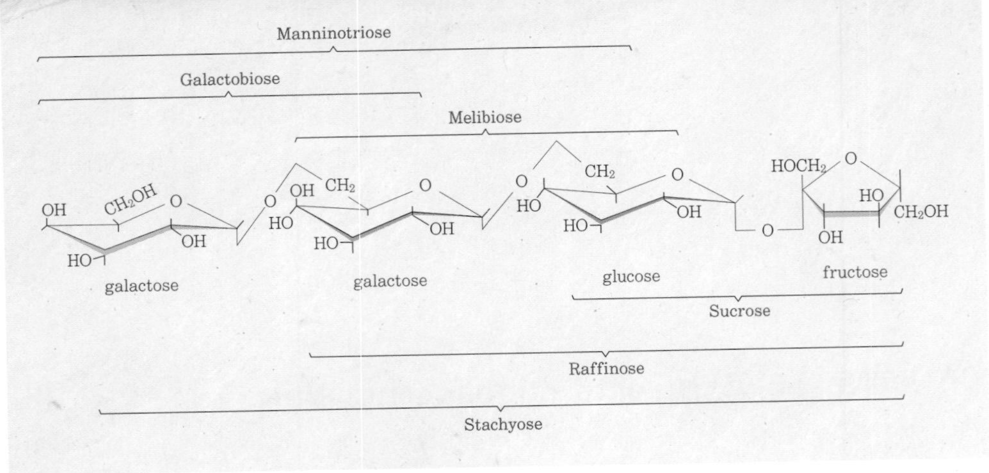

7. 다당류(polysaccharide)

다당류는 다수의 단당류가 glycoside 결합으로 연결된 고분자 탄수화물이며, 생물계에 널리 분포되어 있다. 다당류에 있어서 단당류의 결합수, 즉 중합도(degree of polymerization, DP)는 200~3,000개 이상의 것이 많으며, glycoside 결합에는 α와 β가 있고 결합 위치도 1 → 2, 1 → 3, 1 → 4, 1 → 6 등 여러 가지 모양이 있다. 또한

분자 모양도 직선형, 가지형 등이 있다.

다당류의 명칭은 구성하는 단당류 이름의 어미 'ose' 대신 'an'을 붙여 부른다. 예를 들어, hexose로 구성된 hexosan 중에는 glucan(glucose만으로 구성), galactan(galactose로 구성), fructan(fructose로 구성) 등이 알려져 있고, pentose만으로 형성된 pentosan에는 araban(arabinose로 구성), xylan(xylose로 구성) 등이 있다.

- 식물성 다당류
  - 식물 저장 다당류
    - 단순다당류 : starch, dextrin
    - 복합다당류 : inulin, glucomann
  - 식물 세포벽 구성다당류
    - 단순다당류 : cellulose
    - 복합다당류 : hemicellulose, pectin
  - 고무질 다당류
    - 단순다당류 : dextran
    - 복합다당류 : gum arabic, gum tragacanth, locust bean gum, guar gum, agar, alginic acid, carrageenan
- 동물성 다당류
  - 단순다당류 : glycogen, chitin
  - 복합다당류 : chondroitin sulfate, hyaluronic acid

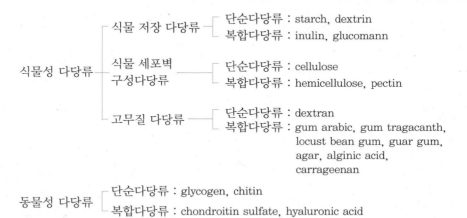

다당류의 구성단위 중 단당류나 그 유도체들의 종류가 같은 것끼리 이루어진 것을 단순다당류(simple polysaccharides, homopolysaccharides)라 하고 전분(starch), 글리코겐, 셀룰로오스 등이 있으며, 두 종류 이상의 단당류로서 이루어진 복합다당류(complex polysaccharides, heteropolysaccharides)에는 펙틴, 헤미셀룰로오스 등이 있다(그림 3-19).

(1) 단순다당류(homopolysaccharide)

한 종류의 단당류 또는 그 유도체가 glycoside 결합으로 수많이 이어진 것으로 생물계에 매우 널리 분포되어 있다.

1) 전분(澱粉, starch, amylum)

식물성 저장 탄수화물(reserve carbohydrate)로서 세포질에 있는 색소체(plastid)

에서 태양에너지(탄소동화작용, 동심원적인 전분입자 생성)에 의해 합성되며, 곡물(cereals), 서류(감자, 고구마 등)에 특히 많이 함유되어 있다. 전분은 무색(無色), 무미(無味), 무취(無臭)의 흰색 분말로서 물에 현탁되어 무거운(비중 1.55~1.65) 현탁액(suspension)을 형성한다.

그림 3-19 단순다당류와 복합다당류의 예

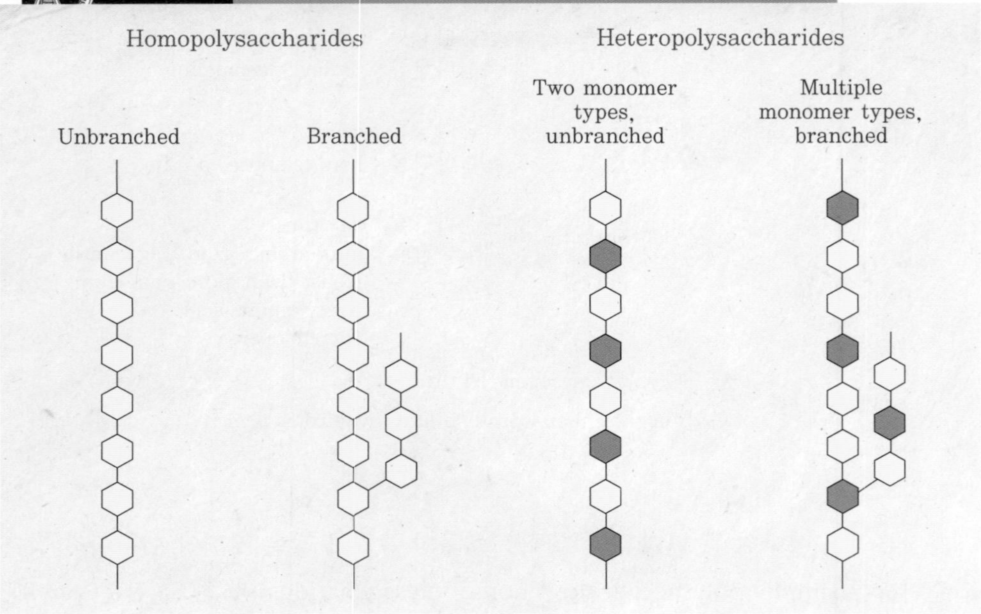

전분은 인간의 중요한 에너지원이며, 식품제조 · 가공 시 주원료 및 부원료로 중요한 역할을 한다(표 3-5).

표 3-5 전분의 용도

용도	사용례
증점제(thickening agent)	sauce, soup, gravy
겔화제(gelling agent)	pudding
안정제(stabilizing agent)	syrup, salad dressing, 음료
결착제(binding agent)	sausage, press ham
보습제(moisteuring agent)	confection
피막제(coating agent)	bread, cake
조형제(moulding agent)	jelly, cake
희석/유동 촉진제(diluent/flow-aid)	baking powder

표 3-6 각종 전분입자의 크기와 형태

종류	크기(μm)*	모양	종류	크기(μm)*	모양
보리	25	불콩	감자	45	달걀
밀	25	불콩	고구마	15	달걀
쌀	7.5	다각형	메밀	12.5	다각형

* 평균치

전분입자(澱粉粒子, starch granule)는 상호 간의 수소결합에 의해 강력하게 결합되어 있고, 형태와 크기는 출처(source)에 따라 다양하다. 일반적으로 곡류의 전분입자는 2~20μm로 소형이며 크기의 차이가 적은 반면에 감자, 고구마 등의 근경류(roots and tubers)의 전분입자는 5~150μm로 대형이고 크기의 차이가 크다.

전분은 포도당의 수가 수백~수천 개 중합(重合)한 것으로 분자식이 $(C_6H_{12}O_6)_n$으로 표시되지만 실제로는 그 결합방법에 따라 아밀로오스(amylose)와 아밀로펙틴(amylopectin)의 2종류로 구별된다.

아밀로오스와 아밀로펙틴은 그 분자구조가 현저하게 다르며, 화학적 · 물리적 성질도 다르다. 표 3-7에서와 같이 전분 중의 아밀로오스와 아밀로펙틴의 함량은 전분의 종류에 따라 다르다.

일반적으로 전분입자는 아밀로오스 15~30%, 아밀로펙틴 70~85%로 구성되어 있으나, 찹쌀(waxy rice)과 찰옥수수(waxy corn) 등의 전분은 거의 아밀로펙틴으로만 되어 있다.

그림 3-20 전분입자의 형태

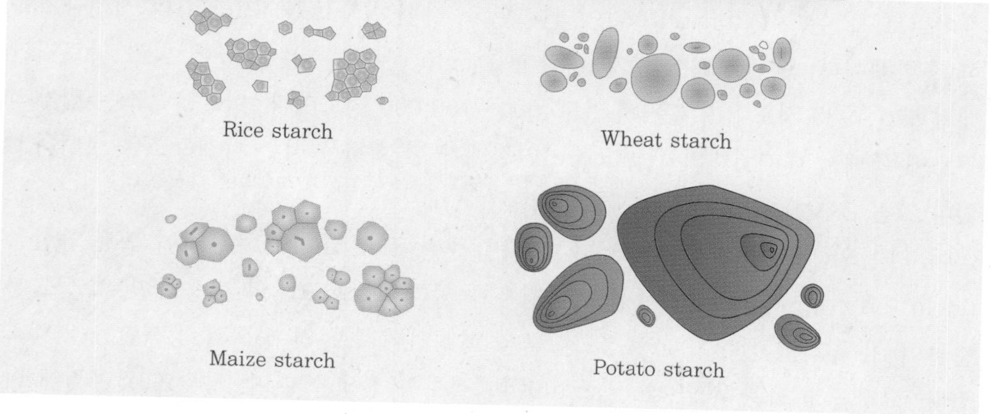

표 3-7 대표적 전분의 아밀로오스와 아밀로펙틴 함량

전분의 종류	아밀로오스 함량(%)	아밀로펙틴 함량(%)
쌀	18	82
보리	27	73
밀	25	75
옥수수	27	73
수수	26	74
메밀	28	72
찰옥수수	0~2	100~96
찹쌀	0	100
감자	22	78
고구마	18	82
타피오카(tapioca)	18	82

① 아밀로오스(amylose)

아밀로오스는 포도당(α-D-glucose)이 α-1,4 glycoside 결합을 통하여 직선상(straight chain)으로 결합된 중합체이다. 아밀로오스의 분자 양쪽 끝에는 환원성 말단(reducing end)과 비환원성 말단(non-reducing end)을 가지고 있다.

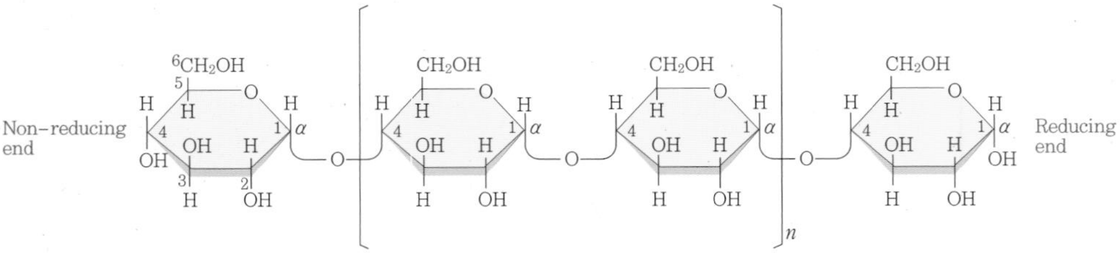

아밀로오스는 가지(branch) 없이 연결된 α-나선형(α-helical form)의 직선구조를 한 중합체이다. 아밀로오스 분자 내의 α-D-glucose의 수는 종류에 따라 다르지만 대략 420~980 정도이며 분자량은 70,000~160,000 정도이다. 아밀로오스는 입체적 구조에 의해서 대개 6개의 α-glucose 연결체가 한 회전을 하는 나선구조를 형성하고 있다(그림 3-21).

이 나선의 내부공간에 가끔 다른 화합물이 포접(inclusion)되어 포접화합물(inclusion compounds)이 형성되는 경우가 있다. 요오드(I_2)와 반응하면 요오드 분자들이 이 공간에 들어가서 포접화합물을 형성하여 특유의 청색의 정색반응을 일으킨다. 요오드 반응은 사슬(glucose unit)이 길수록 청색을 띠며, 사슬이 짧아짐에 따라 무색으로 변하게 된다(표 3-8).

그림 3-21 아밀로오스의 나선구조

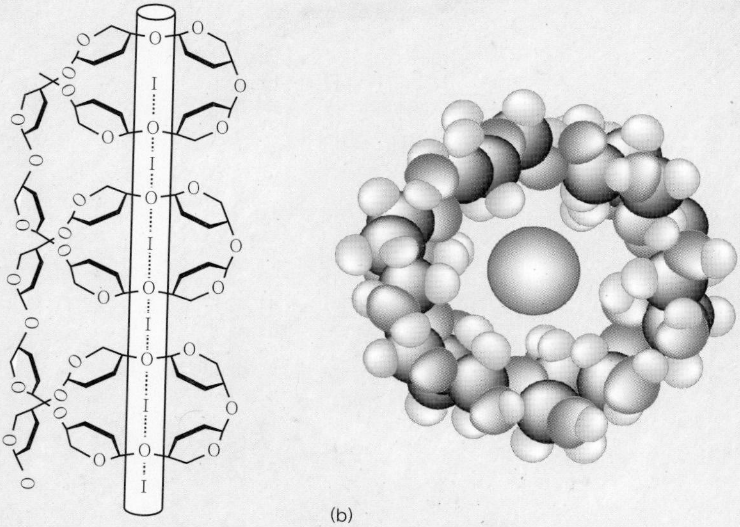

(a) (b)

표 3-8 선형 사슬 길이와 iodine color 사이의 관계

Glucose unit	Number of helix turn	Color
12	2	none
12~15	2	brown
20~30	3~5	red
35~40	6~7	purple
45 and over	9	blue

요오드 이외에 butyl alcohol, amyl alcohol, 고급 지방산들이나 monoglyceride에서도 포접화합물을 형성하는 것으로 알려져 있다.

② 아밀로펙틴(amylopectin)

아밀로펙틴은 가지(branch)가 많은 나무와 같이 α-D-glucose가 α-1,4 결합에 의해 연결된 amylose 사슬의 군데군데에 α-1,6 결합을 형성하고 있으며, 전체적으로 그물 모양의 구조를 이루고 있다.

그림 3-22 아밀로펙틴의 분지상 구조

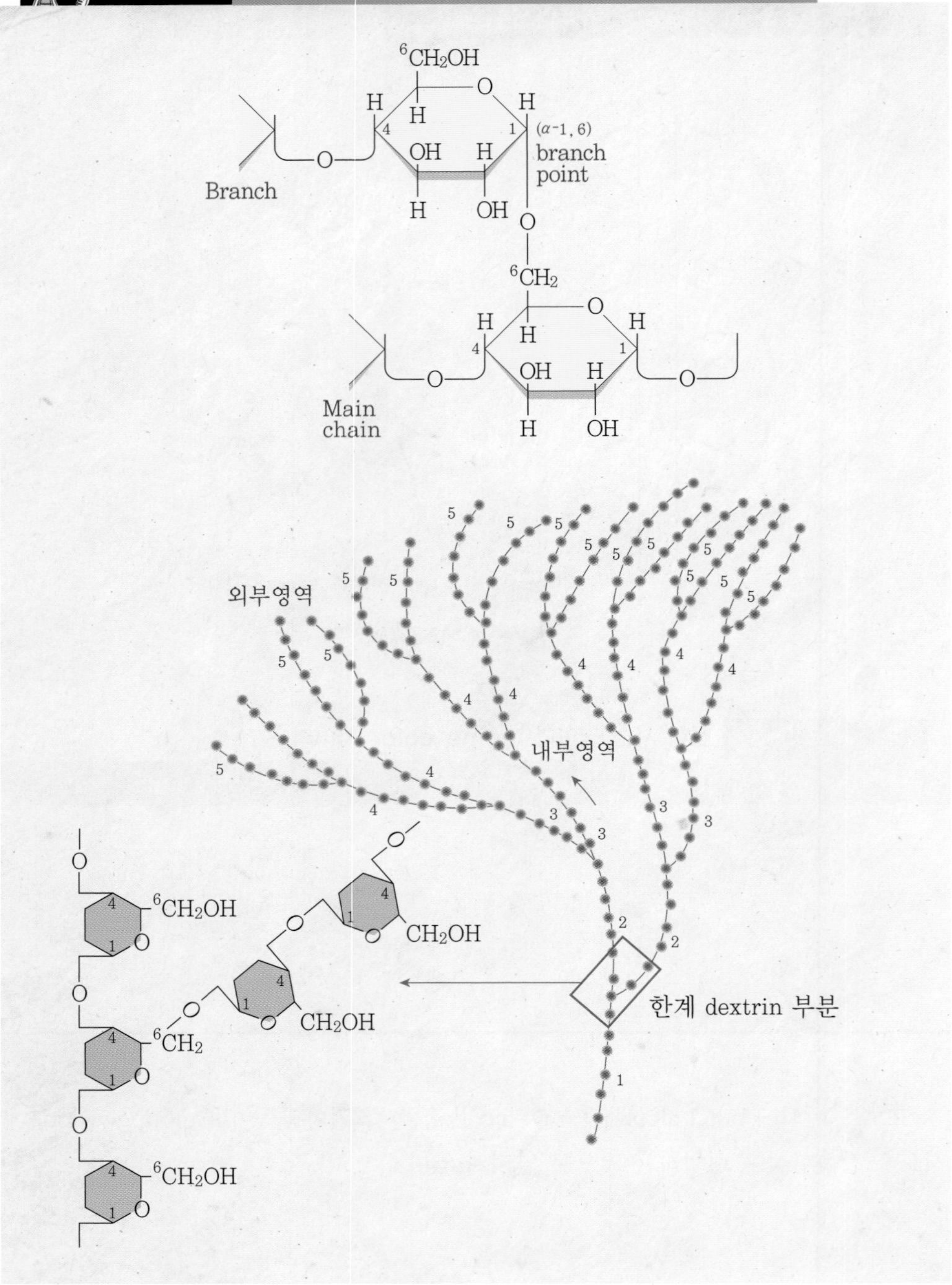

아밀로펙틴은 구조에서 보면 분자 중에 환원성 말단 1개와 여러 개의 비환원성 말단을 갖고 있으며, α-1,6 결합은 전체 glycoside 결합의 4~5%를 차지한다. 아밀로

펙틴의 분자량은 10^7~10^9 정도로 아밀로오스보다 훨씬 크며, α-1,6 결합 사이의 포도당의 평균수는 보통 17~27개로 8~12개인 글리코겐보다 그 가짓수가 적다. 또한 그 구조가 가지 모양의 형태를 이루고 있으므로 아밀로오스와 같이 나선구조를 가지고 있지 않아 요오드와 다른 화합물을 포접하지 않고 포접화합물을 형성하지 않으므로 그 정색반응은 원래 색인 자주색(purple)을 나타낸다.

아밀로펙틴을 β-amylase로 가수분해하면 그림 3-22에서와 같이 아밀로펙틴의 가지 말단으로부터 maltose 단위로 순차적으로 가수분해하여 절단하다가 α-1,6 결합인 가지부분에 이르면 더 이상 분해되지 않기 때문에 한계 덱스트린(limit dextrin)을 생성하게 된다.

이상의 아밀로오스와 아밀로펙틴의 성질을 표 3-9에 비교하였다.

표 3-9 아밀로오스와 아밀로펙틴의 성질 비교

구분	아밀로오스	아밀로펙틴
모양	직선형의 분자구조로 포도당 6개 단위로 된 나선형(helical form)	나뭇가지 모양의 분자구조로 전체적으로는 그물 모양(micelle form)
결합 상태	glucose가 α-1,4 결합(maltose 결합양식)	amylose 사슬이 α-1,6 결합(isomaltose 결합양식)
요오드반응	파란색(blue)	자주색(purple)
분자량	40,000~340,000	4,000,000~6,000,000
수용성	잘 녹음	잘 녹지 않음(난용)
물 현탁액의 안정성	노화되기 쉬움	안정함
분자말단 환원기 수	1개	수백 개
amylase에 의한 가수분해	95~100%(maltose 단위)	50%(maltose 단위)
비환원 말단기 사이의 glucose unit	200~2,100	20~25
호화반응	쉽다(직선구조)	어렵다(가지 모양)
X-ray 회절시험	결정성 구조	무정형
acetylated derivative의 특성	섬유상의 질긴 film 형성	부스러지기 쉬운 film, 무정형 분말
노화반응	쉽다	어렵다
염석	$MgSO_4$에 석출	석출이 안 됨
butanol 용액	석출	석출이 안 됨
내포화합물	형성함	형성 안 함
함량	쌀 20%, 찹쌀 0%	쌀 80%, 찹쌀 100%

2) 덱스트린(糊精, dextrin)

전분을 산, 알칼리, 효소 등에 의해 가수분해 또는 180℃ 이상에서 열분해(thermal degradation)할 때 생성되는 물질로 전분이 맥아당으로 전환될 때의 중간생성물에 대한 총칭이다.

① 가용성 전분(soluble starch)

전분을 묽은 무기산(황산 · 염산)에 수일간 방치 후 중성을 띨 때까지 수세(water washing) · 건조한 것으로, 냉수에는 녹지 않으며 열수에 잘 녹아 투명한 colloid를 형성한다. 그리고 효소나 산에 의해 전분보다 쉽게 덱스트린을 거쳐 가수분해된다. 요오드반응에 진한 청색을 띤다.

② 각종 덱스트린의 성질 비교

- amylodextrin: 가장 복잡한 구조를 가진 것이며, 전분과 거의 같고 요오드반응은 푸른 적색을 띠고 있다[from amylum = starch].
- erythrodextrin: 가수분해가 상당히 진행되어 작은 분자로 된 것이며, 요오드반응은 적색을 띠고 찬물에 녹으며 환원성이 있다[erythrocyte = red blood cell].
- achromodextrin: 가수분해가 더 진행된 것으로 요오드반응은 일으키지 않으나 환원력을 가진다[a(not) + chromo(color)].
- maltodextrin: achromodextrin보다 가수분해가 더 진행된 것으로 maltose나 glucose가 되기 직전의 덱스트린이며 요오드반응은 무색이다.

표 3-10 각종 덱스트린의 성질 비교

종류	I_2 반응	[α]	환원력 maltose=100	침전 에탄올 농도 (%)
amylodextrin	청색	190~195°	0.6~2.0	40
erythrodextrin	적갈색	194~196°	3~8	65
achromodextrin	무색	192°	10	70(가용)
maltodextrin	무색	181~182°	20~43	70(가용)

3) 이눌린(inulin)

이눌린은 국화과 식물의 구근(球根), 특히 돼지감자(jerusalem artichoke)에 많이 함유되어 있는 저장성 다당류인 fructan으로 알려진 fructose로 구성되어 있는 다당류이다. 이눌린은 35개 내외의 β-fructose가 β-1,2 결합으로 연결된 중합체로 분자량 5,000 정도이다. I_2에 의한 정색반응이 없으며 inulase에 의해 가수분해되고 산에 의해서는 전분보다 빨리 가수분해된다.

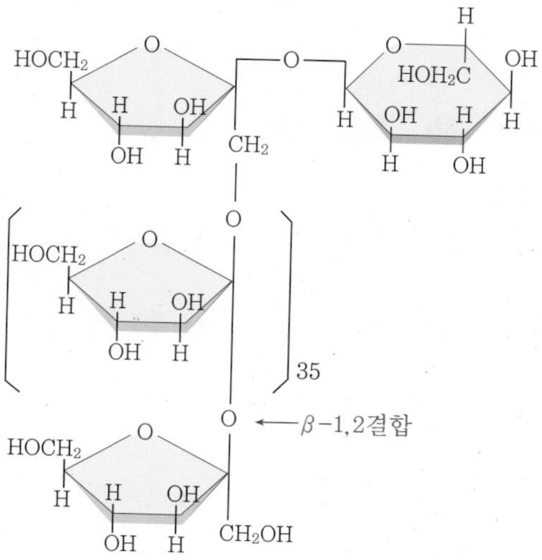

4) 셀룰로오스(cellulose)

셀룰로오스는 자연에 가장 풍부하게 존재하는 유기물질이며 모든 식물체 내에서 세포막의 구성성분으로 되어 있다. 인체 내에서 셀룰로오스 소화효소가 없기 때문에 영양적인 가치는 없지만 식품의 부피감을 느끼게 하며, 적당량의 셀룰로오스는 장의 유동작용을 도와주므로 통변을 좋게 한다. 한편, 약간의 셀룰로오스가 소화관 내의 일부 세균에 의해 가수분해와 발효를 받아 생성된 초산이나 propionic acid 같은 유기산이 생체 내의 지방산 합성에 사용될 수 있다고 한다.

셀룰로오스는 β-glucose가 β-1,4 결합으로 생성된 고분자 탄수화물(평균 분자량은 $4.6 \times 10^5 \sim 1.7 \times 10^7$)로서 구성단위체는 cellobiose이다. 최소 구성단위는 소수의 셀룰로오스에 의한 microfibril이며, 점차 이들 microfibril들이 모여 서로 간에 수소결합을 이루어 단단한 결합을 형성하여 식물체의 보호작용을 한다. 셀룰로오스 분자들의 배열상태는 규칙적인 결정성 영역(crystalline region)과 불규칙적인 무정형 영역(amorphous region)[보기 cotton fiber는 70% : 30%]으로 되어 있다.

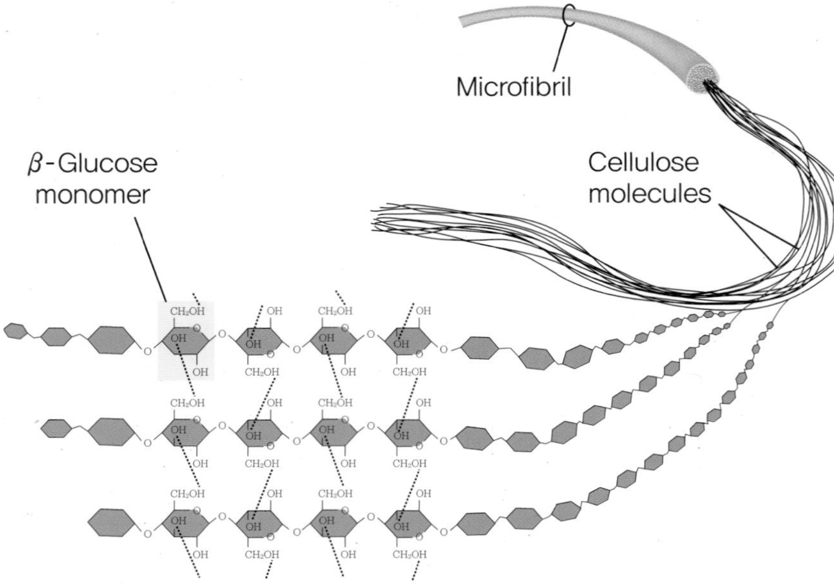

셀룰로오스는 *Aspergillus, Rhizopus, Neurospora, Penicillium* 등의 미생물에 의해 생산되는 cellulase에 의해 가수분해되어 β-glucose를 생성한다.

셀룰로오스의 생리적 기능과 가공 특성은 식품의 부피 증가 효과(bulkiness), 완화작용에 의한 변비예방(prevention of constipation), 보향제(flavor ligand), 착색제(colorant), 저칼로리 식품(dietetic food), cholesterol 저감작용이 있다.

셀룰로오스 분자의 일부분을 약간 변형하면 천연 셀룰로오스에는 없는 바람직한 레올로지 특성을 갖게 되므로 인공적으로 셀룰로오스 유도체들이 제조된다.

5) 글리코겐(glycogen)

식물의 저장 탄수화물인 전분에 상당하는 동물성 전분으로 간과 근육에 저장 탄수화물로 존재한다. α-D-glucose가 α-1,4 결합과 α-1,6 결합을 통해서 결합된 중합체로서 그 구조는 아밀로펙틴과 유사하나 가지가 더 많은 구조를 가지고 있는 구상(球狀)이며, 가지의 길이(glucose 8～12개)는 짧다. 글리코겐은 요오드에 의한 정색반응을 나타내며 그 점도는 아밀로오스나 아밀로펙틴보다 작고, 호화를 일으키지 않으며 노화현상도 없다.

이상의 아밀로펙틴, 글리코겐 그리고 셀룰로오스의 구조학적 차이를 그림 3-24에 나타내었다.

그림 3-23 글리코겐과 아밀로펙틴의 비교

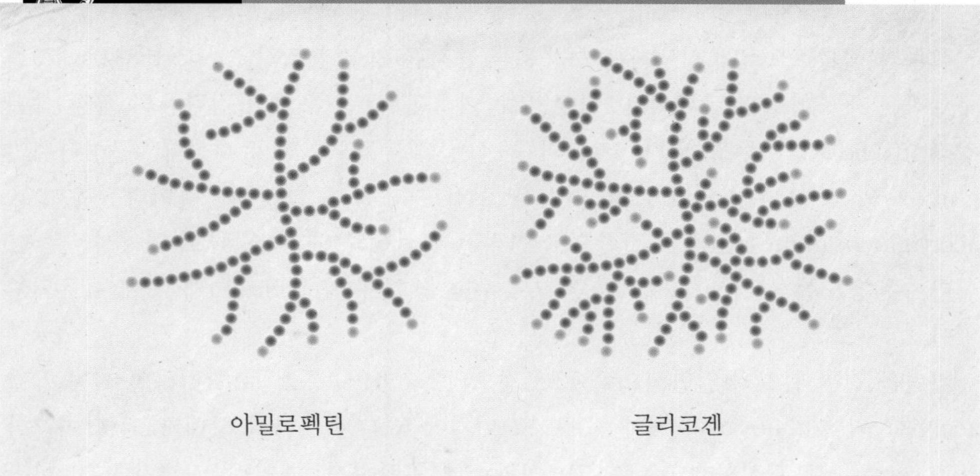

그림 3-24 아밀로펙틴, 글리코겐, 셀룰로오스의 비교

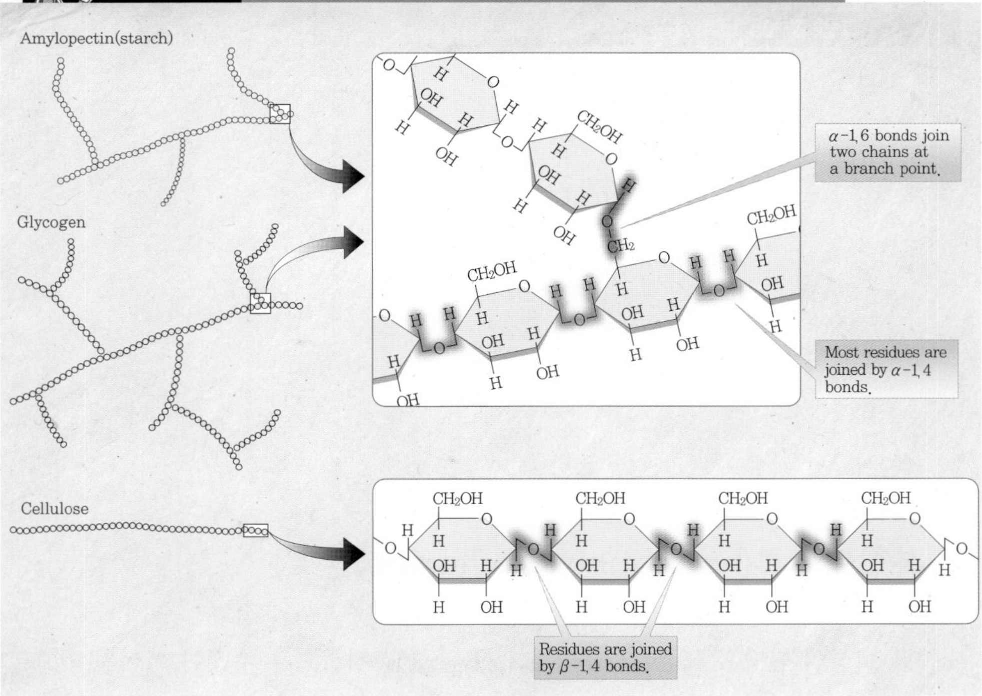

6) 키틴(chitin)

식물의 셀룰로오스에 상당하는 하등동물(갑각류)의 결합조직(connective tissue)을 구성하는 구조형성 다당류이다. 바닷가재, 게, 새우, 곤충 등의 갑각류의 껍질 속에 강직성(rigidity)을 주고 있다. 키틴의 구조는 셀룰로오스와 유사한데, 구성단위인 glucose의 C-2 위치의 OH기 대신에 $-NHCOCH_3$로 치환된 것이다. 즉, N-acetylglucosamine이 β-1,4 결합으로 연결된 직선상의 단순다당류로 영양성분은 아니다. 주 용도는 상처 치료제, 인공피부, 수술 봉합사, 직물 sizing제 등에 사용되고 있다.

키틴을 진한 알칼리(일반적으로 40% 정도의 NaOH 수용액)로 처리하면 키틴이 탈acetyl화 되어 chitosan이 된다. 즉 C-2 위치에 NH_2만 결합된 상태가 되며 이러한 chitosan은 세포활성화제, 식품재료, 콜레스테롤 강하제, 페인트, 모발세척제, 화장품 보습제, 폐수처리 침강제, 단백질 회수제, 중금속 회수제, 희귀금속 회수제, 항암제, 항진균제, 항혈전제 등에 널리 사용된다.

그림 3-25 Chitin의 구조

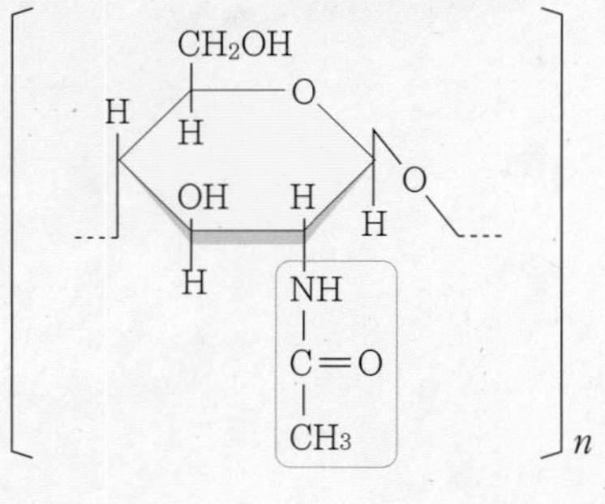

(2) 복합다당류(heteropolysaccharide)

2종류 이상의 단당류 또는 그 유도체가 glycoside 결합으로 수많이 이어진 것으로 생물계에 널리 분포되어 있다.

1) 헤미셀룰로오스(hemicellulose)

식물세포의 세포막에 존재하는 헤미셀룰로오스는 그 분자 구조나 크기가 일정하지 않은 다당류의 혼합물이며, 화학 구조나 성분이 뚜렷이 규명되어 있지 않은 다당류의 혼합물이다. 일반적으로 식물의 조직으로부터 온수(hot water)로 추출하고 남은 부분을 묽은 알칼리로 추출할 때 얻어지는 모든 다당류를 가리킨다.

헤미셀룰로오스는 식물세포의 비섬유성 물질로 섬유성 물질인 셀룰로오스와 함께 있으며, 그 조성이 단순다당류는 아니며 복합다당류이다. 그 구성성분으로는 pentose (arabinose, xylose), hexose(glucose, galactose, mannose, rhamnose), hexose 유도체(glucuronic acid, galacturonic acid, 4-methyl glucuronic acid) 등이 그 성분으로 알려져 있다.

2) 리그닌(lignin)

리그닌은 방향족 물질들의 중합체(aromatic polymer)로서 식물세포 사이의 결착제(cementing substance)의 역할을 하며, 어린 식물이 성숙함에 따라 식물세포벽의 목질화(木質化, lignification)에 기여한다. 그 구성성분은 phenol, catechol, methanol, anisole 및 이들의 유도체(derivatives)이다. 그 기능으로는 육제품, 치즈 등의 훈연공정(smoking process)에 의해 독특한 향미와 방부성을 부여하며, 색택 개선효과와 산패 억제효과가 크다.

3) 펙틴 물질(pectic substances)

펙틴은 식물의 세포막이나 세포질 간에서 셀룰로오스와 함께 존재하는 복합다당류로서 영양성분은 아니지만 과실이나 채소의 물성에 영향을 미치며, 당이나 산과 함께 겔을 형성할 수 있는 특성을 가지고 있다.

펙틴은 세포막 또는 세포막 사이에 존재하는 엷은 층에 주로 존재하여 세포막 사이의 엷은 층을 메워주는 물질인 동시에 세포와 세포 사이를 결착시켜 주는 물질, 즉 결착제로 작용한다. 펙틴은 사과(펙틴 함량 15～18%) 등의 과실류, 레몬 · 오렌지 등과 같은 감귤류 껍질(30～35%), 일부 채소류, 사탕무(25～30%) 등에 존재하고 있다.

펙틴 물질은 polygalacturonic acid의 methyl ester 또는 염류로서 수용액은 콜로이드 상태를 나타내고, 적당량의 산 또는 당이 존재할 때 겔을 형성할 수 있는 물질로 정의된다.

펙틴과 관련된 물질들을 펙틴 물질이라고 하는데 다음과 같은 종류가 있다.

① protopectin: pectin의 전구체로서 물에 녹지 않고 성숙되지 않은 식물의 유연조직(柔軟組織)에 존재하며, 성숙과 숙성됨에 따라 효소 protopectinase에 의해 가수분해되어 수용성의 펙틴으로 변화한다.

② pectinic acid: galacturonic acid 중 carboxyl기(−COOH)가 상당수의 methyl ester($-COOCH_3$)로 존재하는 polygalacturonic acid이며, 유리형의 −COOH는 완전한 염 또는 일부 염으로 존재한다.

③ pectin: 적당량의 산과 당이 존재하면 겔(잼, 젤리)을 형성할 수 있는 물질로서 galacturonic acid의 −COOH 중 일부가 methyl ester로 존재하는 polygalacturonic acid이다.

④ pectic acid: polygalacturonic acid의 −COOH에 methoxyl기가 전혀 존재하지 않는 pectinic acid의 가수분해 산물로서 과즙류의 청징화(淸澄化, clarification)에 응용된다.

펙틴의 기본 구조는 anhydro-D-galacturonic acid가 α-1,4 결합으로 축합에 의해 연결된 α-helix상의 선형구조이다.

펙틴의 구조를 살펴보면 다음 그림과 같이 polygalacturonic acid의 −COOH가 ⓐ $-COOCH_3$(methyl ester), ⓑ $-(COO)_2Ca$(calcium salt) 또는 $-(COO)_2Mg$(magnesium salt) 등의 염 형성, ⓒ −COOH(free state)로 되어 있다.

그림 3-26 펙틴의 구조

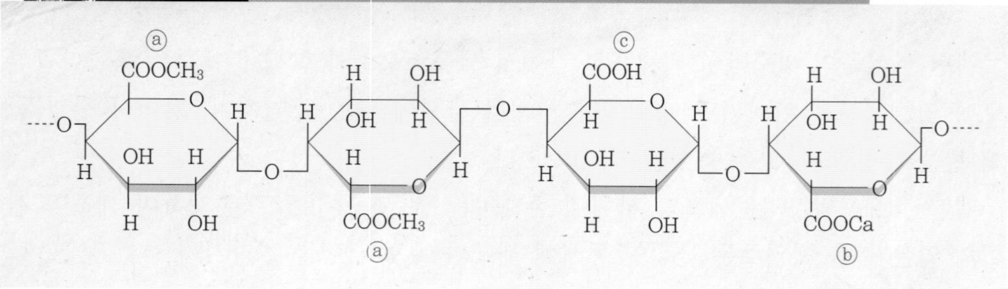

펙틴의 구성성분으로는 주성분인 galacturonic acid(87~95%) 이외에 arabinose, galactose, rhamnose, xylose, acetic acid, fucose 등이 혼재하고 있다.

펙틴은 물에서는 점성이 높은 콜로이드 용액을 형성하며, 적당한 조건하에서 당류나 Ca^{+2}과 같은 다가이온들과 겔을 형성한다. 펙틴의 겔 형성 능력은 분자량의 크기,

methoxyl의 함량, 그 구조나 구성성분 등에 따라 큰 영향을 받는다.

한편, 펙틴 분자 속의 모든 유기산기가 methyl ester화되었다고 가정한다면 methoxyl기(−OCH_3)의 전체 분자에 대한 중량 %는 다음 식에 의해서 대략 16.32%가 된다.

$$\% \text{ of methoxyl group} = \frac{n \times CH_3O}{n \times C_6H_{10}O_7} \times 100 = \frac{31}{190} \times 100 = 16.32\%$$

그러나 실제로 100% methyl ester화가 되지 않으며 methoxyl기의 최대함량은 14% 정도이다. 따라서 그 중간값 7%를 기준으로 하여 methoxyl기가 7% 이상인 펙틴을 高 methoxyl pectin(HMP)이라 하고, 7% 이하의 것을 低 methoxyl pectin(LMP)이라 한다. 그리고 펙틴 분자 속의 methyl ester화 정도를 DM(degree of methylation) 또는 DE(degree of esterification)로 표시하는 경우가 있다. DE는 전체 D−galacturonic acid 잔기 수당 에스테르화된 D−galacturonic acid 수×100으로 표시된다. 천연원료에서 얻을 수 있는 최대 DE는 약 75%이다.

젤리나 잼에 이용되는 펙틴(HMP)은 최소 한도로 DM이 50 이상이어야 하며 DM이 높을수록 겔 형성에 있어서 높은 온도를 필요로 한다. DM이 50~70인 경우는 겔 형성속도가 느리므로 완속 겔 형성(slow settling) 펙틴이라고 하는데, 이러한 펙틴은 겔 형성 도중에 내용물 중의 고형성분과 겔 성분이 분리될 염려가 없기 때문에 조작하는 데 시간적 여유를 가질 수 있어서 과즙 젤리나 잼 제조에 사용된다. DM이 70 이상인 펙틴은 비교적 높은 온도에서 빨리 굳어지기 때문에 충전(filling) 과정에서 겔화가 일어나는 경우가 있다. 이러한 신속 겔 형성(rapid settling) 펙틴은 당절임 등에 이용된다.

겔 형성에는 펙틴 외에 설탕, 산, 물 등이 존재해야 한다. 일반적으로 펙틴은 겔 형성능력에 따라 여러 등급이 있는데, 등급이 높을수록 좋다. 펙틴의 등급은 최적 pH에서 65% 설탕을 가진 일정한 굳기(hardness)의 젤리를 형성할 수 있는 상태가 기준이 되며, 펙틴 1kg을 젤로 만드는 데 필요한 설탕의 kg으로 정의된다. 대다수의 HMP는 150 grade USA−SAG로 표준화되는데 이는 1kg의 표준 펙틴이 150kg의 설탕을 표준 겔(설탕함량 SS=65.0%, pH=2.2~2.4, 겔 강도=23.5% SAG)로 바꾼다는 것을 의미한다.

다시 말해, 1kg 150 '젤리 등급' 펙틴은 $\frac{150 \times 100}{65} \approx 230$kg 표준 젤리를 만들 수 있다.

그림 3-27 메톡실함량과 DE에 따른 HMP, LMP

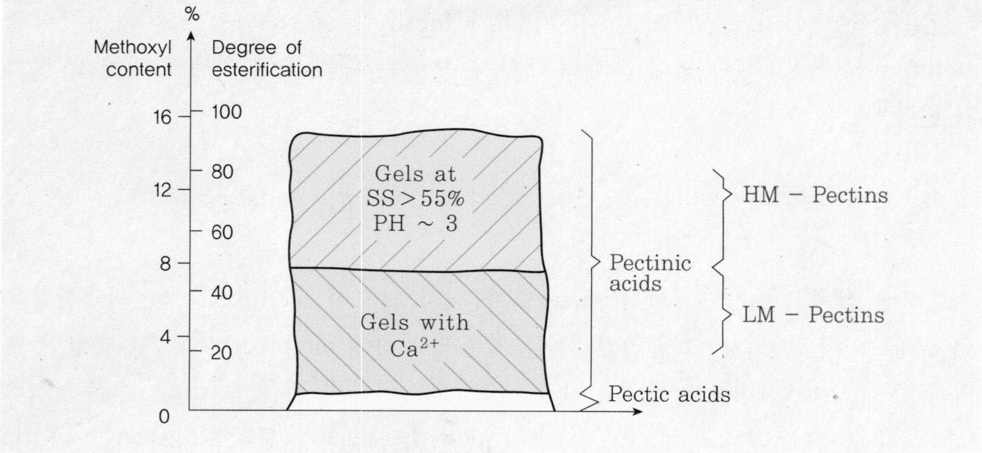

표 3-11 펙틴의 응용

펙틴의 형태	대표적인 응용 예	제품 중의 함량(%)	중요인자
Regular pectin	과일 젤리, 잼	0.1~0.8	수용성 고형분(젤리; 65%, preserve, 빵 잼; 60%), pH 2.8~3.2
	과자용 젤리	0.85~1.25	수용성 고형분 80~82%, buffer salt 첨가, pH(젤리 : 물 = 50 : 50) 3.4~ 3.7, 동등량의 포도당과 설탕 첨가
	가정용 젤리	3oz/6~8 glasses	포도당, 펙틴, 과즙산 [젤리 등급 10]
	저칼로리 과즙과 음료 flavor emulsion 샐러드 드레싱	few tenths 2~3	spacing agent로서 무가당의 경우 요주의 water phase의 oil 함량 15~20% 이상
Low methoxyl pectin	샐러드와 드레싱 겔 a. imitation flavor and color(가정용) b. 과일 및 채소 주스(통조림 겔)	0.6~1.5 1.0~1.8	펙틴의 8~16% 인산2수소칼슘, 구연산나트륨, 과즙산 첨가, 펙틴의 6~14% 염화칼슘, pH 3.6~3.8, Ca염 첨가 전 펙틴 용해
	우유겔, 푸딩	0.8~1.5	Ca염 첨가 불필요
	저칼로리 젬형 과일 겔 (다이어트용)	0.8~1.5	Ca/펙틴 적정비율 소량의 sorbitol과 글리세린 첨가

HMP(DM 50~80)일 경우에는 적당한 pH(pH 3.2~3.5)와 적당한 양의 당(sugar 50% 이상)에서 겔을 형성하며, LMP(DM 25~50)는 당류나 산을 첨가하지 않고 Ca^{2+}/Mg^{2+} 염을 첨가하여 반고체인 겔을 형성하여 저칼로리식품, 즉 다이어트식품

을 생산한다. 펙틴의 다양한 사용 예를 표 3-11에 나타내었다.

4) 천연 고무질(natural gums, natural hydrocolloids)

천연 고무질은 식물의 조직, 열매, 종자에서 얻어지는 고분자 물질로 점도가 크고 특유한 성질을 가진 다당류로서 식품가공에 널리 사용되고 있다(표 3-12).

Glickman, M.은 다음과 같이 분류하였다.

- 육상식물 추출물(land plant extracts): pectin, starch, gum arabic, locust bean gum, gum ghatti, gum tragacanth
- 해조류 추출물(algal extracts): agar, alginates, carageenan, furcellaran
- 동물 추출물: gelatin, chitin
- 미생물 생산 고무질(microbial gums): dextran, phosphomannan, xanthan gum

① 식물조직 추출물(exudate of plant tissue)

가. 아라비아 고무(gum arabic)

아카시아 나무껍질에서 얻어지는 추출물이며, Ca, Mg, K과 같은 양이온을 함유한 복합다당류로서 중성 또는 미산성염으로 존재한다.

아라비아 고무는 β-D-galactose가 β-1,3 결합으로 연결되고 여기에 L-rhamnose, L-arabinose, D-glucuronic acid가 1,6 결합을 통해 연결되어 있는 가지가 많이 달린 코일상의 구조이다.

독성이 없고 무색, 무미, 무취이며 물에 대한 용해도가 매우 높다. 또한 설탕의 결정화를 방지하고 아이스크림, 셔벗 등의 안정제, 검, 빵, 과자류에 기초제, 유화제, 농화제 등으로 사용된다.

나. 트래거캔스 고무(gum tragacanth)

주로 이란지방에 자라는 *Astragalus*속의 관목에서 추출되는 고무질로서 3개의 glucuronic acid와 1개의 arabinose, 2개의 arabinose side chain을 가진 다당류로 여겨진다. 찬물에서 팽윤되고, 고온, 정온에서 안정도가 높다. 샐러드 드레싱에 첨가되고 그 밖에 치즈, 아이스크림 등에 이용된다.

다. 카라야 고무(gum karaya)

인도의 *Sterculia urens* 나무에서 얻어지며, 부분적으로 acetyl화된 고분자다당류로서 galacturonic acid : galactose : rhamnose가 43 : 14 : 15로 결합되어 있다. 찬

물에서 팽윤되며 점증제로 사용된다. 주로 치즈, 아이스크림 등에 이용된다.

표 3-12 식품에서 고무질의 기능과 실례

기능	예
접착제(adhesive)	빵, 과자류의 글레이즈(bakery glaze)
결착제(binding agent)	소시지
칼로리 조정제(calorie control agent)	규정식 식품(diet 식품)
결정화 억제제(crystallization inhibitor)	아이스크림, 설탕, 시럽
청정제(clarifying agent)	맥주, 술
유화제(emulsifier)	샐러드 드레싱(salad dressing)
피막 형성제(film former)	소시지 케이스
거품 안정제(foam stabilizer)	맥주
겔 형성제(gelling agent)	과자류
안정제(stabilizer)	맥주, 마요네즈
팽윤제(swelling agent)	가공육류
시네레시스 억제제(syneresis inhibitor)	치즈, 냉동식품
조밀제(thickening agent)	잼, 소스

② 식물종자(seed) 고무질

가. 로커스트콩 고무(locust bean gum)

북부 아프리카, 지중해, 미국(California) 등의 *Ceratonia siliqua*의 종자에서 얻을 수 있다. 구조는 galactomannan(분자량 300,000)으로 D-mannose가 4~5연결된 직선상 중합체에 galactose가 1,6 결합한 다당류이다. 가열 시에는 팽윤이 되며, 190°F 이상에서 물에 녹고 점성이 크다. 자체 겔 형성 능력은 약하지만 agar, carageenan, xanthan gum과 함께 사용하면 효과적이다. 보통 치즈 스프레드, 아이스크림, 샐러드 드레싱에 사용된다.

나. 구아 고무(guar gum)

인도와 파키스탄 등지의 *Cyamopsis tetragonolobus*의 종자에서 얻어지는 것으로, β-mannose가 β-1,4 결합으로 직선상의 중합체를 형성하며, 평균적으로 mannose 2분자마다 D-galactose가 1,6 결합으로 분기를 이루고 있다. 가열 조리하여도 점성이 감소되지 않고, 찬물에서도 쉽게 용해되며, 비교적 점도가 높아 트래거캔스 고무의 4배, 아라비아 고무의 100배이다. 제빵, 치즈 스프레드, 아이스크림, 육류 충전제, 샐러드 드레싱 등에 사용된다.

그림 3-28 구아 고무(a)와 로커스트콩 고무(b)의 구조

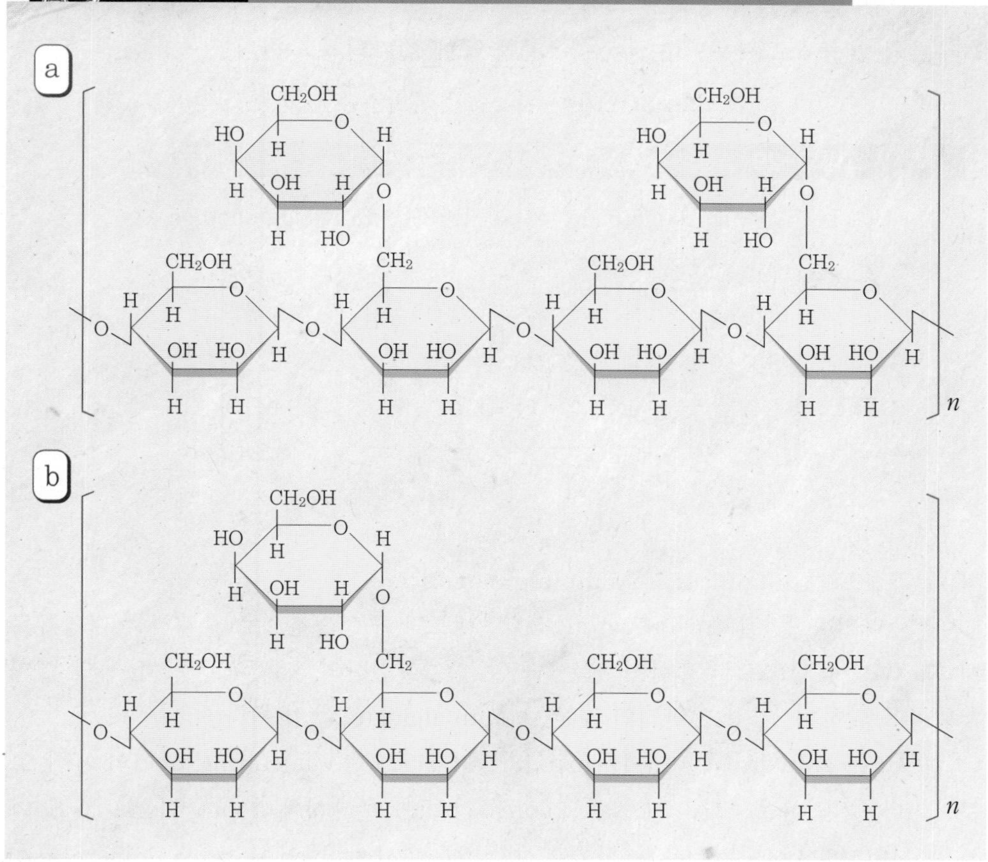

③ 해조류 고무질

가. 한천(우뭇가사리, agar-홍조류)

홍조류(red algae)에서 추출되는 고무질로서 셀룰로오스 함량은 비교적 낮으나 각종 다당류의 함량은 크다. 물, 산, 알칼리로 추출될 수 있으며 식품에 첨가하는 농화제, 안정제, 점착제 등으로 사용된다.

한천의 구조는 전분 모양으로 agarose와 agaropectin의 두 형태로 존재한다. Agarose는 β-D-galactose와 α-L-3,6 anhydrogalactose가 β-1,4 결합에 의해서 형성된 이당류인 agarobiose가 α-1,3 결합으로 연결된 코일상의 직선 다당류이다.

Agaropectin은 일부 galactose가 sulfate-ester화된 agarose와 glucuronic acid 그리고 소량의 pyruvic acid로 구성된다.

한천은 0.2~0.3%로도 겔을 형성하며, 1~2% 농도로 단단한 겔을 형성한다. 30℃ 부근에서 굳어져 겔이 되나 일단 겔화되면 85℃ 이하에서는 녹지 않는 특이한 성질

을 갖고 있다. 겔 형성 능력이 크며, 고온에서 비교적 안정성이 높기 때문에 빵제품, 과자류의 안정제로 사용되며, 우유, 유제품 등에 첨가되기도 한다.

그림 3-29 Agarose의 구조

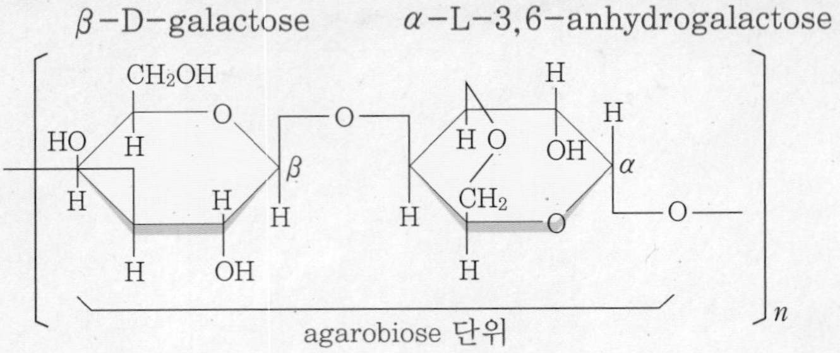

나. 알긴산, 알긴[alginic acid, algin(alginates)]

미역, 다시마 등 갈조류(brown algae)의 세포막 구성성분으로 존재하는 다당류로서 Na_2CO_3 용액으로 추출하여 얻는다. 알긴은 알긴산의 Na^+, Ca^{++}, Mg^{++}의 염의 혼합물을 말하며, 가장 일반적인 것은 sodium alginate(Na염)이다.

그 구조는 anhydro-1,4-β-D-mannuronic acid와 L-glucuronic acid의 혼합 고분자이다. 알긴산을 CH_3COONa(sodium acetate) 존재하에서 propylene oxide와 가열하면(70℃, 4시간) ester화가 일어나서 내산성이 있는 propylene glycol alginate(PGA)를 얻을 수 있다. 이는 산성식품의 유화제, 안정제, 농화제로 사용되는 알긴산의 유도체이다.

알긴산은 겔 형성제로 사용하기보다는 잼, 아이스크림 등의 안정제로 이용된다. 또한 맥주 등의 거품 안정제로 사용된다. 한편 산성용액에서는 겔화하므로 안정제로 사용되지 않지만 PGA는 산성용액에서도 안정제로 사용된다.

그림 3-30 알긴산의 구조

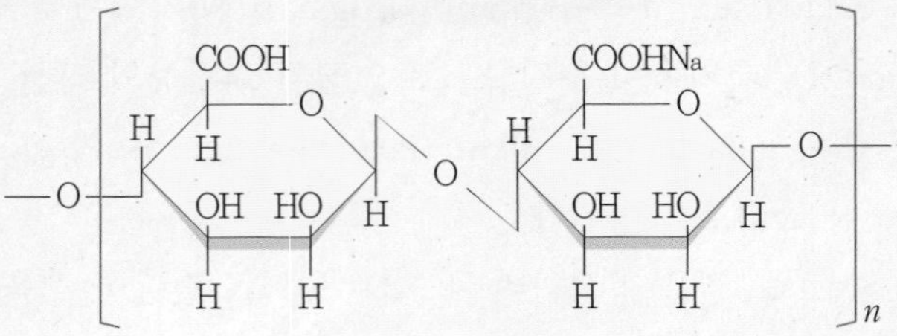

다. 카라기난(carrageenan)

홍조류에 속하는 해조 *Chondropus crispus*, *Gigartina mamillosa*의 추출물로서 겔을 형성할 수 있는 κ(kappa)와 ι(iota) 그리고 겔을 형성하지 않는 λ(lambda)로 구분된다.

κ–carrageenan은 β–galactose–4–sulfate와 3,6–anhydrogalactose로 구성되어 있으며 이들이 β–1,4 결합과 β–1,3 결합으로 차례로 연결되어 있다.

λ–carrageenan은 β–galactose–2–sulfate와 α–galactose–2,6–disulfate가 β–1,4 결합과 β–1,3 결합으로 연결된 것이다. 또한 ι–carrageenan은 β–galactose–4–sulfate와 3,6–anhydro–α–galactose–2–sulfate가 β–1,4 결합과 β–1,3 결합으로 직선상의 분자구조를 하고 있다.

그림 3–31 κ, λ, ι–carrageenan의 구조(위에서부터)

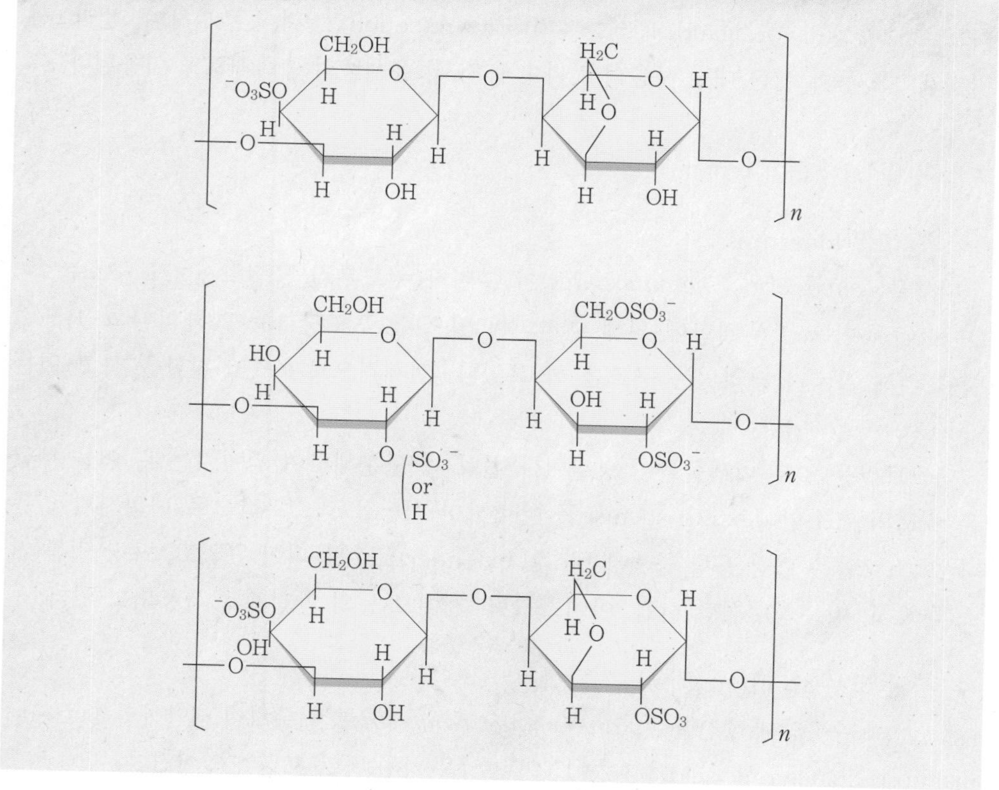

카라기난은 음이온 하전되므로 다른 친수성 콜로이드 분자들과 이온결합을 하여 점도를 높인다. 카라기난 겔은 펙틴 겔이나 젤라틴 겔과 같이 탄성을 가지고 있지 않

고 쉽게 부스러지기 때문에 널리 이용되지 않았으나 특별한 식품의 겔 형성제, 농화제, 안정제 등으로 사용되어 왔다.

예로 카라기난은 낮은 농도에서도 우유 속의 카세인(casein) 분자의 응고 현상을 변경시킬 수 있기 때문에 초콜릿, 우유에 농도 0.03% 정도로 첨가되어 효과적인 현탁제로 사용되어 왔다. 또한 보수성이 좋아서 과일젤리, 냉동젤리 등의 안정제로 사용된다.

라. 퍼셀라란(furcellaran, Danish agar)

한천의 대용품으로 개발된 고무질 물질로서 홍조류인 *Furcellaria fastigiata*(덴마크 해안서식)에서 추출된다. 구조는 D-galactose-4-sulfate와 3,6-anhydro-galactose로 구성되어 있다.

겔의 성질은 대체로 한천 겔과 카라기난 겔의 중간 정도의 성질을 갖고 있으며, 75~80℃의 더운 물에 잘 녹고 겔 형성 온도는 40℃ 정도이다. 장시간의 가열이 불필요하므로 보향성(flavor ligand)과 색소유지(color retention) 능력이 우수하며, 젤리, 잼, 마멀레이드 등에 펙틴 대신 사용되고 파이 충전제, 유제품의 농화제로도 이용된다.

④ 미생물 고무질(microbial gums)

가. 덱스트란(dextran)

미생물(*Leuconostoc mesenteroides*)이 분비하는 고무질 물질로서, 그 구조는 α-D-glucose가 α-1,6 결합에 의해 연결되어 있으며, 포도당 10~20개마다 α-1,3 결합에 의해 가지가 달려있는 구조를 하고 있다. 전체적으로 α-1,6 결합을 하고 있는 glucose는 95%이다.

덱스트란은 일부 미생물들이 당질이나 설탕 등을 분해하여 얻어지는데, 이들 세균은 세포외 효소인 dextran sucrase를 분비하여 설탕을 덱스트란으로 변화시켜 만든다. 덱스트란은 혈장 용량 증가제(blood extender)로 이용되어 왔었고, 포장 필름(가스 투과성, 방수성), 설탕 시럽, 아이스크림, 케이크 등의 안정제로 사용되고 있다.

나. 잔탄 고무(xanthan gum)

Glucose 수용액에 생산균주 *Xanthomonas campestris*를 접종하여 배양하면 glucose : mannose : glucuronic acid가 3 : 3 : 1의 조성을 가진 잔탄 고무가 얻어진다.

잔탄 고무는 물에 잘 녹고 낮은 농도에서도 점도가 높은 용액을 만든다. 0~100℃에서도 점도의 큰 변화가 없으며 현탁 및 유화액의 분산계를 안정시키는 능력이 우수하다. 염류나 산은 잔탄 고무의 용해도와 안정도에 영향을 미치지 않으므로, 오렌지 주스의 현탁 안정제, 과일 파이 충전제의 안정제, 냉장 샐러드 드레싱의 유동성 보존제 등 매우 다양하게 이용된다.

그림 3-32 덱스트란의 구조

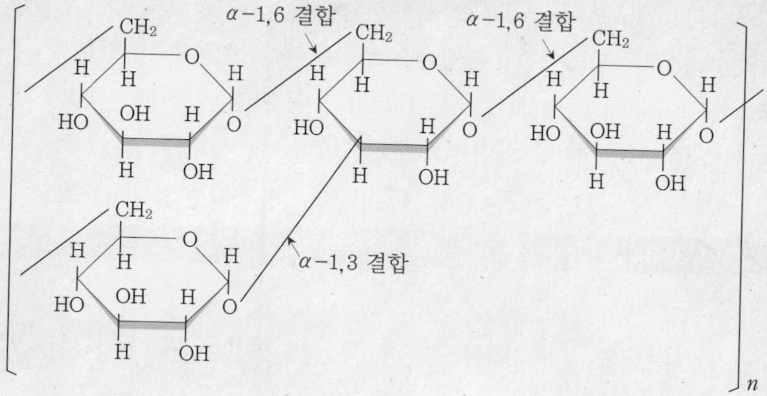

⑤ 무코다당류(mucopolysaccharides)

무코다당류는 생체의 점성물질, 연조직, 결합조직의 성분으로 아미노당과 우론당 등의 중요한 구성단위가 되고 있는 복합다당류로 분포되어 있으며, 이 중에서 중요한 것으로 히알루론산(hyaluronic acid)과 황산콘드로이틴(chondroitin sulfate) 등이 있다.

가. 히알루론산(hyaluronic acid)

히알루론산은 물의 탄성조직, 피부, 결합조직, 관절윤액 등에 단백질과 결합된 상태로 되어 있는 분자량 200,000∼400,000인 고분자 화합물이다.

그림 3-33 Hyaluronic acid의 구조

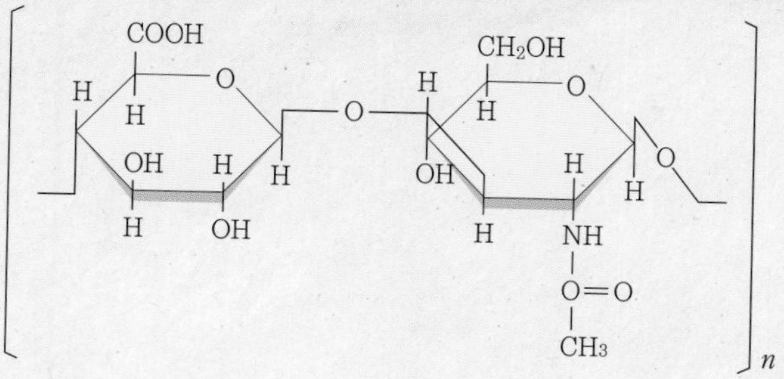

그 구조는 2-N-acetylglucosamine과 β-glucuronic acid가 β-1,3 결합으로 연결된 구성단위가 β-1,4 결합으로 교차적으로 연결된 직선상 구조이다.

나. 황산콘드로이틴(chondroitin sulfate)

동물체의 연골, 관절, 결체조직 등에 함유된 복합다당류로서 2-N-acetylgalactosamine과 β-glucuronic acid가 β-1,3 결합으로 연결된 구성단위가 β-1,4 결합을 통해 연결된 직선상 구조이다. 황산콘드로이틴에는 A와 C가 있는데, A는 2-N-acetylgalactosamine의 C-4에 결합된 OH기가 황산과 에스테르(ester) 결합을 하고 있고, C는 C-6의 OH기가 황산과 에스테르 결합을 하고 있다.

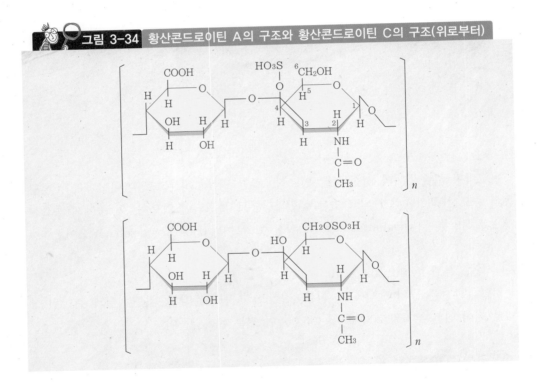

그림 3-34 황산콘드로이틴 A의 구조와 황산콘드로이틴 C의 구조(위로부터)

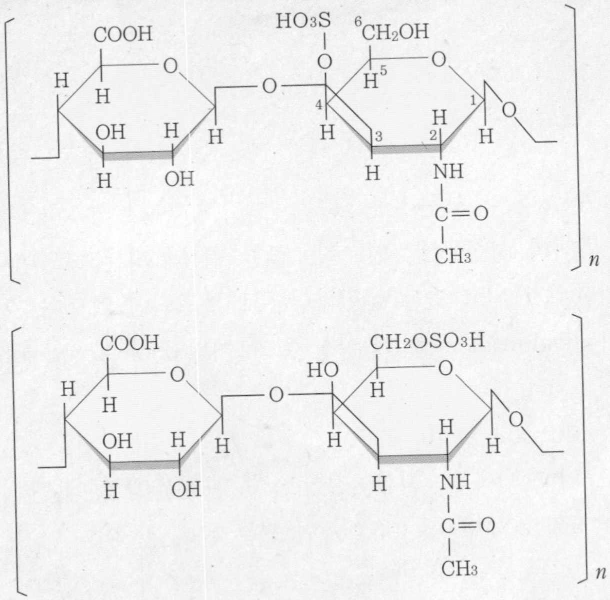

표 3-13 탄수화물의 분류와 구조적 특징 정리

대분류	중분류	소분류	종류 및 구조적 특징
탄수화물	단당류	3탄당	- glycerose(glyceraldehyde, D, L 형) - dihydroxyacetone(비대칭 탄소가 없음)
		5탄당	- ribose: 핵산 및 조효소의 구성분으로 에너지 대사에 관여 - xylose: 식물세포벽의 구성물질, 단맛 60 - arabinose: 식물 gum, hemicellulose, pectin, 배당체에 결합상태로 존재, β형, 단맛 65 - rhamnose: 식물체 내에 배당체로 존재, 꽃의 색소를 이룸
		6탄당 Aldose	- glucose: 포도당, 변성광 성질이 있어 수용액 상태에서 감미 감소, 단맛 75 - mannose: 세포벽의 hemicellulose 성분, 이스트와 곤약에 분포 - galactose: 올리고당류 및 다당류의 구성성분, 발효되기 어려움
		6탄당 Ketose	- fructose: 과당, 단당류 중 단맛이 가장 강함, 단맛 173, 용해성이 크고, 과포화, 흡습 조해성
	올리고당	이당류	- maltose: 맥아당, glu(1→4)glu, 환원성과 발효성이 있음 - lactose: 유당, gal(1→4)glu, 정장작용 - sucrose: 설탕, glu(1→2)fru, 이성질체가 없어 변성광 현상이 없음, 비환원당, 단맛의 지표, glu와 fru가 1:1로 전화당 생성 - gentiobiose: glu(1→6)glu, 복숭아, 편도, 살구 등의 씨 속 amygdalin 구성성분 - isomaltose: glu(1→6)glu, amylopectin, glycogen, dextran 등의 구성성분 - cellobiose: glu(1→4)glu, cellulose의 구성단위 - melibiose: gal(1→4)glu, 3당류인 raffinose로 자연계에 존재, 식물체에 있음 - trehalose: glu(1→1)glu, 환원성과 발효성이 없으며, 버섯류 및 효모 등에 존재
		3당류	- raffinose: 이당류(melibiose)+fructose, gal(1→6)glu(1→2)fru, 용담류의 뿌리 - gentianose: 이당류(gentiobiose)+fructose, glu(1→6)glu(1→2)fru, 콩, 면실 등의 식물종자의 뿌리와 지하줄기에 존재
		4당류	- stachyose: galactose+3당류(raffinose), gal(1→6)gal(1→6)glu(1→2)fru, 비환원당이며 효모에 의해 부분적으로 분해 - scorodose: β-D-fructose가 4분자 결합
	다당류	단순 다당류	- starch: glucose가 α-1,4와 α-1,6 결합, amylose(나선형), amylopectin(그물)형 - dextrin: 호정, 전분의 가수분해 시 생성되는 물질, amylo → erythro → achromo → malto - cellulose: glucose β-1,4 결합, 직쇄상, 식물의 세포막 구성성분, 장운동 촉진, 소화 안 됨, 흡착제 - inulin: fructose, α-1,2 결합, 돼지감자에 많이 함유, 요오드 정색반응 없음 - glycogen: glucose, α-1,4와 α-1,6 결합, 동물성 전분 - chitin: N-acetylglucosamine, α-1,4 결합, 직선상 - mannan(곤약의 주성분), galactan, xylan, araban 등
		복합 다당류	- hemicellulose: 식물세포의 비섬유성 물질, 알칼리에 잘 녹는다. - lignin: 식물조직의 결착제, 방향족 물질의 중합체 - pectin질: polygalacturonic acid의 α-1,4 결합, α-helix상의 선형 구조, gel 형성 - 천연고무질: 식물 – 아라비아 고무, locust bean gum, guar gum 해조류 – 한천, 알긴산 · 알긴, carrageenan 미생물 – dextran, xanthan gum 무코다당류(연조직, 결체조직) – hyaluronic acid, chondroitin sulfate

단, glu=glucose, gal=galactose, fru=fructose

CHAPTER

4

탄수화물의 변화 (Changes of Carbohydrate)

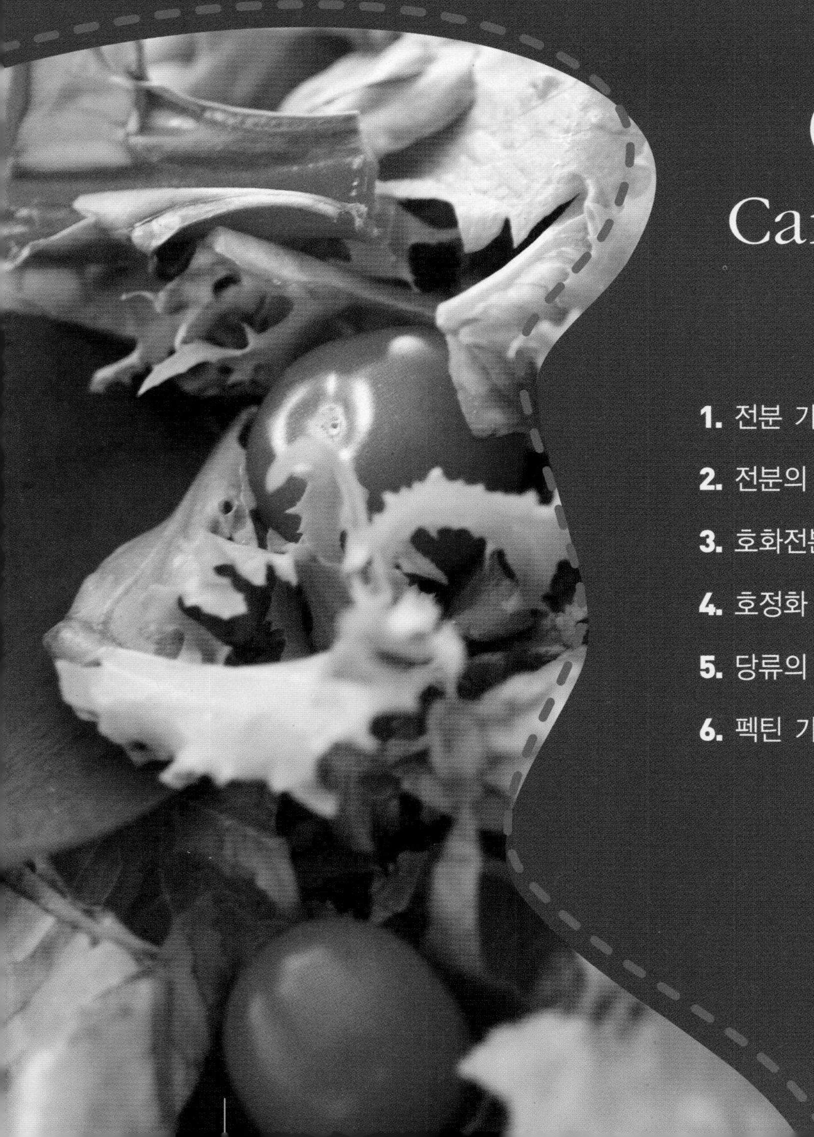

1. 전분 가수분해 효소에 의한 가수분해

2. 전분의 호화

3. 호화전분의 노화

4. 호정화

5. 당류의 갈색화 반응

6. 펙틴 가수분해효소

1. 전분 가수분해 효소에 의한 가수분해

전분을 가수분해하는 효소는 α-amylase, β-amylase 그리고 glucoamylase가 있다.

(1) α-amylase(액화효소, liquefying enzyme, dextrogenic enzyme)

α-amylase는 타액, 췌장, 맥아 등에 존재하나 미생물에서는 세균, 곰팡이류에 널리 분포되어 있다. 세균에서는 *Bacillus subtilis, B. stearothermophilus*, 곰팡이류에서는 *Aspergillus oryzae*에서 발견된다. 분자량은 50,000~60,000으로 pH 4.7~6.9, 50~70℃ 온도에서 최적조건을 가진다.

α-amylase는 전분의 α-1,4 결합을 임의의 위치에서 가수분해하여 저분자의 dextrin이나 maltotetrose, maltotriose, maltose, glucose를 순차적으로 생성한다. 따라서 전분의 점도는 급속히 저하되고, 요오드 반응은 청색 → 자주색 → 무색으로 변화되면서, 환원성은 증가한다.

아밀로오스에 α-amylase를 가하면 이론값의 90%인 maltose를 생성하며 아밀로펙틴에서는 가지가 많을수록 분해 한도가 낮아진다. 이것은 α-amylase가 α-1,6 결합을 가수분해하지 못할 뿐만 아니라, α-1,6 결합 주위의 α-1,4 결합도 분해하기 어려워서 α-limit dextrin이 생성된다.

α-amylase는 전분으로부터 발효될 수 있는 당류를 생성하는 능력 이외에 전분질 원료를 액화하여 물리적 성질을 변화시켜 가공을 편리하게 하고 향미(flavor)를 향상시키는 등 여러 가지 장점을 갖고 있기 때문에 제빵공업에서 가스 생성(팽창성) 촉진과 빵껍질(crust) 개선에 사용된다.

(2) β-amylase(당화효소, saccharifying enzyme)

β-amylase는 오래전부터 맥아로부터 분리하여 산업적으로 널리 사용된 효소이며, 주로 보리, 밀, 고구마, 대두와 같은 식물원에서 발견되었으나 *Asp. niger*(50~55℃), *Rhizopus delemer*(50~70℃)와 같은 미생물에서도 생성된다.

분자량은 150,000, 최저 pH가 4~6 이상으로 전분의 α-1,4 결합을 비환원성 말단으로부터 maltose 단위로 순차적으로 가수분해하며, 가수분해율은 55~60%로 α-maltose와 β-limit dextrin을 생성한다.

β-amylase는 α-1,4 결합에만 작용하며, α-amylase와 β-amylase를 모두 함유하는 엿기름에서 추출된 효소를 diastase라고 하고, 식품 가공 공장에서 널리 이용하고 있다.

(3) Glucoamylase(amyloglucosidase)

Glucoamylase는 곰팡이인 *Asp. niger*와 *Rhi. delemer*, 효모인 *Saccharomyces diastaticus*, 세균인 *Cl. acetobutylicum*에서 발견되며, 동물의 간조직에서도 다량 발견된다.

Glucoamylase는 전분입자의 비환원성 말단에서부터 α-1,4 결합 및 α-1,6 결합을

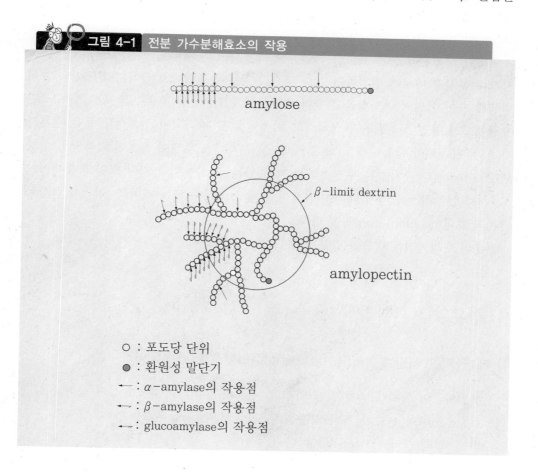

그림 4-1 전분 가수분해효소의 작용

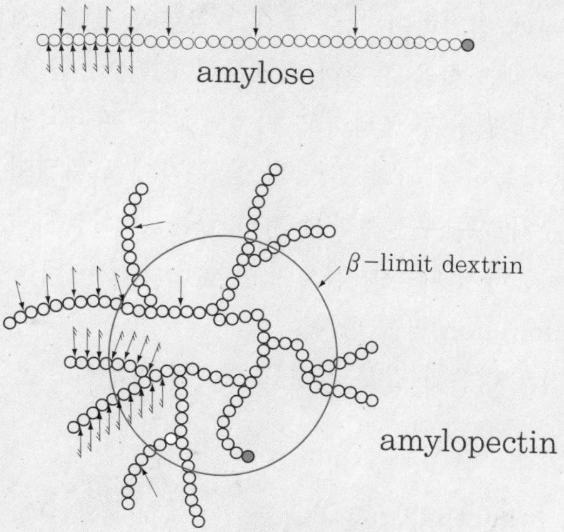

○ : 포도당 단위

● : 환원성 말단기

← : α-amylase의 작용점

← : β-amylase의 작용점

← : glucoamylase의 작용점

순차적으로 α-D-glucose 분자 단위로 가수분해하는 exo-enzyme이다. 따라서 전분입자를 거의 100% 가수분해할 수 있으므로 전분을 원료로 한 glucose 제조나 발효공업에서 전분질 원료의 당화제로 사용된다. 전분 이외에 아밀로펙틴, 아밀로오스, maltooligosaccharide 등에도 작용하여 glucose를 생성한다.

2. 전분의 호화(糊化, α화, gelatinization of starch)

전분은 아밀로오스와 아밀로펙틴의 분자들이 서로 밀착되어 섬유상 집합체인 미셀(micelle)을 이루고, 이 미셀들이 모여서 전분층을 형성하며, 이와 같은 많은 전분층이 겹겹이 쌓여 전분입자를 만들고 있다. 따라서 전분입자의 내부에는 규칙적으로 배열된 결정성 영역(crystalline region, 30%)과 불규칙하게 배열된 비결정성 영역(amorphous region, 70%)이 존재한다.

이러한 생전분에 물을 가하고 가열하면 미셀 구조의 일부에 빈틈이 생기고, 물 분자가 전분입자 내부에 침입하여 전분 분자의 일부와 결합하게 된다(수화). 이와 같이 미셀의 사이가 넓어지면 물을 흡수하여 팽윤하게 되며, 물의 흡수와 팽윤이 어느 한계점에 도달하면 전분입자가 붕괴하고 미셀이 전부 파괴되어 전분 분자들은 단분자가 되어 자유로이 활동하게 되며, 다량의 물 분자에 포위되어 콜로이드 용액이 형성된다. 이때 전분 분자들은 무질서하게 퍼져 있는 긴 사슬이나 가지 모양의 분자이므로, 서로 끌려서 이동하기 때문에 점성이 큰 풀(paste)이 되는 것이다. 이러한 현상을 전분의 호화(gelatinization)라고 한다.

전분의 호화과정은 다음과 같은 과정을 통해서 이루어진다.

(1) 전분의 호화과정과 메커니즘

1) 제1단계(개시단계, Initial stage): 수화현상(hydration)

전분입자들이 물속에 존재할 때 일부 물 분자가 흡수되어 수화현상이 일어나 현탁액(suspension)의 온도가 점차 상승함에 따라 전분입자들은 25~30% 정도의 물을 흡수하게 되며, 가역적(reversible)이다.

2) 제2단계(중간단계, Intermediate stage): 팽윤에 의한 붕괴과정

전분입자 현탁액의 온도가 상승함에 따라 분자 간의 수소결합이 절단되어 결정성 구조가 붕괴되면서 흡수성이 급격하게 증가함에 따라 전분입자가 급속하게 팽윤(swelling)이 된다. 임계온도(일반적으로 70℃, 그러나 호화에 필요한 최저온도는 60℃)에 도달하면 전분입자들이 붕괴(disintegration)되어 전분의 미셀(결정성 영역)이 파괴된다(비가역적).

3) 제3단계(최종단계, Final stage): 호화 완성

전분입자의 붕괴가 급속도로 진전됨에 따라 투명한 콜로이드 용액이 되며, 호화가 완성된다.

호화된 전분은 소화효소의 작용을 받기 쉬운데, 그 이유는 전분입자가 팽윤되고 파괴되어 결정성 구조가 붕괴되면 전분 사슬들이 효소와 접촉하기가 용이하기 때문이다. 전분입자가 붕괴되어 반투명한 콜로이드 상태의 용액이 형성됨에 따라 광선 투과율과 점도가 증가한다.

표 4-1 전분 종류에 따른 호화 온도(℃)

전분종류	시작온도	중간점	종결온도
옥수수전분	62	66	70
찰옥수수전분	63	68	72
55% 아밀로오스를 함유한 옥수수전분	67	80	
수수전분	68	73.5	78
찰수수전분	67.5	70.5	74
대맥전분	51.5	57	59.5
쌀전분	68	74.5	78
호밀전분	57	61	70
소맥전분	59.5	62.5	64
완두전분	57	65	70
감자전분	58	62	66
타피오카전분(tapioca)	52	59	64

전분의 호화과정을 보면 그림 4-2와 같다.

호화전분은 팽윤으로 인해 부피가 팽창하고 도형의 X선 회절도가 V 도형을 나타내며 용해현상, 색소(congo red) 흡수능력, 점도, 광선 투과율, 맛과 소화율 등이 증가하는 특성을 보인다.

그림 4-2 전분의 호화과정

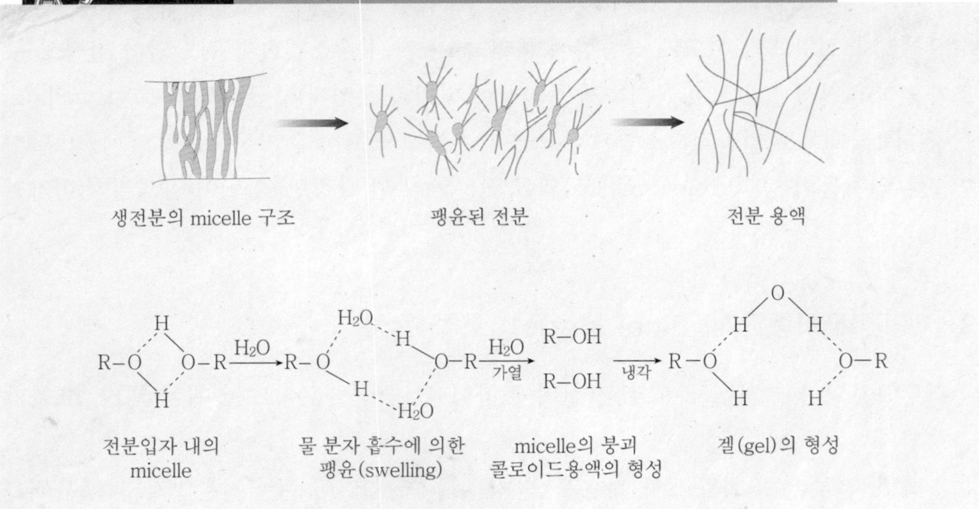

(2) 전분의 X-ray 회절도

생전분(raw starch)은 A 도형(cereals), B 도형(감자, 밤), C 도형(고구마, tapioca, 완두)처럼 무정형 영역(amorphous region)과 결정성 영역(crystlline region)이 뚜렷한 X-선 회절도를 나타내며, 이와 같은 전분을 β-전분이라고 한다.

반면에 호화전분은 그 경계선이 점차 사라짐으로써 V 도형(V: Verkleisterung, 호화)을 나타난다. 이는 호화, 즉 α화하면서 미셀이 붕괴되어 결정성 영역이 없어졌기 때문이며, 이러한 전분을 α-전분이라고 한다. α-전분은 전분 분해효소들의 작용을 받기 쉬우므로 소화율이 좋은 반면 β-전분은 물이나 효소와의 친화성이 적다.

그림 4-3 각종 전분의 X-선 회절도(X-ray diffraction pattern)

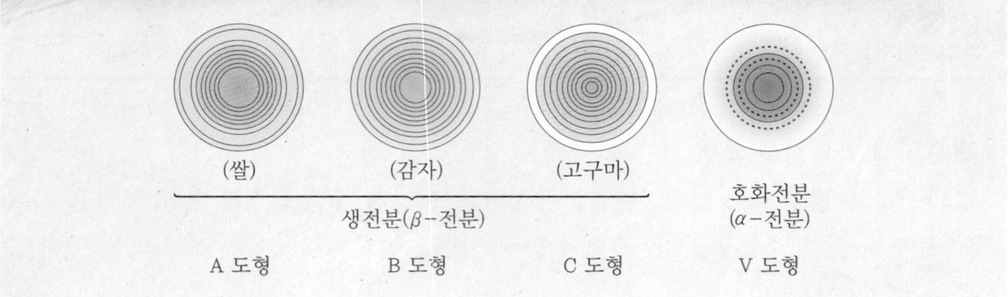

(3) 전분의 호화에 영향을 미치는 요인

1) 전분의 종류

전분질 식품마다 전분입자의 구조적 차이(형태, 크기)가 있으므로 호화상태가 서로 다르게 나타난다. 예로, 감자전분 현탁액은 열수 첨가에 의해 쉽게 호화되나, 옥수수 전분 현탁액은 가열해야 호화된다(표 4-2).

표 4-2 천연 전분의 호화 특성

전분 종류	kofler gel 온도범위(℃)	팽윤력	용해도(95℃, %)	임계농도값
감자	55~66	100	82	0.1
사고	–	97	39	1.0
칡	–	54	28	1.9
고구마	–	46	18	2.2
옥수수	62~72	24	25	4.4
수수	68.5~75	22	22	4.8
밀	52~63	21	41	5.0
쌀	61~77.5	19	18	5.6
찰옥수수	63~72	64	23	1.6
찹쌀	–	56	13	1.8
찰수수	67.5~74	49	19	2.1

2) pH

pH 의존성이 크며 특히 알칼리성에서 호화속도가 증가한다.

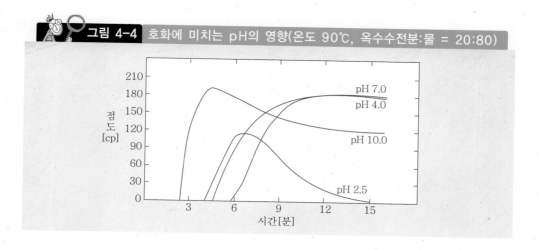

그림 4-4 호화에 미치는 pH의 영향(온도 90℃, 옥수수전분:물 = 20:80)

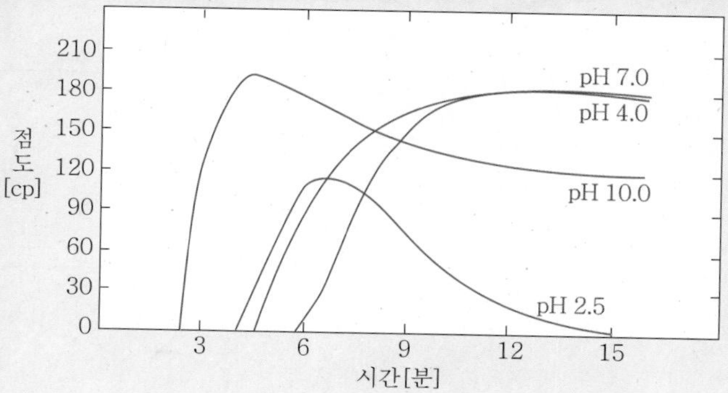

3) 수분과 온도

수분함량이 많을수록 또한 온도가 높을수록 호화속도는 증가하며, 빵을 구울 때는 밀가루 반죽의 수분함량이 적은 관계로 가열온도가 높아야 한다(대개 230℃).

4) 염류(salts)

일부 염류들은 전분입자들의 팽윤을 촉진시키므로 팽윤제로 알려져 있다. 낮은 농도의 NaCl을 감자전분에 첨가하면 점도가 약간 증가되며, $CaCl_2$은 감자전분의 점도를 현저하게 증가시키는 것으로 알려지고 있다. 일반적으로 음이온들은 팽윤제로 작용하며 그 크기는 OH^- > CNS^- > I^- > Br^- > Cl^-이다. 한편 황산염(SO_4^{2-})은 호화를 억제한다. 예로, $MgSO_4$ 첨가 시에는 115℃에서도 호화되지 않는다.

5) 당류(sugars)

일부 당류들이 전분의 겔 형성 능력과 점도를 증가시켜 주는 것으로 알려져 있다.

그림 4-5에서 보면, 5% 옥수수전분에 여러 당류를 첨가시킬 경우 점도가 약간 증가하지만 20% 이상의 당류를 첨가하면 혼합물 속에 들어있는 물 분자와 설탕이 수화하기 때문에 오히려 전분입자의 팽윤을 저지한다. 한편 올리고당보다 단당류가 점도 증가효과를 크게 한다.

그림 4-5 호화에 미치는 당 종류의 영향(5% 옥수수전분)

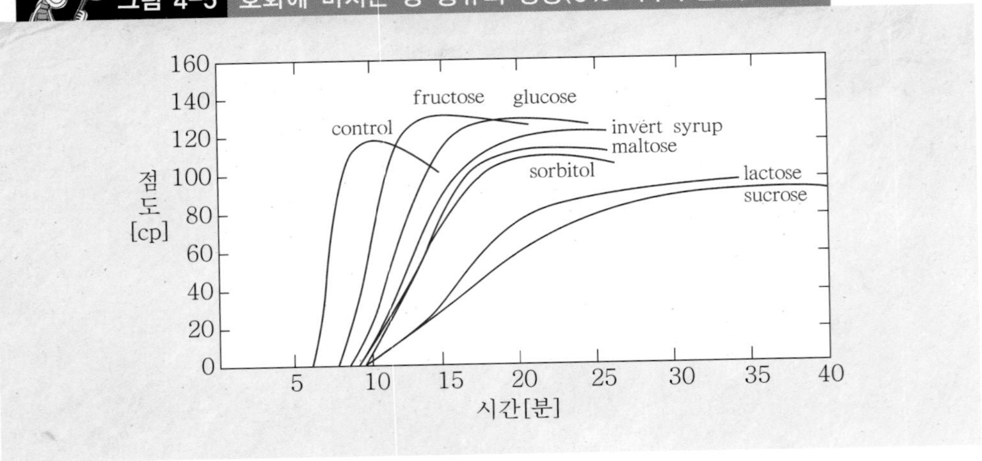

3. 호화전분의 노화(老化, retrogradation of gelatinized starch, β화)

호화전분을 실온에 장시간 방치할 때 전분 분자들이 수소결합에 의해 다시 회합(會合, association)되어 미세한 결정을 형성함으로써 침전되는 현상을 노화라고 한다. 따라서 노화과정에서 α-전분은 β-전분으로 되돌아간다(retrogradation). 또한 X-ray 간섭도는 α-전분이 노화되어 β-전분이 되면 X선 회절도는 명료하게 나타나며, 원료 전분에 관계없이 항상 B 도형의 회절도를 나타낸다.

특히 빵 제품의 노화를 staling이라고 하며, 빵의 노화에 의한 변화로는 향미의 열화(deterioration), 단단함의 증가, 불투명도 증가, 부서짐성 증가, 결정화 촉진, 보수성 감소, 수용성 전분 감소 등이 있다.

(1) 전분의 노화에 영향을 미치는 요인

1) 전분의 종류

전분 분자들의 구조적 차이에 기인하며, 특히 아밀로오스가 아밀로펙틴보다는 노화속도가 빠르며 아밀로펙틴의 함량이 94~100%인 waxy cereal은 노화가 어렵다.

※예: 옥수수, 밀 〉 감자, 고구마, 타피오카 〉 찹쌀, 찰옥수수, 찰수수

2) 전분의 농도

전분의 농도가 증가함에 따라 침전속도가 증가하므로 노화가 촉진된다.

3) 수분과 온도

수분함량 30~60%일 때는 노화속도가 증가되나, 30% 이하에서는 억제된다. 일반적으로 온도가 낮을수록(대개 2~5℃) 노화가 촉진되나, 냉동상태에서는 전분 분자들 사이의 화합이 억제되므로 노화가 억제된다.

4) pH

강산성으로 될수록 노화가 잘 일어나고, 중성 pH에서는 거의 노화가 되지 않는다.

5) 염류 · 이온

전분 분자들 사이의 수소결합, 즉 회합에 영향을 미친다. 호화촉진 염류·이온에는 $CaCl_2$, $ZnCl_2$/Ba^{2+}, Sr^{2+}, Ca^{2+}, K^+, Na^+ 등이 있고 노화촉진물질에는 $MgSO_4$가 있다.

(2) 노화 억제방법

1) 수분함량의 조절

수분함량 10% 이하에서는 노화가 일어나지 않으므로 일반적으로 α-전분을 건조에 의해 수분함량을 15% 이하로 감소시킨다. 예로, 건빵, 비스킷, 라면 등이 있다.

2) 냉동(freezing)

α-전분을 어는점(예: 쌀전분은 -6.7℃) 이하의 저온에서 동결시키고 동시에 수분함량을 15% 이하로 조절한다. 이는 그대로 동결하면 냉동과정, 냉동저장 및 해동과정에서 일부 불용성의 미세결정(insoluble microcrystals)이 나타나서 침전물이 생성되므로 재가열 시에도 호화되지 않기 때문이다.

3) 설탕의 첨가(sugaring)

설탕은 수화성(hydrating property)이 있으므로 탈수제(dehydrating agent)로 작용하여 전분의 노화와 관계있는 유효수분함량(available moisture content)을 감소시키는 효과가 있다.

4) 유화제의 첨가(addition of emulsifier)

유화제는 구조적으로 극성을 띠고 있으므로 α-전분의 구조를 안정화시키는 기능이 있어 노화 방지작용을 한다. 그 종류에는 monoglycerides, diglycerides, fatty acid lactate, sucrose fatty acid ester, sorbitan monostearate, polyoxyethylene stearate 등이 있다. 밀가루에 sodium palmitoyl lactate나 calcium stearoyl lactate를 0.1~1.0% 첨가하면 빵 · 과자류의 노화를 방지한다.

4. 호정화(糊精化, dextrinization)

호정화란 전분에 물을 가하지 않고 180℃ 이상으로 가열하면 가용성 전분을 거쳐 호정(dextrin)으로 변하는 현상을 말한다. 호화는 화학적 변화 없이 물리적 상태의 변화가 생기는 반면에, 호정화는 화학적 분해가 조금 일어난 것으로 호화전분(α-전분)보다 물에 녹기 쉽고 효소작용을 받기 쉽다. 예로, 제빵 시의 빵껍질(crust) 생성, 빵의 toasting, 팽화 곡류(膨化 穀類, puffed cereals) 등이 있다.

5. 당류의 갈색화 반응

(1) 캐러멜화(caramelization of sugar)

당류를 160~200℃의 고온상태에서 가열할 때 탈수(dehydration), 분열(fission) 등의 자연 발생적 반응(spontaneous reaction)에 의하여 각종 휘발성 물질들(volatile substances) 등이 생성됨으로써 특이한 향미의 변화가 생긴다.

캐러멜화 반응과정을 살펴보면 당류는 가수분해되어 환원당이 된 후 aldose가 대응하는 ketose로 전위된다. 예로, D-glucose가 Lobry de Bryun-Alberda van Eckenstein 전위로 D-fructose가 된다. 높은 온도에서 장시간 가열하면 탈수반응에 의해 HMF(5-hydroxymethylfurfural) 같은 휘발성 물질인 furfural 유도체를 형성한다. 이와 같이 형성된 furfural 유도체들은 더욱 산화가 진행되면서 reductones, furan 유도체, lactones, 휘발성 carbonyl 화합물들이 형성되는데, 이들은 서로 축합, 중합되어 갈색의 humin 물질이 생성되어 갈변된다.

캐러멜 색소는 본래 설탕을 가열함으로써 형성되는데, 산업적으로 glucose syrup에서 제조한다. 대표적으로 커피의 로스팅 과정이 그 예이다.

그림 4-6 캐러멜 반응

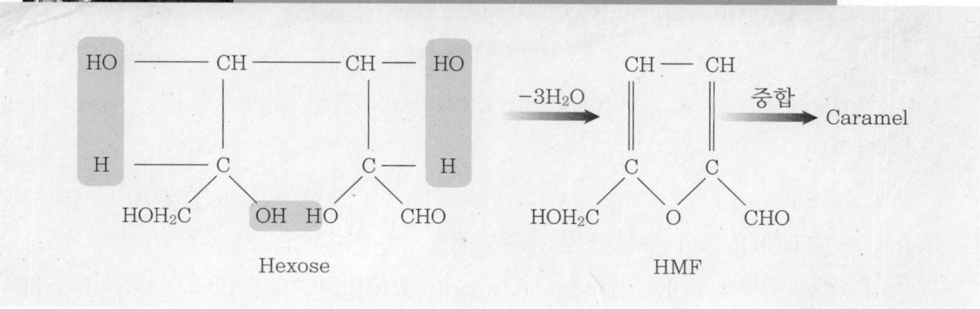

(2) Maillard 반응(amino-carbonyl reaction)

캐러멜화는 질소 화합물 없이 당류를 가열함으로써 일어나는 갈색화 반응인 데 반하여, Maillard 반응은 환원성 당류에 아미노기를 가진 질소화합물들이 함께 존재함으로써 쉽게 상호반응하여 자연발생적으로 갈색물질을 형성한다.

일반적으로 대부분의 식품 속에 당류와 유리 아미노기를 가진 질소화합물들이 함유되어 있기 때문에 식품가공, 저장 중에 흔하게 일어난다.

반응 결과 갈색 색소 이외에 향미를 남기는 수도 있지만, lysine 같은 필수 아미노산의 파괴도 초래한다.

초기 단계에서 당류와 아미노 화합물이 축합되어 amadori 전위가 일어난다. Amadori 전위에 의한 생성물들은 계속해서 당부분의 산화와 분해로 인하여 반응성이 강한 HMF 등의 furfural 유도체와 reductone이 형성된다. 이들 reductones와 같은 각종 분해 생성물들은 서로 중합, 축합되어 melanoidin과 같은 갈색 질소화합물을 형성하여 식품에 착색된다.

또한 중간단계에서 생성된 reductones와 환상 물질들은 일부는 분해되어 분자량이 적은 휘발성 물질을 형성하여 식품에 특이한 냄새를 부여하기도 한다.

6. 펙틴 가수분해효소

펙틴 가수분해효소는 과채류의 연화(softening), 과즙의 synerisis, 과즙의 청징화 등에 사용되며, protopectinase, pectase, pectinase가 있다.

① Protopectinase: water insoluble protopectin → water soluble pectin(과채류 연화)

② Pectase(pectin esterase, pectin methyl esterase, PE): pectin → pectic acid + CH_3OH(ester 부분만을 가수분해)

③ Pectinase(PG): Polymethylgalacturonic acid(PMG, pectin) 또는 polygalacturonic acid(PG, pectic acid) 등을 무작위적으로 가수분해시킴으로써 저분자화되어 점도가 감소한다.

그림 4-7 Pectinesterase(PE)와 Polygalacturonase(PG)

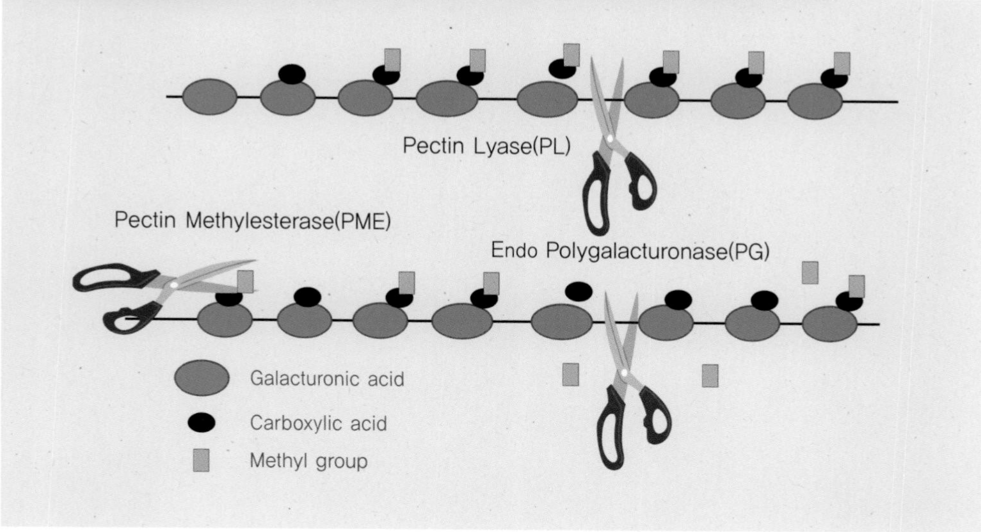

CHAPTER

5

지질 (Lipids)

1. 지질의 분류
2. 지방산
3. 단순지질
4. 복합지질
5. 비누화되지 않는 지방질
6. 유지의 물리적 성질
7. 유지의 화학적 성질
8. 유화
9. 유지의 쇼트닝으로서의 효과

지질(지방질, lipids)은 탄수화물, 단백질과 함께 식품 중에 함유된 3대 영양소의 하나로서 동식물체에 광범위하게 분포되어 있으며 영양상으로도 매우 중요한 성분이다(표 5-1). 또한 지질은 식품에 특유한 향미를 부여할 뿐만 아니라 식품의 가공, 저장 중에 있어서도 매우 중요한 역할을 하고 있다.

지질을 정의하기는 어려우나 대체로 다음과 같이 정의한다.

① 물에 녹지 않으며 유기용매(organic solvent), 즉 벤젠, 톨루엔(toluene), 클로로포름, CCl_4, 에틸에테르(ethyl ether), 석유 에테르(petroleum ether) 등에 잘 녹는다.

② 지방산 에스테르(ester) 및 이 에스테르의 구성성분인 지방산, 알코올, 스테로이드(steroid) 등의 천연화합물(즉 지방산 에스테르를 형성할 수 있는 물질)

③ 생체에 의해 이용할 수 있는 물질

표 5-1 식품 내의 지질 함량

Product	Lipid(%)
Asparagus	0.25
Oats	4.4
Barley	1.9
Rice	1.4
Walnut	58
Coconut	34
Peanut	49
Soybean	17
Sunflower	28
Milk	3.5
Butter	80
Cheese	34
Hamburger	30
Beef cuts	10~30
Chicken	7
Ham	31
Cod	0.4
Haddock	0.1
Herring	12.5

1. 지질의 분류

지질을 그 구성성분과 구조에 따라 분류해 보면 다음과 같다.

(1) 단순지질(單純脂質, simple lipid)

지방산(fatty acid)과 글리세롤(glycerol)의 에스테르이다.

① 중성지방(neutral fat, fats and oils, triglyceride)

② 왁스(wax)류

(2) 복합지질(複合脂質, complex lipid)

지방산이 글리세롤 또는 amino alcohol과 결합한 에스테르에 다른 화합물이 더 결합한 지질들이다.

① 인지질(phospholipid): 인산이 결합된 지질로서 lecithin, cephalin 등

② 스핑고지질(sphingolipid): sphingosine을 기본구조로 갖는 지질로서 sphingomyelin, cerebroside 등

③ 당지질(glycolipid): diglyceride와 당이 결합된 지질로서 cerebroside, ganglioside 등

④ 황지질(sulfolipid): 황을 함유한 지질

⑤ 지단백질(lipoprotein): 단백질과 결합된 지질

(3) 유도지질(誘導脂質, derived lipid)

단순지질, 복합지질들의 가수분해에 의해서 생성되는 지용성 물질들이다.

① 지방산(fatty acid)

② 고급 알코올(higher alcohol)

(4) 테르페노이드 지질(terpenoid lipid)

isoprene의 중합체로 생각되는 지방질
① 스테로이드(steroid)
② 스쿠알렌(squalene)
③ 카로테노이드(carotenoid) 및 비타민 A
④ 테르펜(terpenes)류

한편 알칼리에 의해 가수분해되어 비누화(saponification)될 수 있는 지방질과 비누화될 수 없는 지방질로 분류하기도 한다.

먼저 알칼리에 의한 가수분해로 비누화될 수 있는 지방질은 다음과 같다.
① 유지(fats and oils), 즉 중성지방질(neutral lipids)
② 왁스류
③ 인지질(phospholipid) 등

비누화될 수 없는 지방질은 다음과 같이 분류된다.
① 스테롤(sterols)류
② 일부 탄화수소들(hydrocarbons)
③ 일부 지용성 색소들(oil soluble pigments)

2. 지방산(fatty acid)

지질의 구성요소이며 지질의 가수분해(lipolysis)에 의해 얻어지는 물질로서 직선상의 결합을 하고 있고, 자연계의 식품 중에 존재하는 지방산은 탄소수가 홀수인 지방산도 소량 발견되지만, 주로 탄소수가 4~24개 직선상으로 결합되어 있는 지방산으로 구성되어 있다. 또한 가지가 달린 지방산(branched fatty acid)들도 소량 존재하는 것으로 알려져 있다.

지방산은 말단에 carboxyl기(−COOH)를 1개 가지고 있으므로 일반식은 R−

COOH로 표시된다(그림 5-1). 여기서 R은 알킬기($C_nH_{2n+1}-$)라 하며 탄소와 수소로 구성되어 있고, 기름에 녹는 부분으로서 친유기 또는 소수성기(hydrophobic)라 한다.

반면에 -COOH는 물에 녹는 부분으로 친수성기(hydrophilic)이다. 지방산은 소수성인 R이 분자의 대부분을 차지하기 때문에 물에 녹지 않고 에테르, 벤젠 등과 같은 유기용매에 잘 녹는다. 그러나 탄소수가 적은 butyric acid(C_4)는 물과 자유롭게 혼합되어 녹는다.

일반적으로 C_{12} 이하인 지방산을 저급지방산(short chain fatty acid), C_{14} 이상인 지방산을 고급지방산(long chain fatty acid)이라고 한다. 또한 지방산 분자 내에 이중결합이 있는 것을 불포화지방산(unsaturated fatty acid, UFA), 이중결합이 없는 것을 포화지방산(saturated fatty acid, SFA)이라고 부른다.

지방산 중에는 그 분자 내에 OH기나 keton기를 가진 것, 환상구조를 가진 것, 유기산기가 2개 있는 것, 에폭시(epoxy)산을 가진 것 등이 발견되기도 하고, 극히 소량이지만 3중결합을 가진 지방산도 존재하는 것으로 알려지고 있다.

그림 5-1 지방산 구조 (a) 포화지방산 (b) 불포화지방산

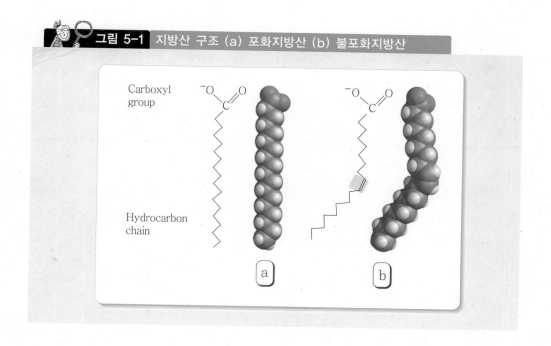

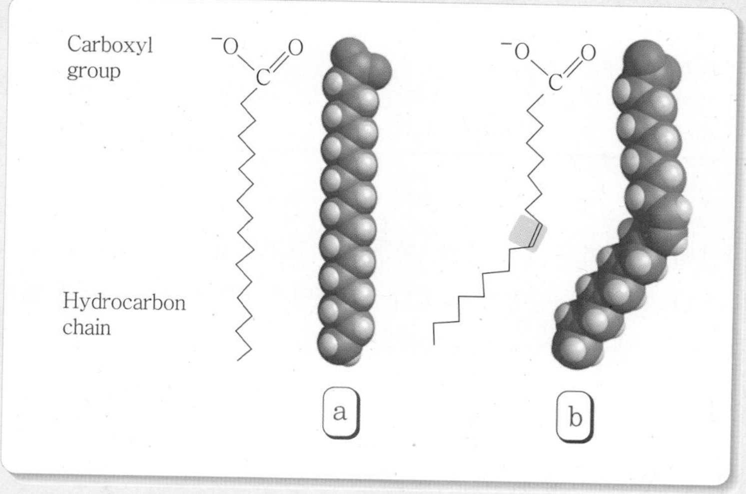

(1) 포화지방산(saturated fatty acid)

포화지방산의 일반식은 $C_nH_{2n+1}COOH$ 또는 $CH_3(CH_2)_nCOOH$이며, 탄소수가 4개인 butyric acid에서 30개인 melissic acid까지 알려져 있다. 포화지방산은 탄소수가 증가함에 따라 물에 녹기 어렵고 녹는점이 높아진다. 천연유지 중에 가장 많이 존재하는 것은 stearic acid(C_{18})과 palmitic acid(C_{16})이다.

포화지방산의 종류와 그 소재는 표 5-2와 같다.

표 5-2 포화지방산의 종류

탄소 수	일반명	계통명	녹는점(℃)	소재
C_4	butyric	butanoic	−7.9	버터
C_6	caproic	hexanoic	−3.2	버터, 야자유
C_8	caprylic	octanoic	16.3	버터, 야자유
C_{10}	capric	decanoic	31.3	버터, 야자유
C_{12}	lauric	dodecanoic	43.9	버터, 야자유
C_{14}	myristic	tetradecanoic	54.4	식물성 유지
C_{16}	palmitic	hexadecanoic	62.9	일반 동물성 유지
C_{18}	stearic	octadecanoic	69.6	일반 동식물성 유지
C_{20}	arachidic	eicosanoic	75.4	땅콩기름, 돼지기름
C_{22}	behenic	docosanoic	80.0	땅콩기름, 콩기름
C_{24}	lignoceric	tetracosanoic	84.2	당지질, 땅콩기름
C_{26}	cerotic	hexacosanoic	87.7	밀랍
C_{28}	montanic	octacosanoic	90.9	Montan wax(양초원료)
C_{30}	melissic	triacontanoic	93.6	밀랍

포화지방산의 명명법은 일반명과 계통명인 IUPAC(international union of pure and applied chemistry) 명명법이 있다. 계통명은 메탄(methane)계 탄화수소 고유 이름의 어미인 −e 대신에 −oic를 붙인다.

$$\text{hexane}(C_6) \rightarrow \text{hexanoic acid},\ \text{octane}(C_8) \rightarrow \text{octanoic acid}$$

포화지방산인 stearic acid의 결합구조를 그림 5-2에 살펴보면 포화지방산의 탄화수소 사슬은 탄소와 탄소 사이의 결합각이 109°로 지그재그(zigzag) 배열로 결합되어 있다.

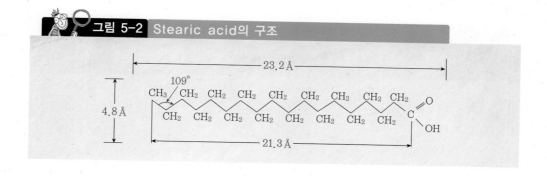

그림 5-2 Stearic acid의 구조

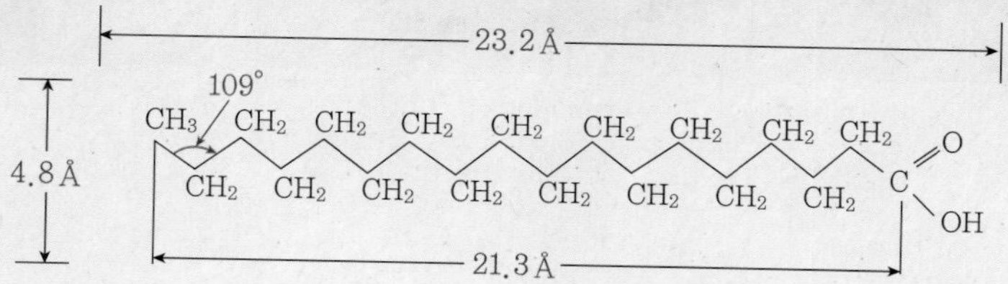

(2) 불포화지방산(unsaturated fatty acid)

불포화지방산은 분자 내에 이중결합을 가지고 있는 지방산을 말하는데, 일반적으로 불포화지방산은 포화지방산보다 녹는점이 낮거나 산패가 빨리 일어나며 액체상태의 기름이다. 그러나 불포화지방산의 함량이 높은 대두유 등은 동물성 유지보다 산패가 잘 일어나지 않는데, 이는 대두유 등의 식물성 유지에 천연 항산화제가 들어 있기 때문이다.

불포화지방산은 이중결합의 수에 따라 이중결합이 1개인 단일불포화지방산(mono unsaturated fatty acid, monoenoic acid)과 2개 이상인 다중불포화지방산(polyunsaturated fatty acid, polyenoic acid)으로 구분된다.

불포화지방산의 명명법도 IUPAC 명명법에서는 이중결합이 1개인 경우 어미를 -enoic으로 하고, 2개 이상일 때에는 메탄계 포화 탄화수소 어미 -ne를 빼고 dienoic, trienoic, teteraenoic으로 한다.

또한, 이중결합의 위치나 치환체의 위치는 carboxyl기(-COOH)에 인접한 탄소분자의 위치부터 차례로 번호를 붙이며, 그 지방산의 명칭 앞에 붙인다.

oleic acid → octadec-9-enoic acid

지방산을 숫자로 간단하게 표시할 때는 탄소수 : 이중결합수 : 이중결합 위치로 표시한다. 즉, oleic acid의 경우, 18 : 1 : 9로 표시한다.

Monounsaturated fatty acid는 oleic acid가 대표적인 지방산이기 때문에 oleic acid계 지방산이라고도 한다. 이중결합이 2개 이상인 polyunsaturated fatty acid에는 이중결합이 2개인 linoleic acid계 지방산과 이중결합이 3개인 linolenic acid계 지

표 5-3 불포화지방산의 종류

탄소수 : 이중결합수	일반명	계통명	녹는점(℃)	소재
16 : 1	palmitoleic	hexadec-9-enoic	0.5	버터, 동물유
18 : 1	oleic	octadec-9-enoic	10.9~11.5	일반 동식물유
18 : 2	linoleic	octadeca-9,12-dienoic	-5.2~-5.0	일반 식물유
18 : 3	linolenic	octadeca-9,12,15-trienoic	-11.3~ -10.0	아마인유 (건성유)
20 : 4	arachidonic	eicosa-5,8,11,14-tetraenoic	-49.5	간유, 난황유, 어유
20 : 5	eicosapenta-enoic(EPA)	eicosa-5,8,11,14,17-pentaenoic		어유
22 : 1	erucic	docos-13-enoic	34.7	유채유
22 : 5	claupanodonic	docosa-4,8,12,15,19-pentaenoic	-78	정어리유
22 : 6	docosahexaenoic (DHA)	docosa-4,7,10,13,16,19-hexaenoic		어유
24 : 6	nisinic	tetracosa-4,8,12,15,18,21-hexaenoic		청어유

방산, 이중결합이 4개인 arachidonic acid계 지방산으로 구분된다.

한편, linoleic acid(ω6)와 linolenic acid(ω3)는 불포화 지방산 중 체내의 모든 시스템에서 중요한 기능을 수행하는 필수지방산(essential fatty acid)이다(표 5-4, 그림 5-3). 이는 신체 내에서 지방산의 ω9 탄소 앞에서는 이중결합을 만들 수 없기 때문에 ω3와 ω6 위치에 이중결합을 만들 수 없다. 그러므로 다른 ω3와 ω6 지방산을 만들기 위해서는 반드시 linoleic acid와 linolenic acid를 섭취해야 한다. 그러면, 생체 내에서 탄소수가 증가(elongation)하거나 이중결합이 증가(desaturation)하여 다른 지방산으로 전환된다. 유아기에는 arachidonic acid와 DHA를 필수지방산으로부터 충분하게 합성할 수 없으므로 필수지방산에 해당된다.

필수지방산은 필요에 따라 체내에서 다른 지방산으로 전환된다. 예를 들어, linoleic acid는 arachidonic acid로 linolenic acid는 EPA와 DHA로 전환된다. 또한, 지방산은 아니지만 체내에서 중요한 기능을 하는 물질로 전환된다. 예로, eicoside는 arachidonic acid와 EPA로부터 만들어지며, 호르몬과 같은 작용을 하며, 면역능력과 심혈관계를 조절하고 다양한 기능에서 화학적 메신저 역할을 한다.

표 5-4 필수지방산의 관계

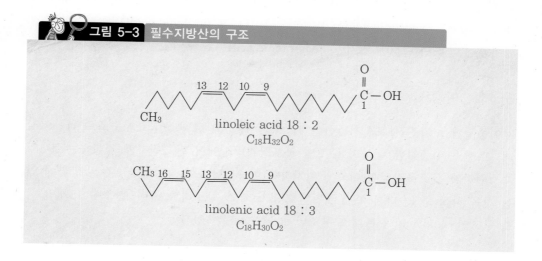

지방산	구조	계열	기능	급원
linoleic acid	18 : 2 : 9,12	ω6	항피부병 인자 성장인자	채소 종실유
linolenic acid	18 : 3 : 9,12,15	ω3	성장인자	들기름 콩기름

그림 5-3 필수지방산의 구조

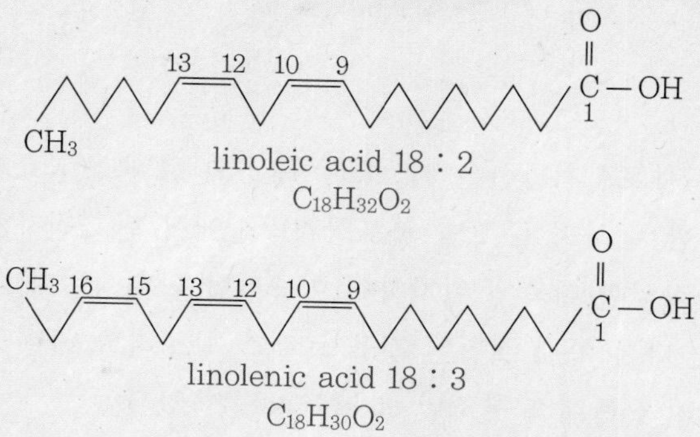

(3) 지방산의 이성체

불포화지방산의 이중결합의 위치는 다른 이성체를 형성하고, 따라서 분자식이 같지만 일부 성질이 다른 지방산이 발견되고 있다.

1) 직선상과 분지상의 지방산

직선상 결합을 하고 있는 n-butyric acid의 구조는 다음과 같다.

$$CH_3-CH_2-CH_2-COOH$$

n-butyric acid의 iso form인 isobutyric acid의 구조는 다음과 같다.

$$\begin{array}{l} CH_3-CH-COOH \\ \qquad\quad | \\ \qquad\; CH_3 \end{array}$$

n-butyric acid는 버터에서 얻어지는 지방산으로서 비중이 0.957~0.961이지만, 탄소원자의 배치가 다른 isobutyric acid는 0.944~0.948로 다른 성질을 가지고 있다.

2) 위치 이성체

이중결합의 위치는 지방산의 성질에 영향을 미친다. Oleic acid와 vaccenic acid는 둘 다 탄소 분자 18개로 구성되어 있지만, 이중결합의 위치가 다르다. Oleic acid는 18 : 1 : 9이고, vaccenic acid는 18 : 1 : 11이다. 또 linolenic acid(18 : 3)는 이중결합이 9, 12, 15번 탄소에 있지만, γ-linolenic acid는 6, 9, 12번 탄소에 존재한다.

3) 기하 이성체

이중결합을 가진 불포화지방산은 시스(cis) 구조와 트랜스(trans) 구조로 나누어지며, 트랜스 이중결합은 시스 구조의 불포화지방산에서 탄소원자와 결합하는 2개의 수소원자가 탄소골격의 반대측에 위치하여 이중결합을 형성한다. 즉 같은 방향에 있는 것을 시스 구조, 다른 쪽에 결합된 것을 트랜스 구조라고 하며, 탄소수 18개인 시스 구조인 oleic acid와 트랜스 구조인 elaidic acid가 있다.

그림 5-4 시스 및 트랜스 구조 지방산

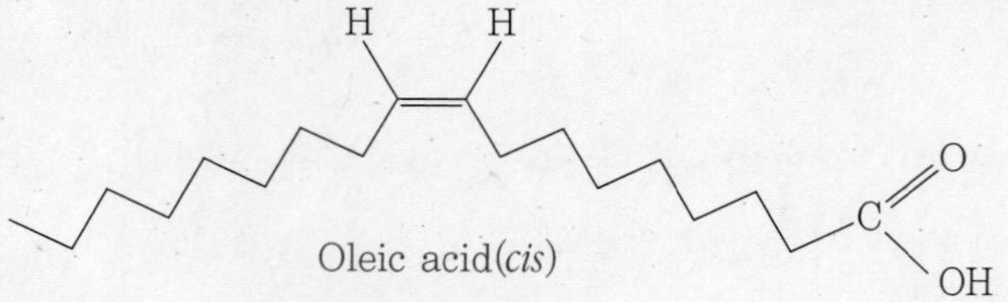

Oleic acid(*cis*)

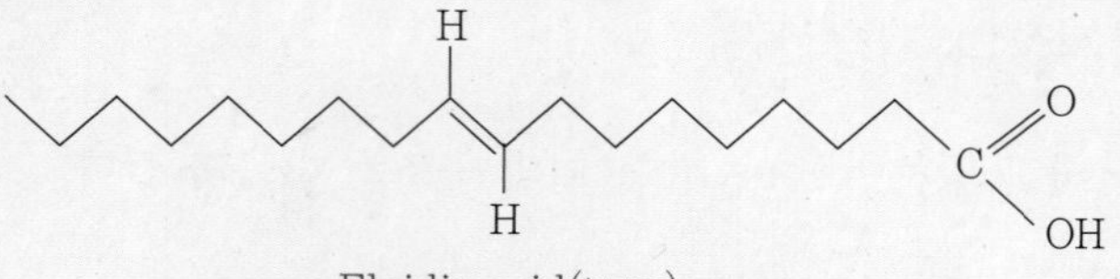
Elaidic acid(*trans*)

그림에서와 같이 트랜스 구조는 시스 구조보다 각이 더 작고, 아실사슬은 직선 모양으로 높은 녹는점을 가진 딱딱한 구조가 된다. 예로, 시스 구조인 oleic acid는 녹는점이 13.4℃인 반면에, 트랜스 구조인 elaidic acid는 46.5℃이다. 즉, 트랜스 구조는 시스 구조보다 더 안정한 것으로 알려져 있다. 트랜스 지방산은 시스 구조의 불포화지방산보다는 포화지방산과 더 유사하게 대사되며, 이것은 둘 다 유사한 직선상의 사슬 구조에 기인하는 것으로 생각된다.

보통 자연 중에는 주로 시스형이 발견되지만, 시스형의 불포화지방산을 가진 천연의 식물성 유지가 마가린이나 쇼트닝과 같은 고체 또는 반고체 상태로 경화(hardening)될 때 인공적으로 생성되거나 반추동물의 위장관에서 생합성을 통해 천연적으로 합성되므로 우유 및 유제품과 육류 등의 가공식품에 함유되어 있다.

그러나 대부분의 식이 트랜스 지방산은 옥수수유와 같은 액체유를 마가린과 같은 고체지방으로 화학적으로 전환시키는 부분 경화 과정을 통하여 상업적으로 생산된 것이다.

식물성 유지가 경화되면 녹는점과 질감의 변화를 일으키고, 식품의 안정성과 유통기간을 연장시킬 수 있는 이유로 가공식품에 널리 이용되고 있다. 마가린, 쇼트닝과 같은 경화유는 식물성 유지로 만들어졌기 때문에 동물성 지방인 포화 지방산보다 인체에 유용하다고 생각되어 왔고, 따라서 관상동맥 질환이나 동맥경화를 예방하기 위하여 버터 대신 많이 이용되고 있는 실정이다. 최근의 연구결과들은 트랜스지방산의 섭취가 LDL 콜레스테롤 수치를 높여 관상동맥 질병이나 동맥경화 등의 질환을 더욱 악화시키는 결과를 초래하는 등 트랜스지방산을 장기간 섭취하는 것이 생리적 기능을 심각하게 저해한다고 여겨지고 있으며, 그 위험도가 포화지방산보다 2배 이상 높은 것으로 알려졌다. 또한, 세포막에 트랜스지방산이 위치하여 세포막을 통한 영양분 흡수, 노폐물 배출, 병원균 침입 등의 작용을 혼란시켜 면역력이 감소되며, 특히 뇌세포에서는 두뇌활동 저하 등이 발생되어 만성피로증후군, 어린아이들의 과잉행동증후군 등이 생기는 것으로 여겨지기도 한다. 이 밖에 비만, 유방암, 노화의 원인으로도 지적되고 있다.

우리나라에서 생산된 가공식품의 트랜스지방산 함량은 마가린류가 0.8~25.2%, 크래커와 쿠키류는 0.8~25%, 어육류 가공품은 0~8.6%, 닭튀김류는 0~14.6%, 프렌치 프라이류는 5.2~18.8%로 다양한 함량을 나타내며, 같은 종류의 식품에서도 다양한 범위를 보인다. 또한 대두유, 올리브유, 옥수수유, 콩기름 등 식품성 기름도 100g당 0.5~1g 정도의 트랜스지방산이 함유되어 있다. 이는 기름 정제과정에서 트랜스지방산이 발생되는 것으로 여겨진다. 또한 상온에서 뚜껑을 열어두거나 햇빛이 많은 곳에 저장하면 트랜스지방산으로 변질될 수 있다.

(4) 유지 식품 속의 지방산 분포

보통 유지 식품 중에는 oleic acid의 함량이 가장 높은 것으로 알려지고 있으며, 그 다음이 linoleic acid, linolenic acid의 순으로 분포되어 있는 것으로 여겨진다. 일반적으로 식물성 유지는 표 5-5과 같이 palmitic acid(16:0), stearic acid(18:0), oleic acid(18:1), linoleic acid(18:2), linolenic acid(18:3)이 주된 구성 지방산이다. 그러나 동물성 유지에는 palmitic acid(16:0), palmitoleic acid(16:1), oleic acid(18:1), stearic acid(18:0), arachidonic acid(20:4) 등이 주된 구성 지방산이다(표 5-6). 특히 어유에는 EPA(20:5), DHA(22:6) 등 고도 불포화지방산의 함량이 매우 높다.

표 5-5 식물성 기름의 지방산 조성(%)

구분	대두유	팜유	해바라기씨유	땅콩유	유채유	옥수수유	참기름	들기름
14:0	–	1.1	–	–	–	–	–	–
16:0	11.4	44.0	5.9	11.4	3.0	11.5	9.7	6.4
18:0	3.7	4.5	4.1	4.0	0.8	2.0	4.8	1.6
20:0	–	0.4	–	1.7	–	0.2	–	–
18:1	22.9	39.2	21.5	41.5	13.1	24.1	41.2	13.8
18:2	53.6	10.2	67.5	34.9	14.1	62.5	44.4	15.5
18:3	8.4	0.4	0.2	0.2	9.7	0.7	–	62.6
20:1	–	–	–	1.0	7.4	–	–	–
22:1	–	–	–	–	50.7	–	–	–
U/S비율	5.623	0.994	9.000	3.348	24.000	6.372	5.903	11.488

* U/S비율: 포화지방산 함량에 대한 불포화지방산의 비율

표 5-6 동물성 기름의 지방산 조성(%)

구분	소기름	라드	유지방	청어유(menhaden)
4:0	–	–	7~14	–
6:0	–	–	2~7	–
8:0	–	–	1~3.5	–
10:0	–	–	1.5~5	–
12:0	–	–	2.5~7	–
14:0	2~8	1~4	8~15	5.6~7.7
16:0	24~37	20~28	20~32	11.8~18.6

구분	소기름	라드	유지방	청어유(menhaden)
18:0	14~29	5~14	6~13	6.2~8.0
20:0	–	–	0.3	1.1~2.0
22:0	–	–	0.1	11.7~25.2
16:1	–	–	1.5	–
18:1	40~50	41~51	13~28	11.7~25.2
18:2	1~5	2~15	1~4	0.1~0.6
18:3	–	–	0.4~2	–
18:4	–	–	0.1	1.1~2.8
20:1	–	–	–	7.3~19.1
20:4	–	0.3~1.0	0.1	0.3~0.8
20:5	–	–	–	11.4~15.2
22:1	–	–	0.1	6.9~15.2
22:5	–	–	–	0.3~1.0
22:6	–	–	–	4.8~7.8
24:1	–	–	–	–
U/S비율	0.884	1.562	0.329	1.316

* U/S비율: 포화지방산 함량에 대한 불포화지방산의 비율

(5) ω계열 지방산

IUPAC에서는 지방산의 COOH기 탄소원자를 시작으로 명명하는 국제적 계통명을 제안하고 있다. 그러나 반대편의 CH_3기의 탄소원자인 오메가(ω)로부터 처음 이중결합의 위치를 표기할 경우, ω3, ω6, ω9 계열 등의 지방산이 유사한 대사기능을 가지고 있음이 발견되고부터 영양 · 생화학적인 측면에서 통용되고 있다(표 5-4).

ω3(n-3) 계열 지방산은 linolenic acid(18:3), EPA(20:5), DHA(22:6)가 대표적이며, 푸른잎 채소, 해산물, 견과류, 들기름, 카놀라유, 아마인유 및 등 푸른 생선 등에 다량 함유되어 있고, eicosanoid 대사 중 혈소판 응고인자인 prostaglandin 형성을 주도하여 혈전증이나 심근경색증의 감소에 생리적 활성이 있는 것으로 알려지고 있다. 또한 간에서의 중성지방 합성을 억제하여 혈중 콜레스테롤 수준을 저하시킨다(그림 5-5).

그림 5-5 식품의 $\omega3$ 지방산 함유량 비교

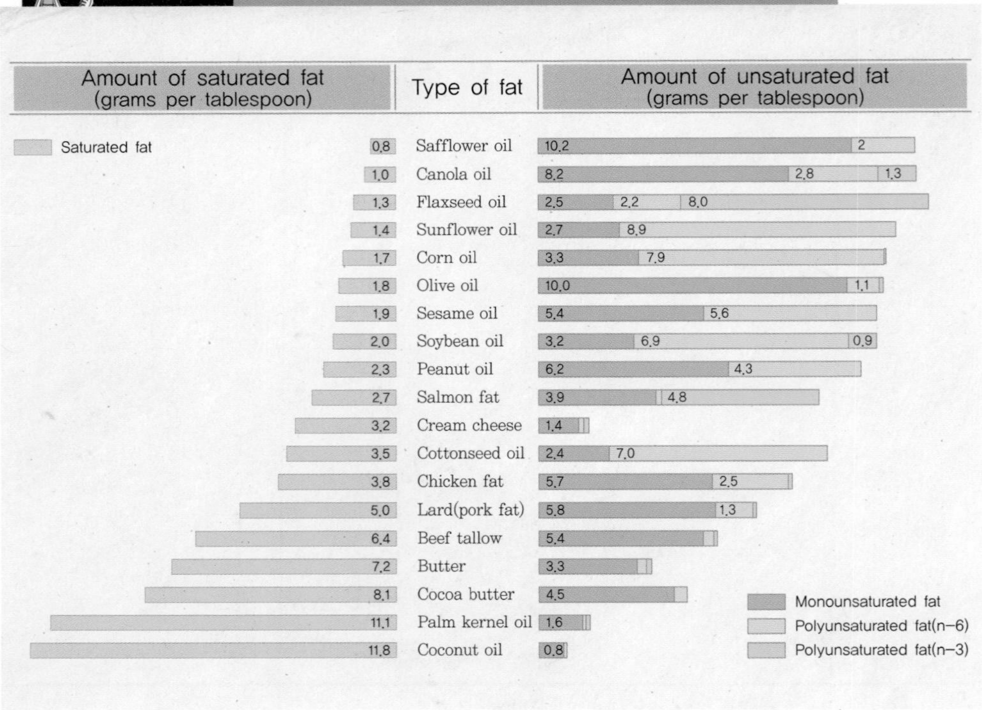

$\omega6$(n−6) 계열 지방산은 linoleic acid(18:2), γ−linolenic acid(18:3:6, 9, 12), arachidonic acid(20:4) 등이 있는데 옥수수유, 대두유, 홍화유 등의 식물성 기름에 풍부하다.

$\omega9$(n−9) 계열 지방산은 oleic acid(18:1)으로서 올리브유가 80% 이상 가지고 있는 지방산이며 돼지기름, 미강유, 팜유, 참기름 등에도 있다. 이는 단일불포화지방산으로 다중불포화지방산의 이중결합에 대한 산화과정에 따른 효과를 억제할 수 있는 지방산으로 알려져 있다.

캐나다에서는 $\omega3$와 $\omega6$ 계열의 비율을 1:6으로, WHO/FAD에서는 1:5~1:10으로 권장하고 있다. 그러나 음식문화가 서구화되면서 1:15~1:17로 늘어나고, $\omega6$ 비율이 높을수록 심장병과 암유발 위험성이 높아지고 있다고 보고되고 있다. 따라서 $\omega3$ 지방산의 섭취를 높이기 위해서는 생선과 채소, 과일 등의 비율을 높이고, 참기름보다는 들기름, 옥수수와 대두유보다는 카놀라유(유채씨유)나 아마인유를 사용하는 것이 좋다. 그러나 포화지방산의 대체식품이 아닌 과량의 섭취는 과산화물 스트레스에 따른 항산화계 조절 불능을 초래할 수 있어서 바람직하지 않다.

3. 단순지질(simple lipid)

지질은 이것을 구성하는 지방산의 종류 및 결합방법에 따라 수많은 종류가 있고 그 성질도 각기 다르다. 지질의 종류와 그 성질이 다른 것은 지질을 구성하는 공통성분인 글리세롤이 아니고 글리세롤과 에스테르 결합을 하는 지방산의 종류와 그 결합방법이 다르기 때문이다.

(1) 중성지방(中性脂肪, neutral fat)

지방산과 글리세롤의 에스테르를 글리세리드(glyceride)라고 하는데, 글리세롤은 3가(價) 알코올이므로 1분자의 글리세롤에는 1~3분자의 지방산이 결합될 수 있다. 글리세롤에 결합하는 지방산의 수에 따라서 글리세롤에 지방산 한 분자가 결합되면 monoglyceride, 2분자가 결합하면 diglyceride, 3분자가 결합하면 triglyceride이다.

$$
\begin{array}{llll}
\alpha & CH_2OH & & CH_2O-\overset{\displaystyle O}{\overset{\|}{C}}-R_1 \\
 & | & R_1-\overset{\displaystyle O}{\overset{\|}{C}}-OH & | \quad O \\
\beta & CH\ OH & + \quad R_2-\overset{\displaystyle O}{\overset{\|}{C}}-OH \longrightarrow & CH\ O-\overset{\|}{C}-R_2 \\
 & | & & | \quad O \\
\alpha' & CH_2OH & R_3-\overset{\displaystyle O}{\overset{\|}{C}}-OH & CH_2O-\overset{\|}{C}-R_3
\end{array}
$$

$3H_2O$

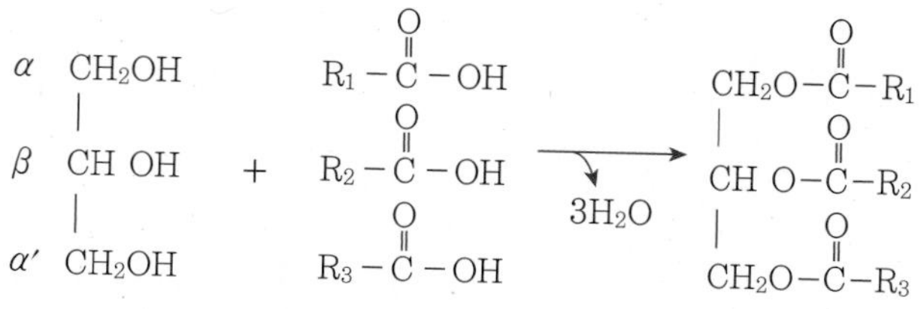

glycerol   fatty acid   triglyceride

일반적으로 글리세롤의 양쪽 끝의 OH기의 위치를 α, 중간의 위치를 β위치로 나타낸다. α위치의 OH기는 제1급 알코올(primary alcohol)의 성질을 갖고 있으며, β위치의 OH기는 제2급 알코올(secondary alcohol)의 성질을 갖고 있다. 따라서 α와 β위치의 OH기의 성질이 다르기 때문에 위치 이성체가 생긴다.

천연으로 존재하는 것은 대부분 triglyceride이다. Triglyceride에 있어서 3분자의 지방산이 동일한 종류의 지방산의 에스테르 결합이면 단순 글리세리드(simple glyceride)라 하고, 지방산이 동일하지 않으면 혼합 글리세리드(mixed glyceride)라 한다. 단순 글리세리드의 대표적인 것은 소기름의 tristearin, 올리브유의 triolein이다.

$CH_2O \cdot OC \cdot C_{17}H_{35}$
|
$CHO \cdot OC \cdot C_{17}H_{35}$
|
$CH_2O \cdot OC \cdot C_{17}H_{35}$

tristearin

$CH_2O \cdot OC \cdot C_{17}H_{33}$
|
$CHO \cdot OC \cdot C_{17}H_{33}$
|
$CH_2O \cdot OC \cdot C_{17}H_{33}$

triolein

식품 유지는 생체 내의 저장지방 또는 에너지원으로 이용되며, 조리 시에는 음식물에 특유한 향미를 부여하고 비열이 물에 비해 1/2로 낮아서 튀김음식에 사용되며, 쇼트닝으로 사용된다. 상온에서 고체인 것을 지방(fat, 예로서 소기름과 돼지기름), 액체인 것을 기름(oil, 예로서 대두유, 면실유, 팜유 등)이라고 한다. 지방은 그 구성지방산이 stearic acid나 palmitic acid와 같은 포화지방산과 글리세롤이 에스테르 결합을 하고 있으며, 기름은 oleic acid나 linoleic acid와 같은 불포화지방산이 글리세롤과 에스테르 결합을 하고 있다. 즉, 유지는 그 지방산의 종류에 따라 그 상태와 성질이 달라진다.

표 5-7 유지의 분류

- 유지
  - 천연유지
    - 식물성유지
      - 식물성유
        - 건성유(130 이상): 아마인유, 들기름, 대두유
        - 반건성유(100~130): 참기름, 옥수수기름, 면실유
        - 불건성유(100 이하): 올리브유, 땅콩기름, 피마자유
      - 식물성지: 야자유, 코코아유
    - 동물성유지
      - 동물성유
        - 해산동물유
          - 어유: 정어리기름
          - 간유: 대구간유
          - 해수유(海獸油): 고래기름
        - 육산동물유: 번데기유
      - 동물성지
        - 체지방
        - 유지방 : 버터
  - 가공유지: 마가린, 쇼트닝

(　　)안은 요오드가를 나타냄

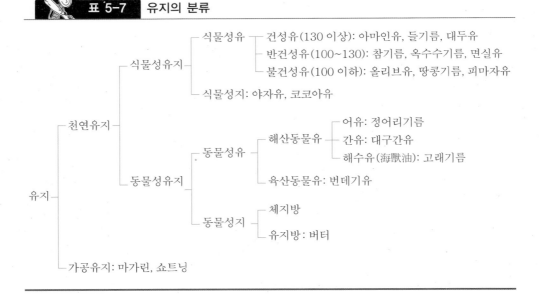

일반적으로 유지는 표 5-7과 같이 천연유지와 가공유지로 구분하며, 천연유지는 식물성유지와 동물성유지로 분류한다. 식물성유지는 상온에 방치했을 때 건조하는 것을 건성유, 건조되지 않는 것을 불건성유, 그 중간을 반건성유 그리고 고체상태로 존재하는 것을 식물성 지(fat)로 분류한다. 건성유는 불포화도가 큰 지방산을 많이 가

지고 있으며, 불건성유의 경우에는 포화지방산을 많이 가지고 있다.

동물성유지는 육산(陸産)동물유지와 해산(海産)동물유지로 구분하는데 그 성상은 큰 차이가 있다. 육산동물유지는 C_{16}, C_{18}의 지방산을 많이 함유하고 있으며, 해산동물유지는 C_{20} 이상의 불포화지방산을 많이 함유하고 있다. 해산동물의 간유는 비타민 A, D의 공급원으로 중요하다.

(2) 왁스류(waxes)

왁스는 고급 1가 알코올(RCH_2OH, 탄소수 C_{16}이거나 C_{30})과 고급 지방산의 에스테르로서, 자연계에서 그 함량은 높지 않지만 널리 분포하고 있다.

대부분 녹는점이 높은 고체로서(60~80℃) 체내에서 분해되지 않으므로 영양적 가치는 없으나 동식물체의 보호물질로서 표피에 존재하여 충해(蟲害)나 미생물의 침입과 수분의 증발 및 흡습을 방지하고 광택을 높여준다.

왁스는 출처에 따라 동물성 왁스와 식물성 왁스로 분류되며, 화장품, 비누, 고약의 기초물질, 유화제, 광택제 및 전기절연체 등으로 이용된다.

식물성 왁스
- carnauba wax : melissyl alcohol, carnaubyl alcohol
- candelilla wax : melissyl alcohol, carnaubyl alcohol
- japan wax : palmitic acid, japanic acid

동물성 왁스
- 밀랍(蜜蠟, bees wax) : myricyl palmitate
- 경랍(鯨蠟, supermaceti wax) : cetyl palmitate
- shellae wax : ceryl cerotate

표 5-8 유지와 왁스의 비교

성질	왁스	유지
상온에서의 상태	주로 고체	고체 또는 액체
유기용매에 대한 용해성	녹지 않음	용해
알칼리와의 반응	비누화되기 어렵지만 비누화된다	쉽게 비누화된다
acrolein 반응	반응하지 않는다	고열에서 반응
불포화지방산	극소량	다량
녹는점	높다	낮다

4. 복합지질(complex lipid)

지방산과 여러 알코올의 에스테르에 다른 물질이 결합된 화합물을 복합지질이라고 하며, 단순지질에 질소화합물(nitrogenous compounds), 인산, 황산, 단백질, 당질 등이 축합반응에 의해 결합된 지질이다.

즉 지방산과 글리세롤 이외에 다른 성분을 함유하고 있는 지질이다. 복합지질 중 인지질(phospholipid)과 당지질(glycolipid)의 기본구성을 그림 5-6에 triglyceride와 비교하여 나타내었다.

그림 5-6 지질의 분류

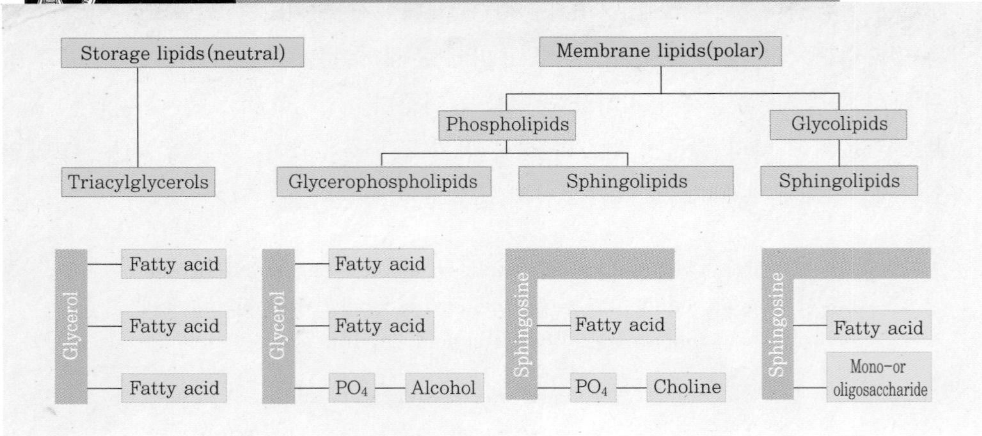

(1) 인지질(燐脂質, phospholipid)

글리세롤의 OH기 2개가 지방산과 에스테르 결합을 하고, 3번째의 OH기는 인산과 결합되어 있는 phosphatidic acid의 유도체로서 뇌, 심장, 달걀노른자, 대두 등에 많이 포함되어 있다. 인지질에는 알코올의 종류에 따라 글리세롤을 함유한 것과 amino alcohol인 sphingosine을 함유한 것이 있다.

이 phosphatidic acid의 인산에 염기성 질소화합물이 결합된 것이 글리세롤 인지질(glycerol phospholipid)이며 인지질의 70%를 차지한다. 글리세롤 인지질의 중요한 것으로는 레시틴(lecithin), 세팔린(cephalin) 등이 있다.

그림 5-7 phosphatic acid의 구조

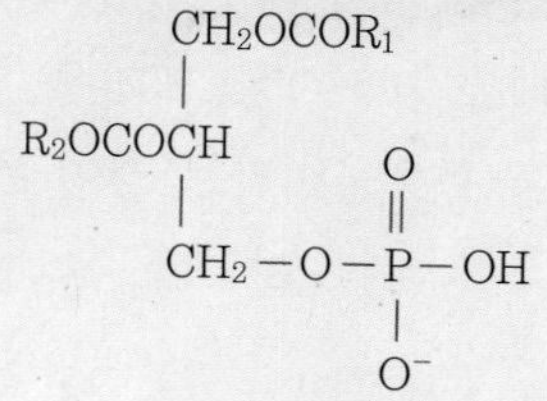

1) 레시틴(lecithin)

글리세롤 한 분자에 지방산 2분자와 인산에 염기인 콜린(choline)이 결합된 화합물로서 그 구성 지방산은 포화지방산과 불포화지방산으로 구성되어 있다. 포화지방산으로 palmitic acid, stearic acid로 결합되어 있고, 불포화지방산으로는 oleic acid, linoleic acid, linolenic acid, arachidonic acid 등이다.

그림 5-8 레시틴의 구조

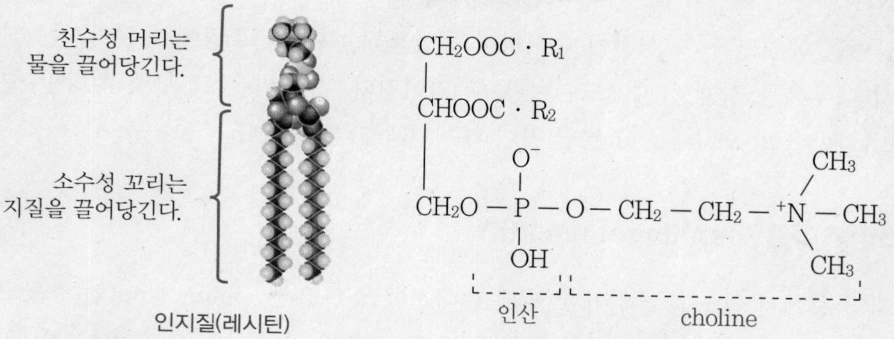
친수성 머리는 물을 끌어당긴다.
소수성 꼬리는 지질을 끌어당긴다.
인지질(레시틴)
인산
choline

Lecithin은 분자 중에 인산기의 (−)전하와 콜린의 4가(價) 질소의 (+)전하를 가지고 있는 쌍극이온(dipole ion)의 구조를 가진 양성물질이다. 또한 분자 중에 친수성인 인산기와 콜린 그리고 소수성인 지방산의 탄화수소 사슬을 가지고 있기 때문에 계면활성물질로서 강한 유화작용을 가지고 있다. 따라서 마가린, 초콜릿, 아이스크림 등의 유화제(乳化劑, emulsifier)로 사용되고 있다.

레시틴은 동물의 뇌, 신경계, 간, 심장, 달걀노른자, 그리고 식물에서는 대두유와 같은 종자유(種子油)에 상당량 존재하며 대두유 정제과정에서 부산물로 얻어지는 노란색의 왁스상 물질로서, 에테르, $CHCl_3$, 뜨거운 알코올에는 잘 녹으나 아세톤(acetone)에는 녹지 않는 아세톤 불용물이라는 점이 특징이다.

2) 세팔린(cephalin)

세팔린은 레시틴과 그 구조가 유사하나 염기인 콜린 대신에 serine 혹은 ethanolamine이 결합되어 두 가지의 세팔린이 존재하는데 phosphatidyl serine과 phosphatidyl ethanolamine이다(글리세롤, 지방산 2분자, 인산, 염기인 serine 또는 ethanolamine이 결합).

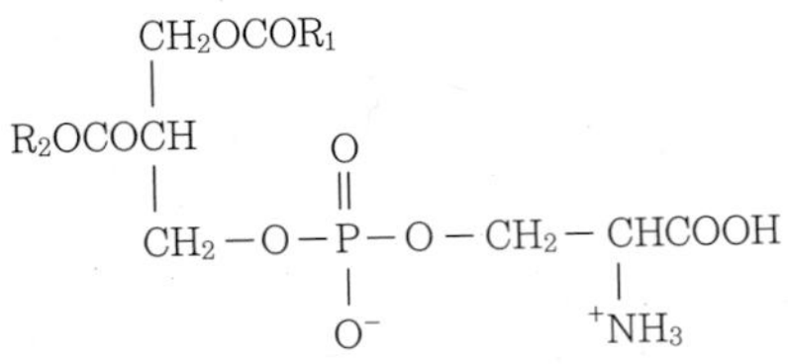

cephalin(phosphatidyl serine)

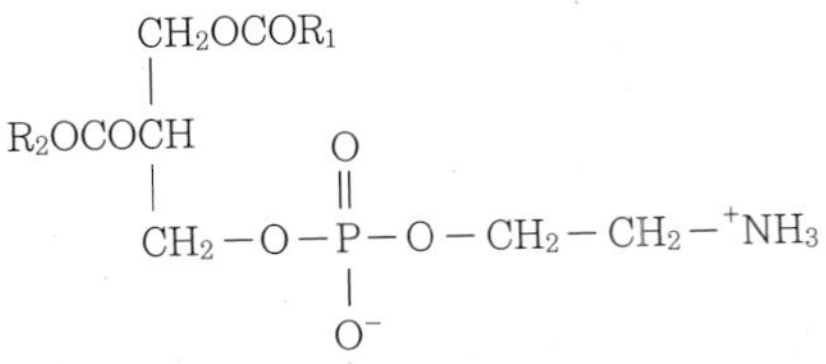

cephalin(phosphatidyl ethanolamine)

세팔린은 레시틴과 그 성질이 유사하며 동물조직, 특히 뇌조직에서 얻어지는 인지질로서 대두유를 정제할 때에도 부산물로 얻어진다. 세팔린은 그 구성 지방산 중에서 포화지방산이 stearic acid 뿐인 것이 레시틴과 다른 점이다.

3) 스핑고미엘린(sphingomyelin)

인지질 중에서 알코올 부위가 글리세롤 대신에 스핑고신(sphingosine)인 스핑고지질(sphingolipid)에는 스핑고미엘린 등이 있다. 이것은 스핑고신 : 지방산 : 인산 콜린이 1 : 1 : 1로 구성되어 있으며, 식물계에는 존재하지 않고 동물의 뇌, 신경조직에 많다.

이 스핑코미엘린은 단일체의 화합물이 아니고 여러 개의 비슷한 구조를 가진 물질들의 총칭을 뜻하는 것이다. 발견되는 지방산들(그림 5-9에서 R)은 lignoceric acid(24:0), nervonic acid(24:1:15), stearic acid(18:0), palmitic acid(16:0) 등이 있는데 이들은 스핑고신의 아미노기에 결합된다.

그림 5-9 스핑고미엘린의 구조

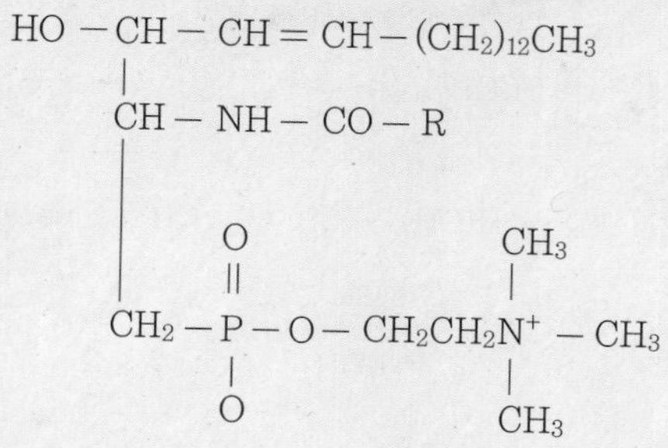

(2) 당지질(糖脂質, glycolipid)

당지질에는 당, 특히 갈락토오스(galactose)와 고급지방산, 스핑고신이 들어 있어 glycosphingolipid라고 하는데, 스핑고지질처럼 인산기를 가지고 있지 않으므로 인지질은 아니지만 스핑고미엘린과 더불어 스핑고지질로 분류되며, 동물의 뇌나 신경조직에 많이 들어 있다.

1) 세레브로시드(cerebroside)

세레브로시드는 당을 주성분으로 하는 당지질로서 동물의 뇌, 특히 신경조직에 많이 존재한다. 세레브로시드는 스핑고신, 지방산, hexose 등으로 구성되어 있는데, 그 구성당은 주로 D-galactose이며 때로는 D-glucose인 경우도 있다. 세레브로시드는 그 구성 지방산들의 종류에 따라 다음과 같은 종류가 있다.

① kerasin: 구성 지방산이 lignoceric acid(C_{24})
② phrenosin: 구성 지방산이 cerebronic acid [2-oxylignoceric acid]
③ nervon: 구성 지방산이 nervonic acid [15-dehydrolignoceric acid](24:1:15)
④ oxynervon: 구성 지방산이 oxynervonic acid [2-oxy-15-dehydrolignoceric acid]

그림 5-10 세레브로시드의 구조

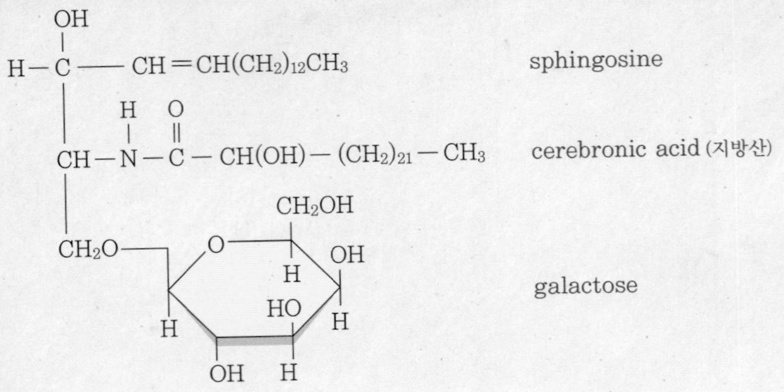

2) 강글리오시드(ganglioside)

세레브로시드와 유사한 당지질로서 신경절(神經節, ganglion) 세포에 주로 존재하며, 신경기능과 세포막의 여러 가지 기능에 관여한다. 강글리오시드는 스핑고신, 지방산, 3분자의 hexose(glucose와 galactose), 그리고 음전하를 갖는 N- acetylneuraminic acid(sialic acid)로 구성되어 있다.

그림 5-11 강글리오시드의 구조

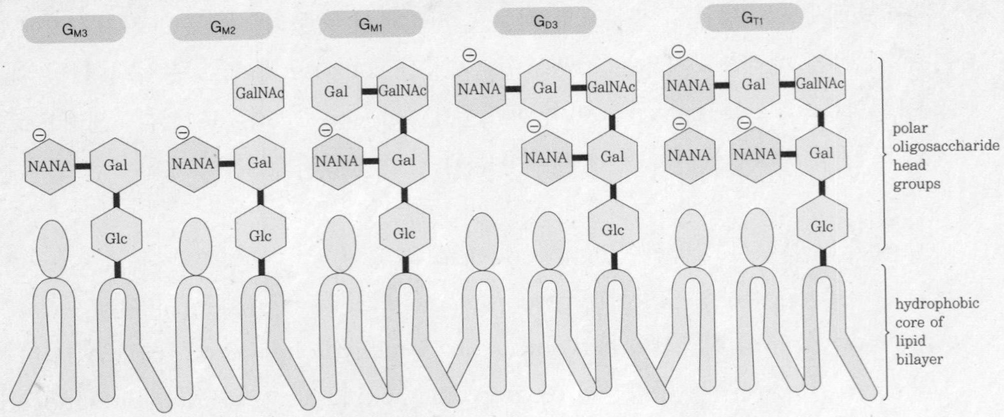

G_{M1}, G_{M2}, G_{M3}, G_{D3}, G_{T1}에서 M, D, T는 sialic acid 잔기의 수(mono, di, tri)이며, 숫자는 5에서 당의 수를 뺀 값을 의미한다.
NANA : N-acetylneuramic acid, Gal : galactose, Glc : glucose, GalNAc : N-acetylgalactosamine.

화학구조는 아직 확실히 알려져 있지 않으나, 소의 뇌에서 유리한 강글리오시드 G_{M1}를 비롯하여 40여 종의 구조가 밝혀졌으며 그중 일부를 그림 5-11에 나타내었다.

G_{M1}은 다양한 신경질환 예로 말초신경 장애와 뇌혈관 이상, 척수손상 등에 대해 효과가 있음이 최근 보고되고 있어 그 중요성이 높아지고 있다.

그림 5-12 스핑고지질의 구조정리

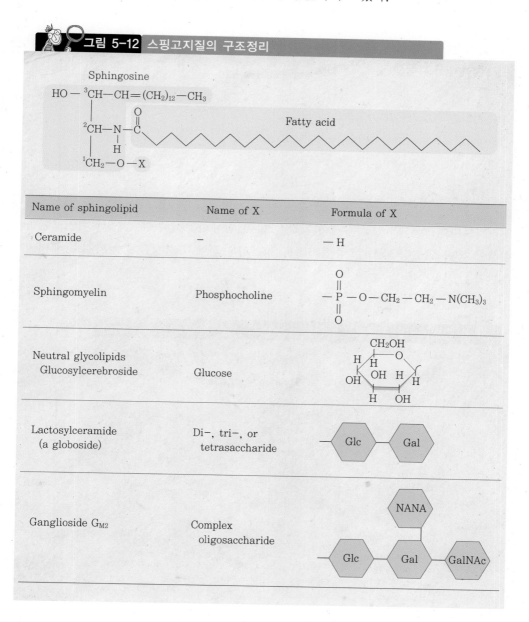

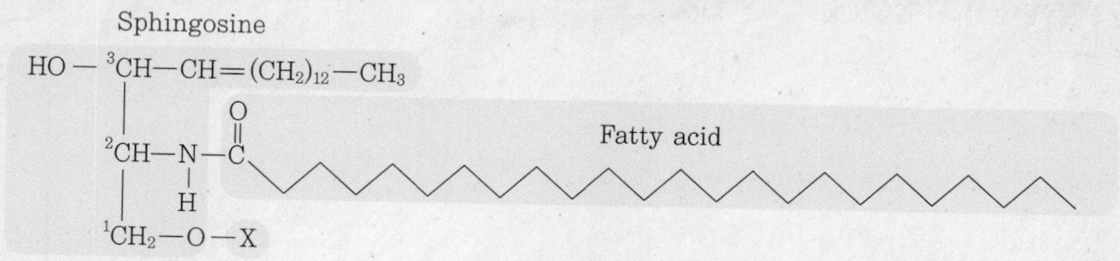

Name of sphingolipid	Name of X	Formula of X
Ceramide	–	$-H$
Sphingomyelin	Phosphocholine	$-\overset{O}{\underset{O}{P}}-O-CH_2-CH_2-N(CH_3)_3$
Neutral glycolipids Glucosylcerebroside	Glucose	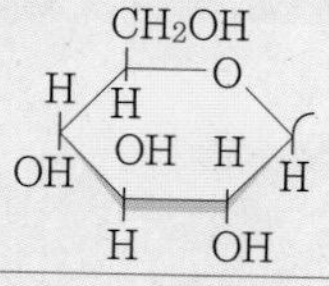
Lactosylceramide (a globoside)	Di-, tri-, or tetrasaccharide	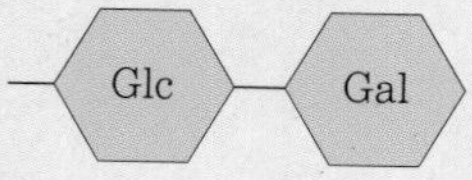
Ganglioside G_{M2}	Complex oligosaccharide	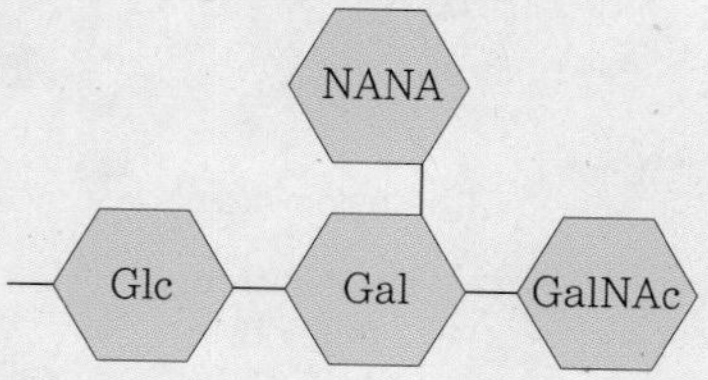

(3) 지단백질(脂蛋白質, lipoprotein)

지단백질은 단백질, 중성지질, 인지질 그리고 콜레스테롤과 그 에스테르 화합물로 구성된 성분이라 할 수 있다. 혈액 속에서 지질은 가용화(soluble)될 수 없으므로 체내에 흡수된 지질은 단백질과 결합하여 지단백질의 소립자(小粒子)를 만들어 가용화된다.

지단백질은 단백질에 대한 지질의 비율에 의해 밀도가 달라져서 비중이나 전기영동도에 따라서 다음과 같이 분류된다.

① 카일로마이크론(chylomicron)
② VLDL(very low density lipoprotein)
③ LDL(low density lipoprotein)
④ HDL(high density lipoprotein)

카일로마이크론과 VLDL은 중성지질을 많이 함유하고 있는데, 카일로마이크론은 식사를 통한 외인성(外因性) 중성지질을, VLDL은 간에서 합성한 중성지질로 체내에 운반하는 역할을 한다.

그림 5-13 지단백질의 분류

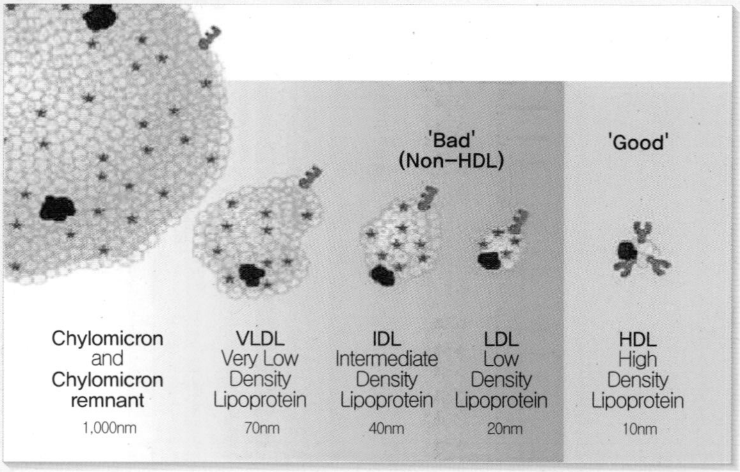

*: cholesterol

LDL과 HDL은 주로 콜레스테롤의 운반과 대사에 관여한다. VLDL은 lipoprotein lipase에 의해 LDL로 분해되며, LDL은 세포의 이물질 흡수작용에 의해 혈관벽 내에 흡착된다.

LDL(밀도 1.006~1.063g/ml)에서 단백질 부분이 일부 산화된 oxi-LDL은 정상인의 혈중에는 거의 발견되지 않는다(0.001%). 그러나 혈중 oxi-LDL이 증가할 수록 비만, 당뇨중, 동맥경화증이 증가되며, 특히 대사증후군의 발병빈도를 3.5배 이상 증가시키는 것으로 보고되고 있다.

5. 비누화되지 않는 지방질(unsaponifiable lipids)

비누화되지 않는 지방질들 중에서 직접적인 지방산의 에스테르로 볼 수 있는 것은 거의 없다. 따라서 단순지질, 복합지질의 가수분해물인 지방산, 지방족의 고급 알코올과 중성지질과는 구조와 성질이 전혀 다르다. 이러한 지방질들을 유도지질(derived lipids)이라고도 하며 종류에는 에스테르로 추출되는 탄화수소, 스테롤(sterol), 카로테노이드(carotenoid), 지용성 비타민 등이 있다.

식용유 중의 비누화되지 않는 지방질의 함유량은 표 5-9과 같다.

표 5-9 유지 중의 비누화되지 않는 지방질 함량(%)

기름종류	hydrocarbons	squalene	aliphatic alcohols	terpenic alcohols	sterols
olive	2.8~3.5	32~50	0.5	20~26	20~30
linseed	3.7~14.0	1.0~3.9	2.5~5.9	29~30	34.5~52
tea seeds	3.4	2.6	–	–	22.7
soybean	3.8	2.5	4.9	23.2	58.4
rapeseed	8.7	4.3	7.2	9.2	63.6
corn	1.4	2.2	5.0	6.7	81.3
lard	23.8	4.6	2.1	7.1	47.0
tallow	11.8	1.2	2.4	5.5	64.0

(1) 스테롤류(sterols)

스테롤(sterol)은 스테로이드(steroid)핵을 가진 물질로서 지질과 더불어 발견되고 있다.

스테로이드 중에서 3번 C에 OH기를 가지고 있는 스테롤은 구조상의 특징에 따라 환상 알코올(cyclic alcohol)이라고도 불리고 있다.

식물종자의 지질에는 약 5%의 비누화되지 않는 지질(불검화물)을 함유하는데, 그 대부분이 스테롤이다. 스테롤은 동물성 스테롤(zoosterol)과 식물성 스테롤(phyto sterol)로 나뉜다.

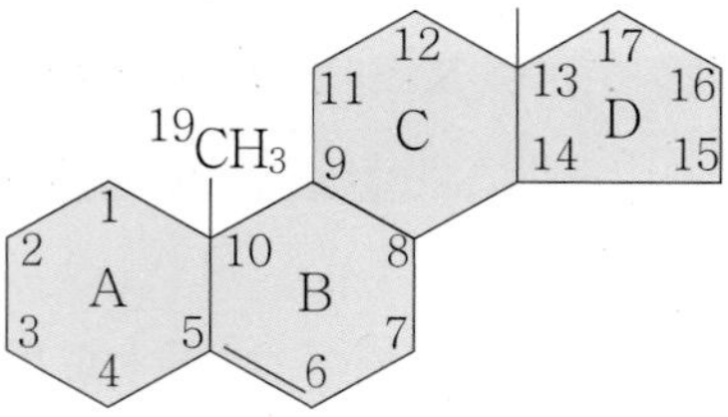

스테로이드 핵 구조

1) 동물성 스테롤(cholesterol)

콜레스테롤은 녹는점이 149℃인 백색 결정으로서 물에는 안 녹으나 에스테르, $CHCl_3$, 벤젠 등에 녹는다.

뇌, 골수, 신경계, 담즙, 혈액 등에 많으며, 식물유에는 포함되어 있지 않다. 일부 콜레스테롤은 지방산과 결합하여 에스테르로 존재하기도 한다. 예로, 우유지방에 함유된 콜레스테롤의 약 10%는 콜레스테롤 에스테르이다.

세포의 원형질 및 원형질막의 구성성분이며, 지단백질의 구성성분으로서 혈중 지질의 용존 및 이동에 관여한다. 또한, 담즙산, steroid hormone의 원료이다. 예로, 유도체인 7-dehydrocholesterol은 비타민 D_3의 전구체(provitamin)이다.

2) 식물성 스테롤

식물성 스테롤은 화학적 구조가 콜레스테롤과 유사한 친유성 화합물(fat-like compound)로 채소, 과일, nut, 곡물, 식용유 등과 같은 일상식품에 존재한다. 그 외 목질(wood pulp)과 종이산업의 부산물에 존재한다. 식물성 스테롤에는 stigmasterol, β-sitosterol(22-dihydrostigmasterol), ergosterol 등이 있으며 이들 성질은 콜레스

그림 5-14 콜레스테롤의 구조

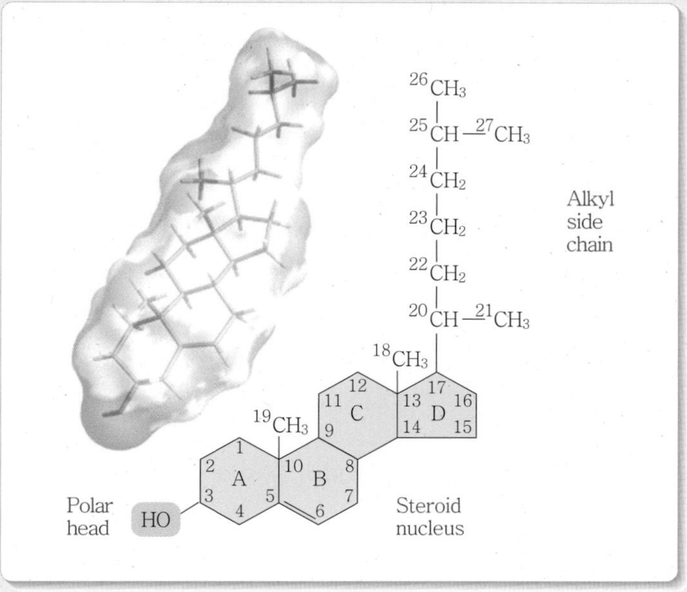

그림 5-15 식물성 스테롤(phytosterol)

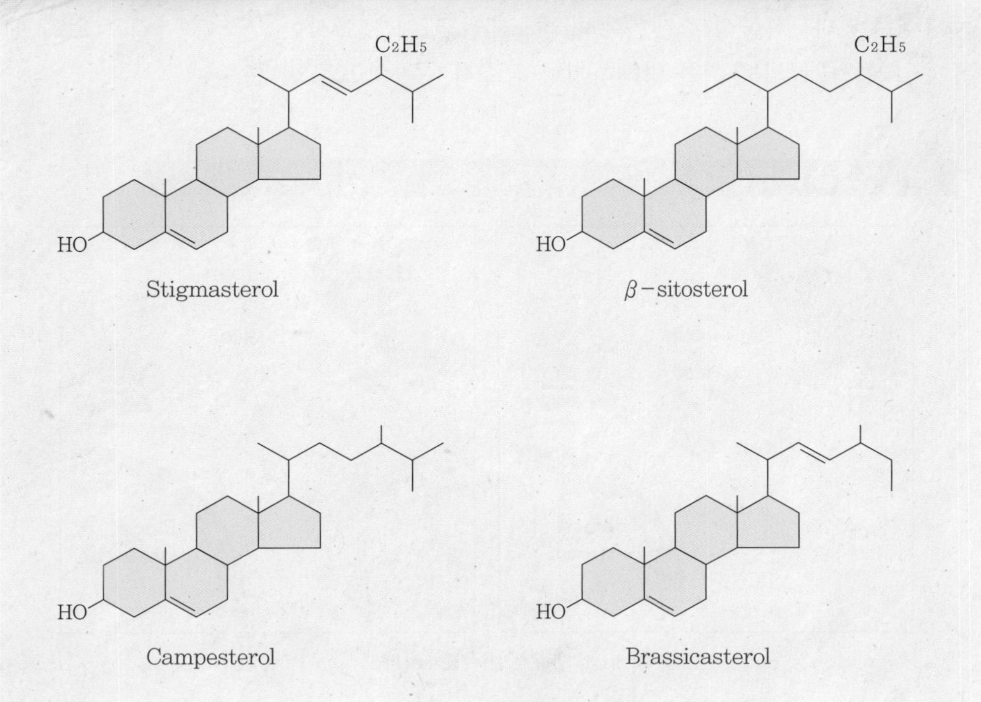

그림 5-16 Ergosterol의 비타민 D_2로 변화

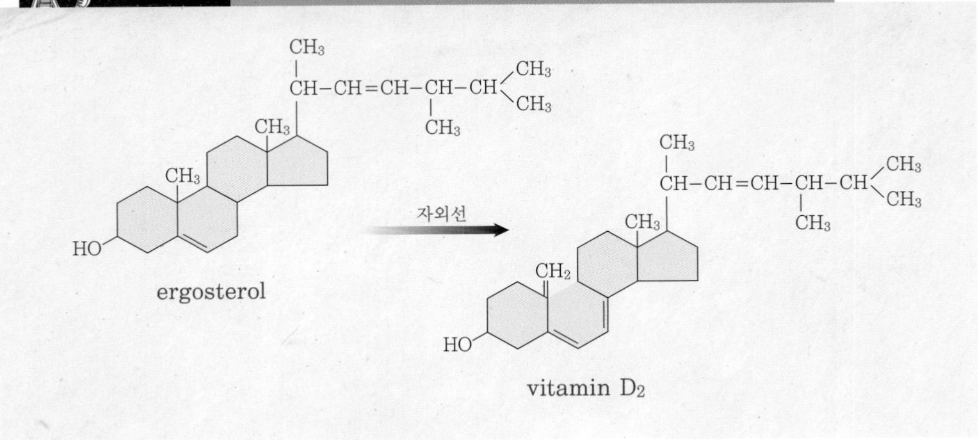

테롤과 비슷하다. 대두에 특히 많이 함유되어 있으며, 각종 스테로이드 물질의 합성 원료가 된다. 특히 ergosterol은 곰팡이나 효모, 버섯 등에서 얻어지며 비타민 D의 전구체(provitamin D)로 알려져 있다. 즉, ergosterol에 자외선을 조사하면 B ring이 쉽게 열리면서 비타민 D_2가 된다. 또한 β-sitosterol은 비타민 D_4의 전구체이다.

혈중 콜레스테롤은 간에서 합성(1~1.5g/day)하거나 동물성 식품(0.3~0.6g/day)으로부터 얻어지게 되는데 이 중 음식으로부터 얻어지는 콜레스테롤의 30~60%가 몸에 흡수된다. 식물성 스테롤은 콜레스테롤과 매우 유사한 구조를 가지고 있기 때문에 콜레스테롤의 흡수를 방해하거나 감소시키는 역할을 한다.

그림 5-17 식물성 스테롤의 콜레스테롤 감소 역할

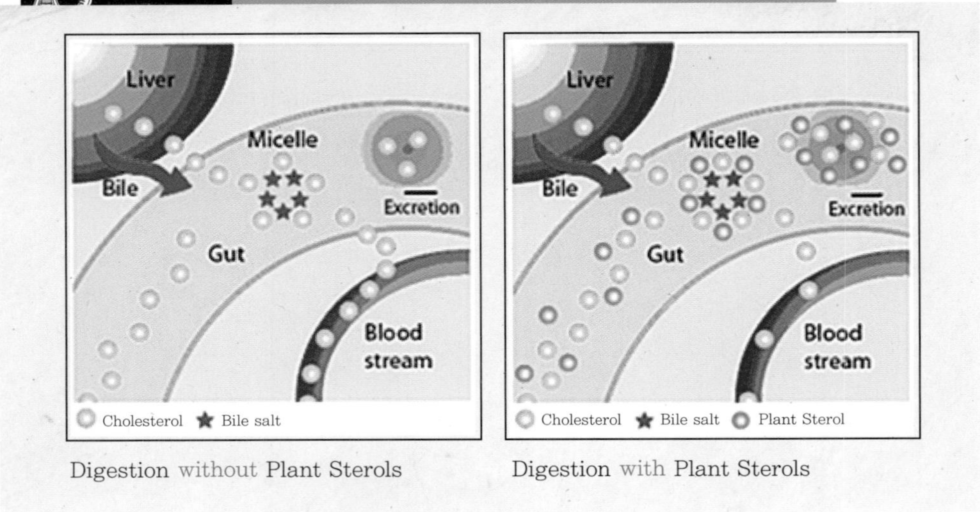

(2) 탄화수소(hydrocarbon)

탄화수소는 탄소와 수소만으로 구성된 화합물의 총칭으로 지방 추출 시의 ether에 용출되어 나오는 비누화되지 않는 지질이다. 지방족 탄화수소(aliphatic hydrocarbon)와 스쿠알렌(squalene) 등이 있다.

1) 지방족 탄화수소

누에 번데기에 들어있는 tetracosane($C_{24}H_{50}$)과 채소 왁스에 고체 상태로 존재하는 nonacosane($C_{29}H_{50}$)과 hentriacontane($C_{31}H_{64}$), 간유 중에 액체 상태로 존재하는 isooctadecane($C_{18}H_{38}$) 등이 있다.

2) 스쿠알렌(squalene)

상어의 간유(liver oil) 중 35%를 구성하는 스쿠알렌($C_{30}H_{50}$)은 6개의 isoprene 단위가 결합한 것이고, 생체 내에서 콜레스테롤과 같은 스테롤과 triterepene의 생합성에 관여하며, 비타민 D의 효력을 높여주는 작용이 있다. 녹는점이 −75℃로 아주 낮기 때문에 저온용 윤활유로서 공업적으로 이용된다.

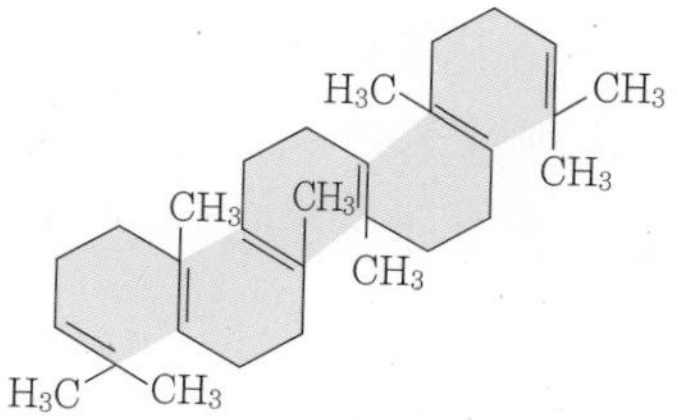

squalene

3) 베타카로틴(β-carotene)

프로비타민(provitamin) A로 알려져 있는 지용성 황색 색소이다. 천연 카로테노이드는 대부분 트랜스형의 이중결합 구조를 하고 있다. β-carotene의 구조는 양쪽 끝 고리에 한하여 대칭 구조를 하고 있다. 화학적으로 테르펜(terpene)과 유사한 물질 중에서 생물학적으로 중요한 것은 비타민 E, 비타민 K 등이 있다(비타민에서 설명).

그림 5-18 β-carotene의 구조들

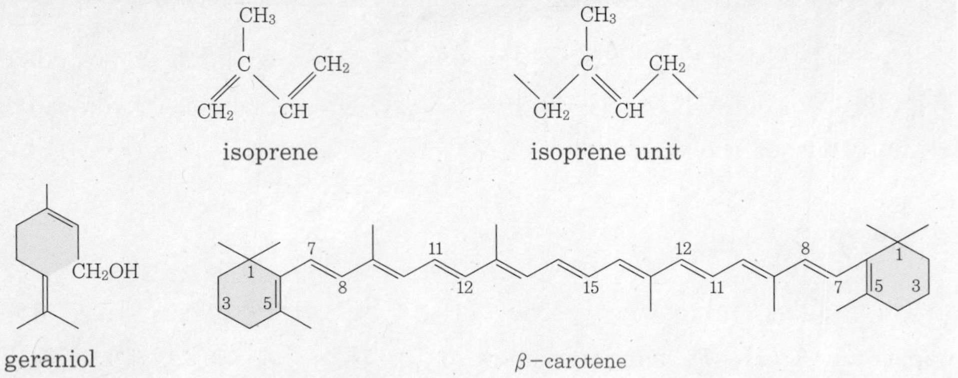

6. 유지의 물리적 성질(physical properties)

⊙ 용해도(solubility)

유지는 글리세롤의 OH기와 지방산의 COOH기가 에스테르 결합을 하여 친수성기가 나타나지 않게 되므로 극성용매인 물에 녹지 않고, 비극성 유기용매에 잘 녹는다. 같은 용매에 대해서는 탄소수가 적고 불포화도가 큰 지방산으로 구성된 유지일수록 잘 녹는다.

한편 지방산 분자는 친수성기인 COOH와 비극성기인 알킬기로 이루어져 있어서 분자량이 커짐에 따라 지방산 분자 내의 친수성기의 비율이 작아지게 된다. 따라서 butyric acid(C_4)까지는 물에 약간 녹지만 탄소수가 증가함에 따라 성질이 탄화수소에 가까워 물에 녹기 어렵게 만든다. 유지는 친수성 부분과 소수성 부분이 같이 존재하므로 물 위에 얇은 막을 형성하며 넓게 퍼져 있다.

⊙ 유지의 녹는점(melting point)

탄소수가 8개 이하인 포화지방산은 상온에서 액체이고 탄소수의 증가와 더불어 녹는점이 높아진다. 또한 불포화지방산의 함량이 많은 유지는 일반적으로 녹는점이 낮다.

유지의 녹는점은 지방산의 종류와 배열에 따라 크게 다르다. 유지는 여러 종류의

triglyceride들이 혼합되어 있으며, 같은 지방산으로 구성된 triglyceride라도 결합된 위치에 따라 여러 개의 이성체가 존재한다. 따라서 다른 순수한 화합물처럼 어떤 일정한 온도에서 일순간에 고체에서 액체로 변하는 것이 아니라 넓은 범위의 온도에서 서서히 녹는다.

또한 성질이 동일한 triglyceride일지라도 녹는점이 매우 불분명한 경우가 있는데 이는 유지 속에 서로 성질이 다른 결정이 존재하여 고유의 녹는점을 가지게 되는 것으로 설명하며 이를 동질이상현상(同質異相現象, polymorphism)이라고 한다. 즉 단일 화합물이 2가지 이상의 결정형을 가지고 있는 것을 말하며 녹는점도 그 결정형에 따라 다르다.

그림 5-19 유지의 결정구조

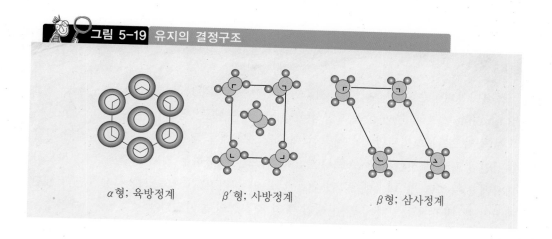

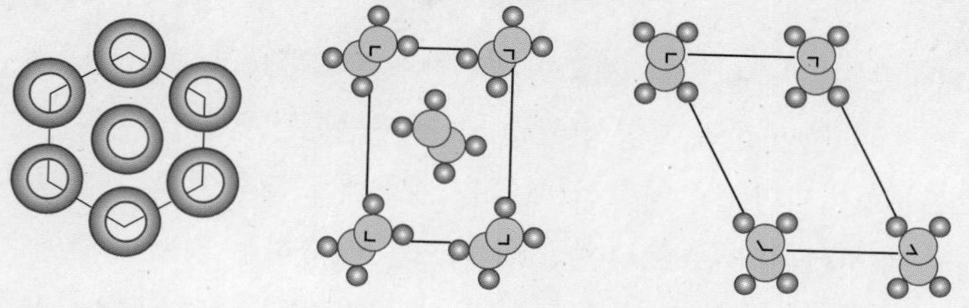

생성되는 결정형은 α형(육방정계, hexagonal), β형(삼사정계형, triclinic) 그리고 β′형(사방정계형, orthorhombic)이 있다(그림 5-19). α형은 투명하고 부서지기 쉬운 결정으로 크기는 약 5㎛ 크기의 판상(platelet)이다. β′형은 길이가 1㎛ 미만의 작은 바늘 모양을 하고 있으며, β형은 크기가 25~50㎛ 정도의 거친 결정형을 이루고 있다(표 5-10).

표 5-10 유지 결정형의 특징

결정형	모양	밀도	안정성	녹는점	크기(㎛)
α형(정육방계)	판상	가장 낮다	가장 낮다	가장 낮다	5
β′형(사방정계)	바늘형	중간	중간	중간	1
β형(삼사정계)	크고 불규칙	가장 높다	가장 높다	가장 높다	25~50

유지는 일반적으로 동일한 탄소 사슬길이를 가진 지방산이 많을수록 β'형으로 변환되는 속도가 느리고, 구성 지방산의 종류가 다양할수록 β'형으로 존재할 확률이 높다(표 5-11).

표 5-11 각종 유지의 결정 경향

β형	β'형
야자유	면실유
옥수수기름	청어기름
올리브유	정어리기름
돼지기름(라드)	우유지방
팜핵유	팜유
땅콩기름	채종유
참기름	양기름
해바라기씨 기름	고래기름

동질이상현상은 아이스크림을 제조할 때 원료혼합과 tempering 공정, 또는 초콜릿 blooming 현상, 마가린의 거침성(graininess) 등에 큰 영향을 미친다.

천연 라드는 β형이지만, 이 지방산 배열을 에스테르 교환에 의해 변화시키면 작은 결정인 β'형으로 전환된다. 쇼트닝은 β'형 라드를 사용하는 것이 바람직하다. 라드를 제빵에 사용하면 빵 내부에 큰 기공(air cell)이 생기지만, 쇼트닝을 사용하면 미세한 기공이 빵 내부에 균일하게 많이 생겨 빵의 조직감이 좋아진다.

⊙ 유지의 가소성(可塑性, plasticity)

유지의 가소성이란 고체 유지가 적당한 조건에서는 외부의 힘에 의해서 완전 탄성체로 작용하지 않으며, 어느 한도 내에서 파괴되지 않고 외부의 힘에 따라 연속적으로 또는 영구적으로 변형될 수 있는 성질을 나타낸다.

버터, 마가린, 초콜릿 등과 같은 과자류는 완전한 고체와 액체의 중간 형태로서 반고체(semisolid)의 성질을 가짐으로써 제품 특유의 조직감을 나타낸다.

⊙ 유지의 과냉현상(supercooling)

유지는 녹는점보다 낮은 온도에서도 액체로 남아 있는 경향이 있어 유지 및 유지 제품의 융해현상을 복잡하게 한다. 예로, 버터, 마가린, 초콜릿 등은 더운 여름에 녹게 되면, 다시 기온이 내려도 굳어지지 않으므로 주의를 요한다.

⊙ 경험적 방법에 의한 고체유지의 녹는점 측정법

고체유지(fat)의 녹는점은 유지가 완전히 녹을 때의 온도로 정의되며, 다음의 방법들은 재현성(reproducibility)이 낮다.

연화점(softening point)은 유지를 모세관에 채워 넣고 얼음물(0℃)에서 하룻밤 방치한 후, 물이 든 비커 속에서 서서히 가열하여 연화되면서 팽창에 의해 상승하기 시작하는 온도를 정하여 얻는다.

활동점(slipping point)은 유지를 놋쇠로 만든 원주(brass cylinder) 속에 넣어 가열에 의한 부피의 팽창에 따라 미끄러져 올라갈(slipping) 때의 온도이다.

쇼트 융점(short melting point)은 고체유지의 표면에 작은 납으로 만든 포환(small lead shot)을 올려놓고 가열할 때 납 포환이 낙하하기 시작하는 온도이다.

⊙ 비중(比重, specific gravity, SG)

유지의 비중은 보통 측정온도가 명시되어 있고 대체로 25℃에서 측정함이 기준이나, 고체유지는 40℃ 또는 60℃에서도 가능하다.

유지의 비중은 약 0.92~0.94이며, 유지의 불포화도(degree of unsaturation), 즉 불포화지방산의 함량이 많을수록 증가하며, 지방산 잔기(fatty acid residue)의 길이가 길수록 증가한다.

⊙ 굴절률(屈折率, refractive index, RI)

굴절률은 온도에 의해서 현저히 변하므로 일정한 온도에서 측정해야 하며 그 측정온도를 표시하여야 한다(보통 25℃). 굴절률은 측정방법이 간편하고 신속하고 정확하기 때문에 유지의 식별(identification)에 유용한 지표가 된다.

일반적으로 유지의 굴절률은 약 1.45~1.47 정도이며, 동일한 glyceride인 경우에는 산가가 높은 것일수록 굴절률이 낮다. 뿐만 아니라 유지의 굴절률은 비누화값이 높고, 요오드값이 낮을수록 낮다.

그리고 비중에 대한 요인과 같이 유지의 불포화도 및 지방산의 길이(탄소수)에 따라 증가하는 특성이며, 액체유지의 경화(hardening)공정은 굴절률의 감소(측정)에 의해 조절된다.

⊙ 발연점(發煙點, smoking point)

유지를 가열할 때 유지의 표면에서 엷은 푸른색의 연기가 발생할 때의 온도이며, 이 연기가 튀김식품류에 흡수되면 좋지 못한 향미(off-flavors)를 가져오므로 발연점이 높은 유지가 좋다.

발연점의 측정은 ASTM(Method of the American Society for Testing Materials)에 규정된 절차(procedure)에 따라 실시된다. 발연점은 유리지방산(free fatty acid)의 함량이 증가할수록 감소한다.

유리지방산의 함량은 유지의 정제정도, 순도(이물질, 불순물 등의 혼입여부)를 의미하며, 튀김횟수가 증가하면 증가한다. 예로, 올리브유(0.92% free fatty acid)의 발연점은 175℃이지만, 유리지방산 함량을 0.03%로 낮추면 234℃이다. 즉, 발연점이 60℃ 정도 상승한다.

발연점은 노출된 유지의 표면적(surface area)이 증가하면 감소하므로 유지식품 조리 시 적당량을 사용하는 것이 바람직하며, deep frying 시에는 발연점이 다소 상승한다.

또한 발연점은 외부로부터의 미세입자들의 혼입(contamination of small foreign particles)에 의해 감소하므로, 조리 시에는 되도록 밀가루 등의 혼입을 줄이고 자주 제거함으로써 발연점의 저하를 줄일 수 있다.

⊙ 인화점(引火點, flash point) 및 연소점(燃燒點, fire point)

유지에서 발생하는 증기(fume)가 공기와 섞여 발화되는 온도를 인화점이라 하고, 계속적인 연소가 지속되는 온도를 연소점이라 한다. 발연점이 높을수록 연소점과 인화점도 높다.

각종 유지의 발연점, 인화점, 연소점은 표 5-12과 같다.

표 5-12 유지의 발연점, 인화점, 연소점(℃)

종류	발연점	인화점	연소점
정제 피마자유	200	298	335
조제 옥수수유	178	294	346
정제 옥수수유	227	326	359
정제 아마인유	163	287	353
조제 올리브유	199	321	361
조제 expeller 추출 대두유	181	296	351
조제 용매추출 대두유	210	317	354

⊙ 혼탁점(混濁點, turbidity point)

유지를 빙초산(glacial acetic acid ; Valenta test), 92% ethyl alcohol + 8% amyl alcohol(Fryer test), methyl alcohol(Crimster test) 등의 용매에 녹였다가 서서히 온도를 내리면 어떤 온도에서 혼탁성 물질이 나타난다. 이 온도는 식용유지의 혼합, 변조를 알아내는 데 유용하다고 한다.

7. 유지의 화학적 성질(chemical properties)

유지에는 그 식별, 순도의 조사, 변조의 검출 등의 목적에 사용될 수 있는 유용하고도 중요한 여러 화학적 성질들이 있으며, 이들 중 대표적인 것을 설명하면 다음과 같다.

⊙ 비누화가(검화가 또는 감화가, saponification value, SV)

유지를 알칼리 용액과 함께 가열하면 가수분해가 일어나 glycerol과 지방산의 염이 생성된다. 이때 지방산염을 비누라고 하며 이러한 반응을 비누화 반응이라고 한다.

그림 5-20 비누화 반응

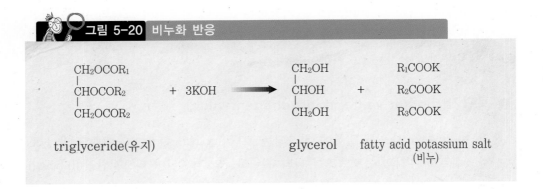

$$\begin{array}{l} CH_2OCOR_1 \\ | \\ CHOCOR_2 \\ | \\ CH_2OCOR_2 \end{array} + 3KOH \longrightarrow \begin{array}{l} CH_2OH \\ | \\ CHOH \\ | \\ CH_2OH \end{array} + \begin{array}{l} R_1COOK \\ R_2COOK \\ R_3COOK \end{array}$$

triglyceride(유지) → glycerol + fatty acid potassium salt (비누)

비누화가는 유지 1g을 완전히 비누화시키는 데 필요한 KOH의 mg수로 정의되며, 유지 분자 중의 지방산의 분자량과 사슬길이를 추정하는 데 사용된다. 비누화가와 유지의 분자량은 서로 반비례 관계에 있으므로, 비누화가가 작을수록 분자량이 큰 고급지방산이다. 예를 들면, 소기름은 193～198, 올리브유는 185～196, 유지방은 210～230, 야자유는 253～260이다. 유지방과 야자유는 평균 분자량이 작으므로 저급지방산이 많음을 알 수 있다.

⊙ 요오드가(iodine value, IV)

유지의 이중결합은 촉매하에서 수소이온 및 할로겐 원소에 쉽게 부가반응을 일으킨다.

$$-CH=CH- + H_2 \rightarrow -CH_2-CH_2-$$

이와 같은 수소 첨가로 인하여 불포화지방산은 녹는점이 높은 포화지방산으로 되며 액상 유지가 고체 지방으로 변한다. 이러한 수소가 첨가된 유지를 경화유(hardened oil)라고 한다. 경화유는 마가린이나 비누 제조의 원료로 사용된다.

요오드값은 유지의 불포화도(불포화지방산의 양)를 표시하여 주는 척도이며 유지의 종류에 따라 일정하다.

정의는 100g의 유지가 흡수하는 I_2의 g수이다. 요오드가 100과 130을 기준으로 불건성유(100 이하), 반건성유(100～130), 건성유(130 이상)로 구분한다(표 5-8 참조).

⊙ 산가(acid value, AV)

산가는 유리지방산가(free fatty acid value)라고도 불리며, 1g의 유지 중에 존재하는 유리지방산을 중화하는 데 필요한 KOH의 mg수이다. 유지가 신선할 때는 유리지방산을 함유하지 않으나, 일반적으로 저장하는 도중에 분해되어 소량의 유리지방산을 생성하게 된다. 따라서 신선한 유지는 산가가 낮고 산패한 것은 산가가 높다. 예로서, 식용유지의 산가는 1.0 이하이다.

⊙ 로단가(rhodan value, thiocyanogen value)

유지 100g 중의 불포화 결합에 첨가되는 로단[thiocyanogen, $(C-N\equiv S)_2$]을 I_2로 환산한 g수로서 유지의 불포화도를 나타내는 하나의 척도이며 티오시안값(thiocyanogen value)라고도 한다. 티오시안은 불포화결합에 부분적 또는 선택적으로 결합하게 된다. 예로 oleic acid는 요오드가와 일치하지만 linoleic acid는 1개의 이중결합에만 결합하여 요오드가의 1/2이며 linolenic acid는 2개의 이중결합에 결합하여 요오드가의 2/3가 되어 요오드가와 로만가의 차이에서 지방산조성을 알 수 있다.

⊙ 라이헤르트-마이슬가(reichert-Meissl value, RMV)

유지 5g 중의 휘발성 · 수용성 지방산(C_4-C_6)을 중화하는 데 필요한 0.1N KOH mL 수로서 버터의 위조검정에 이용된다. 보통 지방에서는 1 정도이나 버터에서는 30 정도, 마가린은 0.5~5.5 정도이다.

⊙ 폴렌스키가(Polenske value)

유지 5g 중의 휘발성 · 비수용성 지방산(C_8-C_{14})을 중화하는 데 필요한 0.1N KOH mL 수로서 코코넛 기름(16.8~18.2) 검사에 이용되며 버터는 1.5~3.5 정도이다.

⊙ 헤너가(Hener value)

유지 중의 물에 불용인 지방산의 함유 %이다. 이것은 유지를 비누화한 후 형성되는 비누를 무기산으로 분해할 때 물에서 분리되는 지방산의 양을 표시하는 것이다. 보통 유지의 헤너가는 95 내외이고, 유지방(butter fat)은 87~90, 야자유(coconut oil)는 82~90으로 낮으나, 소기름은 96~97, 돼지기름은 97 정도의 높은 값을 가진다.

⊙ 헥사브로마이드가(hexabromide value)

비누화된 유지를 황산으로 가수분해하여 얻은 유리지방산 100g에 Br_2를 첨가시켜 생성된 물질 중 에스테르에 녹지 않는 부분의 g수이며, 이 값은 linoleic acid 함량에 비례하므로 아마인유(linseed oil)나 대두유(soybean oil) 등의 감정 또는 순도결정에 이용된다.

⊙ 킬슈너가(Kirschner value)

지방 5g을 비누화하여 얻어지는 휘발성 · 수용성 지방산 중 butyric acid양을 중화하는 데 필요한 0.1N $Ba(OH)_2$의 mL수로서 버터의 순도나 위조의 여부를 조사하는 데 사용된다. 대부분의 유지가 0.1~0.2 정도이고 우유는 19~26, 코코넛기름은 1.9, 야자유의 경우는 평균 1.0 정도이다.

표 5-13 각종 유지의 성질

종류	비중[15℃]	녹는점[℃]	고화점 (최저)	비누화가	요오드가	Reichert Meissl가	불검화물 [%]
호두기름	0.925	<−22	−27	188~197	143~162	1.6	0.3
대두유	0.928	−7	−18	188~195	114~138	−	1.0
채종유	0.914	−	−10	167~180	94~106	0.4	0.8
참깨기름	0.919	−	−6	187~195	103~112	0.4	−
미강유	0.920	25	−10	183~192	100~108	1.0	3.9
땅콩기름	0.919	−	3	188~197	84~101	0.2	−
올리브기름	0.922	−	4	185~196	75~88	0.4	1.0
버터	0.940	32	15	218~235	25~47	21~36	0.4
돼지기름	0.920	40	22	193~200	46~85	0.6	0.3
소기름	0.945	45	30	190~200	32~47	0.4	0.3
양기름	0.934	45	32	192~198	31~47	0.7	−
말기름	0.925	42	22	183~204	71~86	1.2	0.5
닭기름	0.924	37	21	194~205	55~77	1.4	−
고래기름	0.922	−	−	185~194	100~140	1.4	2.0
정어리기름	0.930	−	−	180~195	155~197	0.7	−
청어기름	0.920	−	−	180~190	93~150	0.3	1.4
대구간유	0.923	−	−10	154~188	194~161	0.4	1.5
경화유(연)	−	40	−	185~187	60~70	0.3	1.0
경화유(경)	−	50	−	185~187	26~30	0.6	1.0

8. 유화(乳化, emulsification)

유지는 소수성기(hydrophobic group)만이 포함된 물질이므로 물에 녹지 않으나, 친수성기(hydrophilic group)와 소수성기를 함께 가지고 있는 물질(유화제)을 첨가하여 교반하면 서로 분산되어 콜로이드 상태의 유탁액(emulsion)이 형성된다. 이처럼 유지와 물 사이에 가교역할(架橋役割, cross-bridge function)을 하는 물질을 유화제(乳化劑, emulsifier/emulsifying agent)라 한다.

지방의 유화에는 두 가지 형태가 있다. 물 중에 기름의 입자가 분산되어 있는 O/W형(oil in water)과 기름 중에 물이 분산되어 있는 W/O형(water in oil)이다. O/W형은 우유, 아이스크림, 마요네즈 등이며, W/O형은 버터, 마가린 등이다.

유화제로는 단백질, lecithin, sterol, monoglyceride, diglyceride, sorbitan fatty acid ester, sucrose fatty acid ester 등이 있다.

9. 유지의 쇼트닝으로서의 효과

비스킷, 과자류와 같이 그 조직(texture)이 바삭바삭하고 부스러지기 쉬운 식품과 빵, 케이크와 같이 발효과정(leavening process)이나 화학팽창제(baking powder)에 의해서 탄산가스가 발생하고 부피가 부풀어 올라오는 구워서 만든 식품들(baked products)에 있어서 유지는 필수적인 성분이다. 이때 사용되는 각종의 반고체 유지들을 쇼트닝(shortening)이라고 한다.

쇼트닝으로 이용되는 것은 버터, 라드(lard, 정제 돼지기름, refined swine's fat), 경화식물유 등이 있다. 보통 빵류에는 1%, 케이크 · 비스킷에는 10~30% 사용한다.

⊙ 쇼트닝의 기능성(functionality)

① 비스킷, 와플 등의 과자류에 부드럽고 부스러지기 쉬운 성질(flakiness)을 부여한다.

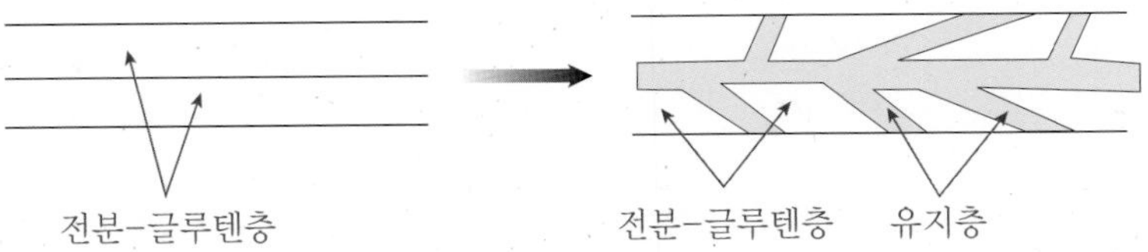

전분-글루텐(starch-gluten)층은 연속적으로 연결되어 있어서 질긴 성질을 강하게 나타내지만, 유지가 첨가되면 전분-글루텐층은 미끄러운 유지층(oil layer)에 의해 단절되어 있어서 부스러지기 쉬운 성질을 나타낸다.

② 빵이나 과자류의 발효과정(leavening process) 또는 굽는 과정(baking process)에서 부피를 팽창(swelling)시킨다. 이는 전분-글루텐층과 유지층에 의해 만들어지는 망상구조(matrix) 내에 CO_2가 포집(捕集, trapping)되는 데 기인한다.

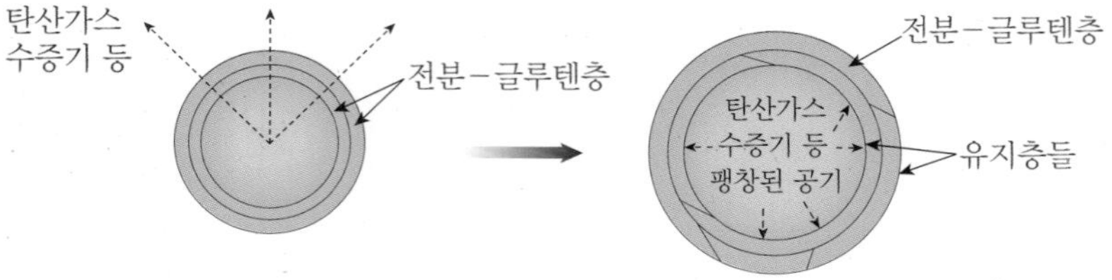

⊙ 유지의 쇼트닝 효과에 영향을 미치는 요인

① 유지의 성질: 유지의 단분자막 형성능력은 유지의 불포화도에 비례하여 증가

② 유지의 농도: 일정한 첨가수준까지는 첨가농도에 비례하여 증가

③ 온도: 저온에서는 유지의 점도(viscosity)가 크기 때문에 온도가 높아질수록 증가

④ 다른 첨가물: 달걀노른자나 유화제 첨가 시 증가

⑤ 유지의 분산도: 반죽(kneading)에 의한 분산도가 증가할수록 효과적

CHAPTER 6

유지의 변화 (Deterioration)

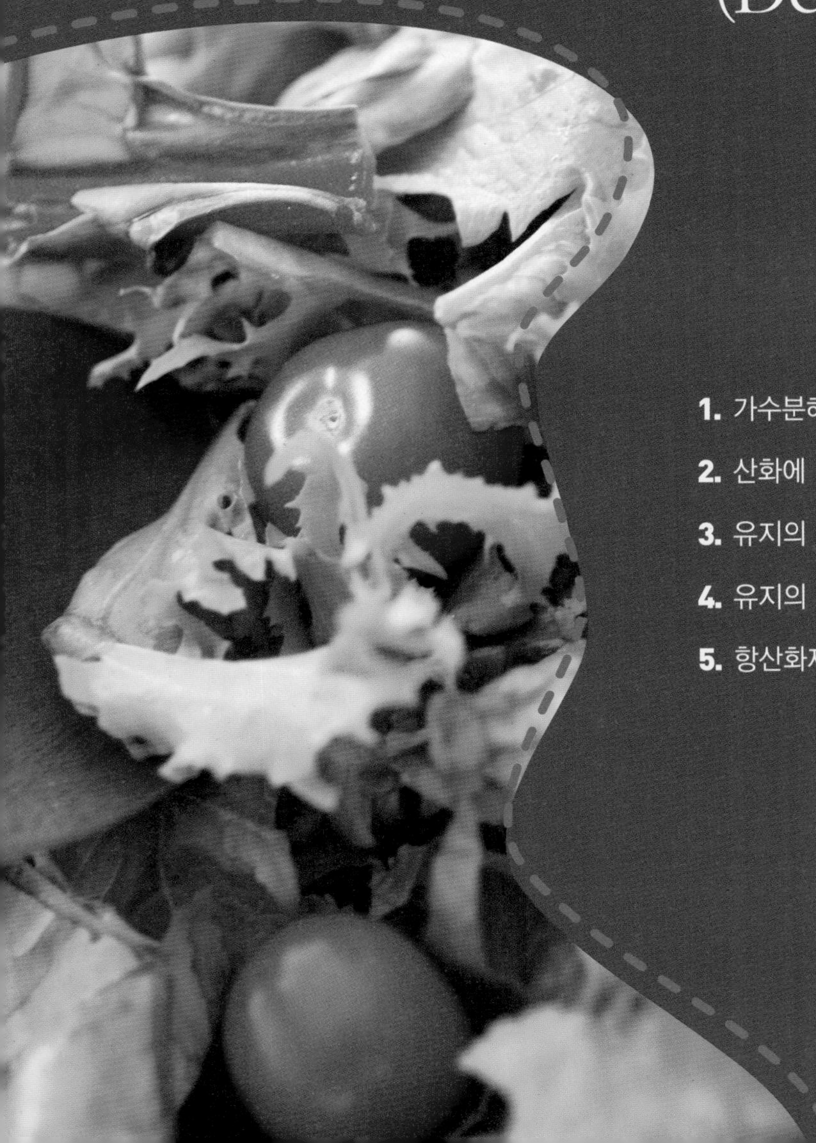

1. 가수분해적 산패
2. 산화에 의한 산패
3. 유지의 변향
4. 유지의 산패측정 방법
5. 항산화제

지방질 식품과 식용유지 등이 가공 및 저장 중에 바람직하지 않은 냄새나 맛을 형성하는 경우를 산패(rancidity)라고 하는데, 이상취 이외에 필수지방산의 파괴, 빛깔의 변화, 특히 극도로 산패한 유지 중에서 독성물질을 생성하는 경우가 있다. 따라서 유지의 산화 및 산패는 매우 중요한 식품의 변화이다.

유지의 산패는 유지 분자의 에스테르 결합의 가수분해에 의한 가수분해적 산패와, 유지성분과 산소의 반응에 따른 산화에 의한 산패 등으로 크게 분류할 수 있다.

1. 가수분해적 산패

유지는 물, 산, 알칼리, 효소에 의해서 가수분해되어 유리지방산(free fatty acid)과 글리세롤로 분해되어 불쾌한 냄새와 맛을 낸다. 유지 중의 유리지방산 함량은 그 유지나 지방을 함유한 식품의 품질지표로 사용된다.

옥수수유, 올리브유 등과 같은 식물성유지는 유지 채취 시에 식물조직의 파괴로 지질분해효소(lipase)가 함께 추출되어 가수분해적 산패가 일어나기 쉽다.

어유(fish oil)는 생육온도보다 약간 높은 온도에서는 체내조직에 존재하는 lipase의 활성이 높기 때문에 조제어유(crude fish oil)나 어류조직에 있어서 지질의 가수분해에 의한 산패가 현저하게 일어난다.

미생물들 일부는 lipase, lipoxidase를 분비하여, 미생물이 번식하는 식품에서 가수분해에 의한 산패는 물론 산화적 산패도 촉진된다고 알려져 있다.

우유나 유제품은 가수분해적 산패에 의한 심한 악취를 동반하게 된다. 이는 유지방의 구성 지방산들 중에서 butyric acid(C_4), caproic acid(C_6), caprylic acid(C_8) 등과 같은 휘발성 저급지방산들이 유리되기 때문이다.

2. 산화에 의한 산패

유지 중의 불포화지방산이 대기 중 산소를 흡수하여 유지를 산화시켜 과산화물을 생성하는 산화에 의한 산패에는 비가열(非加熱) 상태나 실온보다 높은 온도에서 자연발생적으로 일어나는 자동산화(autoxidation)와 비교적 높은 온도에서 일어나는 가열산화(thermal oxidation)가 있다.

(1) 자동산화

불포화지방산을 함유한 유지 속의 이중결합은 공기 중의 산소와 결합할 수 있다. 이처럼 실온에서 산소를 흡수함으로써 산화 생성물을 형성하는 것을 자동산화라고 한다.

유지의 흡수속도를 보면 어느 정도의 기간까지는 산소 흡수량이 매우 적으며, 이 기간을 지나면 산소 흡수량이 급격히 증가한다. 이와 같이 산소 흡수량이 급증하는 시점 직전까지, 즉 산소 흡수 속도가 매우 적은 특정기간을 유도기간(induction period)이라고 한다.

유도기간이 지나면 산소의 흡수 속도가 급격하게 증가하면서 각종 저분자의 휘발성 물질(aldehyde나 ketone)이 생성되어 산패취가 나며, 중합체를 형성하고 고분자 물질이 다량 생성되어 점도나 비중이 증가하게 된다(그림 6-1).

그림 6-1 유지의 자동산화 과정 중 중요 반응곡선

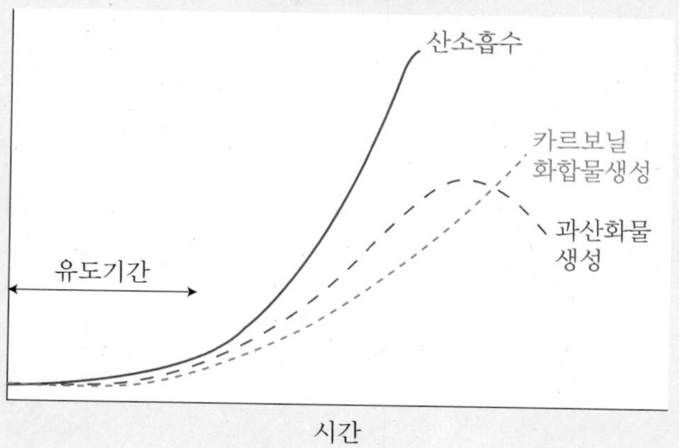

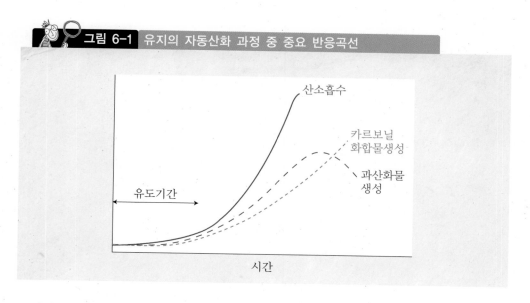

일반적으로 자동산화에 의한 산패를 산화에 의한 산패라 하며, 반응은 수분, 금속 또는 금속이온, 효소 등의 여러 가지 산패 촉진인자에 의해 생성되는 free radical에

의한 연쇄반응에 의해 진행된다. 이러한 화학반응을 요약하면 다음과 같다.

unsaturated lipids + O_2

↓ 촉매작용 hydroperoxide 생성반응

lipid peroxides

↓ 분해 carbonyl compounds 생성반응

carbonyl compounds + 악취(aldehydes, ketones)

1) 자동산화의 기구(機構, mechanism of autoxidation)

유지의 자동산화 메커니즘에서 중요한 반응은 유지분자 중 allyl 위치의 산화에 의한 free radical 생성반응으로 다음과 같이 연쇄반응으로 일어난다.

a. allyl radical 생성

b. peroxy radical 생성

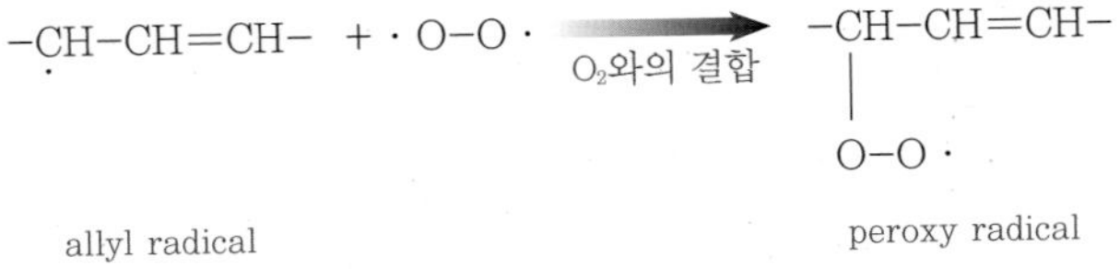

c. hydroperoxide/새로운 allyl radical 생성

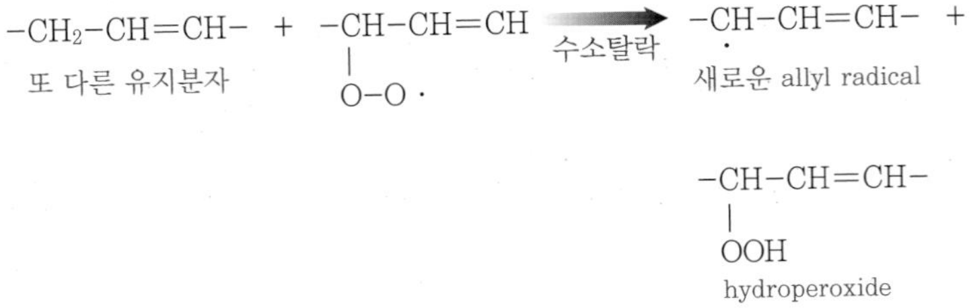

〈유지분자 예〉

$CH_3(CH_2)_6\underline{CH_2}CH{=}CHCH_2(CH_2)_6COOH$(oleic acid)

유지의 자동산화는 초기반응(개시반응, initiation reaction), 전파반응(연쇄반응, propagation and chain reaction), hydroperoxide의 분해반응(decomposition) 그리고 종결반응(termination reaction)의 4단계로 설명할 수 있다.

① 초기반응

열에너지, 기계적 에너지, 광에너지, 금속이온 등에 의해 활성화되어 신선 유지(RH) 또는 유지 중의 불순물(RR)이 분해되어 free radical들이 생성되거나, 이미 형성되어 있던 hydroperoxide(ROOH)나 free radical에 의해 새로운 free radical들이 생성되는 반응이다.

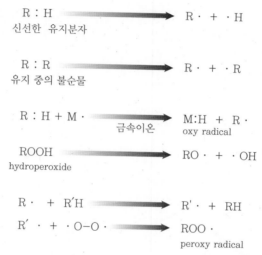

R : H (신선한 유지분자) → R · + · H

R : R (유지 중의 불순물) → R · + · R

R : H + M · →(금속이온) M:H + R · (oxy radical)

ROOH (hydroperoxide) → RO · + · OH

R · + R′H → R′ · + RH

R′ · + · O–O · → ROO · (peroxy radical)

② 전파(연쇄)반응

유지 분자들에서 생성된 allyl radical(R ·)들이 분자상 산소(O_2)와 직접 결합하면서 peroxy radical(R–O–O ·)이 되고, peroxy radical이 새로운 기질로부터 수소를 빼앗아 결합하여 자동산화의 중간생성물인 hydroperoxide(ROOH)와 free radical (allyl radical, R ·)을 생성하며, free radical이 다시 산소와 결합하여 계속적으로 반응이 진행된다.

이 반응은 연쇄반응의 메커니즘으로 진행되면서 초기에는 ROOH의 생성속도가 분해속도보다 크므로 어느 수준까지는 증가한다.

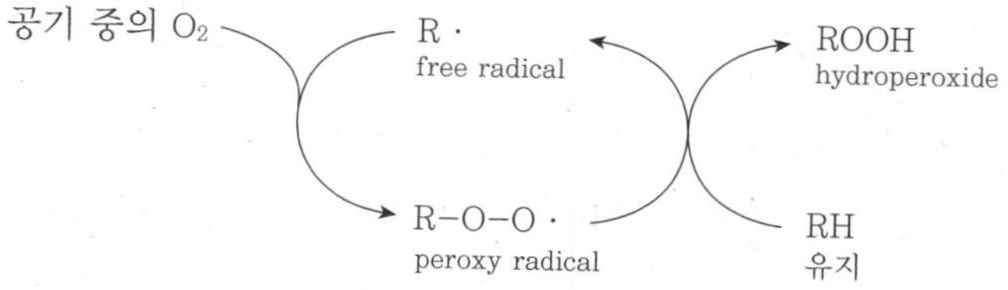

③ 분해반응(decomposition)

유지의 자동산화과정에서 생성된 hydroperoxide는 aldehyde, ketone, 알코올, carboxylic acid류로 분해된다. 따라서 자동산화과정의 후반기에 들어서면 hydroperoxide의 분해가 촉진되어 오히려 과산화물가가 감소되는 현상을 나타낸다(그림 6-1). Hydroperoxide의 분해과정의 제1단계는 먼저 alkoxy radical과 OH radical로 분해되며, 다시 aldehyde가 된다.

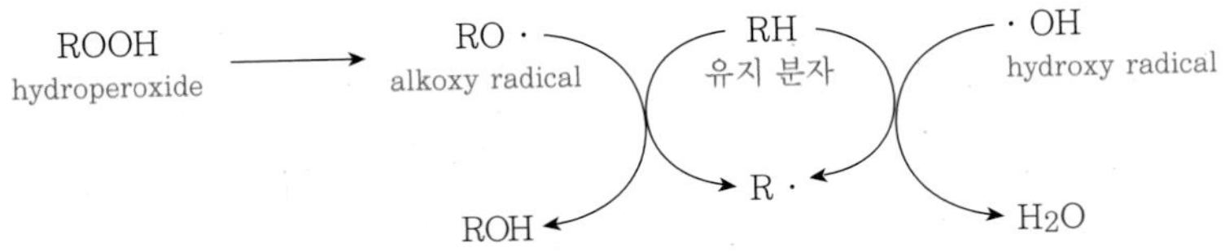

Alkoxy radical은 또한 다음과 같은 반응을 일으킬 수 있다.

$$\text{ROOH} \longrightarrow \underset{\text{(free oxide)}}{\text{RO}\cdot + \cdot\text{OH}}$$

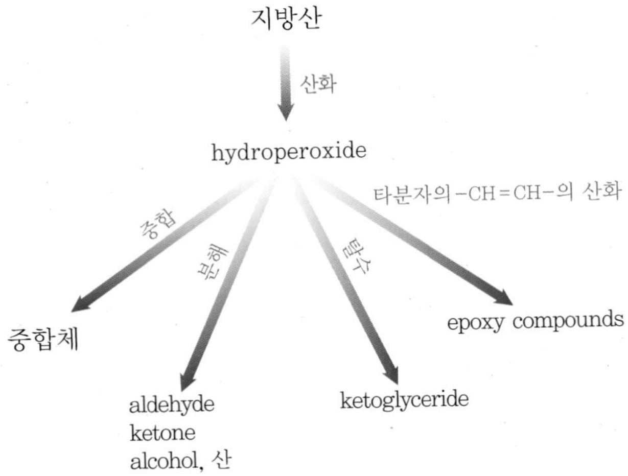

여러 가지 형태의 allyl radical, oxy radical, peroxy radical, hydroperoxide를 비롯하여 신선유지, ethenyl기 등의 상호반응에 의해 알코올, carbonyl 화합물(aldehyde, ketone), epoxide, hydrocarbon, carboxylic acid, 에스테르 등의 각종 휘발성 물질을 비롯하여 산화분해물이 생성되면서 유지의 향미와 색택을 나쁘게 한다.

④ 종결반응

종결반응은 연쇄반응에서 활성이 큰 각종 radical, 즉 allyl radical이나 peroxy radical 등이 서로 결합하여 2중체(dimer), 3중체(trimer) 등의 중합체(polymer)를 생성하며, 이 종결반응에 참여한 radical들은 연쇄반응에서 제거된다.

• 중합반응(polymerization)

$$R\cdot + R\cdot \longrightarrow RR$$

$$R\cdot + ROO\cdot \longrightarrow ROOR$$

$$ROO\cdot + ROO\cdot \longrightarrow ROOR + O_2$$

이러한 중합체에 의해 유지의 점도가 증가하고, 산화분해반응의 결과 각종 저분자의 휘발성 물질들이 생성되어 향미의 악변(惡變, deterioration)이 초래된다.

2) 유지의 자동산화 중의 변화

① 이중결합의 전위(轉位, rearrangement)

$$\underset{\text{(isolated double bond)}}{-CH{=}CH{-}CH_2{-}CH{=}CH-} \longrightarrow \underset{\text{(conjugated double bond)}}{-CH_2{-}CH{=}CH{-}CH{=}CH-}$$

methylene(CH_2) group으로 분리된 비공액형

Linolecic acid(18:2)는 이중결합이 9, 12에 위치하지만, conjugated linoleic acid(GLA, 공액리놀레산)는 9, 11 위치에 cis 또는 trans형으로 공액 이중결합이 존재한다. GLA는 식품 중에서 발견된 항암물질 중에서 그 함량이 높고 독성이 없으며 암 발생단계 중 개시와 촉진단계를 저해하는 효과를 가진 항암물질로 알려져 있다. 주로 육류 및 낙농제품에서 발견되고 있다.

② 점도의 증가: 중합체 생성에 기인
③ 영양적 손실: 특히 필수지방산의 감소
④ 비타민 A 및 carotene의 감소
⑤ 흡수 소화율의 감소: 고분자화, cis-oleic acid → trans-elaidic acid
⑥ 독성 carbonyl 화합물의 생성

3) 자동산화에 영향을 미치는 인자

① 불포화도

불포화지방산의 이중결합이 증가할수록(불포화도가 증가할수록) 유지의 산패는 더욱 활발하게 일어난다.

② 광 선

유지의 산화는 광선, 특히 청색, 보라색을 갖는 자외선(단파장 영역, 325~483 ㎛)의 조사에 의하여 강하게 촉진된다. 광선은 유도기를 단축하고 free radical 생성 및 hydroperoxide의 분해를 촉진한다.

③ 온 도

온도가 높아짐에 따라 radical 형성을 촉진시켜 주며, 따라서 hydroperoxide의 형성이 증가함에 따라 유지의 산화속도는 빠른 속도로 진행된다.

실제로 식품을 0℃ 이하에서 저장하는 것이 0℃ 이상으로 저장하였을 때보다 유지의 산화가 촉진되는데, 이는 식품 중의 수분이 빙결되어 산화를 일으키는 금속농도가 상대적으로 증가하기 때문이다.

그림 6-2 조사된 옥수수기름의 산화속도에 미치는 온도의 영향

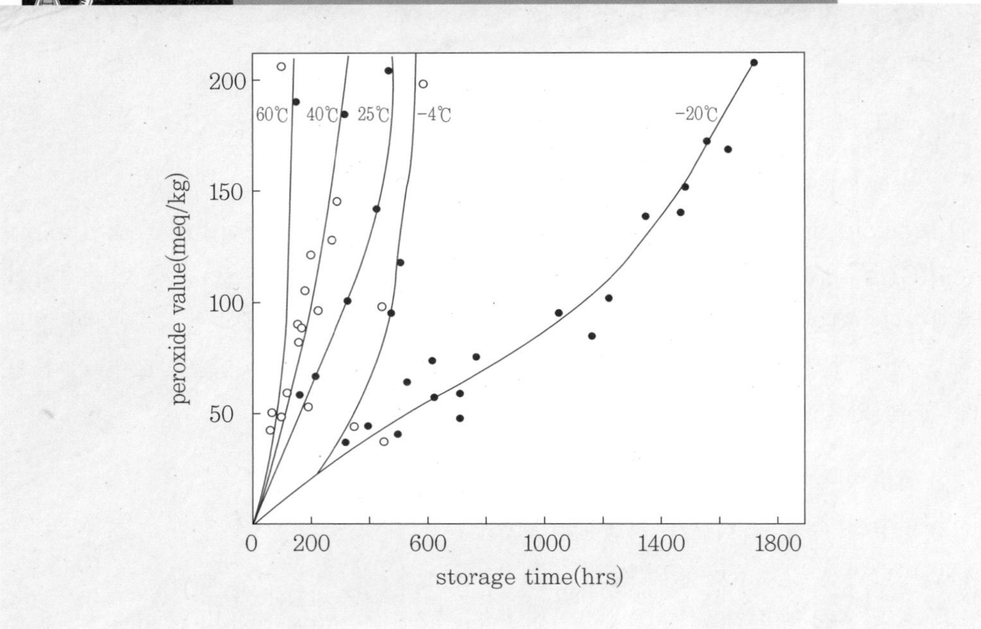

④ 금 속

금속이온(M^{2+})은 미량으로 분자상 산소를 활성화시켜 자동산화과정에서 생성된 hydroperoxide와 같은 과산화물의 분해과정을 촉진시키고 free radical을 생성하여 연쇄산화반응을 촉진시킨다. 금속이온은 미량으로도 현저한 촉매작용을 한다.

일반적으로 유지 중에는 Cu 0.21ppm, 미량의 Co, Fe 등이 들어 있다. 이 중에서 산화환원이 용이한 Cu, Co, Fe, Mn, Ni, Sn 등의 금속이 문제가 된다.

각종 금속이온의 산화촉진작용의 크기는 다음과 같다.

Cu > Mn > Fe > Cr, Co, Pb > Ni > Zn > Ca, Mg > Al > Sn, Na

⑤ 효소 및 heme 색소에 의한 자동산화의 촉진

산화를 촉진하는 물질에는 hemoglobin, cytochrome C 등의 heme 화합물, chlorophyll 등의 감광물질과 효소가 있다.

산화를 촉진하는 효소로는 lipoxidase와 lipase, lipohydroperoxidase가 있다.

Lipoxidase는 두류를 비롯한 생식품에 존재하며 불포화지방산 유지로부터 hydroperoxide를 만드는 반응의 촉매가 되어 산패를 촉진한다. Lipase는 triglyceride를 가수분해해서 유리지방산을 만드는 효소로, 유지나 유지성분의 자동산화를 촉진한다. 또한 lipohydroperoxidase는 lipoxidase 등에 의해 생성된 hydroperoxide를 분해하는 반응을 촉매하여 산패를 촉진하는데, 이 효소는 가열에 의해 활성화되므로 가열조리 시 이상한 냄새가 발생하게 된다.

Hemoglobin, myoglobin, cytochrome C 등의 hematin 화합물들은 유지의 산화를 촉진하는 것으로 알려져 있는데, 특히 일단 조리된 후 냉동시킨 쇠고기, 닭고기의 저장기간에 영향을 미친다.

반면에 산화억제제로는 tocopherol류, flavonoid 등의 천연 항산화제가 있다.

⑥ 수 분

수분은 산화촉진제 역할을 하는 중금속의 활성을 억제하거나, 식품성분에 보호막을 형성하여 산소와의 접촉을 차단하여 유지의 자동산화를 억제한다고 알려져 있다. 그러나 유지에 함유된 극히 미량의 수분은 free radical의 출처(source)로서 자동산화의 개시반응을 촉진시킨다. 즉, 단분자층 수분함량(mono molecular layer moisture content) 이하로 지나치게 건조시키면 free radical의 생성을 촉진하여 유지의 자동산화를 증가시킨다.

⑦ 산소분압

산소가 저압인 경우에는 산화속도가 산소압에 비례하나 약 150mmHg 이상인 경우에는 산소압에 무관하게 된다.

⑧ 지방산, 소금, 방사선

유지나 지방질 식품 속에 존재하는 유리지방산은 그 자체의 존재가 품질저하의 직접적인 원인이 되며, 유지나 지방질 식품의 자동산화를 촉진한다.

육류 중에 함유된 소금은 산화촉진 효과를 갖는다. 뿐만 아니라 아질산나트륨(sodium nitrate, $NaNO_2$)는 육류 중의 색소와 상호작용하여 육류 지방질의 자동산화를 간접적으로 촉진하는 것으로 알려지고 있다.

고에너지(high energy)의 방사선조사에 의해서 hydroperoxide가 분해되며 유지에도 직접 작용하여 free radical을 생성시켜 산화를 촉진한다.

(2) 유지의 가열산화(thermal oxidation)

산소 존재 시 200℃ 내외로 유지를 가열할 때 일어나는 변화로서, 자동산화가 가속화(accelerated autoxidation)될 뿐만 아니라 가열 중합반응(thermal polymerization)에 의해 점도가 증가된다. 또 C−C 결합의 분해에 따라 carbonyl 화합물이 생성되어 향미가 악변(off−flavor)되며, 에스테르 결합의 분해에 의해 유리지방산이 생성되어 산가(acid value)가 증가된다.

한편, 요소(urea)는 지방산, 지방산 에스테르, 유지 중의 유리지방산과 부가화합물, 즉 포접화합물을 형성한다고 알려져 있다. 가열 중합반응에 의해 형성된 중합체들은 이들 포접화합물을 형성할 수 없으며 또한 동물 실험에서 강한 성장 억제작용을 나타낸다고 한다.

1) 가열산화 유지의 독성(toxicity of thermally oxidized lipids)

일반적인 가열처리 조건에서는 특이한 독성물질이 검출되지 않았으나, 과도한 조건(예: 100℃ 210hr, 200℃ 48hr, 275℃ 12hr)에서 가열 산화된 유지(아마인유, 옥수수, 배아유)에서 독성이 나타난다고 보고되고 있다.

표 6-1 200℃에서 가열산화된 옥수수유의 변화

항목	가열시간(hr)				
	0	8	16	24	48
요오드가(iodine value)	122	115	108	102	90.0
과산화물가(peroxide value)	1.1	1.6	1.7	2.0	−
산가(acid value)	0.20	0.42	1.23	1.44	1.60
굴절률(refractive index)	4.4730	1.4760	1.4788	1.4797	1.4814
점도(viscosity)	0.65	0.85	1.25	3.00	7.55

튀김 중의 유지는 에스테르 결합의 분해, 유지 분자 간 또는 free radical 사이의

중합에 의한 고분자화, 안정성의 감소, 변색, 휘발성 물질의 생성에 따른 향미의 변화, 영양적 손실, 독성물질의 생성, 유리지방산의 증가, 발연점의 저하, 점도의 증가, 과산화물가의 증가, carbonyl가의 증가 등의 변화가 일어난다.

3. 유지의 변향(變香, flavor reversion)

유지는 대체로 산패가 일어나기 전에 냄새의 변화를 가져오는데, 이 냄새는 산패의 결과 발생되는 냄새와 구별되며 산패가 발생되기 이전에 일어난다는 점에서 산패에 의한 변화와는 보통 구별되고 있다. 두유의 경우에는 산화 초기단계에서 풀냄새(grassy flavor), 콩비린내 같은 이취(異臭)가 발생되는데 산패의 냄새와는 다르다.

이상과 같은 냄새는 정제하기 전 유지의 본래의 냄새와 비슷한 냄새를 되찾는다는 뜻에서 냄새의 복귀(flavor reversion), 즉 변향(變香)이라고 한다. 대부분의 유지는 이와 같은 변향이 일어날 때 단순히 원래의 냄새로 되돌아가기보다는 새로운 냄새를 갖는 경우가 많다.

변향이 일어나는 메커니즘에 대해서는 아직 확실하게 밝혀지지 않았지만 대체로 주원인은 유지 속에 triglyceride 형태로 존재하는 linolenic acid와 isolinoleic acid로 알려져 있다. 실제로 linolenic acid 함량이 큰 대두유, 아마인유는 변향되기 쉬운 반면에 함량이 적은 옥수수유는 변향이 일어나기 어렵다. 또 인위적으로 linolenic acid를 증가시키면 변향이 쉽게 일어난다.

산패의 현상과 마찬가지로 변향은 빛, 열, 금속이온의 존재에 의해서 반응이 진행되므로 산패의 앞부분인 것처럼 생각되지만, 실제로 과산화물가가 매우 낮은 상태에서도 일어나므로 산패에 의한 변화와는 구별되고 있다.

변향의 냄새성분인 linolate, isolinolate는 과산화물가가 극히 낮은 상태, 즉 산패가 일어나기 전에 일부 hydroperoxide의 분해에 의해 생성되는 carbonyl 화합물을 많이 함유하고 있다.

변향은 온도의 상승, 자외선 조사, 금속의 존재 등에 의해서 촉진되므로 낮은 온도(실온에서는 10~14일 동안 안정)에서 광선이 조사되지 않는 어두운 장소에 저장하여야 하며, 금속에 접촉되지 않게 하고 금속제거제를 사용해야 한다.

4. 유지의 산패측정 방법

산패가 발생하는 초기의 단계에서는 관능검사(sensory evaluation; organoleptic test)에 의해 유지의 변질을 알아내는 주관적인 방법이 있고, 유지의 산패가 일어날 때에는 산소흡수속도가 급증하며 이에 따라 hydroperoxide와 carbonyl 화합물의 생성속도가 증가하므로(그림 6-1) 산소흡수속도, hydroperoxide 생성량, carbonyl 화합물의 생성량을 측정함으로써 유지의 산패정도를 측정하는 방법이 있다.

⊙ 관능검사(oven test)

산패의 발생 초기인 유도기간을 측정하는 방법이다. 유지 식품을 접시(schaal shallow tray)에 담고 실온 또는 실온보다 다소 높은 온도(60℃)의 항온실에 넣어서 수시로 관능검사를 통해 산패의 발생을 검출한다.

이 방법은 제과 및 제빵, 튀김과 같은 그 내부 성분들의 화학적 변화를 부수지 않고는 유지를 추출하기가 어렵거나 관능검사 이외에는 유지의 산패를 측정하기 곤란할 때 사용된다.

⊙ 산소흡수속도 측정법(measurement of O_2 uptake)

압력 게이지(gauge)가 달린 용기에 유지 시료를 넣고, 실온 또는 실온보다 높은 온도에서 산소흡수속도를 측정함으로써 유도기간의 길이 또는 산패의 발생시기를 판정하는 방법이다.

⊙ 과산화물 함량 측정법(과산화물가, peroxide value, POV)

유지의 자동산화과정 중 생성된 중간 생성물인 과산화물의 함량을 측정하는 방법이다. 측정방법은 산성 유기용매에 용해시킨 시료에 KI 포화용액을 첨가한 후 생성된 I_2를 $Na_2S_2O_3$ 표준용액으로 적정한다.

과산화물가는 유지 1kg당 들어있는 과산화물의 밀리당량(milliequivalent, meq)으로 표시한다. 재현성이 높기 때문에 비교적 널리 이용되고 있지만, 과산화물의 함량이 자동산화가 진행됨에 따라 최고값에 도달한 후 산화 분해되어 다시 감소하기 때문에 지방산화 초기에 유용한 지표로 사용된다.

일반적으로 식물성 유지는 50～100meq/kg에 도달하는 시간을, 동물성 유지는 20

~40meq/kg이 되는 데 소요되는 기간을 유도기간으로 정하고 있다.

$$ROOH + 2I^- + 2H^+ \longrightarrow ROH + I_2 + H_2O$$

$$I_2 + 2Na_2S_2O_3 \longrightarrow 2NaI + Na_2S_4O_6$$

sodium persulfate

⊙ Carbonyl 화합물 함량 측정법

① 2,4-DNPH 법(2,4-dinitrophenylhydrazine)

Carbonyl 화합물은 2,4-dinitrophenylhydrazine과 NaOH의 작용으로 붉은색의 2,4-dinitrophenyl hydrazone을 형성한다. 이는 430~460nm 파장에서 흡광도를 측정하는 비색정량법이다.

② TBA(thiobarbituric acid) value 측정법

TBA가는 유지 1kg 중에 함유되어 있는 malonaldehyde[$CH_2(CHO)_2$]의 몰수로써 표시된다.

이것은 유지의 산패 생성물인 malonaldehyde가 TBA(2-thiobarbituric acid) 시약과 붉은색의 복합체를 형성하는 반응으로 538nm 파장에서 흡광도를 측정하는 비색정량법이다. 주로 동물성 유지의 산패도 측정에 활용된다.

5. 항산화제(antioxidants)

항산화제는 유지의 산화를 억제하는 물질로서, 자동산화과정의 초기반응에서 생성되는 free radical과 반응하여 연쇄반응을 차단시키는 기능을 하여 유도기간을 연장시킨다. 그러나 일단 생성된 과산화물의 분해속도, carbonyl 화합물의 형성속도에는 영향을 미치지 못한다. 따라서 어느 정도 산화가 진행된 유지에서는 그 효과를 크게 기대할 수 없다.

항산화제 분자는 유지의 자동산화반응 중에 생성된 과산화물 유리기 또는 지방분자의 유리기에 수소원자를 내주어 과산화물 유리기와 지방분자의 유리기는 안정한 화합물이 되고, 항산화제 자신은 유리기가 된다.

항산화제 유리기는 지방 분자의 유리기보다 안정하기 때문에 연쇄반응의 운반체 구실을 할 수 없다. 따라서 항산화제는 유지의 자동산화과정에서 생성된 유리기에 수소 원자를 공급하여 유지의 자동산화반응의 전파를 중단시키는 역할을 한다.

그림 6-3 항산화제의 작용

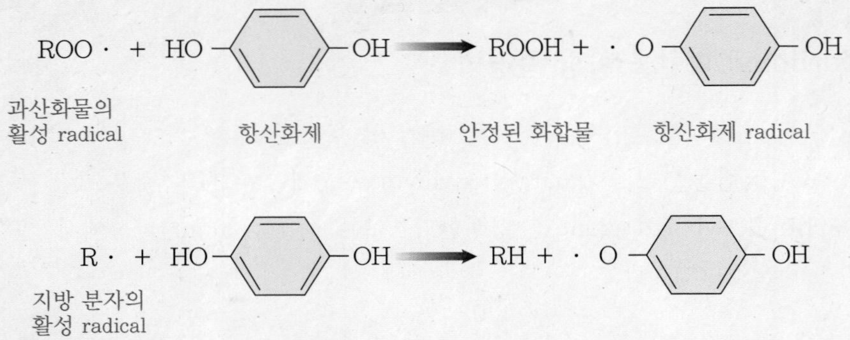

⊙ 천연항산화제(natural antioxidant)

주로 식물의 종자, 과실, 채소류의 조직에 함유되어 있으며, 동물성 유지 속의 함량은 매우 적다. 일부 조제유(crude oil)가 정제유(refined oil)보다 안정한 것은 항산화제를 함유하고 있기 때문이다.

- tocopherol: 종자유, 과실, 채소류의 조직에 분포되어 있으며 특히 옥배유에 함유되어 있다. 토코페롤은 항산화제 역할뿐만 아니라 비타민 E로 작용한다.
- ascorbic acid: 비타민 C로서 중요할 뿐만 아니라 항산화제로 중요하다. 이성체인 erythorbic acid도 항산화제로 사용되고 있다. 항산화작용은 실제로 상승제(synergist)로서 산화촉진제인 금속의 제거제로 작용하기 때문이다.
- 그 외에 sesamol(참기름, sesame oil), gossypol(면실유, cotton seed oil), guaiacol, essential oils of spices(각종 향신료), lecithin 등이 항산화성을 가지고 있다.

⊙ 합성항산화제(synthetic antioxidant)

인공적으로 합성되어 산화억제를 목적으로 사용되고 있는데, amine 및 sulfide계는 그 독성문제 때문에 사용이 허용된 것은 거의 없다. 주로 phenol계 항산화제들인

BHA(butylated hydroxyanisole), BHT(butylated hydroxytoluene), PG(propyl gallate), EP(ethyl protocatechuate), NDGA(nor-dihydro guaiaretic acid) 등이 있으며, 특히 BHT와 BHA가 널리 사용된다. 이 항산화제들은 물에 녹지 않고 유지에 잘 녹는다.

그림 6-4 각종 합성항산화제

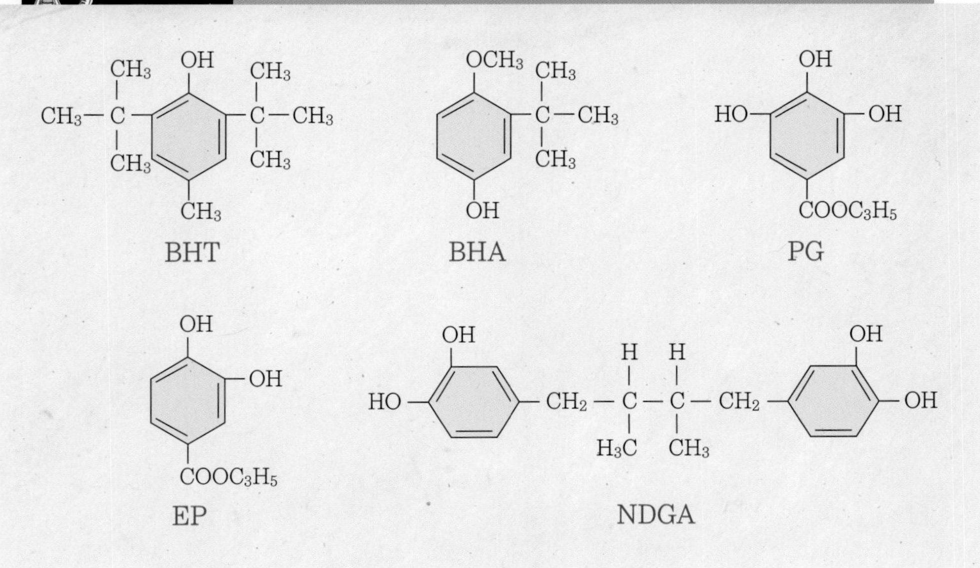

⊙ 상승제(synergist)

구연산(citric acid), 주석산(tartaric acid), phytic acid, 인산(인지질 중의 인산도 포함) 등 그 자신은 항산화력이 없으나 다른 항산화제와 혼합 사용하면 항산화제를 단독으로 사용할 때보다 더 효과가 있는 것을 상승작용(synergism)이라 하고, 이들을 상승제라고 한다. 항산화제와 상승제를 함께 사용할 때 효과를 높여주는 것은 항산화제 분자를 재생시키거나, 또는 산화촉진제인 금속이온과 착화합물(chelate complex)을 만들어 금속이온을 제거함으로써 항산화제 작용을 유리하게 만들기 때문이다.

CHAPTER 7

단백질과 아미노산 (Protein and Amino Acid)

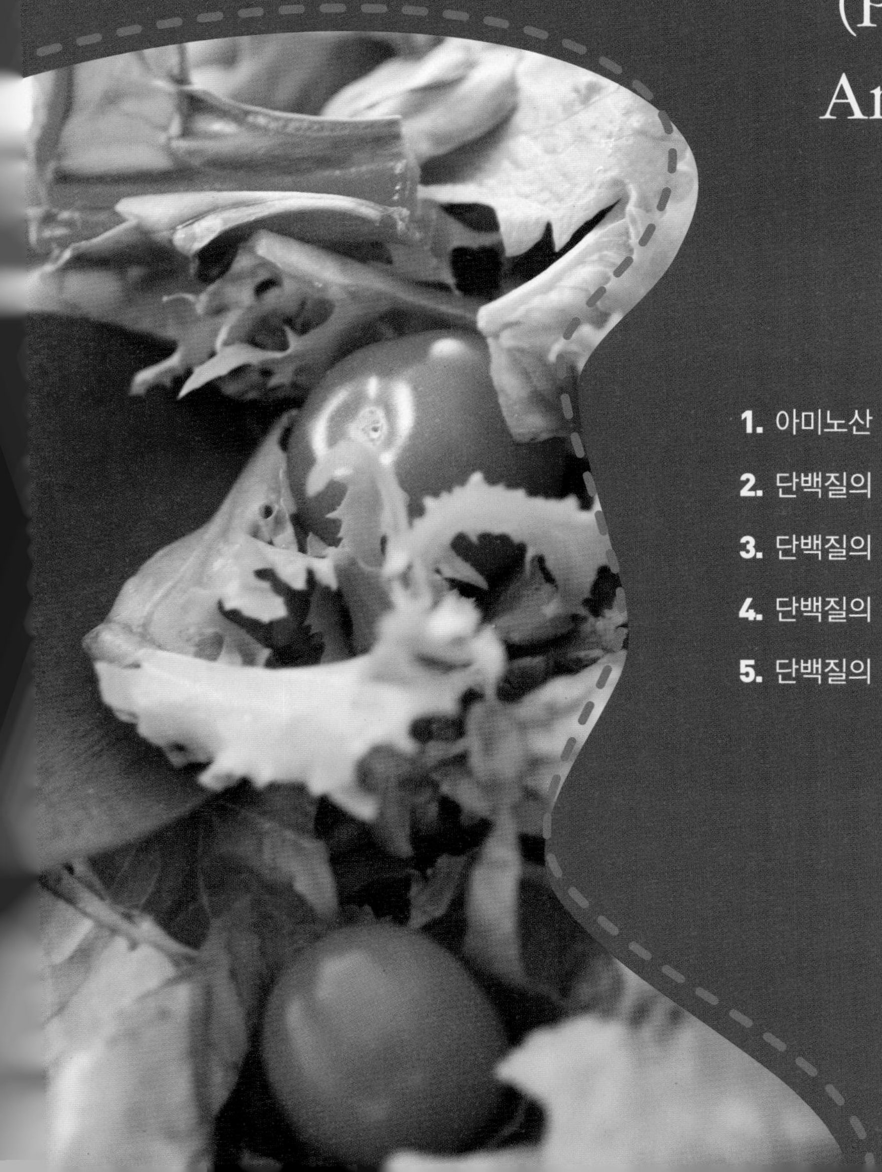

1. 아미노산
2. 단백질의 분류
3. 단백질의 구조
4. 단백질의 성질
5. 단백질의 변성

단백질은 세포 원형질의 성분으로 동식물체의 가장 중요한 구성성분 중의 하나로서, 동식물들이 생체(living body)로서의 기능을 수행하는 데 있어 중요한 역할을 맡고 있는 물질(예: 효소, 항체, 유전자 등)들의 구성성분이다. 단백질의 어원은 그리스어의 proteios(제1인자)에서 온 것으로, 생체 중에서 생명을 유지하는 데 가장 중요한 것이라 하여 1938년 G. T. Mulder가 처음 사용하였다.

단백질은 주로 동물성 식품에 많이 들어있지만 일부의 식물성 식품에도 상당량 들어있다. 여러 가지 식품 중의 단백질 함량은 표 7-1과 같다.

표 7-1 식품 중의 단백질 함량

Product	Protein(g/100g)	Product	Protein(g/100g)
Meat : beef	16.5	Soybean : dry, raw	34.1
fork	10.2	cooked	11.0
Chicken (light meat)	23.4	Peas	6.3
Fish : haddock	18.3	Beans : dry, raw	22.3
cod	17.6	cooked	7.8
Milk	3.6	Rice : white, raw	6.7
Egg	12.9	cooked	2.0
Wheat	13.3	Cassava	1.6
Bread	8.7	Potato	2.0
		Corn	10.0

단백질은 C, H, O, N, S로 구성되어 있으며, 화학적으로는 수많은 여러 종류의 아미노산들(amino acids)이 펩타이드 결합(peptide bond)을 통해서 결합된 고분자 화합물이다.

단백질 조성원소는 탄소(50～55%), 수소(6～8%), 산소(20～23%), 질소(15～18%) 그리고 황(0～4%)이다. 대부분의 단백질은 질소함량이 약 16%인 질소함유 고분자 화합물(nitrogen-containing polymeric compounds)이다. 따라서 kjeldahl법에 의하여 질소함량을 측정한 후 그 질소의 양에 6.25(100/16)를 곱하면 조단백질(crude protein)의 함량을 구할 수 있다.

$$\text{조단백질 함량} = \text{식품 내의 총질소량} \times \text{단백질 질소계수}$$

이 6.25를 단백질 질소계수라고 하며, 질소계수는 식품을 조성하고 있는 질소의 함량에 따라 다소 차이가 있다(표 7-2).

표 7-2 조단백질 함량을 구하기 위한 여러 식품의 질소계수

식품명	질소계수	식품명	질소계수
밀가루(중등질 · 경질 · 연질, 수득률 100~94%)	5.83	국수, 마카로니, 스파게티	5.70
		낙화생	5.46
밀가루(중등질, 수득률 93~83% 또는 그 이하)	5.70	콩 및 콩제품	5.71
		밤, 호두, 깨	5.30
쌀	5.95	호박, 수박 및 해바라기씨	5.40
보리, 호밀, 귀리	5.83	우유, 유제품, 마가린	6.33
메밀	6.31	그 밖의 모든 식품	6.25

1. 아미노산(amino acid)

아미노산은 단백질을 구성하는 기본단위로 단백질을 산, 알칼리, 효소 등에 의하여 가수분해하여 얻어지며, 그 구성 아미노산에 따라 단백질의 종류가 다르다. 천연 고분자 화합물(polymer)인 단백질은 그 단위체(monomer)에 해당하는 아미노산이 20여 종 있다.

(1) 아미노산의 구조

아미노산은 1개 또는 그 이상의 amino기(–NH_2)와 1개 또는 그 이상의 carboxyl기(–COOH)를 가지고 있는 화합물로서 단백질을 가수분해하여 얻는다.

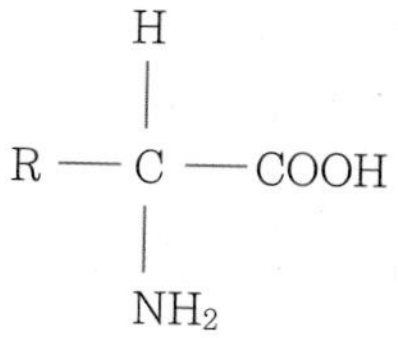

아미노산은 amino기가 결합되어 있는 탄소 위치에 따라 α, β, γ 등으로 구분하지만, proline과 hydroxyproline을 제외한 단백질을 구성하는 모든 아미노산은 α–아미노산이다.

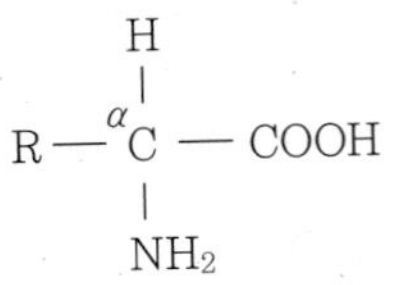

α-amino acid

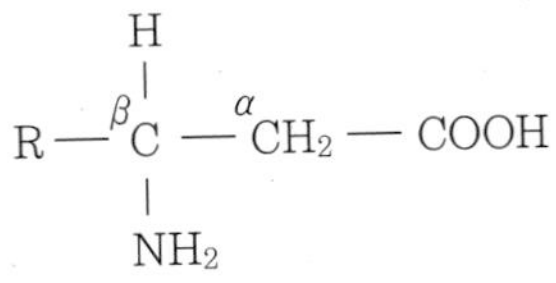

β-amino acid

R=H인 glycine을 제외한 α-아미노산은 탄소원자에 amino기($-NH_2$), carboxyl기($-COOH$), alkyl기($-R$), 수소원자($-H$) 등 각각 다른 원자나 또는 원자단(기)을 갖는 비대칭 탄소원자를 갖고 있으므로 광학이성체인 L형과 D형이 가능하다. 그러나 천연단백질 또는 식품단백질을 구성하는 아미노산은 일부 특수한 경우를 제외하고는 모두 L형인 α-L-amino acid이다.

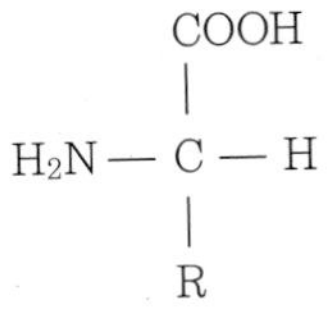

L-α-amino acid

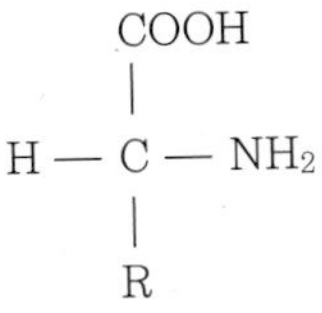

D-α-amino acid

D-amino acid는 항생물질이나 미생물의 세포 중에 일부 발견되고 있다. L형 아미노산의 정확한 결합형태를 'CORN' 으로 표현하는데, 이는 비대칭탄소(C_α)를 중심으로 H를 앞쪽에 놓으면, 나머지 분자단은 시계방향으로 CO-R-N으로 읽을 수 있다.

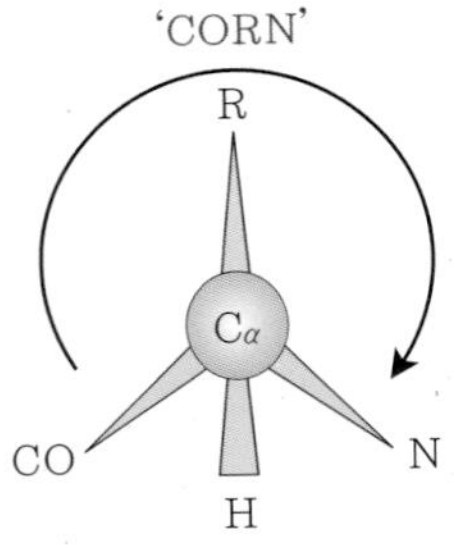

(2) 아미노산의 종류

아미노산 중에 amino기와 carboxyl기를 각각 1개씩 갖는 아미노산을 중성 아미노산(neutral amino acid)이라 하고 곁사슬(side chain)에 제2의 carboxyl기를 갖는 것을 산성 아미노산(acidic amino acid), 곁사슬에 제2의 amino기를 비롯하여 다른 염기성기 등을 갖는 것을 염기성 아미노산(basic amino acid)이라고 한다.

지방족 사슬을 갖는 아미노산을 지방족 아미노산(aliphatic amino acid), 방향족 고리(aromatic ring)를 갖는 것들을 방향족 아미노산(aromatic amino acid)이라고 하며 tryptophan, histidine, proline과 같은 복소환(hetero ring)을 갖는 것들을 환상 아미노산(heterocyclic amino acid)이라고 한다. 이 외에 cysteine과 같이 황을 함유한 아미노산을 함황(含黃) 아미노산이라고 한다.

지방족 아미노산

중성 아미노산	
glycine [Gly, G]	$CH_2 - COOH$ | NH_2
alanine [Ala, A]	$CH_3 - CH - COOH$ | NH_2
serine [Ser, S]	$CH_2 - CH - COOH$ (hydroxy amino acid) | | OH NH_2
threonine [Thr, T]	$CH_3 - CH - CH - COOH$ (hydroxy amino acid) | | OH NH_2
valine [Val, V]	CH_3 $\rangle CH - CH - COOH$ CH_3 | NH_2
asparagine [Asn, N]	$H_2NOC - CH_2 - CH - COOH$ | NH_2
glutamine [Gln, Q]	$H_2NOC - CH_2 - CH_2 - CH - COOH$ | NH_2
leucine [Leu, L]	CH_3 $\rangle CH - CH_2 - CH - COOH$ CH_3 | NH_2
isoleucine [Ile, I]	CH_3 $\rangle CH - CH - COOH$ $CH_3 CH_2$ | NH_2

산성 아미노산	
aspartic acid [Asp, D]	$HOOC-CH_2-CH(NH_2)-COOH$
glutamic acid [Glu, E]	$HOOC-CH_2-CH_2-CH(NH_2)-COOH$
염기성 아미노산	
arginine [Arg, R]	$H_2N-C(=NH)-NH-CH_2-CH_2-CH_2-CH(NH_2)-COOH$
lysine [Lys, K]	$CH_2(NH_2)-CH_2-CH_2-CH_2-CH(NH_2)-COOH$
함황 아미노산	
cysteine [CySH, C]	$CH_2(SH)-CH(NH_2)-COOH$
cystine [Cys]	$S-CH_2-CH(NH_2)-COOH$ $\vert$ $S-CH_2-CH(NH_2)-COOH$
methionine [Met, M]	$CH_2(S-CH_2)-CH_2-CH(NH_2)-COOH$

일반적으로 지방족 아미노산은 소수성(hydrophobic)으로 불활성의 특성을 가진다. 그러나 지방족 아미노산 중 OH기를 포함하는 아미노산은 친수성으로 반응성이 크다.

방향족 아미노산

phenylalanine [Phe, F]	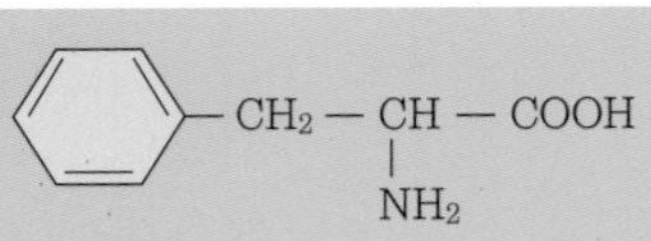
tyrosine [Tyr, Y]	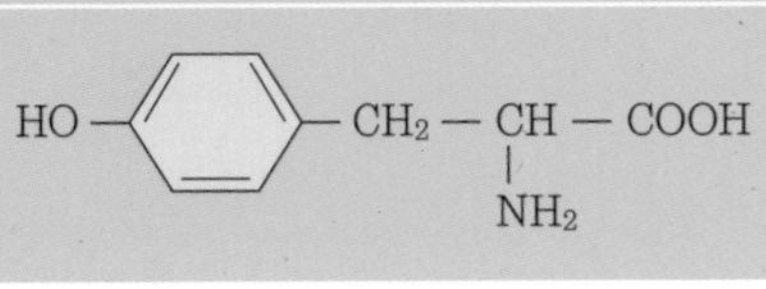

환상 아미노산

histidine
[His, H]

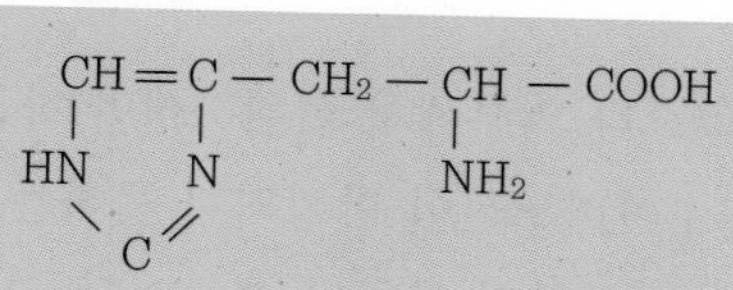

tryptophane
[Trp, W]

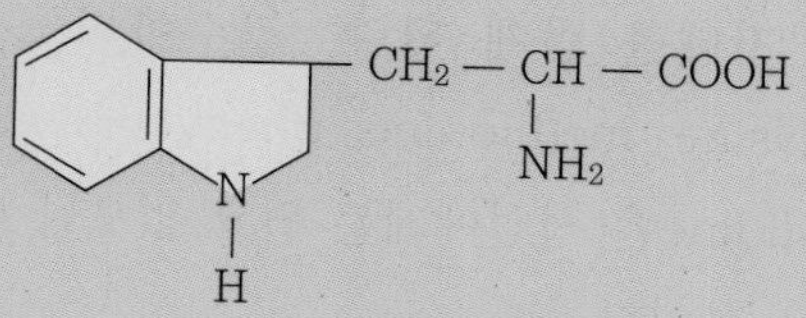

proline
[Pro, P]

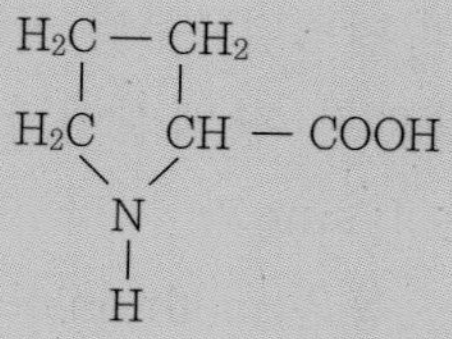

표 7-3 식품 중의 아미노산 함량

아미노산 \ 식품	쇠고기	돼지고기	우유	달걀	고등어	쌀 (백미)	대두	미역 (건조)
Ile	300	507	320	378	463	277	290	180
Leu	550	484	590	547	488	521	494	530
Lys	570	584	480	417	580	263	391	230
Met	140	220	150	192	200	146	84	130
Cys	75	74	50	150	47	67	81	58
Phe	280	248	280	348	285	338	341	230
Tyr	220	234	350	240	241	172	165	100
Thr	280	339	270	302	322	236	247	340
Val	340	400	410	437	482	350	291	430
Arg	390	415	180	400	394	497	428	190
His	220	305	160	160	188	155	168	31
Asp	580	575	520	570	656	605	728	370
Glu	1,100	869	1,400	790	779	1,251	1,185	410
Gly	280	238	120	200	254	296	259	230
Pro	260	263	590	250	222	334	332	190
Ser	210	244	340	450	307	324	309	160
Trp	69	61	92	106	85	72	76	73
Ala	400	331	210	350	350	369	279	280

* 질소 1g 중에 함유되어 있는 각 아미노산의 g수로 나타냈다.

(3) 필수아미노산(essential amino acid)

인체 내에서 합성되지 않으나 외부에서 섭취하여만 하는 아미노산을 필수아미노산이라고 한다. 체내에서 필수아미노산이 합성되지 못하는 이유는 질소의 부족 때문이 아니라 정확한 탄소골격을 형성하지 못하기 때문이다. 한 가지 이상의 필수아미노산이 결핍되면 성장에 저해를 받게 된다. 필수아미노산은 threonine, alanine, leucine, isoleucine, lysine, methionine, phenylalanine, tryptophan 등 8개이지만 이외에 arginine과 histidine은 성인에게는 필요 없으나 발육기의 어린이와 회복기의 환자에게는 필수 아미노산이다.

일반적으로 필수아미노산은 동물성 단백질로부터 공급받는 것이 효과적이다. 필수아미노산이 부족한 단백질은 불완전 단백질이라고 한다. 예로 gelatin은 tryptophan이 부족하며, 옥수수는 lysine과 기타 아미노산이, 쌀은 lysine과 methionine, threonine, 밀은 lysine, 콩은 methionine과 tryptophan이 부족하다. 따라서 곡류를 주식으로 하는 사람들은 동물성 단백 섭취가 필요하다.

식품 단백질의 영양가를 평가하려면 인체에 이상적인 필수아미노산의 조성을 결정해야 하는데 FAO에서 1957년에 제안하였다. 표준 필요량에 비해 가장 부족한 필수아미노산에 의하여 영양가가 제한되기 때문에 이를 제한아미노산이라고 한다. 단백가(protein score)는 한 식품의 필수아미노산 함량 중 제1제한아미노산을 표준 구성 아미노산의 양으로 나누어 계산한다.

표 7-4 가공식품의 분류

아미노산 / 식품명	Ile	Leu	Lys	함황 아미노산	Phe	Thr	Trp	Val	단백가
비교단백질	0.270	0.306	0.270	0.270	0.180	0.180	0.090	0.270	–
식빵	0.22	0.39	0.12	0.182	0.27	0.16	0.067	0.26	44
백미	0.28	0.52	0.21	0.27	0.29	0.22	0.080	0.37	78
감자	0.24	0.39	0.33	0.129	0.21	0.24	0.091	0.36	48
대두	0.30	0.45	0.43	0.151	0.33	0.27	0.092	0.31	56
가다랑이	0.27	0.44	0.50	0.191	0.21	0.25	0.080	0.31	71
고등어	0.31	0.45	0.45	0.167	0.24	0.25	0.094	0.30	62
어묵	0.31	0.47	0.56	0.231	0.23	0.26	0.058	0.28	64
쇠고기	0.30	0.58	0.57	0.215	0.28	0.28	0.081	0.34	80
돼지고기	0.32	0.53	0.58	0.243	0.26	0.28	0.090	0.34	90
우유	0.32	0.59	0.48	0.200	0.28	0.27	0.092	0.41	74
달걀	0.33	0.53	0.44	0.38	0.32	0.29	0.10	0.41	100

* 질소 1g 중에 함유되어 있는 각 아미노산의 g수로 나타냈다.

(4) 주요 아미노산의 특징

- glycine: 아미노산 중에 가장 간단한 구조로서 비대칭탄소가 없어 광학적 활성이 없다. 감자즙의 주 아미노산으로 콜라겐, 젤라틴을 가수분해해서 얻어지며 단맛이 매우 강하다.
- 조미료: 단백질은 일반적으로 맛이 없으나 그 분해생성물인 아미노산은 각각 특유한 맛을 가지고 있어 식품의 맛에 크게 기여를 한다. 식품위생법상 조미료(seasoning)로 사용이 허가된 아미노산은 맛난맛인 mono sodium L-glutamic acid와 단맛인 DL-alanine, glycine 3종이다. MSG(mono-sodium glutamate)는 조미료로 널리 사용되었으나 현재는 핵산계 조미료로 대체되고 있다.
- Cysteine: 오징어나 낙지의 흰 분말은 taurine이라 하는데 이는 cysteine의 산화와 탈탄산 반응으로 형성된다.
- Methionine: 특유한 유황냄새가 나며 간장의 향기성분 구성에 관여하고, 간 기능을 항진시키고 해독작용을 하므로 영양강화제나 강장제로 이용된다.
- Tyrosine: melanin색소(갈색색소) 형성에 관여한다.
- Tryptophan: 동물성 단백질에 많이 존재하며, 단백질 결핍으로 생기는 pellagra병(일종의 피부병)의 특효약이다.
- Histidine: 미생물의 부패에 의해 histamine을 형성하고, 이것은 강력한 혈관 확장작용을 하며 알레르기에 관여한다.

(5) 그 밖의 아미노산

아미노산 중에서 단백질의 구성성분이 되지 않고, 유리의 상태나 특수한 화합물의 구성성분으로만 존재하는 아미노산의 유도체들이 약 20여 종 있으며, 이 중 중요한 것들을 표 7-5에 나타내었다.

표 7-5 비단백질 아미노산

명칭	구조식	소재
γ-aminobutyric acid	$CH_2(NH_2)CH_2-CH_2-COOH$	감자 등의 식물 중에 존재, 뇌기능 발현에 효력을 갖는다.

명칭	구조식	소재
β-alanine	$NH_2-CH_2-CH_2-COOH$	근육 중에 존재하며 panthotenic acid의 구성성분
homoserine	$CH_2(OH)CH_2-CH(NH_2)COOH$	완두콩 중에 존재
homocystine	$HS-CH_2-CH_2-CH(NH_2)COOH$	포유동물의 간장 중에 존재
theanine	$C_2H_5-NH-CO-CH_2-CH_2-$ $CH(NH_2)\ COOH$	찻잎 중에 존재. 차의 맛난 맛 성분
tricholomic acid	$H_2C\ -\ CH \cdot H(NH_2)COOH$	버섯 중에 존재. 버섯의 맛난 맛 성분
alliine	$CH_2=CH-CH_2-S-CH_2-$ $CH(NH_2)COOH$	함황 아미노산. 마늘 중의 향신성분. Allicin을 생산한다.
ornithine	$H_2N-(CH_2)_3-CH-COOH$ $\vert$ NH_2	동식물 조직. 항생물질(gramicidin 등)에 존재하며, urea cycle 중에서 요소생성에 관여
citrulline	O ‖ $H_2N-C-NH-(CH_2)_3-CH-COOH$ $\vert$ NH_2	동식물 조직, 특히 수박과즙에 들어 있으며, urea cycle 중에서 요소 생성에 관여
creatine	H_2N ╲ $C-N-CH_2-COOH$ ⫽ $\vert$ HN CH_3	척추동물 근육, 근육활동에 중요
canavanine	H_2N ╲ $CNHO(CH_2)_2CHCOOH$ ⫽ $\vert$ HN NH_2	작두콩(Canavalis ensiformis)에서 추출된 유리 아미노산
taurine	$H_2N-CH_2-CH_2-SO_3H$	오징어, 문어, 조갯살의 추출물에 들어 있으며, 말린 오징어의 표면이 하얗게 되는 것

(6) 아미노산의 성질

1) 용해성(solubility)

아미노산은 대체로 물과 같은 극성용매에는 녹기 쉽고 에스테르, 클로로포름, 아세톤 등과 같은 비극성 유기용매에는 전혀 녹지 않는다.

물에 용해되지 않는 아미노산은 tyrosine과 cystine이 있으며 proline과 hydroxy proline은 알코올 등에 잘 녹는다.

2) 양성화합물

아미노산은 한 분자 내에 알칼리로 작용하는 amino기($-NH_2$)와 산성으로 작용하는 carboxyl기($-COOH$)를 공유하고 있으므로 양성화합물이다. 따라서 아미노산은 수용액에서 해리되어 분자 내에 (+)와 (−)극의 양성이온(zwitter ion), 즉 쌍극이온(dipolar ion)을 가진다.

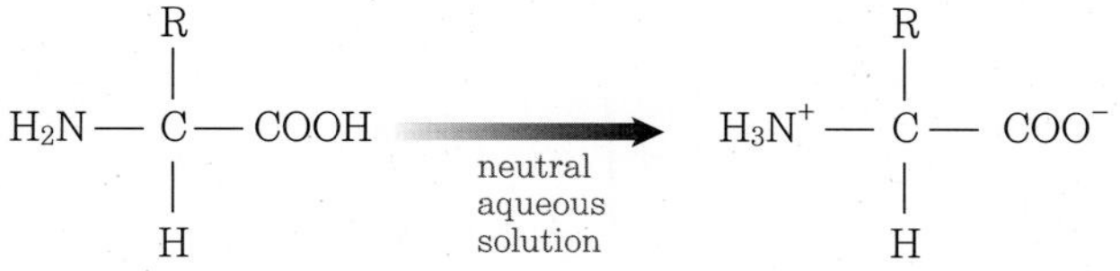

nonionic form　　　　zwitter ionic form(Dipole)

아미노산은 산성용액에서는 H^+가 존재하므로 분자 전체로서는 (+)의 하전을 가지며, 알칼리성 용액에서는 OH^-가 존재하므로 (−)의 하전을 가진다.

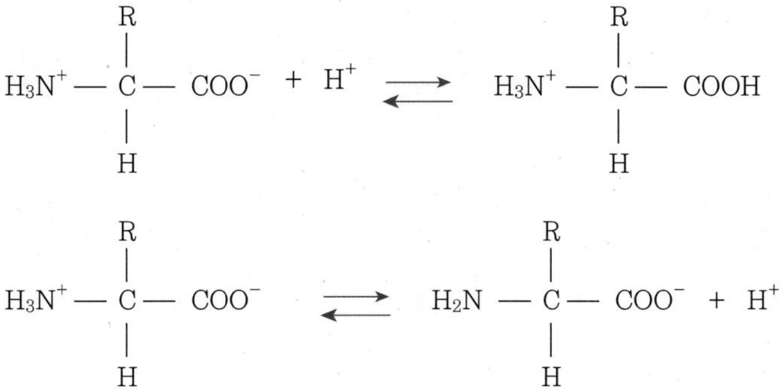

그러므로 아미노산은 산성에서는 음극(−)으로, 알칼리성에서는 양극(+)으로 이동하는데, 하전이 0일 때, 즉 양극이나 음극으로 이동하지 않을 때의 용액의 pH를 등전점(isoelectric point, pI)이라 한다. 일반적으로 등전점은 중성 아미노산이 pH 7 부근, 산성 아미노산이 pH 3의 산성 범위이며, 알칼리성 아미노산일 경우 pH 10의 알칼리성 범위다. 그리고 등전점을 기준하여 pH가 올라가면 아미노산은 음(−)전하를 띠게 되고 pH가 내려가면 양(+)전하를 띠게 된다.

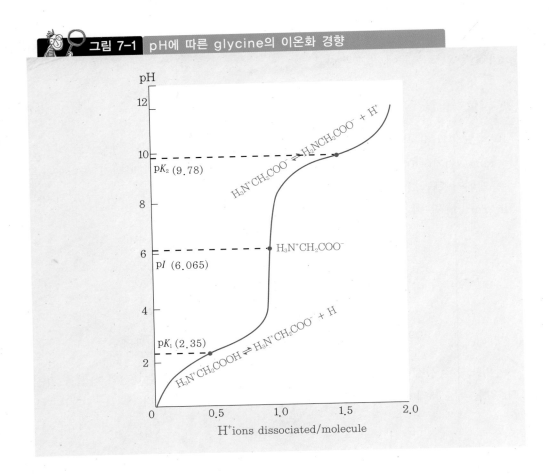

그림 7-1 pH에 따른 glycine의 이온화 경향

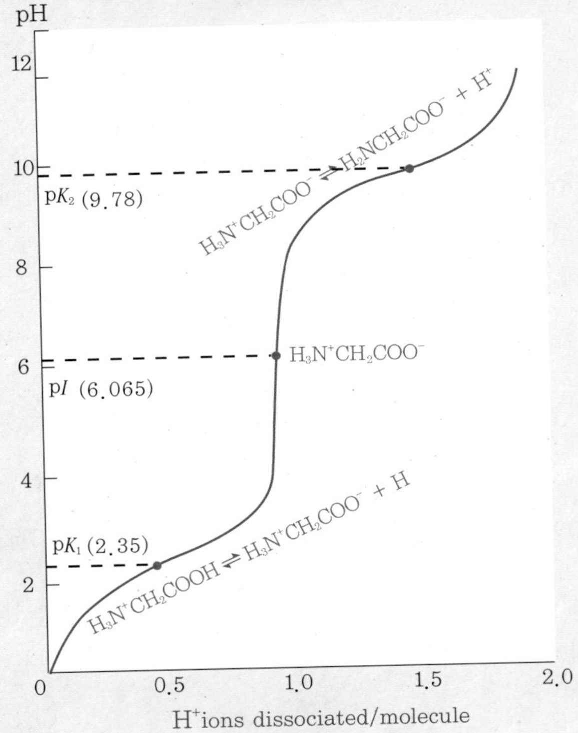

3) 등전점

등전점은 아미노산의 구조와 해리상수가 다른 기능기들의 차이로 인하여 다르다.

예로서, glycine이 pH에 따라 이온화되는 경우는 그림 7-1과 같으며 이에 따른 등전점 pI는 6.06이다.

Glycine 분자가 산성용액에서는 $^+H_3NCH_2COOH$의 형태로 해리정수의 역수의 대수, 즉 pKa값은 2.35이고, 알칼리용액의 경우 $NH_2CH_2COO^-$로 pKa값은 9.78이다. 즉 pK_1은 2.35, pK_2는 9.78이다. 또한 glycine은 산성용액에서는 (+)의 하전을 갖게 되어 음극으로 이동하고 알칼리성 용액에서는 (−)의 하전을 가져 양극으로 이동한다. pH 2.35와 pH 9.78의 중간에서는 glycine의 하전이 0일 때 $^+H_3NCH_2COO^-$ 상태가 되어 어느 극으로도 이동하지 않으므로 이 pH를 등전점이라 하며 그 값 pI는 다음과 같다.

$$\therefore\ pI = \frac{1}{2}(pK_1 + pK_2) = \frac{1}{2}(2.35 + 9.78) = 6.065$$

표 7-6 각종 아미노산의 등전점

아미노산	등전점	아미노산	등전점
glycine	6.06	tyrosine	5.66
alanine	6.0	tryptophane	5.9
valine	5.96	proline	6.3
leucine	5.98	hydroxyproline	5.8
isoleucine	5.9	aspartic acid	2.8
serine	5.7	asparagine	5.4
threonine	5.6	glutamic acid	3.22
cysteine	5.07	glutamine	5.7
cystine	5.0	lysine	9.74
methionine	5.74	arginine	10.9
phenylalanine	5.7	histidine	7.6

대체로 등전점에서 용해도, 삼투압, 점도는 가장 작고 침전, 흡착력, 기포력은 가장 크다.

4) 아미노산의 발색반응(colorimetric reaction 또는 정색반응)

대부분의 아미노산은 amino기와 carboxyl기에 의해 공통적인 반응을 나타낸다. 그 밖에 반응성이 큰 곁사슬(R)을 갖고 있는 아미노산은 독특한 반응을 보이는데, 특히 곁사슬에 의한 발색반응은 단백질과 아미노산의 정성 또는 정량에 이용된다.

표 7-7 단백질 및 아미노산의 정성반응

반응명	방법	검출되는 아미노산	색
Biuret	강한 알칼리성 용액(1~2N NaOH)을 묽은 $CuSO_4$용액과 반응시킨다.	단백질 중의 peptide 결합을 가진 아미노산	자주색(violet) 혹은 청자색
Millon	단백질 용액을 $Hg(NO_3)_2$와 진한 황산으로 가열한다.	tyrosine	적갈색의 침전
Pauly	단백질의 알칼리성 용액을 diazobenzene sulfonic acid와 가열한다.	tyrosine과 histidine	붉은색(산을 가할 때는 노란색으로 변함)
Glyoxylic acid (Hopkins-Cole)	Glyoxylic acid와 단백질 용액을 혼합한 후 진한 황산을 가해서 경계면을 만든다.	tryptophan	경계면에서 자색의 환

반응명	방법	검출되는 아미노산	색
Sakaguchi	알칼리성에서 α-naphthol 용액과 hypobromite를 가해 준다.	arginine	붉은색
Xanthoproteic	진한 HNO_3을 가해 준다.	tyrosine, arginine	노란색(알칼리를 가했을 때는 오렌지색으로 변함)
유황 (Sulfur)	단백질 용액에 40% NaOH를 가하고 가열한 후에 lead acetate 용액을 가한다.	cysteine, cystine	흑갈색 침전
Ninhydrin	약산성 및 중성의 단백질 용액에 1% ninhydrin 수용액을 가한 후에 100℃로 가열	peptide, protein 등 histidine proline, hydroxyproline	청자색 파란색 노란색

2. 단백질의 분류

단백질은 그 출처, 구조상의 특징 및 화학적 성질의 차이, 특히 특정한 용매들에 대한 용해도(solubility)의 차이 등의 관점에서 분류한다.

(1) 출처에 의한 분류

단백질은 그 출처, 즉 어디에서 얻어졌느냐에 따라 크게 식물성 단백질(vegetable protein)과 동물성 단백질(animal protein), 미생물 단백질(microbial protein), 단백질 농축물(protein concentrate)로 나눌 수 있다.

① 식물성 단백질: 곡류 단백질(cereal protein), 콩류 단백질(legume protein)
② 동물성 단백질: 육류 단백질, 달걀 단백질, 우유 단백질
③ 미생물 단백질: yeast protein, fungi protein, bacterial protein, algal protein
④ 단백질 농축물: 어류단백질 농축물(fish protein concentrate: FPC),

녹엽단백질 농축물(leaf protein concentrate: LPC)

(2) 조성에 따른 분류

단백질은 또 그 조성에 따라 크게 3가지로 나뉜다. 가수분해할 때 아미노산만이 생성되는 단순단백질(simple protein), 아미노산 이외의 다른 화합물도 생성되는 복합단백질(conjugated protein) 그리고 단순단백질이나 복합단백질에서 유도된 유도단백질(derived protein)이 있다.

1) 단순단백질

아미노산들로만 구성되어 있는 단백질이며, 아미노산의 일정한 결합 순서(sequence)에 따른 구조로 된 단백질이다.

단순단백질에는 albumin, globulin, glutelin, prolamin, albuminoid, histone, protamine 등이 있으며, 이 중에서 식품단백질로는 albumin, globulin, glutelin, prolamin 등이 중요하다.

Albumin은 동물성 단백질에, glutelin과 prolamin은 곡류 등 식물성 단백질에 많고, globulin은 동식물계에 널리 분포되어 있다.

단순단백질은 각종 용매에 대한 용해성에 따라 분류한다(표 7-8).

표 7-8 단순단백질의 분류

<table>
<tr><th rowspan="2">단순 단백질명</th><th colspan="4">용해도</th><th rowspan="2">특성</th><th rowspan="2">소재</th><th rowspan="2">예</th></tr>
<tr><th>물</th><th>염류</th><th>산</th><th>염기(묽은 용액)</th></tr>
<tr><td rowspan="2">albumin</td><td>+</td><td>+</td><td>+</td><td>+</td><td rowspan="2">다수의 아미노산을 소량 함유한다.
분자량은 비교적 적다.</td><td rowspan="2">동식물 세포의 원형질 중 단백질의 대부분과 체액에 존재
(대개 globulin과 공존)</td><td rowspan="2">serum albumin(혈청)
lactalbumin(젖)
conalbumin
(난백단백질 중 13%)
ovalbumin(난백의 주단백질로서 약 54%)
livetin(난황)
legmelin(콩류)
leucosin(맥류)
myogen(근육섬유)
ricin(피마자)
phaselin(강낭콩)</td></tr>
<tr><td colspan="4">가열 응고, 알코올 탈수에 의해 응고, 염농도가 커지면 결정으로 석출(예, 황산암모늄 포화용액에서 침전), 소금, 황산마그네슘으로 침전하지 않는다.</td></tr>
</table>

단순 단백질명	용해도				특성	소재	예
	물	염류	산	염기 (묽은 용액)			
globulin	−	+	+	+	다수의 아미노산을 함유한다. Glycine을 많이 함유한 점이 albumin과 다르다.	상동 식물종자단백(콩과)의 대부분	serum globulin(혈청) lactoglobulin(젖) lysozyme(난백) ovoglobulin(난백) myosin(근육섬유) fibrinogen(혈장) glycinin(대두) ipomain(고구마) tuberin(감자) aracin(땅콩)
	가열 시 응고, 황산암모늄(포화도 50%) 용액에 의해 침전(염석이 albumin보다 용이함)						
glutelin	−	−	+	+	Monoaminodicarboxylic acid가 많고 proline은 적음, 가열에 의해 응고되지 않음	곡류종자단백질, 화본과 식물의 배유 중에 많다.	glutenin(밀) oryzenin(쌀) hordenin(보리)
	저농도의 알코올에 녹지 않음(glutamic acid가 비교적 많음)						
prolamin	−	−	+	+	Glu, Pro가 많고 Gly를 적게 갖는 점이 glutelin과 다르다.	상동	gliadin(밀) zein(옥수수) hordein(보리) sativin(귀리)
	70~80% 알코올에 녹음(proline이 비교적 많음), 식물성 식품들에만 분포						
histone	+	+	+	−	염기성 단백질로 Arg, Lys 함량이 많다.	동물세포, 혈구의 세포핵의 주성분 식물계에는 없다.	흉선, 간, 적혈구의 histone(포유류, 조류) 정자핵의 histone(어류) globin: 적혈구 thymushistone: 흉선
	가열 시 응고되지 않음. 암모니아 첨가 시 침전. Alkaloid 시약(산성/중성 pH)으로 침전						
protamine	+	+	+	−	강염기성 단백질로 Arg를 다량 함유. 산성 및 함황아미노산을 포함하지 않음. 가장 간단한 단백질로 polypeptide에 가깝다.	성숙한 생식세포(어류의 정낭) 식물계에는 존재하지 않는다.	어류의 정자핵 중에 DNA와 결합하여 존재 어류 외에는 불존재 salmin(연어) scombin(고등어) clupeine(정어리)
	Histone과 특성이 같고, 다른 점은 알칼리 pH에서도 침전하며, 70~80% 알코올에 녹음, 염기성 아미노산의 함량이 큰 염기성 단백질						
albuminoid	−	−	−	−	아미노산의 종류와 양에 여러 가지 차이가 있다.	동물의 지지 보호조직	collagen: 결합조직, 뼈, 치아, 연골(Cys, Trp을 갖지 않고 Pro가 많다.) elastin: 결합조직(힘줄) keratin: 머리털, 솜털, 뿔(Cys가 많다.) silk fibroin: 면사
	스크렐로프로테인(scleroprotein), 즉 경성단백질이라고도 불림. 섬유단백질 형태를 이루며 보통의 용매에는 녹지 않고, 효소에 의해 소화되지 않음. 진한 산이나 알칼리에는 녹으나 변질됨						

2) 복합단백질

단순단백질에 여러 가지 보결분자단(핵산, 당질, 인산, 지질, 색소성분, 금속 등)이 결합된 단백질로서, nucleoprotein, glycoprotein, phosphoprotein, lipoprotein, chromoprotein, metalloprotein 등이 있다.

복합단백질은 단순단백질과 비단백질 성분(prosthetic group)으로 구성되며, 그 결합된 비단백질 성분의 종류에 따라 6가지로 분류된다.

표 7-9 복합단백질의 분류

명칭	특성	소재
인단백질 (phosphoprotein)	– 단백질 + 인산 – 산성단백질로 묽은 알칼리용액에 녹는다.	– 동물성 식품에서만 발견된다. – casein(우유), vitelline(난황), vitellenin(난황), hematogen(난황), ichthulin(어란)
핵단백질 (nucleoprotein)	– 단백질 + 핵산(당, 인산, pyrimidine, purine염기) – 핵산 + histone이나 protamine	– 동식물 세포핵의 주성분, 배아, 효모 – nucleohistone: 흉선, 정자, 배유, 신장, 적혈구 – nucleoprotamine: 어류정자
당단백질 (glycoprotein)	– 단백질 + 다당류 – 당단백질은 당부분에 amino당을 가진다. – 물, 염류에는 잘 안 녹고, 알칼리 용액에 녹는다.	– 동식물세포, 점성분비물에 존재 – 타액질: mucin(점막분비, 타액), 효소에 의해 침전 – 점액질: mucoid(난백, 혈청), 침전하지 않는다.
금속단백질 (metalloprotein)	– 단백질 + 금속(철, 동, 아연) ① 철단백질 ② 동단백질 ③ 아연단백질 – hemoprotein(Fe), chlorophyllprotein(Mg)도 포함	① ferritin(비장), heme 단백질 ② hemocyanin(연체동물의 혈액), ascorbinase, polyphenolase, tyrosinase ③ insulin
지단백질 (lipoprotein)	– 단백질 + 지질 – 단백질은 핵, 인단백질, 단순단백질 등 – 지질은 triglyceride, phospholipid, cholesterol 등으로 물에 녹고 유기용매에 난용	– lipovitellin(난황) – lipovitellenin(난황)
색소단백질 (chromoprotein)	– 단백질 + 색소 ① 동식물조직의 색소 또는 효소 ② chlorophyll ③ carotenoid ④ 비타민류	① hemoglobin(혈액), myoglobin(근육), cytochrome, catalase, peroxidase ② phyllochlorine(녹엽) ③ rodopsin(시홍), astaxanthin protein(갑각류 외피) ④ flavoprotein으로 황색 색소이며 우유, 혈액, 조직 등

3) 유도단백질

자연계의 단백질이 산, 알칼리, 기타 화학물질이나 효소작용 등에 의해 변성된 단백질이다. 유도단백질은 천연단백질이 물리적, 화학적, 효소적인 분해로 그 분자량이 작아지는 변화상태에 따라 1차 유도단백질 및 2차 유도단백질로 구분된다.

① 1차 유도단백질(primary derived protein)

산, 알칼리, 화학물질, 효소 등에 의해 구조 중 약간의 변화가 일어난 단백질로서 보통 변성단백질(denaturation protein)이라고도 하고, 불용성이다.

- gelatin: 콜라겐(피부, 힘줄, 뼈, 연골)을 물과 가열 시 생성된다.
- protean: 수용성 천연단백질이 산, 알칼리 첨가 또는 가열 등에 의해 물에 녹지 않게 된 유도단백질이며 대부분 가공식품의 단백질은 이에 속한다. 예로 paracasein과 fibrin이 있다.
- metaprotein: 묽은 산 또는 알칼리에 의해 다소 그 구조가 바뀌어 변성된 albumin, globulin과 같은 유도단백질을 말한다.
- 응고단백질(coagulated protein): 가열, 자외선 조사, 기계적 진탕, 화학물질(alcohol, acetone) 등에 의해 응고된 albumin, globulin이다.

② 2차 유도단백질(secondary derived protein)

산, 알칼리, 화학물질, 가열 등에 의해 가수분해된 단백질로서 가수분해도에 따라 proteose, peptone, peptide 등으로 구분된다.

- proteose: 수용성 가수분해단백질인 1차 proteose와 1차 proteose보다 더 가수분해된 2차 proteose가 있다. 1차 proteose는 물에 녹으며, 열에 의하여 응고되지 않는다. 진한 HNO_3에 침전하고 황산암모늄[$(NH_4)_2SO_4$]에는 반포화로 침전한다. 2차 proteose는 가열 시 응고되지 않으며, 황산암모늄(포화도 50%)에 의해 침전한다.
- peptone: proteose보다 더 가수분해된 단백질로서 무수 알코올이나 탄닌산에 의해 침전된다.
- peptide: peptone보다 더 가수분해된 단백질로서 분자량이 가장 작은 유도단백질이다. 이 펩타이드류는 단백질의 궁극적인 구성단위인 아미노산이 peptide 결합을 통해서 여러 개가 결합하여 형성된다.

(3) 기능에 의한 분류

- 효소단백질: 생체 내의 생화학적 반응에 관여한다(pepsin 등).
- 저장단백질: 우유단백질(casein), 계란(ovalbumin) 등
- 운반단백질: 특이적인 분자 또는 이온과 결합하여 다른 곳으로 이동시킨다. 예로 hemoglobulin은 산소와 영양분을 운반한다.
- 근육단백질: 골격근의 수축과 이완에 관여하는 actin과 myosin 등
- 구조단백질: 생물학적인 구조에 강도 또는 지지의 기능을 한다. 연골의 주성분인 collagen, 인대의 구성성분인 elastin 그리고 모발, 손톱, 발톱 등을 구성하는 keratin 등이 있다.
- 항체단백질: 다른 생물 종의 침입으로부터 생체를 보호하는 항원항체 반응에 관여하는 globulin, 혈액의 응고에 관여하는 fibrinogen 등이 있다.
- 조절단백질(Hormone protein): 세포의 생리활성이나 대사를 조절하는 단백질로 성장을 조절하는 성장호르몬, 세포 내 당질대사를 조절하는 insulin 등이 있다.

(4) 구조에 의한 분류

- 섬유상 단백질: peptide 사슬 몇 개가 S-S 결합 또는 수소결합에 의해 결합되어 일정한 방향으로 규칙적인 섬유상의 모양을 하고 있는 단백질로서 매우 안정하고 불용성이며, 가수분해가 어렵다. 섬유상 단백질에는 힘줄과 동맥관을 형성하는 elastin, 머리털, 깃털, 손톱 등을 형성하는 keratin, 결체조직을 구성하는 collagen 등이 있다. 섬유상 구조는 구성 아미노산 조성에 의해 영향을 받는다. 예로 collagen은 cysteine과 tryptophane이 없으며, hydroxyproline 함량이 많은 특성을 가진다.
- 구상 단백질: 식품 중의 영양과 관련된 단백질이나 효소에서 볼 수 있는 것으로 polypeptide chain이 적당히 구부러져 형성된 구상의 단백질로서, 가열하면 응고, 변성하며 용해성과 반응성이 있다.

표 7-10 섬유상 단백질과 구상 단백질의 비교

	섬유상 단백질(fibrous protein)	구상 단백질(globular protein)
형태	지그재그 모양의 β-구조가 축에 나란히 달리면서 묶여 다발(micell)을 이룬다.	α-나선구조가 구부러지고 겹쳐서 전체로는 구상을 이룬다.
이화학적 성질	안정성이 있으나 물에 불용 용액은 점도가 높음 결정성이다.	불안정하다. 일반적으로 물에 가용, 변성을 쉽게 일으킨다. 분자 내에 다량의 물을 함유
생활기능 및 생명현상 관계	직접 관계가 없다. 뼈를 형성 표피보강 및 배설물	활성물질로 분비되어 생활기능에 직접 관계한다. 생물학적으로 중요 생명현상에 밀접한 관계가 있다.
분포상태	견사 fibroin 털 keratin, gelatin 힘줄(腱) collagen 근육 myosin	단순단백질(albumin, globulin 등) 복합단백질(casein, hemoglobulin 등) 핵단백질 등 원형질의 주성분 난백, 우유 등

그림 7-2 구조에 따른 단백질

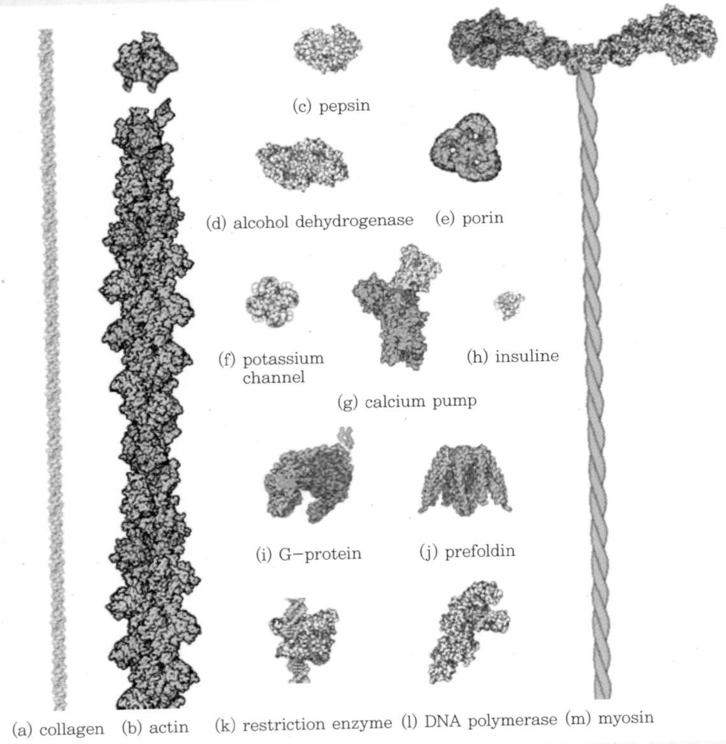

3. 단백질의 구조

(1) 1차 구조(primary structure, peptide 결합)

한 아미노산의 carboxyl기와 다른 아미노산의 amino기가 만든 amide 결합을 펩타이드 결합이라고 한다.

그림 7-3 Peptide 결합

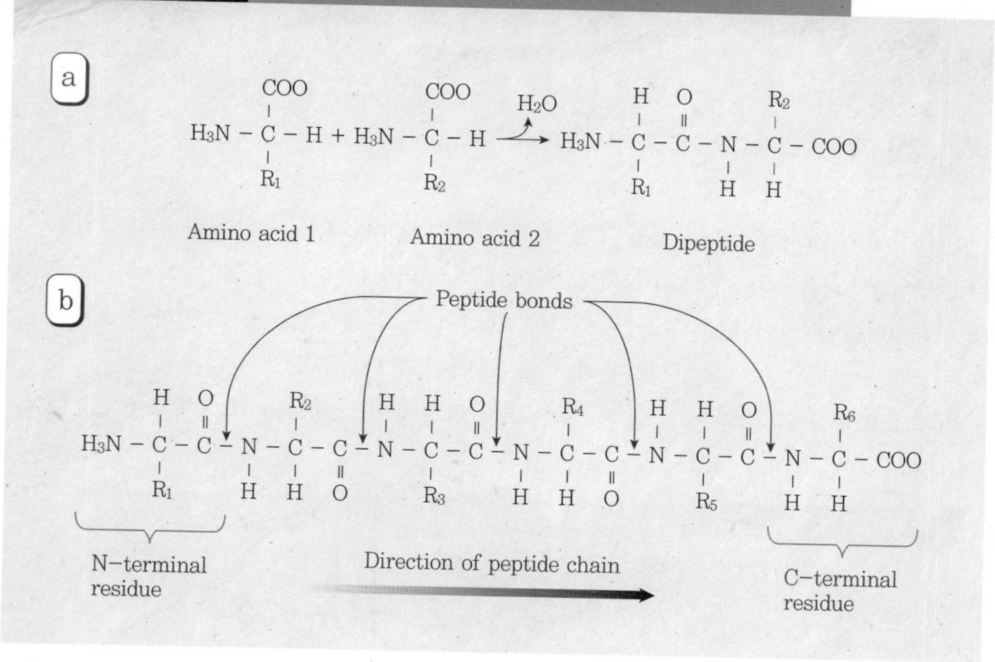

단백질은 펩타이드 결합이 기본적인 결합양식으로 이들 사이의 공유결합에 의하여 안정된 결합구조를 가지며, 결합을 할 때 단백질의 아미노산 배열순서(amino acid sequence)는 생체에서 단백질을 생합성할 때의 유전자에 들어 있는 DNA의 정보 지배하에 있기 때문에 각 단백질 고유의 아미노산 배열을 갖게 된다. 이 아미노산의 배열순서를 단백질의 1차 구조라 한다.

이러한 펩타이드 결합은 그림 7-4와 같이 공명구조를 나타내어 평면상의 아마이드(amide plane)를 형성하게 된다. 즉 딱딱한 평면구조를 이루게 된다.

그림 7-4 펩타이드 결합의 공명구조

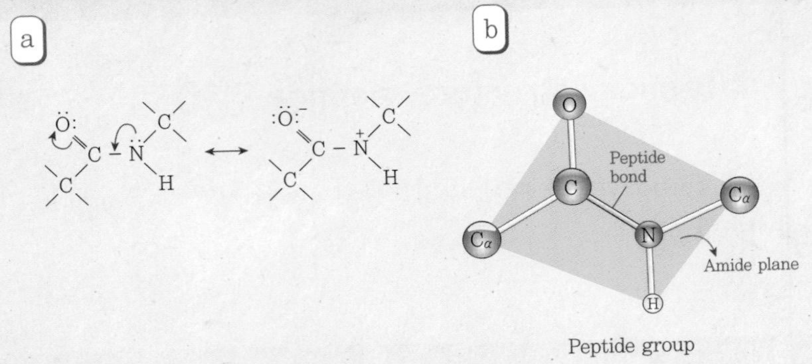

(2) 2차 구조(secondary structure)

1차 구조의 polypeptide 사슬이 수소결합(주사슬 peptide 결합부의 −C=O의 O와 다른 peptide 결합의 −NH의 H와의 사이에서 일어남)이나 이온결합, S−S결합, Van der Waals힘에 의한 탄화수소기 사이에 생기는 소수성 결합 등에 의하여 α−helix, β−구조, random 구조를 형성하는데 이를 단백질의 2차 구조라 한다.

이때 2차 구조의 형태는 그림 7−5와 같이 평면상의 amide가 비대칭탄소(C_α)−N축

그림 7-5 2차 구조에서 폴리펩타이드 사슬형태를 결정하는 각의 정의

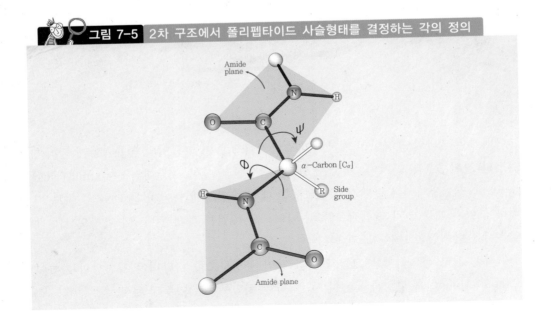

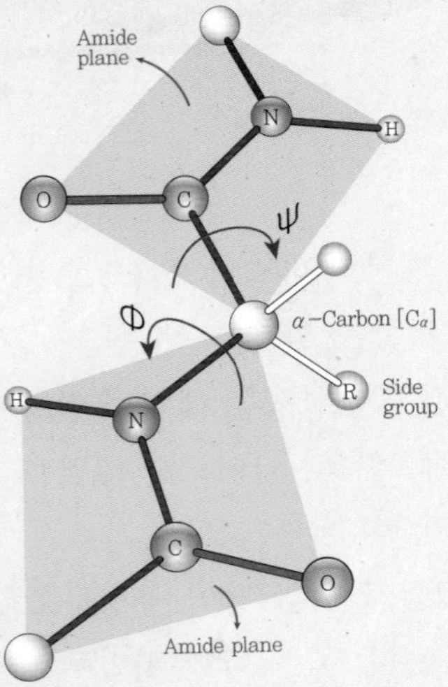

을 중심으로 회전하는 각(Φ)과 C_α-C을 축으로 회전하는 각(Ψ)을 중심으로 자유로이 회전하면서 형성하게 된다.

α-helix 구조는 그림 7-6과 같이 나선 모양으로 꼬인 peptide 사슬 내에서 수소결합이 형성되고 모든 amino기의 곁사슬(R)이 coil 밖으로 향하고 있기 때문에 α-helix 구조는 매우 안정하게 된다. 일반적으로 나선구조가 한 번 회전하는 데에는 아미노산 3.6개의 결합이 필요하다.

그림 7-6 Polypeptide의 α-helix 구조

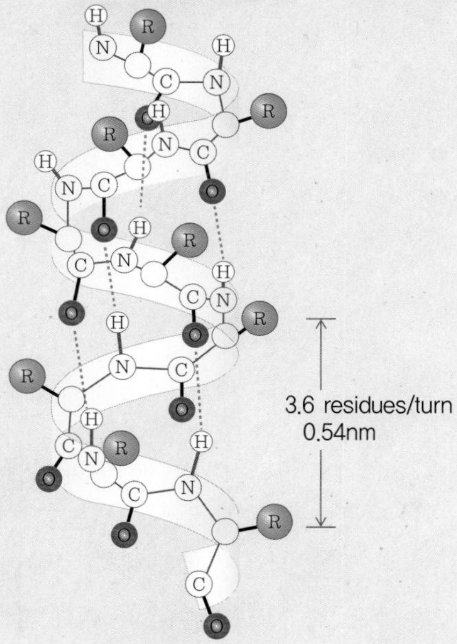

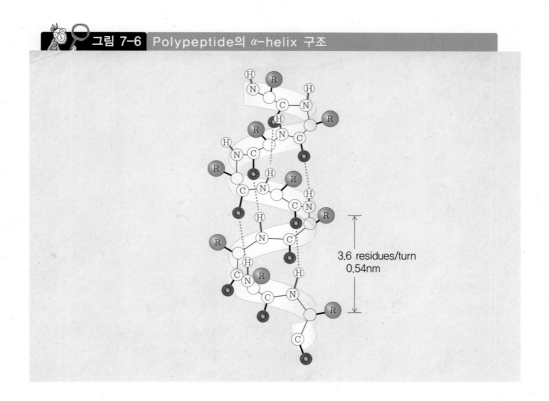

β-구조에서는 〉C=O와 〉N-H가 사슬의 방향과 직각으로 배열되어 분자 간 수소결합을 이룬다. 대개 5~15개 아미노산이 연결된 사슬이 나란히 배열되어 수소결합을 이루어 병풍과 같이 주름진 판 모양이 되며 곁사슬은 병풍 평면의 위와 아래로 향하게 된다. β-구조에서 2개의 peptide 사슬이 서로 반대방향으로 늘어설 때는 평형의 수소결합을 이루는 비평행형(antiparallel) β-구조, 같은 방향으로 배열되어 있을 경우에는 수소결합이 기울어지는 평행형(parallel) β-구조를 이루게 된다.

그림 7-7 Polypeptide의 β-sheet 구조

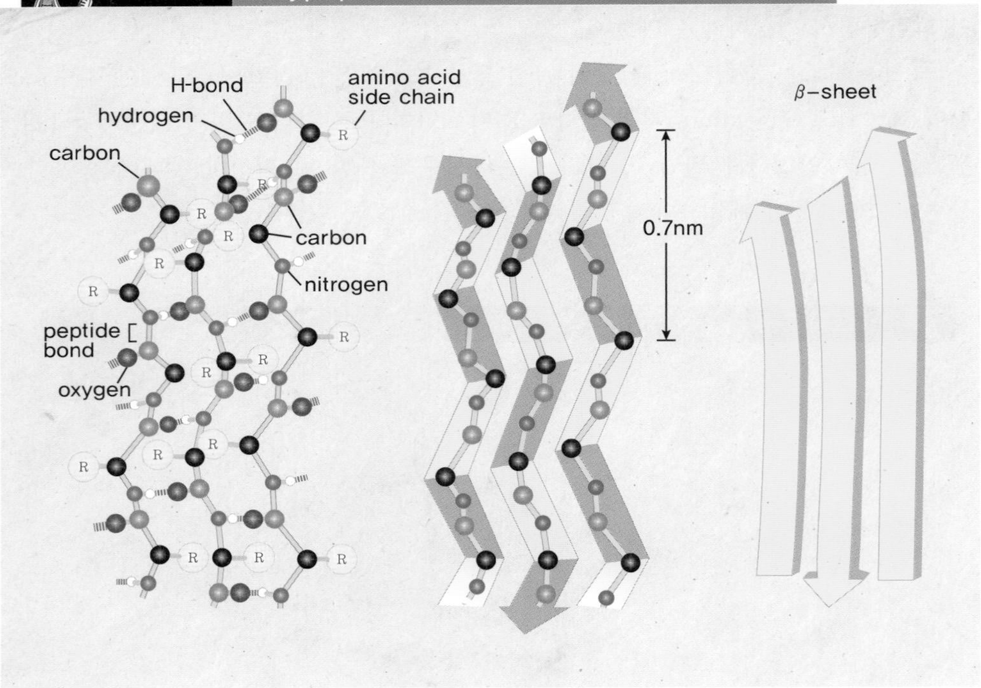

Polypeptide 사슬 중에 proline, hydroxyproline 같은 아미노산이 존재하면 규칙적인 α-helix 구조나 β-구조를 가지기가 어렵게 된다. 이 밖에도 어떤 아미노산의 곁사슬은 정전기적 또는 입체적 특성 때문에 규칙적인 나선구조의 형성을 방해한다. 몇 가지 단백질의 2차 구조 함유비율은 표 7-11과 같다.

표 7-11 몇 가지 단백질의 2차 구조 함유비율(%)

단백질	나선구조	병풍구조	불규칙구조
hemoglobin	85.7	0	5.5
serum albumin	67.0	0	33.0
insulin	60.8	14.7	15.7
ribonuclease A	22.6	46.0	12.9
lactalbumin	26.0	14.0	60.0
lactoglobulin	6.8	51.2	31.5
phaselin	10.5	50.5	27.5

(3) 3차 구조(tertiary structure)

단백질은 2차 구조만으로 된 keratin 등도 존재하지만 대부분의 단백질은 2차 구조를 가진 α-helix 형태의 polypeptide의 side chain 사이에서 이온결합, 수소결합, 소수결합, S-S결합, peptide 결합에 의해서 cross linkage가 형성되어 휘어지고 구부러진 구상 및 섬유상의 복잡한 공간구조를 갖게 되는데 이를 단백질의 3차 구조라 한다.

그림 7-8 단백질 구조를 형성하는 다양한 결합

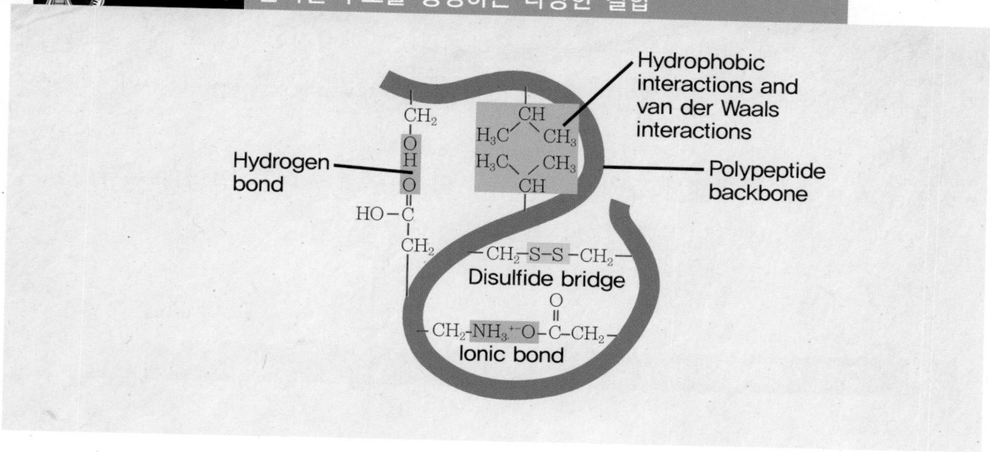

그림 7-9 곁사슬에 의한 단백질 구조

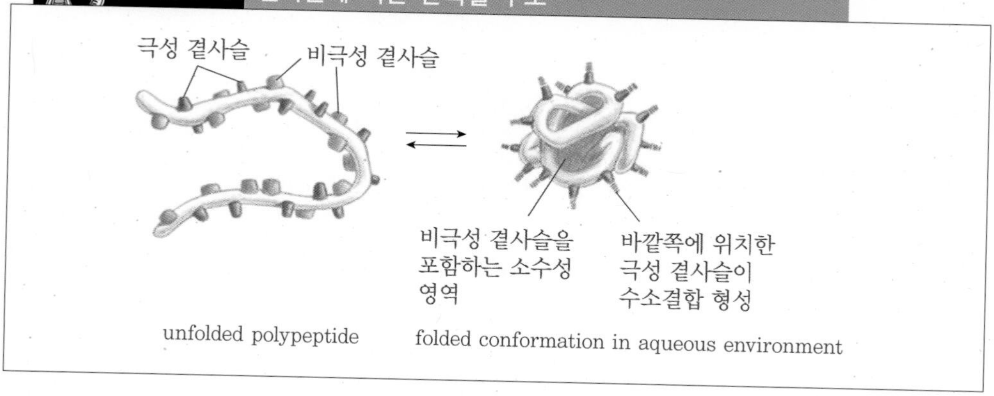

단백질은 종류에 따라 고유의 3차 구조를 갖는데 이는 아미노산의 조성과 결합순서가 단백질마다 다르기 때문이다. 수용액 환경에서 다른 곁사슬들의 상호작용이 단백질의 구조를 결정하게 된다. 예로 소수성 아미노산은 단백질의 중심으로 숨으려는 경향이 있는 반면에 친수성 아미노산은 표면으로 노출되는 경향이 있다. 또한 이온결합이 단백질 구조를 안정화시키고 내부의 여분의 전하(unpaired charge)는 단백질 구조를 파괴하는 등 곁사슬의 전하는 단백질 구조에 중요한 역할을 한다.

일부 아미노산은 단백질 구조 형성에 중요한 역할을 한다. 예로 cysteine은 다른 cysteine과 S–S결합을 구성하며 proline은 helical 구조를 보이며, glycine은 다른 아미노산에 비해 작고 더 휘기 쉬운 구조를 형성하게 된다. 단백질이 고유의 기능을 나타내기 위해서는 3차구조를 형성해야만 한다. 그림 7–10에 carboxypeptidase의 3차 구조를 나타내었다.

3차 구조는 2차 구조에서 규칙적인 α–구조와 β–구조를 이룬 영역과 불규칙한 구조를 갖는 영역이 서로 연결되어 이루어진다.

그림 7–10 Carboxypeptidase의 3차 구조

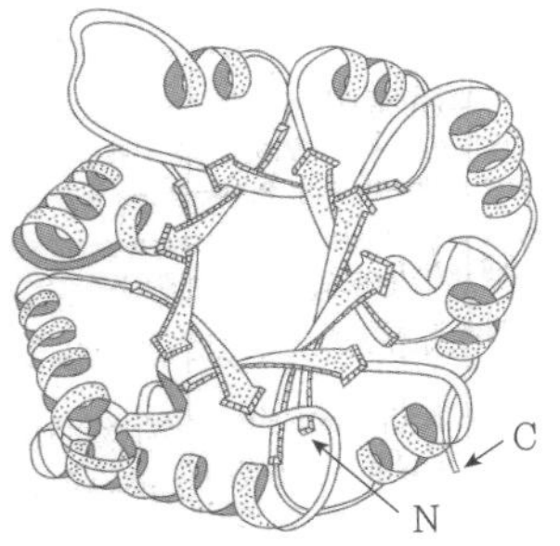

나선 모양은 α–helix, 화살표 모양은 β–구조를 나타냄

(4) 4차 구조(quaternary structure)

그림 7-11의 hemoglobin과 같이 단백질 가운데 생리활성을 갖는 3차 구조의 단백질이 몇 개 모여서(회합) 입체적인 집합체를 만드는 일이 많다. 이때 입체적인 집합체를 4차 구조라 한다. 회합에는 수소결합, 정전기 상호작용, 소수결합 등이 관여하고 또한 pH, 염농도, 계면활성제, 금속이온, 온도 등의 여러 인자에 의해 영향을 받는다. 많은 식품단백질은 보통 2~4개의 subunit으로 이루어져 있으나 때로는 24개가 회합된 것도 있다. 표 7-12에 몇 개의 subunit으로 구성된 식품단백질을 예로 들었다.

그림 7-11 Hemoglobin의 4차 구조

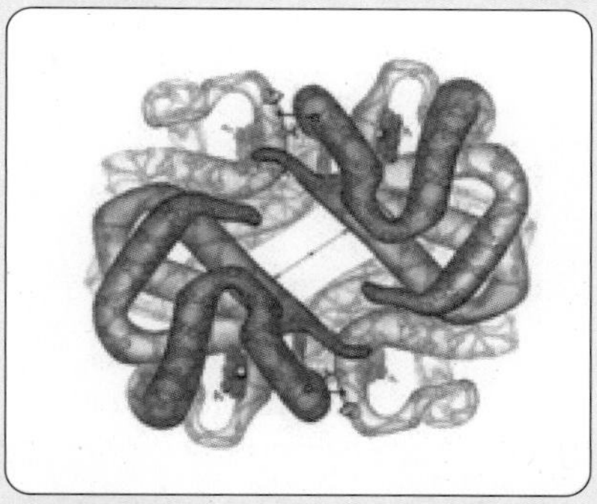

산소와 결합하지 않은 hemoglobin

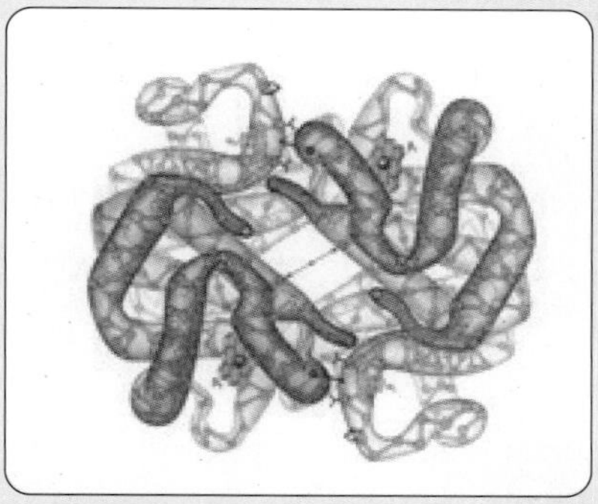

산소와 결합한 hemoglobin

표 7-12 식품단백질의 분자량 및 subunit 수

단백질	분자량(D)	subunit 수
lactalbumin	35,000	2
hemoglobin	64,500	4
avidin	68,300	4
lipoxygenase	108,000	2
7S soybean protein	200,000	9
11S soybean protein	350,000	12
legmelin	360,000	6

그림 7-12 단백질 구조 정리

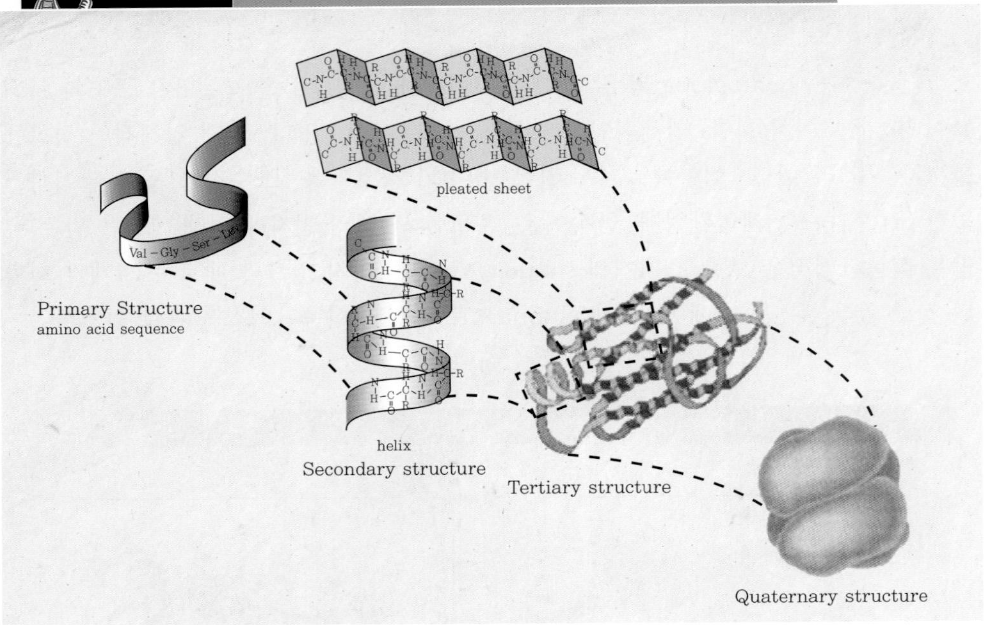

4. 단백질의 성질

(1) 분자량

단백질은 고분자 화합물로서 그 분자량이 수만~수백만에 이른다. 단백질 분자량은 매우 크므로 수용액에서는 반투막을 통과하지 않으며, 물에 녹을 때 콜로이드 용액을 형성한다.

단백질은 그 구조가 매우 복잡하고 또 순수한 상태로 정제하기 어려우므로 그 분자구조는 거의 밝혀져 있지 않고, 그 분자량도 거의 추정된 분자량이다. 단백질의 분자량은 화학분석, 분자 여과기(molecular sieve)를 이용한 단백질의 용출성(elution property) 측정, 삼투압법, 전기영동법 등으로 측정한다.

그림 7-13 반투막을 이용한 단백질 정제

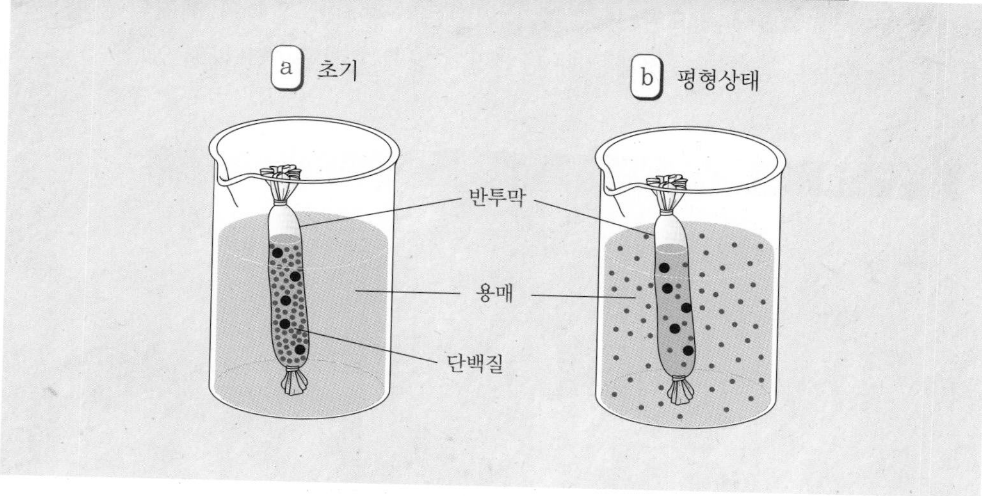

(2) 용해성(solubility)

단순단백질에서와 같이 물, 산, 알칼리, 묽은 염류용액, 알코올, 암모니아 등의 용매에 따라 차이를 나타내며, 특히 수용성 단백질은 단백질 중 각종 친수성기(–COOH, $-NH_2$, –OH, –SH, –NH–, >CO 등)들이 물 분자에 둘러싸이기 때문이다.

단백질은 peptide 결합 간의 dipole–dipole 또는 수소결합을 통하거나, 아미노산 사이의 곁사슬(imidazole, 극성 또는 비극성기)을 통하여 상호 반응한다.

단백질의 용해도는 pH와 염류의 존재 등에 의하여 현저하게 영향을 받는데, 등전점에서 용해도가 가장 적은 것은 그 전하가 0이므로 분자 사이의 정전기적 반발력이 가장 적기 때문이며, 산이나 알칼리 쪽으로 pH가 변함에 따라 용해도가 증가하는 것은 단백질 분자가 (+) 또는 (–)이온의 전하를 가지므로 분자 사이의 반발력이 증가되어 용해가 용이하기 때문이다.

대부분의 단백질들이 중성 염류용액에서 용해도가 증가되는데 이는 중성염의 해리로 생성된 이온이 단백질 분자의 이온화된 기능기와 작용함으로써 단백질 분자 사이의 인력을 감소시키기 때문이다. 이러한 현상을 염용(salting in) 효과라고 한다. 그러나 높은 농도의 중성 염류용액에서는 오히려 용해도가 감소되어 단백질이 침전되는데 이것을 염석(salting out) 효과라고 한다. 중성염 중에서도 2가 또는 3가 이온은 1가 이온보다 염석효과가 크다.

황산암모늄[$(NH_4)_2SO_4$]이나 황산나트륨 등은 일반적으로 사용되는 중성염인데, 단백질 분자의 수화에 필요한 물 분자가 염이온의 수화에 의하여 제거되기 때문에 침전되는 것이다. 단백질을 정제할 때 단백질의 염석 효과를 이용하고 있다.

그림 7-14 염용과 염석 효과

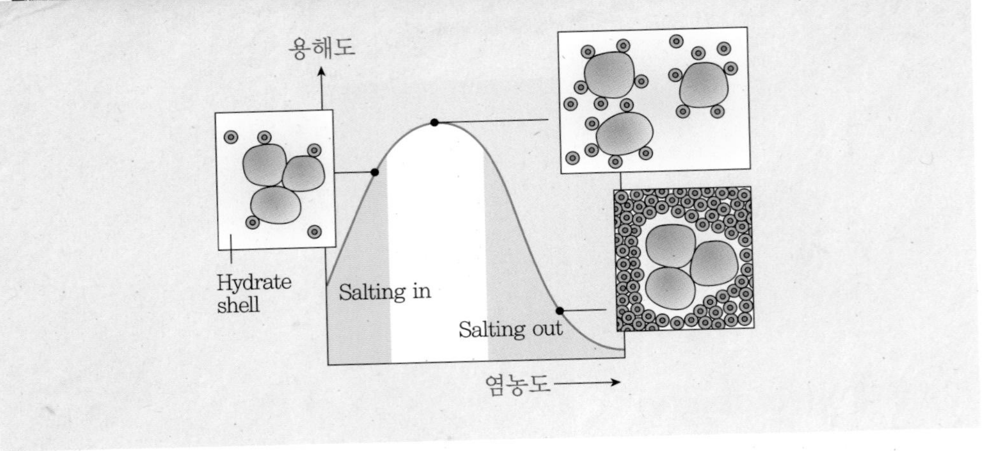

(3) 등전점(isoelectric point)

단백질은 아미노산과 같이 산 또는 알칼리로 작용할 수 있는 양성화합물이다. 단백질이 양성반응하는 것은 polypeptide를 이루는 아미노산 잔기(amino acid residue)들의 곁사슬에 산성 또는 염기성 기능기들이 있기 때문이다.

단백질이 수용액 중에 존재할 때 용액의 pH에 따라 산 또는 염기로 작용할 수 있는 것은 aspartic acid, glutamic acid와 같은 산성 아미노산의 제2의 carboxyl기(–COOH), lysine의 ε–amino기, arginine의 guanidino기, histidine의 imidazole ring의 imino기 때문이다. 이들은 산이나 염기로 작용한다.

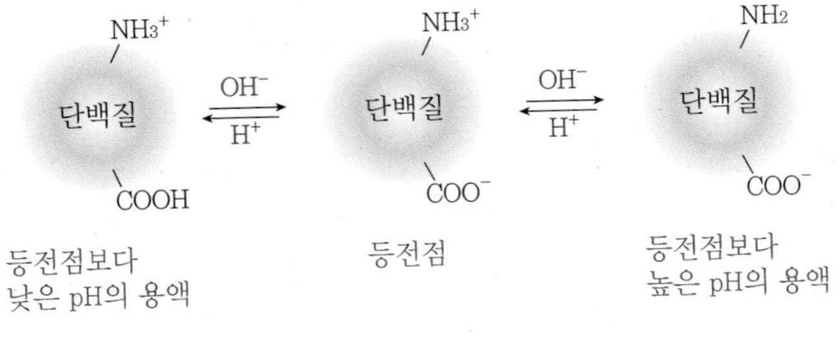

이러한 곁사슬의 이온기들은 단백질 용액의 pH에 따라 해리되어 전하를 띠게 되고, 특정한 pH에서 다음과 같이 단백질 분자 중에 양전하와 음전하의 양이 동등하게 되어 단백질 분자의 net charge가 0이 되는데, 이때의 pH를 단백질의 등전점이라 한다.

식품과 관련 있는 단백질의 등전점은 산성 쪽의 것이 많다. 한편, 염기성 아미노산을 많이 함유한 protamine의 등전점은 12 이상을 나타내는 것도 있다. 표 7-13에 각종 단백질의 등전점의 예를 나타내었다. 등전점에서 단백질 분자는 전기장의 어느 극으로도 이동하지 않으며 팽윤력(swelling) 및 용해도(solubility), 점성(viscosity), 보수성(water holding capacity) 등은 가장 낮고, 침전, 기포성(foaming capacity)은 최대가 된다.

표 7-13 단백질의 등전점

단백질	등전점	분자량	소재
ovalbumin	4.6	44,000	달걀흰자
myogen	6.3~6.5	70,000~100,000	근육
myosin	5.4	480,000~600,000	근육
legumin	4.8	331,000	완두콩
glutenin	4.4~4.5	150,000	밀
gliadin	3.5~5.5	27,000~41,000	밀

5. 단백질의 변성

(1) 단백질 변성

천연단백질(natural protein)이 물리적 요인(가열, 건조, 교반, 압력, X선, 초음파, 진동, 동결), 화학적 요인(산, 염기, 요소, 유기용매, 중금속, 계면활성제) 및 생물학적요인(효소, 극히 제한적) 등에 의해 1차 구조(peptide 결합)의 변화 없이 특유의 고차구조(2차, 3차, 4차)가 변하는 현상을 일컫는다. 대부분의 단백질 변성은 새로운 구조의 형성, 다른 분자들과의 결합 등으로 비가역적(irreversible) 반응이지만 약한 수소결합의 파괴나 변성원인 물질 제거가 있으면 가역적(reversible, regeneration)일 수도 있다(그림 7-15).

그림 7-15 단백질의 변성

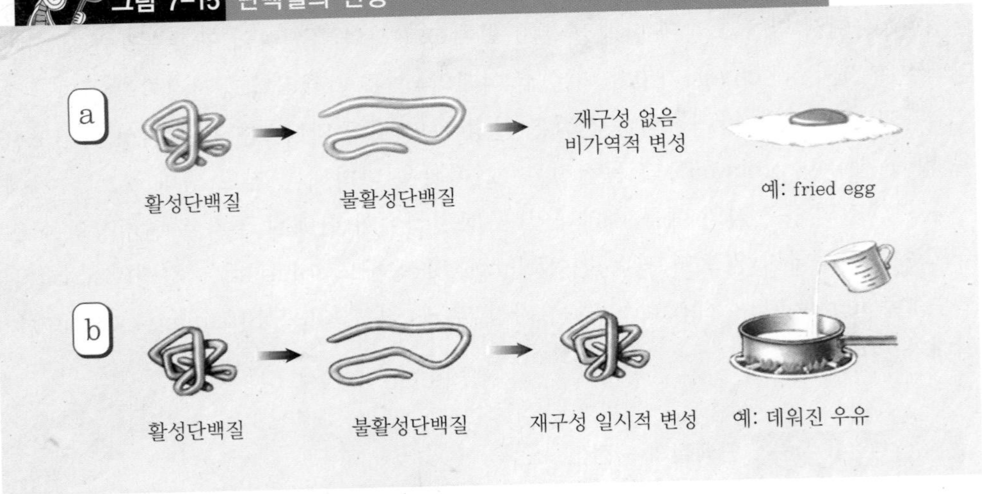

(2) 변성단백질의 성질

1) 용해도의 감소

천연단백질의 수용액에서 소수성 원자단(hydrophobic group)은 구조의 내부에 자리 잡고 있으나, 변성되면 구조가 풀림에 따라 표면으로 노출됨으로써 친수성 원자단(hydrophilic group)의 양이 상대적으로 감소하는 데 기인한다.

2) 반응성의 증가

단백질이 변성되면 구조가 풀림에 따라 여러 활성기(-SH, -OH, $-NH_2$, -COOH, phenol기)가 표면에 나타나므로 소화효소에 의한 가수분해도 또는 달걀 알부민의 활성 SH기 출현 등의 반응성이 증가한다. 그러나 지나친 가열 시에는 새로운 가교결합(cross linkage)의 출현으로 효소에 대한 감수성이 줄어든다.

3) 응고 및 겔화

변성요인에 의해 천연단백질은 유동성을 상실(점도의 증가)하여 응고하거나 망상구조에 둘러싸여 겔을 형성하게 된다.

4) 선광도 및 등전점의 변화

변성단백질은 고유의 구조의 변화에 의해 고유의 선광도가 변하고, 등전점의 이동이 따른다.

5) 생물학적 활성의 소실

단백질의 변성은 수소결합, 이온결합 또는 disulfide 결합부위에서 변화를 초래하므로 항원성이나 효소활성을 잃게 된다.

(3) 각종 요인별 단백질의 변성

1) 물리적 요인에 의한 변성

① 가열에 의한 변성

식품단백질은 가열에 민감하기 때문에 식품의 조리 가공 시 중요한 조작인 가열공정에 의해 식품은 특유의 조직과 형태를 갖추게 되고, 위생적 안전성이 증가하며 보존성이 향상되는 등의 장점이 있다. 단백질을 가열하면 변성(denaturation), 회합(association), 응고(coagulation) 등의 3단계 변화가 복합적으로 일어나 단백질의 물성(난백의 기포성, 육단백질의 보수성 등)이 변하게 된다.

가열변성에 관계되는 요인별로 살펴보면 다음과 같다.

가. 수분

물은 가열 시 분자운동을 증가시켜 peptide 사슬 사이의 수소결합을 끊음으로써 단백질의 구조를 풀리게 하거나 응집을 촉진하게 된다. 따라서 건열(dry heating) 살균 시 습열(wet heating) 살균보다 더욱 높은 온도에서 가열해 주어야 한다.

나. 온도

대개 55~75℃에서 변성과 응고가 일어나며, albumin의 경우 Q_{10}=20으로 온도가 증가하면 변성도가 급증한다.

다. 산

대부분의 단백질은 산성 쪽 pH에 등전점이 있고, 변성은 등전점에서 가장 잘 일어난다(예: 생선조림 시 식초 사용).

라. 전해질

소량의 전해질(염화물, 황산염, 인산염, 젖산염 등) 첨가 시 염의 양이온이 단백질의 (−)전하를 중화하여 불안정하게 되기 때문이다(예: 두부 제조 시 $MgCl_2$이나 $CaSO_4$ 등 첨가).

마. pH

등전점 부근에서 가장 빨리 변성이 일어나게 되는데, 산 첨가와 전해질 첨가 등에 기인한다.

② 가열변성의 방지대책

가. 지방산염의 첨가

지방산염은 단백질의 구조를 안정화시키기 때문에 변성을 억제한다.

나. 당 또는 당알코올(glucose, fructose, sucrose, sorbitol)의 첨가

당(당알코올)의 포화용액에서는 열변성이 방지되고, 0.25M의 저농도에서도 열변성이 감소한다.

예로, 달걀흰자에는 albumin에 속하는 단백질인 avidin이 들어 있다. 이 단백질은 비타민의 일종인 biotin과 결합하여 장에 흡수되지 못하므로 생달걀을 먹으면 biotin 결핍이 된다. 그러나 달걀흰자를 가열하면 avidin이 변성되어 biotin 결핍력을 잃게 된다.

③ 동결에 의한 변성

대부분의 단백질(곡류 단백질, 두류 단백질)은 동결 또는 해동 시 변성되지 않으나, 축육과 어육 단백질(동물성 단백질)은 최대빙결정생성대(−1～−5℃)를 통과하는 사이에 변성이 가장 현저하게 일어나고, −20℃ 이하의 저온에서는 오히려 변성이 최소화된다.

이러한 동결이 단백질의 변성을 촉진하는 이유로는 수분 동결에 따른 단백질 분자의 상호결합이 촉진되며 염류의 농축 또는 pH 감소에 의해 단백질 분자의 상호결합이 촉진된다. 따라서 급속동결과 완만해동(또는 건식해동, 10℃ 정도)에 의해 단백질의 변성을 최소화할 수 있다.

④ 건조에 의한 변성

육단백질의 건조에 의해 염류농축(염석) 및 응집으로 인하여 변성이 촉진되나, 동

결건조식품은 변성이 거의 일어나지 않기 때문에 흡수성(water absorption) 내지는 복원성(reproducibility)이 양호하다.

⑤ 표면장력(surface tension)에 의한 변성

표면장력의 작용에 의해 단백질의 단분자막이 변성되어 불용성의 막을 형성한다. 예를 들면, 달걀흰자를 강하게 저어 기포를 생성시키거나 제빵공정에서 글루텐(gluten)의 얇은 막이 형성되는 것 등이다.

⑥ 기타 물리적 요인에 의한 변성

광선(X선, α선, β선, γ선, 자외선) 또는 고압(5,000~10,000atm)에 의해 단백질의 3차 구조가 변화됨으로써 변성이 일어난다.

2) 화학적 요인에 의한 변성

① 산 · 알칼리에 의한 변성

주로 산의 첨가나 산 생성(젖산발효)에 의해 이온결합 부위에 변화가 일어나 구조적 변성이 초래된다. 예로, 생선의 초절임과 카세인(casein)의 등전점(pH 4.6)을 이용한 젖산 발효제품이 있다.

② 유기화합물의 첨가에 의한 변성

알코올이나 아세톤은 탈수작용을 나타내므로 단백질의 변성, 응고, 침전현상을 초래한다. 이를 이용하여 68~70% ethanol에 의해 우유의 신선도 판정이 가능하다(alcohol test).

Urea와 guanidine · HCl 수용액(4~8 M)은 수소결합을 파괴시켜 소수성 상호작용을 감소시키므로 변성을 촉진한다.

계면활성제인 SDS(sodium dodecyl sulfate) 수용액은 친수성 원자단과 소수성 원자단 사이에 개입하여 소수성 상호작용을 방해하므로 변성을 촉진한다.

환원제(cysteine, ascorbic acid, β-mercaptoethanol, dithiothreitol)는 S-S 결합을 감소시키므로 단백질의 형태를 변화시킨다.

③ 금속이온에 의한 변성

Ca^{2+}과 Mg^{2+}는 COOH기와 더불어 염의 가교(cross-bridge)를 형성하고(예: 두부응고), 중금속(Hg, Ag, Cu, Fe, Pb, Cd)류는 단백질과 complex 화합물을 형성함으

로써 응고, 침전한다.

④ 중성염(neutral salt)에 의한 변성

단백질의 등전점이 변하지 않는 범위 내에서 소량의 중성염(예: 황산암모늄, 황산나트륨, 염화나트륨, 요소 등)을 첨가하면 단백질 분자 간의 인력(protein-protein interaction)을 약화시켜 단백질의 가용화(solvation)가 촉진된다. 한편 다량의 전해질을 첨가하면 단백질 주변의 수분이 염을 녹이는 데 쓰이므로 염석(salting-out) 현상이 동반되어 단백질의 변성이 촉진된다.

⑤ 알칼로이드 시약(alkaloid reagent)에 의한 변성

알칼로이드 시약(탄닌산, phosphotungustic acid, perchloric acid, 설포살리실산, picric acid 등)은 단백질의 아미노기와 극성결합을 하기 때문에 변성, 침전한다. 이들 시약은 제단백질(deproteinization)에 이용되기도 한다.

⑥ 금속이온에 의한 변성(착화합물, chelate compounds를 만들어 침전)

Alkali metal(Na^+, K^+)은 단백질과 극히 제한적으로 반응하고, alkali earth metal(Ca^{2+}, Mg^{2+})은 상당히 반응적이며, 전이 금속원소들(Cu, Fe, Hg, Ag) 등은 단백질의 -SH(thiol기)와 신속하게 반응하여 매우 안정한 복합체를 형성함으로써 변성이 촉진된다.

3) 효소에 의한 변성

$$\kappa\text{-casein} \xrightarrow{\text{rennin(rennet)}} \text{para-}\kappa\text{-casein} + \text{glycomacropeptide (soluble in whey)}$$

$$\text{para-}\kappa\text{-casein} \xrightarrow[Ca^{2+}]{} \text{dicalcium para-casein (curd : 응고물)}$$

즉, κ-casein은 카세인에 대한 보호콜로이드의 역할을 함으로써 카세인의 높은 안정성을 가능하게 하나, rennin(송아지의 제4위에 존재하는 응유효소)에 의해 친수성이 강한 glycomacropeptide가 분리됨에 따라 칼슘이온에 의해 쉽게 응고되어 curd를 생성하게 된다(pepsin이나 기타 식물성 효소 중에도 rennin과 비슷한 응유 기능이 있다).

CHAPTER 8

무기질과 비타민 (Mineral and Vitamins)

1. 무기질
2. 비타민

5대 영양소 중에서도 탄수화물, 지방, 단백질은 생체의 성장에 중요한 성분들이기는 하나, 자활(self activation) 능력을 가지고 있지 못하기 때문에 근본적인 생리 기능을 발휘할 수 없다. 이는 그 자체만으로는 에너지를 발생시키기 위한 분해와 조직 형성을 위한 합성이라는 생화학적 활동이 불가능한 영양소이기 때문이다. 즉 탄수화물, 지방, 단백질 등의 3가지 영양소는 에너지원이기는 하나 스스로는 아무런 활성을 발휘하지 못하며 태워지는, 즉 '타는 영양소'이기 때문이다.

반면에 무기질과 비타민이 이들 성분에 개입되면 탄수화물, 지방, 단백질 등의 대사는 비로소 활성을 발휘하게 되어 에너지원으로서의 역할을 수행한다. 즉, 무기질과 비타민 스스로는 에너지원이 될 수 없으나 탄수화물, 지방, 단백질 등이 제 기능을 발휘할 수 있도록, 다시 말하면 잘 탈 수 있도록 하는 '태우는 영양소' 라고 할 수 있다.

최근에는 비타민마저 종류에 따라서는 특수한 무기질을 동반해야 활성을 발휘할 수 있다는 것이 밝혀져 '태우는 영양소' 로서의 무기질의 중요성은 더욱 커지고 있다.

1. 무기질

(1) 무기질의 소재와 기능

무기질(mineral, 무기염류)은 인체를 구성하고 인체의 성장과 유지 등의 생리활동에 필요한 원소 중 유기물의 주성분이 되는 탄소(C), 수소(H), 산소(O), 질소(N)를 제외한 다른 원소를 통틀어 일컫는 말이다. 즉 동물이나 식물을 태운 후에 재로 남는 부분으로서 회분(灰分, ash)이라고도 한다.

자연계에는 92종의 천연원소와 이론상으로 관찰되는 22종의 추가원소 그리고 수백 종의 원소 동위체가 존재한다. 현재 92종의 천연원소 중 82종의 원소가 인체 내 조직과 체액에서 발견되었다고 보고된 바 있다.

인체의 구성성분 중에서 무기질이 차지하는 비율은 체중의 약 4% 정도밖에 되지 않으며, 나머지 96%는 앞의 4원소(C, H, O, N)가 차지한다. 이 4원소는 다시 30% 정도가 탄수화물, 단백질, 지방과 같은 대량 영양소의 형태로, 나머지 70% 정도는 물과 매우 적은 양의 비타민 형태로 인체 내에 존재한다.

탄수화물, 단백질, 지방과 일부 비타민은 탄소화합물로서 생물체 내에서 합성이 가능하지만, 무기질은 분자구조에 탄소를 함유하고 있지 않아 에너지를 내지 못한다. 인간을 포함한 지구상의 어떤 생물체라도 무기질을 스스로 합성하지 못하며, 단일원소 그 자체가 영양소로서 반드시 외부에서 섭취되어야 하는 필수 영양소이다.

체내로 흡수된 무기질은 뼈에 있는 칼슘인산염(calcium phosphate)처럼 어떤 특정물질과 결합하여 존재하거나 세포내액에 있는 칼슘이온(Ca^{+2})이나 나트륨이온(Na^{+2})처럼 단독으로 체내에 존재하기도 한다.

표 8-1 인체를 구성하는 주요 원소

원소	함량(%)	원소	함량(%)
O	65.5	Na	0.15
C	18.0	Cl	0.15
H	10.0	Mg	0.05
N	3.0	Fe	0.004
Ca	1.5	Mn	0.0003
P	1.0	Cu	0.0002
K	0.35	I	0.00004
S	0.25	기타	minute trace

1) 무기질의 기능

무기질은 체내 여러 물질의 구성요소가 되며, 생리현상을 조절하기도 한다. 무기질은 체내에서 크게 3가지 역할을 하고 있다.

① 무기질은 골격과 치아조직 등 체조직의 구조적 형성에 관여한다.
② 무기질은 정상적인 심장박동, 근육의 수축성 조절, 신경의 자극전달 그리고 체액의 산-알칼리 평형에 관여한다.
③ 무기질은 대사작용의 조절기능을 하며, 세포활동에 관여하는 효소나 호르몬의 중요한 구성 요소이다.

무기질은 탄수화물, 지질, 단백질의 분해과정 중 에너지를 내는 반응을 활성화시키는 데에 중요한 역할을 할 뿐만 아니라 glucose로부터 글리코겐을, 지방산과 글리세롤로부터 지질을, 그리고 아미노산으로부터 단백질을 합성하는 데 있어서도 필수적인 역할을 한다. 또한 무기질은 호르몬의 중요한 구성요소이다. 식이 중 요오드의 결핍으로 생기는 티록신의 부족은 신체의 기초대사율(basic metabolism)을 저하시킨다. 세포 내에서 포도당을 이용할 수 있도록 도와주는 호르몬인 인슐린의 합성에는 아연(Zn)이 필요하고, 소화에 중요한 역할을 담당하는 위산은 염소(Cl)로부터 생성된다.

2) 무기질의 분류

체내의 여러 가지 생리기능을 조절, 유지하는 데 중요한 역할을 하는 무기질은 그 종류가 70여 종이 된다고 알려져 있다. 그 필요량에 따라 다량 무기질(macromineral)과 미량 무기질(micromineral 또는 tracemineral)로 분류한다.

일반적으로 하루에 100mg 이상을 필요로 하는 무기질을 다량 무기질이라 하며 칼슘, 마그네슘, 칼륨, 염소, 나트륨, 유황, 인 등 7가지가 이에 해당한다. 하루에 100mg 이하로 소량을 필요로 하는 미량 무기질로는 철, 불소, 구리, 요오드, 크롬, 코발트, 망간, 실리콘, 셀레늄, 니켈, 바나듐, 아연, 규소, 주석, 몰리브덴 등이 있다.

미량 무기질은 크게 3 group으로 분류하기도 한다.

① 필수 영양 무기질: Fe, Cu, I, Co, Mn, Zn
② 비영양, 비독성 무기질: Al, B, Ni, Sn, Cr
③ 비영양, 독성 무기질: Hg, Pb, As, Cd, Sb

현재까지 학문적으로는 다량 무기질을 포함하여 22종의 무기질에 대해 필수성이 증명되고 있으나 다른 무기질도 학술적으로 정립되지 않은 것일 뿐, 인체와는 불가분의 관계가 있다고 말할 수 있다. 이러한 다양한 무기질이 인체 내에서 쓰이는 정도는 체내 여러 요인에 의해 영향을 받는다. 그중에서도 신체 내의 무기질 균형성, 즉 무기질 밸런스(mineral balance)에 크게 영향을 받는다. 특히 미량 무기질의 경우 각 무기질의 체내 절대 필요량은 적지만, 그 종류가 다양하고 작은 농도 변화에도 인체는 민감하게 반응하게 되므로 미량 무기질량의 균형에 소홀하지 말아야 한다.

이는 무기질 상호 간에 서로 상승작용과 길항작용을 하면서 신체의 생리작용을 조절하고 있기 때문이다. 예를 들면, 지나친 칼슘의 섭취는 아연의 체내량을 낮추고, 마그네슘과 철이 인의 흡수를 방해한다든지, 칼륨과 나트륨은 상호 간에 한쪽의 지나친 섭취가 다른 한쪽의 흡수를 저해하는 현상이 발생한다.

또한 인체 내 무기질 밸런스는 중금속의 흡수를 저해하고 배설을 촉진시켜 체내 중금속 중독으로 인한 여러 가지 질병을 예방하는 효과를 가져 올 수 있다. 예를 들면, 셀레늄은 중금속의 하나인 카드뮴(특히 담배 속의 성분)의 독성영향으로부터 독성을 완화시키는 역할을 한다.

표 8-2 다량 무기질의 급원식품, 기능 및 결핍증

무기질	급원식품	체내 주요기능	결핍증
칼슘(Ca)	우유, 치즈, 말린 콩, 녹황색 채소	뼈 · 치아 형성, 혈액응고, 근육수축, 신경자극 전달	구루병, 골다공증, 성장 위축
인(P)	우유 및 유제품, 곡류, 어육류, 견과류	뼈 · 치아 형성, 산-염기 균형	식욕부진, Ca 손실, 근육 약화
칼륨(K)	녹황색 채소, 콩류, 바나나, 우유	신경자극 전달, 산-염기 균형	근육경련, 식욕저하, 불규칙한 심장박동
유황(S)	육류, 달걀, 콩류, 조개, 밀의 배아	산-염기 균형, 해독작용, 세포단백질의 구성	보고된 바 없음
나트륨(Na)	소금, 육류, 베이킹소다, 우유 및 유제품, 화학조미료(MSG)	산-염기 균형, 물의 균형, 신경자극 전달	구토, 근육경련, 현기증, 식욕저하
염소(Cl)	소금, 채소, 과일	물의 균형, 삼투압조절, 산-염기 균형, 위산생성	구토, 설사
마그네슘(Mg)	전곡, 견과류, 녹색잎 채소	단백질합성, 효소활성화, 신경 및 심장기능	성장저해, 행동장애, 식욕부진

표 8-3 미량 무기질의 급원식품, 기능 및 결핍증

무기질	급원식품	체내 주요기능	결핍증
철(Fe)	간, 굴, 육류, 녹색잎 채소, 달걀노른자	헤모글로민, 바이오 글로민 합성	빈혈, 허약, 면역 저하
아연(Zn)	식품 중에 널리 분포, 간, 해조류	여러 효소활동에 관여	신체 및 성적 성장 저해, 미각 감퇴증
구리(Cu)	간, 굴, 코코아, 견과류, 해조류	헤모글로빈 합성, 뼈의 석회화	빈혈
셀레늄(Se)	해조류, 고기, 곡류	항산화제 역할, 세포막 유지	거의 없음
불소(F)	불소첨가 음료, 해조류	골격형성, 충치의 예방	충치
요오드(I)	해조류	갑상선호르몬의 구성 성분, 기초대사율	갑상선종, 크레틴종

(2) 식품의 산도와 알칼리도

식품의 무기질 가운데서 Ca, Na, Mg, K, Fe, Cu, Mn, Co, Zn 등은 양이온을 이루는 것으로 알칼리 생성원소라 하고, P, S, Cl, Br, I 등은 음이온을 이루는 것으로 산 생성원소라 한다. 알칼리성 식품(과실류, 채소류, 해조류, 우유 등)은 Ca, Fe, Mg, Na, K 등의 무기염류의 함량이 많고, 산성 식품(곡류, 육류, 어류)은 탄수화물, 지질, 단백질을 많이 함유하고 있는 데 각각 기인한다.

식품 100g을 전기로에 의해 회화시킨 다음 0.1N NaOH, 0.1N HCl로 중화 적정할 때 소요되는 mL수를 각각 산도, 알칼리도라 한다.

산성 식품은 비금속원소가 금속원소보다 더 많이 든 식품을 가리킨다. 식품 속 금속원소와 비금속원소의 양이 같으면 중성 식품, 금속원소가 비금속원소보다 많으면 알칼리성 식품으로 분류된다. 대개 육류, 어패류, 달걀 등 동물성 식품은 산성, 채소, 과일 등 식물성 식품은 알칼리성이다.

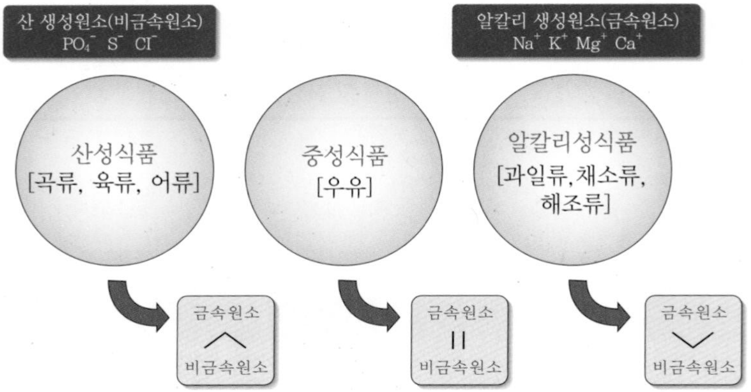

예외적으로 우리의 주식인 쌀밥 등 곡류는 식물성 식품이지만 산성 식품이다. 이는 비금속원소인 인(P)이 많이 들어있기 때문이다. 과거엔 쌀밥(산성)과 김치(알칼리성)를 골고루 먹어 식단에서 산성과 알칼리성 식품이 균형을 이루었지만 최근 산성 식품인 육류의 섭취량이 늘어나고 있다. 산성 식품 중에서 육류, 어류, 달걀, 굴이 산도가 높다. 알칼리성 식품 중에서는 미역이 알칼리도가 가장 높고 다음은 시금치로 알칼리도가 12.0이다.

산성 식품의 대부분은 열량이 높고, 단백질도 풍부하며, 비타민 A, B_1, B_2와 같은 중요한 영양소를 다량 가지고 있어 인체를 구성한다. 반면 알칼리성 식품은 칼슘이나 칼륨 등의 무기질이나 여러 효소를 함유하고 있어 건강을 유지하는 데 필수적이다. 따라서 산성 식품이 무조건 나쁘다는 일부 소비자들의 그릇된 인식은 바뀌어야 한다. 영양의 균형을 위해서 산성, 알칼리성 식품의 적절한 섭취가 필요하다.

그림 8-1 식품의 산도와 알칼리도

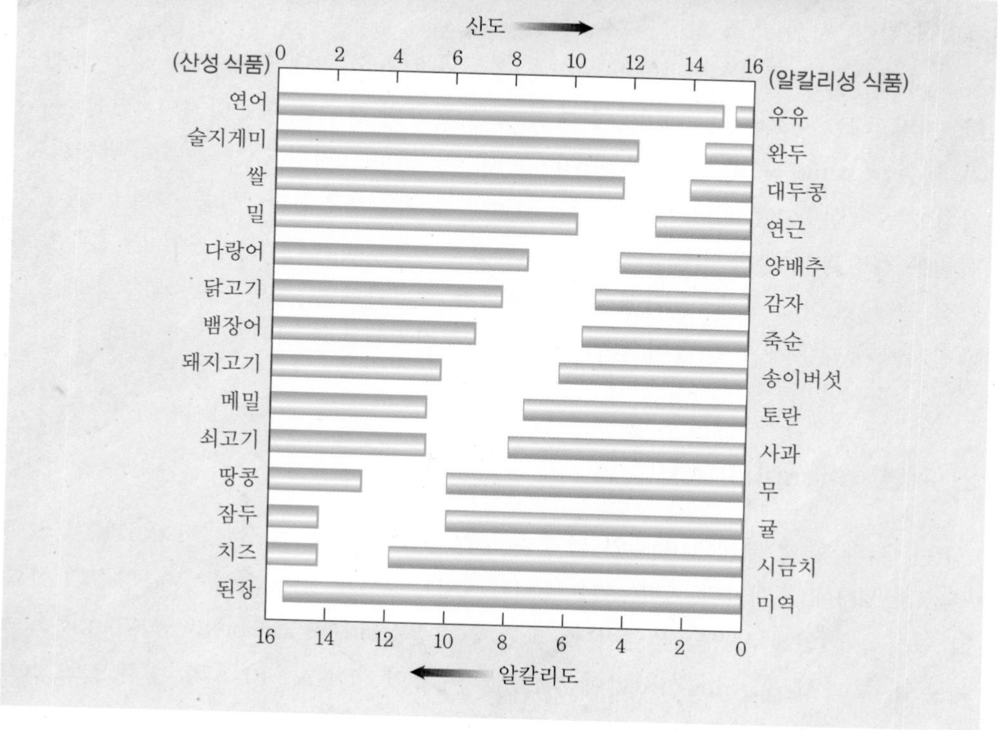

(3) 주요 무기질의 생리적 기능

1) Ca(칼슘, calcium)

체내 가장 많은 무기질로 체중의 2%를 차지한다. 그중 99%는 뼈에, 1%는 혈액과 조직에 함유되어 생체기능 조절에 관여한다.

생리적 기능으로는 ① 뼈대의 형성, ② 신경근육의 흥분작용, ③ 혈액응고, ④ 세포접착작용, ⑤ 세포막의 상태와 기능 유지, ⑥ 근육의 수축 · 이완작용, ⑦ DNA 합성 촉진, ⑧ 신경전달물질의 방출(acetylcholine, serotonine, norepinephrine), ⑨ 말초신경의 신경호르몬 방출과 신경신호의 전달, ⑩ 효소의 활성화(pancreatic lipase, phosphorylase A, phosphorylase kinase, adenylase cyclase, glycogen synthase, actomyosin, ATPase 등), ⑪ 백혈구의 식균(食菌)작용 등을 한다.

결핍 시에는 골다공증과 손톱 부스러짐 등 골격의 문제, 신경전달 이상으로 근육 경직과 경련, 불안 초조 현상을 유발시킬 수 있다.

Ca의 흡수는 식품 중에 들어있는 다른 성분과 칼슘의 형태 등에 의해 영향을 받는다. 비타민 D, lactose, peptide, 단백질 등은 칼슘의 흡수를 촉진하지만, 인산, 시금치의 수산(oxalic acid), 곡류의 phytic acid, 식이섬유, 지질 등은 반대로 방해한다. 김치에는 젖산(lactic acid)이 들어 있어 Ca의 흡수를 촉진한다. 식품 속의 Ca과 P의 비율은 성장과 정상적 기능유지에 매우 중요하며 1 : 1 또는 1 : 1.5일 때 흡수율이 가장 높다. 또한 스트레스, 단백질의 과다섭취, 술, 카페인, 설탕 등은 칼슘의 배설을 촉진시키기 때문에 이를 많이 섭취하는 사람은 칼슘보충에 신경을 써야 한다.

2) P(인, phosphorus)

P는 Ca과 함께 체내의 85%인 골격을 구성하고 있으며, 혈장(3.5g/dL)과 혈액(30~45mg/dL)에 존재한다. 인은 ATP, FAD, NAD, NADP 등의 성분이며, 당질의 산화적 인산화에 의해 ATP를 생성한다. 또한 인지질(lecithin, cephalin 등)의 성분으로 세포의 투과성(permeability)에 영향을 미치며, DNA, RNA의 성분으로 cell reproduction에 관여한다.

결핍 시 흥분, 뼈의 통증, 피로, 호흡의 불규칙 등이 올 수 있고, 소아의 경우 뼈가 약해지고 발육부진이 올 수 있다. 그러나 인은 거의 모든 식품에 들어 있어 부족상태는 거의 없다고 볼 수 있다. 비타민 D는 인의 흡수를 촉진하고, Mg, F, Ca 등은 인의 흡수를 방해한다.

3) Mg(마그네슘, magnesium)

엽록소의 구성성분으로 녹엽채소에 함유되어 있어서, 녹엽채소를 많이 먹는 사람에게는 부족한 경우가 거의 없다. 혈청에 2mg/dL 존재하며 65%는 유리 이온상태, 35%는 혈장단백질과 결합되어 있다. Ca, P와 함께 뼈를 만들어 주고 신경전달과 근육수축작용에 관여한다. Phosphatase, 각종 kinase, enolase, nucleic acid polymerase 등의 탄수화물 대사에 관여하는 효소작용을 촉진 활성화시키며, 혈관을 이완하여 각종 혈관성 질환 예방에 기여한다. 또한 골격의 성장, 호흡기와 소화기 계통의 대사에 참여하는 등 세포대사에 가장 핵심적인 역할을 한다.

대표적 anti-stress 무기질로 스트레스 등에 의해 혈압의 갑작스런 변화로부터 동맥 내벽에 오는 충격을 막아준다. 대부분의 사람이 경험하는 눈꺼풀이 파르르 떨리는 현상은 Mg 부족으로 발생하는 것이며, 현대인의 경우 대부분이 부족증을 보이고 있다. 특히 임신부, 수유부, 약물치료를 받는 사람, 감염에 민감한 사람들은 마그네슘 보충에 신경을 써야 한다.

결핍 시 신경의 흥분(발작, 경련증), 성장장애, 탈모, 수종(水腫), 피부장애, 집중력 장애, 우울증, 근육경련, 이완기 고혈압, 동맥경화증, 심근경색증, 변비, 관절염 등 다양한 질병이 올 수 있다. 마그네슘의 과잉은 결핍과 달리 임상적으로 거의 문제가 발생하지 않는 특성이 있지만 신장에 이상이 있을 경우에는 과잉증이 올 수도 있다.

4) Na(나트륨, sodium)

Na은 1.1~1.4g/kg, 혈청에는 313~334mg NaCl/kg이 존재한다. Na은 세포막 투과성이 있어 근수축, 신경전달과정에서 세포외(extracellular)액의 Na과 세포내(intracellular)액의 K 사이에 일시적인 교환이 일어난다(Na pump). 세포외액에 $NaHCO_3$, Na_2PO_4, NaCl로서 존재한다. Na의 대사는 신장의 세뇨관에서 선택적 재흡수(selective reabsorption)에 의해 주로 조절되며 aldosterone, mineralocorticoid, hydrocortisone(부신피질호르몬)에 의해 제어된다.

혈액의 완충작용을 하여 pH를 유지하고, 삼투압 조절 및 심장의 흥분과 근육을 이완시키며 침, 췌액, 장액의 pH 유지에 관여한다.

결핍 시에는 장기간의 설사, 구토, 지나친 발한 등이 생긴다. 이때 수분은 유지되고 Na만이 손실되는 경우에는 위산감소에 의한 식욕상실과 현기증을 동반한 정신적 무력감, 근육경련(twitching) 등이 생기며, 수분과 Na이 동시에 손실되는 경우에는 혈액량의 감소, 혈구량의 증가, 정맥의 파괴, 저혈압(hypotension), 근육경련(cramp, 발작) 등이 생긴다.

Na은 종종 과다 섭취로 체액을 저류시키고 혈압을 상승시키는 경우가 많다. 건강을 위해서는 Na의 섭취를 줄이고 K의 섭취를 늘리는 것이 좋다.

5) Cl(염소, chlorine)

남자성인에는 1.2g/kg이 필요하고 Na과 주로 세포외액에, 15% 이하가 세포 내(적혈구, 위점막, 생식샘, 피부)에 존재하며 혈장 속에 많다.

전해질로서 혈장과 적혈구 사이에서 쉽게 전이되며(chloride shift), 항상성(homeostasis) 메커니즘에 의해 체액의 pH 조절과 위산 형성으로 식품의 소화와 흡수를 보조한다. 또한 체내의 산 · 염기평형의 조절 및 삼투압 조절에도 작용한다. 결핍 시에는 저염소증으로 다갈증(多渴症, polydipsia), 식욕과잉, 성장장애, 언어발달장애 등이 생긴다.

6) K(칼륨, potassium)

K은 세포 내의 대표적 전해질로서 산 · 염기평형과 삼투압 유지에 기여하며, Na과 함께 근육의 수축과 신경의 자극전달에 관여한다. 또한 ribosome의 단백질 생합성, 글리코겐 합성에 관여한다.

K 부족증(hypokalemia)으로는 구토(vomiting)와 이뇨제의 오랜 복용(설사), 만성신장병, 스테로이드 호르몬제 투여, 당뇨병성 산독증 등으로 혈청 중 14mg/dL 이하로 저하되는 경우에는 골격근의 마비와 심장근의 이상이 초래된다.

반면에 K 과다증(hyperkalemia)은 신부전증(renal failure), 급성탈수증, 부신피질부전증, 산독증(acidosis) 등으로 유발되며, 쇼크가 일어난다.

7) S(황, sulfur)

함황 아미노산(cysteine, cystine, methionine), 비타민(vitamin B_1, biotin), 담즙산(taurine), 연골(chondroitin sulfate), 점액성다당질(heparin), GSH(glutathione) 등에 존재하며, 세포의 원형질 보호와 체내 산화반응에 필요하고, 혈액 해독으로 인체가 세균에 저항할 수 있도록 기여한다. 또한 조직 내 S-S 결합을 튼튼히 하여 노화를 지연시키며 콜라겐 형성에 기여한다.

8) Fe(철, iron)

Fe의 대부분은 조직을 구성하는 철로서 74%는 heme형 철분으로 hemoglobin

(Hb)과 myoglobin(Mb)에 있으며, 0.3% 이하만이 non-heme형 철분이다. 나머지 26%의 Fe은 간, 지라, 골격 등의 세포에 ferritin, hemosiderin(수산화 제2철을 함유한 Fe-protein 복합체)으로 존재하는 저장철로 존재한다.

Fe은 주로 Hb에 존재하나, 체액과 혈장 사이에는 transferritin(일종의 당단백질)에 의해 수송된다.

혈액 중의 hemoglobin, 근육 중의 myoglobin을 형성하므로 태아에 많은 Fe을 축적시켜야 한다. 결핍증은 주로 소아 및 임신부, 과도한 다이어트에서 일어나는데, 점막세포(소화관)의 위축, 손톱의 연화(integument), Hb 합성 불량, 골격근의 Mb 부족(O_2 저장장애), cytochrome 부족으로 전자전달계의 기능 감소, mitochondria의 비대화 및 취약화로 빈혈, 피로, 유아 발육부진 등을 일으킨다.

9) 기타무기질(trace minerals)

① 구리(Cu)

혈액 중 주로 ceruloplasmin(당단백질)으로 존재하는데, 조혈작용을 하며 Fe로부터 hemoglobin이 형성될 때 돕는다. Cu를 함유하는 효소로는 superoxide dismutase, lysyl oxidase, tyrosinase, polyphenolase 등이 있으며, 결핍 시 빈혈, 백혈구 감소증, 혈중 콜레스테롤 수치 상승, 류머티스 관절염, 파킨슨씨병과 같은 신경학적 장애, 심혈관의 이상이 올 수 있다. 그 외에 갑상선 기능 활성화와 대뇌 안에서 중추신경 계통의 완전성 유지, 세포에서 면역 기능을 발휘하는 중요한 작용을 한다. 비타민 C의 섭취는 구리의 결핍증을 초래할 수 있으므로 보충에 신경 써야 한다.

② 요오드(I)

주로 갑상선 호르몬(T_3, triiodotyronine : T_4, tetraiodotyronine) 중에 전체 10~20mg, I의 20~80%가 존재한다.

주로 갑상선호르몬으로서 adenyl cyclase(cAMP)의 합성을 촉진하고, mitochondria 내에서 산소소비 자극작용(대사작용)을 조절한다. 갑상선호르몬의 분비는 시상하부의 thyrotropin 방출호르몬(TRH)의 자극에 의해 뇌하수체 전엽으로부터 분비되는 thyrotropin에 의해 조절된다. 따라서 요오드 부족 시 thyrotropin의 계속적인 자극으로 갑상선의 이상비대증(goiter, 갑상선종)이 유발된다.

결핍 시 갑상선기능 저하, 정신박약, 불임, 만성피로 등의 증상이 올 수 있다. 부족증은 I가 해산식품에 많으므로 산악지대의 주민에게 발생되기 쉽다.

③ 망간(Mn)

성인은 20mg(전체) 함유하며, 간, 이자, 송과선, 유선 등에 분포하고, mitochondria에 가장 많다. 동물체내에서 효소작용을 도와주는 역할을 한다.

부족증으로는 성장장애, 특히 뼈 형성 장애와 생식기능장애 그리고 선천성 보행실조(ataxia) 등이 있다. Mn의 독성은 주로 Mn 폐광지역, Mn 오염식수에 기인하며, 근육무력증, 근육경색, 근육경련, 안면근육이상이 생긴다.

Mn 함유 효소로는 pyruvate carboxylase, superoxide dismutase이 있으며, 곡류 및 두류에 많이 존재한다.

④ 몰리브덴(Mo)

산화환원효소(xanthin oxidase, aldehyde oxidase, sulfite oxidase, xanthin dehydrogenase)의 구성성분으로 전자전달물질로 작용한다. Xanthin oxidase는 xanthine을 산화하여 uric acid를 형성하고 간에서 철분을 운반하는 데 중요한 역할을 하며, aldehyde oxidase는 aldehyde 산화에 필요하다.

⑤ 플루오르(불소, F)

치아의 건강과 관계됨이 1956년 확인되었으며, 섭취수준은 극미량으로 1~2mg/kg이다. 상수도의 불소화(fluoridation) 또는 어류 단백질 농축물(FPC, 150~300mg/kg) 섭취(10~15g으로 1.5~4.5mg의 보충)에 의해 보충 가능하다. 1ppm 수준의 불소는 치아 건강에 유효하며, 골다공증(osteoporosis) 및 귀경화증(otosclerosis)의 예방효과가 있다.

독성(toxicity)은 저수준 과잉증[소아의 반상치(斑狀齒, mottling of tooth enamel)], 과량급여 시 cosmetically damaging fluorosis(치아의 에나멜층이 백묵색/갈색화), 만성적인 과잉량 섭취 시 골불소 과잉증(osteofluorosis) 등이 있다.

⑥ 셀레늄(Selenium, Se)

포유동물, 조류 및 일부 세균 등에 필수 미량성분(essential trace mineral)으로, Se 함유효소인 GSH peroxidase가 과산화물(hydroperoxide)을 환원시키므로 생체세포를 보호한다. 이는 산화촉진물질인 hydrogen peroxide, hydroperoxide, superoxide, hydroxy radical 등의 생성을 억제하기 때문이다. 체내의 유리기를 없애는 능력이 강하여 암을 방지하고 유기체의 면역 능력을 향상시키는 작용을 한다.

⑦ 아연(Zn)

인체에 2~3g 정도 함유되어 있으며, 체내 아연의 60%는 근육에, 30%는 골격에 함유되어 있다. 남성생식기관(전립선 90㎍/g)에 특히 많고, albumin, amino acid와 결합된 상태로 흡수되며, 허파나 피부를 통해서도 흡수될 수 있다.

생체 내 반응의 촉매과정, 세포증식, 유전정보의 표현, 생체 분자의 안정화 등에 관여하고, 당질대사에 관여하며, 인슐린(insulin)의 구성성분이다. 면역 반응과 관련된 효소에 관여하며 면역세포를 활성화시킨다.

곡류 및 두류에 많이 존재하며, 결핍증 현상으로는 ㉮ 식욕부진, 성장장애, ㉯ 고환, 부속생식기 발육부전, ㉰ 피부염, 탈모, ㉱ 상처 치유의 지연, ㉲ 골 발육부전, 성욕 감퇴, 분만이상, 상피세포의 케라틴(keratin)화 등이 있다.

⑧ 크롬(Cr)

주로 3가 크롬(Cr^{3+})으로 유기태(有機態) 복합체의 크롬 급원은 발효 부산물 효모이며, 생체 내에서 인슐린의 기능을 강화한다. 크롬 결핍증으로는 각막장애, 태아 사망률 증가, glucose 이용률 감소, 정상 인슐린 수준에서의 신경통, 高인슐린증 등이 있다.

⑨ 코발트(Co)

항빈혈 비타민인 비타민 B_{12}의 주성분이며 혈액 중에 미량 존재한다. 결핍되면 빈혈을 유발하며 지각이상, 위치감각 감소, 손과 발의 무감각, 우울증 등의 증세가 나타날 수 있다. 쌀, 콩 등에 존재한다.

⑩ 알루미늄(Al)

뼈 및 간장의 구성성분으로 독성은 없으며 식물에는 필요하다.

(4) 무기질의 변화

식품 중의 무기질의 변화는 화학적 변화, 상태 변화, 조리할 때 용기의 금속용출에 의한 변화, 조리가공에 의한 무기질의 손실 등을 들 수 있다.

1) 화학적 변화

pH의 이동에 의한 염류와 이온의 가역반응과 효소에 의한 유기태(有機態)와 무기태(無機態)의 가역반응이 조금 일어나지만 본질적인 화학반응은 거의 일어나지 않는다.

2) 상태변화

① 삼투압 차이에 의한 무기질의 용출 및 수분유출
② 끓는점 오름과 어는점 내림현상: 소금물은 100℃ 이상에서 끓고 0℃에서 얼지 않는다.
③ 색소고정: Cu^{+2} 또는 Fe^{+3} 등의 2가 또는 3가 금속은 식물색소를 고정하여 변색을 방지한다.
④ 단백질의 응고: 무기질에 의해 단백질이 응고되는데, 이온가가 큰 Al^{+3}이 좋으며, Ca^{+2}, Mg^{+2}도 응고작용을 한다.

3) 금속용기의 용출에 의한 식품의 변화

금속은 이온화 경향을 가지고 있어 물에 담그거나 수분에 접하면 금속의 표면에서 이온으로 되어 물속에서 용출된다. 이것은 극미량이지만 미각에 영향을 준다.

Fe^{+3}나 Cu^{+2} 이온은 산화효소의 작용을 촉진하는 일이 있어 과일이나 채소를 자르면 polyphenol oxidase 등의 산화효소 등에 의하여 자른 부분이 갈변하여 외관이 나빠지며, Cu 이온이 존재하면 비타민 C 등은 빨리 산화된다. 그러나 Fe나 Cu 이온은 식물색소를 고정시켜 색의 변화를 막을 수 있으며, Ag와 Cu 이온 등은 특히 살균력이 강하다.

4) 조리방법에 따른 무기질의 손실

식품의 종류, 조리방법, 무기질의 종류에 따라 손실량이 각각 다르지만 일반적으로 조리가공에 의한 무기질의 손실량은 다른 영양소보다 훨씬 크다. 예로 구울 때는 변화가 없으나, 찔 때는 생선은 10～30%, 채소는 0～50% 손실이 생기며, 삶을 때에는 생선은 15～25%, 채소는 25～50%의 손실이 생긴다. 무기염류는 안정하지만 조리 가공 시 물에 용해되면 상당량 손실될 수 있다. 예로 당근, 두류, 양배추, 그 밖의 채소류 중의 Ca이 12～40%, 염화칼슘은 60%가 손실된다.

2. 비타민

비타민(vitamin)은 미량으로 동물의 영양과 생리작용을 조절하여 체내의 물질대사를 원만하게 진행되도록 하는 유기 화합물로서, 동물세포의 정상적인 대사작용에 필수적인 물질을 말한다. Funk에 의하면 비타민은 생명(vita)에 필요한 amine이라 하여 'vitamine'으로 했으나, 그 후 대부분이 amine을 가지고 있지 않는 화학적 성질이 증명되어 어미의 e를 제거하여 vitamin으로 부르게 되었다.

대부분의 비타민은 조효소(coenzyme)로서 극미량이 필요하나 비타민 자체가 에너지를 발생시키거나 생체 내의 구성 성분인 것은 아니다. 일부 비타민을 제외하고는 동물 체내에서 합성되지 않으므로 외부에서 섭취하여야 한다. 효소나 호르몬도 미량으로 생리작용을 조절하는 유기 화합물이지만 동물 체내에서 단백질, 지방질 및 그 외의 화합물로부터 합성되므로 음식물로 섭취할 필요가 없어 비타민과 구별된다.

비타민과 관련된 물질과 학술용어는 다음과 같다.

① **vitamer**: 화학구조가 비슷하며 같은 비타민 작용을 가지고 있는 것을 vitamer(isotel)라 한다. 예를 들면, 비타민 $D_2 \sim D_7$, 비타민 E군(α, β, γ, δ), 비타민 K군($K_1 \sim K_5$) 등이 있다.

표 8-4 항비타민 물질

Vitamin	Antivitamin	Vitamin	Antivitamin
Vitamin A (carotene에 대하여)	지방질 산화효소 (lipoxidase)	folic acid	pteroyl aspartic acid
Vitamin B_1	pyrithiamine n-butylthiamine aneurinase(thiaminase)	pantothenic acid	pantoyl taurine
Vitamin B_2	galactoflavin	Vitamin C	glucoascorbic acid
Vitamin B_6	deoxypyridoxine	biotin	desthiobiotin avidin (달걀흰자 중에 존재)
ρ-aminobenzoic acid	sulfanilamide	nicotinic acid	3-acetyl pyridine, pyridine sulfonic acid

② provitamin: 체내에 들어가서 활성으로 변하기 전에는 비타민으로서 역할을 하지 못한다. 즉, 체내에서 비타민으로 전환될 수 있는 물질을 provitamin이라 하며 이를 비타민의 전구체(precursor)라고 한다. 예를 들면, carotene은 체내에서 비타민 A로 전환될 수 있어 provitamin A라고 한다.

③ antivitamin: 비타민과 결합하여 비타민의 기능을 저해하거나 또는 비타민을 불활성화 또는 파괴하여 비타민의 작용을 상실하도록 하는 물질을 말한다. Antivitamin은 비타민의 결핍증을 초래한다.

④ avitaminosis: 비타민의 결핍증을 의미한다.

(1) 비타민의 분류

비타민은 현재 20여 종이 알려져 있는데, 기름 및 유기용매에 용해되는 지용성 비타민(fat soluble vitamin)과 물에 용해되는 수용성 비타민(water soluble vitamin)으로 분류된다(표 8-5).

표 8-5 비타민의 분류

분류	Vitamin	화학명	특징	소재
지용성	A_1, A_2 provitamin A	retinol carotenoid	isoprene side chain, 담황색, 공액 이중결합, 불포화 알코올	간유, 버터, 당근, 시금치, 무
	D_2 D_3 provitamin D_2 provitamin D_3	ergocalciferol cholecalciferol ergosterol dehydrocholesterol	불검화물, sterolgor 불포화 알코올	우유, 버터, 닭간유, 난황, 표고버섯, 육류, 정어리, 청어
	E	tocopherol	side chain과 지용성, 담황색, chroman(페놀)핵의 -OH	쌀 · 밀의 배아, 상추, 대두유, 달걀, 고구마
	K_1	phylloquinone	side chain과 지용성, 담황색 naphthoqu-inone핵	녹엽식물
수용성	B_1	thiamine	thiazole핵의 -N=C-S-결합, 염산염, 염기성	쌀겨, 돼지고기, 땅콩
	B_2	riboflavin	물에 난용, 광분해, 등황색, isoalloxanzine핵의 -N=C-C=N-결합	우유, 효모

분류	Vitamin	화학명	특징	소재
수용성	B_6	2-methyl-3-hydroxy-4,5-dihydroxy-ethyl-pyridine	pyridoxine, pyridoxal, pyridoxamine, 염기성	쌀 · 밀의 배아, 간, 두류, 채소, 육류
	niacin(B_3)	nicotinic acid(niacin), nicotinamide (niacinamide)	pyridine 유도체 염기성 아미노산	효모, 땅콩
	B_9	folacin, folic acid	pteroyl glutamate와 그 유도체, 황색	밀배아, 시금치, 간, 닭 · 돈육, 햄
	B_7(H)	biotin	avidin에 의해 저해, 산성(함황) 아미노산	간, 콩팥, 달걀
	P	–	담황색, flavonoid 유도체	밀감류
	Pantothenic acid(B_5)	–	peptide 결합	소간, 완두
	B_{12}	cobalamine	porphyrin 유도체, 적색	소간
	C	L-ascorbic acid	hexose 유도체, reductone, endiol 기	과실, 채소

표 8-6 여러 조건하에서의 비타민 안정성

조건 / 비타민명	중성 (pH7)	산성 (<pH7)	염기성 (>pH7)	공기 또는 산소	빛	열	조리 시 최대 손실률 (%)
Vitamin A	S	U	S	U	U	U	40
Ascorbic acid(C)	U	S	U	U	U	U	100
Biotin(B_7)	S	S	S	S	S	U	60
Carotene(pro-A)	S	U	S	U	U	U	30
Choline	S	S	S	U	S	S	5
Cobalamine(B_{12})	S	S	S	U	U	S	10
Vitamin D	S		U	U	U	U	40
Folic Acid(B_9)	U	U	S	U	U	U	100

Inositol	S	S	S	S	S	U	95
Vitamin K	S	U	U	S	U	S	5
Niacin(B_3)	S	S	S	S	S	S	75
Pantothenic acid(B_5)	S	U	U	S	S	U	50
ρ-Amino benzoic acid	S	S	S	U	S	S	5
Pyridoxine(B_6)	S	S	S	S	U	U	40
Riboflavin(B_2)	S	S	U	S	U	U	75
Thiamine(B_1)	U	S	U	U	S	U	80
Tocopherol(E)	S	S	S	U	U	U	55

S = stable(no important destruction)
U = unstable(significant destruction)

지용성 비타민과 수용성 비타민의 일반적인 성질을 요약하면 표 8-7와 같다.

표 8-7 지용성과 수용성 비타민의 일반적인 성질

성질	지용성 비타민(A, D, E, K)	수용성 비타민
용해도	지방과 지방용매에 용해되고, 물에는 불용이다.	물에 용해되고, 지방에는 불용이다.
흡수와 이동	지방과 함께 흡수되며 임파계를 통하여 이동된다.	당질, 아미노산과 함께 소화되고 흡수된다. 문맥순환으로 들어간다(간).
방출	담즙을 통하여 체외로 매우 서서히 방출(좀처럼 방출되지 않음)된다.	특히, 요(尿)를 통하여 빠르게 방출된다.
저장	간 또는 지방조직에 저장된다.	신체는 스펀지같이 일정한 양을 흡수하면 초과량은 배설하고 저장하지 않는다.
공급	필요량을 매일 절대적으로 공급할 필요성은 없다.	필요량을 매일 절대적으로 공급하여야 한다.
전구체	존재한다.	존재하지 않는다.
조리 시 손실	산화를 통하여 약간 손실이 일어나나 조리하는 물에 용해되지는 않는다.	조리하는 물에 용해되어 손실이 크다.

(2) 지용성 비타민

1) 비타민 A(retinol, axerophtol)

비타민 A는 구조식을 보면 β-ionone 핵에 두 개의 isoprene 사슬이 결합되어 있으며 끝에는 alcohol기(-OH)가 있다. Retinol(비타민 A_1)은 자연계에서는 지방산(palmitic acid)의 에스테르로 존재하며, 어류의 간유 중에는 β-ionone ring이 탈수소되어 또 하나의 이중결합을 가지고 있는 3-dehydroretinol(비타민 A_2)이 있으며 그 효력은 40%이다.

그림 8-2 비타민 A의 구조

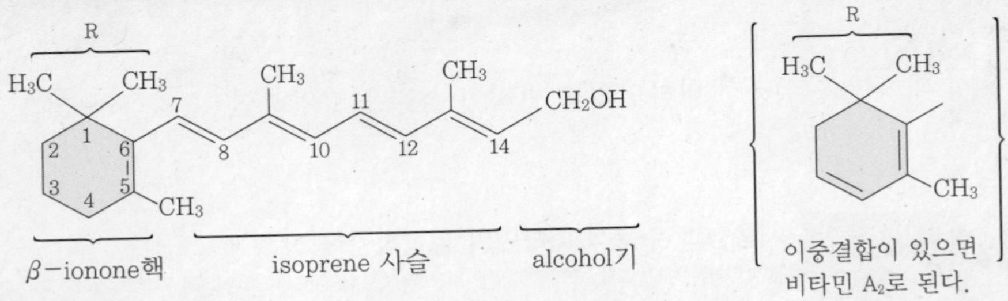

비타민 A는 담황색 결정이고, 알칼리 용액 중에는 비교적 안정하지만 이중결합을 가지고 있으므로 공기 중에서 쉽게 산화되며 빛에 의해 이성질화(trans → cis)된다. 그러나 산소가 없는 곳에서는 120℃ 정도로 가열하거나 건조하여도 분해되지 않는다. 또한 lipoxidase에 의해 산화가 진행되지만 이 효소는 90℃ 이상에서 10초간 가열하면 파괴된다. 또한 비타민 A는 일종의 불포화 탄화수소이므로 수소를 첨가하여 포화시키면 실효된다. 이는 경화유나 마가린을 제조할 경우 문제가 되며, 경화 후에는 비타민 A를 첨가하여 강화하게 된다.

Provitamin A(β-carotene, α-carotene, γ-carotene, cryptoxanthin)는 장점막 세포, 간, 신장에서 비타민 A로 바뀐다. β-carotene은 다른 provitamin A에 비해 2배의 효력을 가지지만, 분자 중앙에서 절단되면 2분자의 비타민 A가 생성되어야 하는데 실제로는 비타민 A(retinol)와 비타민 A산(retinoic acid)이 생성된다. 따라서 retinol 대비 1/2의 효력을 가지나(생물학적), 채소나 과일 안에 있는 것은 소화율이 낮기 때문에 1/6의 효력을 나타낸다.

그림 8-3 β-carotene의 구조

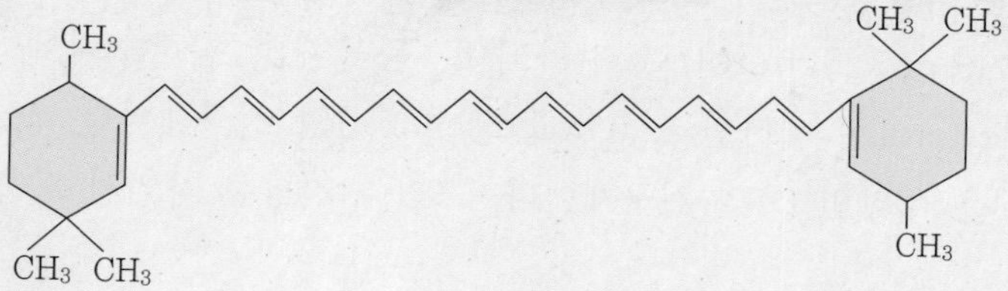

비타민 A 결핍의 초기증상은 야맹증으로 그 상태에서는 망막의 rod cell의 빛 수용체(rhodopsin)가 정상적으로 감광할 수 없게 된다. 그래서 비타민 A를 항야맹성 인자 또는 항안구 건조성 알코올(axerophtol)이라고 한다. 시각기능은 눈의 망막(retina)에서 비타민 A와 단백질 복합체인 rhodopsin, iodopsin, porphyropsin(어류) 등의 감광색소(visual pigment)가 반응함으로써 시각기능을 발휘한다. 빛 수용체 분자인 rhodopsin은 비타민 A와 hexose, hexosamine을 함유한 망막상의 특이 단백질인 opsin과의 복합체이다.

또한 비타민 A가 부족하면 식욕상실, 성장장애를 가져오며 특히 상피세포 건전성 유지에 문제를 일으켜 1970년대 이후 상피암 예방인자로 각광받기 시작하고 있다.

비타민 A는 지용성 비타민으로 체내에 축적될 수 있기 때문에 장기간의 과량섭취로 급·만성이 발현될 수 있다. 독성 증상은 구역, 구토, 가려움, 건조하고 거친 피부, 기형 출산 등이 있다.

성인남자의 하루 필요량(RDA, recommended dietary allowance)은 2,000~2,300IU(International Unit) 또는 700RE(retinol equivalent)로 정하고 있다. 1IU는 β-carotene 0.6γ(1γ = 1㎍) 또는 retinol 약 0.3γ에 해당하며, 최근에 사용되는 1RE는 retinol 1㎍ 또는 β-carotene 6㎍에 해당한다.

비타민 A는 우유, 버터, 치즈, 달걀노른자, 육류, 어류 등의 동물성 식품과, 당근, 고구마, 풋고추 등 녹황색 식물성 식품 중에 carotene이 함유되어 있다.

2) 비타민 D(calciferol)

비타민 D는 스테로이드 핵을 가진 화합물의 일종이며 자연계에서 일반적으로 그 전구체들로 존재한다. 이 provitamin D들은 자외선 조사에 의해 비타민 D로 전환된다.

Ergosterol은 식물성 스테롤로서 주로 버섯, 효모 등의 식물계에 많고 자외선 조사 시 비타민 D_2(ergocalciferol)로 전환되며, 동물체의 피하조직에 존재하는 7-dehydrocholesterol은 비타민 D_3(cholecalciferol)의 전구체이다. 또한 22-dihydroergosterol은 비타민 D_4의 전구체이다. 그러나 지나친 자외선 노출은 독성 물질을 생성한다.

그림 8-4 비타민 D의 생성

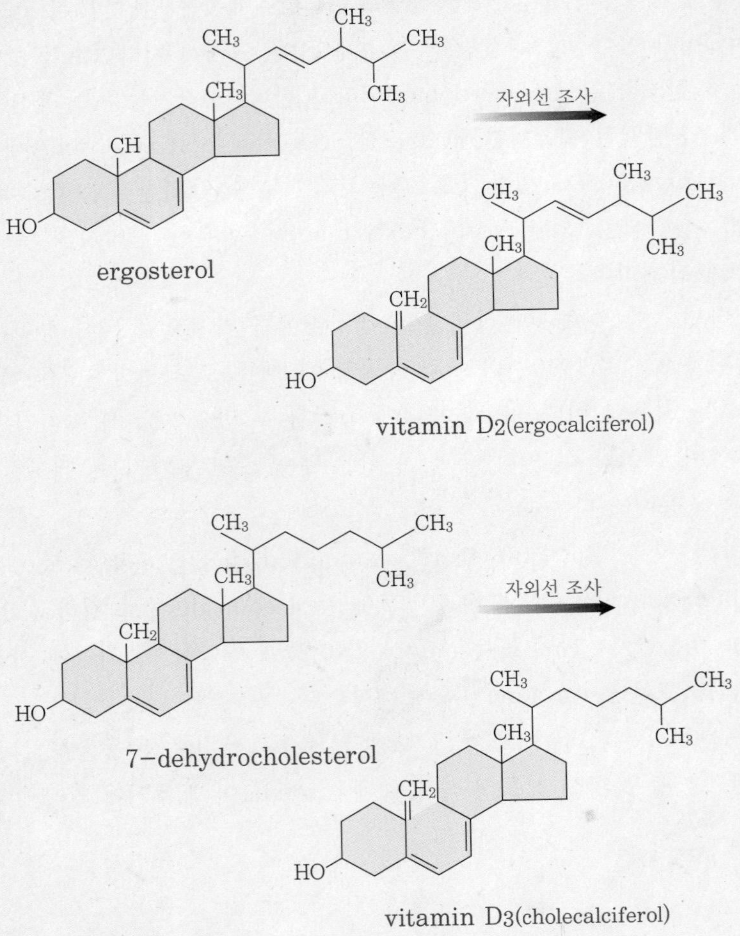

비타민 D는 백색 무취의 결정으로서 유기용매에 녹으며, 열에 안정하나 알칼리성에서는 불안정하여 쉽게 분해되고, 산성에서는 서서히 분해된다.

비타민 D는 parathyroid hormone, calcitonin 등의 호르몬 조절작용에 의해 기능성 대사물(활성형 비타민 D)로 전환되어 생리적 활성을 나타낸다.

기능성 대사물

① 1차 대사물: 25(OH)D_3(25−hydroxycholecalciferol)
② 2차 대사물: 1,25$(OH)_2D_3$(1차보다 10배의 활성)
③ 3차 대사물: 24,25$(OH)_2D_3$(Ca 수송)
④ 4차 대사물: 1,24,25$(OH)_3D_3$(Ca 수송)

비타민 D는 장내에서 Ca 및 P의 흡수를 촉진하여 뼈의 mineralization이 주된 기능이다. 즉 1,25$(OH)_2D_3$가 장 점막세포의 CaBP(calcium−binding protein)와 IMCaBP(intestinal membrane calcium−binding protein)의 합성을 촉진함으로써 Ca의 흡수와 수송이 쉬워진다. 비타민 D는 alkaline phosphatase를 활성화시켜 석회화(calcification), 장의 인산 흡수, 신장의 인산 재흡수를 촉진한다.

그림 8-5 비타민 D의 생성, 대사 및 작용

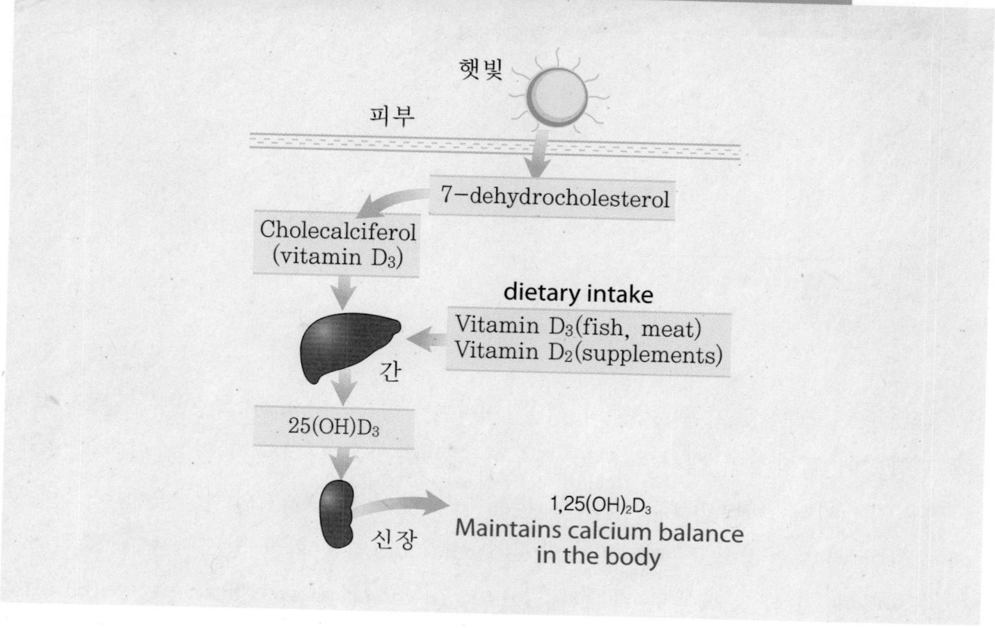

비타민 D의 1IU는 비타민 D_3 0.025㎍이며 RDA는 200~400IU이다. 비타민 D는 권장량의 5배를 초과하여 섭취할 경우 독성이 나타나며, 특히 어린이의 경우는 심각할 수 있다. 대부분은 혈액 중의 Ca농도가 높아져 발생한다. 약한 독성에는 高칼슘증(2,000~3,000IU/day), 심한 독성으로는 관상동맥 협착증, 정신박약 등이 온다. 비타민 D의 결핍증으로는 구루병(곱사병), 골연화증(osteomalacia), 뼈와 치아의 발육불량(골연화증) 등이 있다.

비타민 D는 우유, 버터, 전란, 닭 간유, 육류, 정어리, 청어 등에 풍부하게 함유되어 있어 정상적인 식사를 하는 성인은 햇빛을 받는 것만으로도 비타민 D가 활성형으로 전환되어 보충은 불필요하다.

3) 비타민 E(tocopherol)

비타민 E는 출산(tocos)과 관계가 있다고 하여 tocopherol이라고 부르며, 화학적으로는 chroman-6-ol의 유도체로서 tocol 유도체에는 α, β, γ, δ-tocopherol의 4종의 이성질체가 있으며 이 중 α-형의 활성이 가장 크다. 또한 tocotrienol 유도체는 측쇄에 3개의 이중결합이 있다. Chroman 핵의 OH기는 공기 중 고온, 알칼리 조건에서 쉽게 산화되며, Fe에 의한 산화가 가장 심하다.

그림 8-6 α-tocopherol의 구조

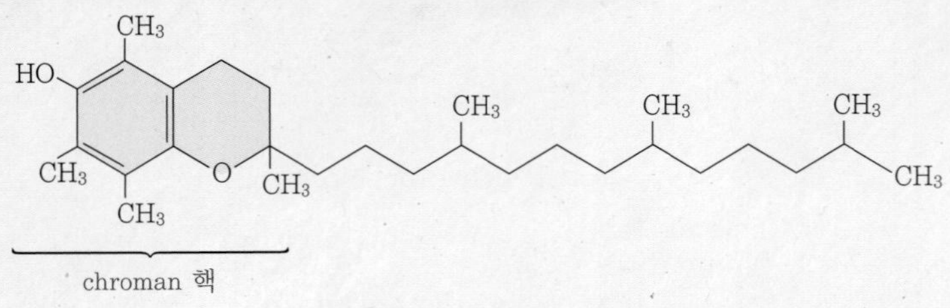

주로 채소, 식물성 기름, 곡물의 씨앗, 옥수수, 콩, 녹황색 채소, 우유, 달걀, 육류에 포함되어 정상적인 식사를 하는 경우에 결핍증상은 나타나지 않는 편이다. RDA는 8~10IU이다. 비타민 E는 공기가 존재하지 않는 한 200℃에서도 안정하므로 열에 대하여 매우 안정하고, 비타민 A와 ascorbic acid의 산화를 방지하는 등 항산화제로 작용한다. 또한 노화에도 관계가 있으며, *in vitro, in vivo* lipid peroxidation을

방지하며, 세포막의 고도 불포화지방산의 산화를 감소시키므로 세포막을 정상적으로 유지시키는 데 도움을 준다.

즉 근육의 산화를 저하시키므로 노화의 방지역할을 한다고 볼 수 있다. GSH, Se 등과 상승적으로 생체방어시스템에 기여한다.

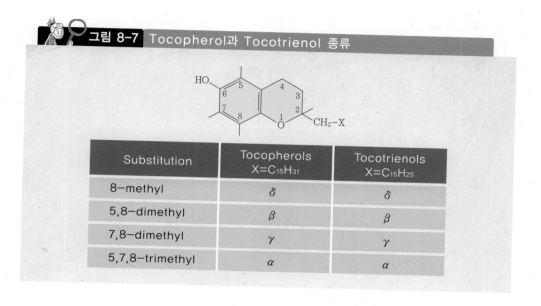

그림 8-7 Tocopherol과 Tocotrienol 종류

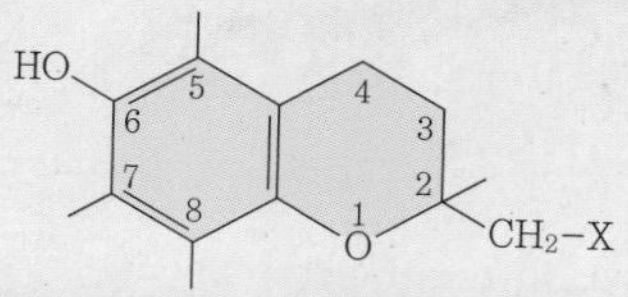

Substitution	Tocopherols $X=C_{15}H_{31}$	Tocotrienols $X=C_{15}H_{25}$
8-methyl	δ	δ
5,8-dimethyl	β	β
7,8-dimethyl	γ	γ
5,7,8-trimethyl	α	α

비타민 E 결핍증으로는 습관성 유산, 불임증, 조산, 혈전증, 무력증, 미숙아의 경우 결핍 시 용혈성 빈혈 등이 있으며, 과잉증은 성장지연, 혈구수 감소, 뼈칼슘화 감소 등이 발생된다.

4) 비타민 K(koagulation, danish)

비타민 K는 naphthoquinone의 유도체로서 천연에는 녹색 식물계에서 합성된 phylloquinone(K_1)과 세균에 의해 합성된 menaquinone(K_2)의 두 종류가 있고, 인공적으로 합성한 menadione(2-methyl-1,4-naphthoquinone, K_3)이 알려져 있다. 비타민 K_3는 수용성이어서 혈액응고 치료제로 사용하기 쉽고 천연 비타민 K보다 활성이 더 커서 비타민제로 널리 사용된다. 천연의 비타민 K는 3번 위치가 isoprenoid로 치환된 2-methyl naphthoquinone이다.

장내 미생물에 의해 합성되며, 박테리아 분리물인 phthiocol(2-methyl-3-hydroxy-1,4-naphthoquinone)도 비타민 K 활성을 나타낸다. 따라서 사람에게 비타민 K의 결핍증은 일어나지 않는다.

비타민 K는 빛에 의하여 쉽게 분해되며, 열이나 산소에는 안정하나 강한 산 또는 산화에는 불안정하다.

그림 8-8 비타민 K의 구조

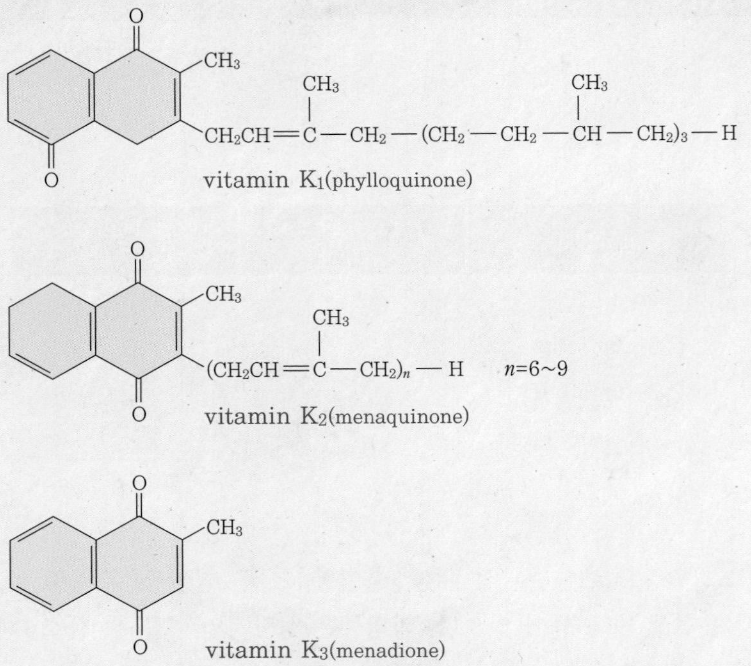

비타민 K는 간에서 혈액응고에 필요한 물질인 prothrombin 형성에 관여하지만 prothrombin의 구성성분은 아니다. 혈액응고(K_1과 K_2만이 관여) 과정 중 prothrombin 및 혈액 응고인자의 합성에 관여한다. 간 장애나 담즙의 부족 등에 의하여 비타민 K의 흡수작용이 저해되어 결핍증이 일어난다.

식품에는 알팔파(alfalfa), 시금치, 당근 잎, 양배추, 대두, 돼지의 간 등에 함유되어 있다.

(3) 수용성 비타민

1) 비타민 B_1(thiamin, aneurin)

백색 결정체로서 수용성이고 구조는 pyrimidine 핵과 thiazole 핵이 methylene 탄소(CH_2)에 의해서 결합된 구조로, 염기상태이며 염산염, 질산염으로 시판되고 있다.

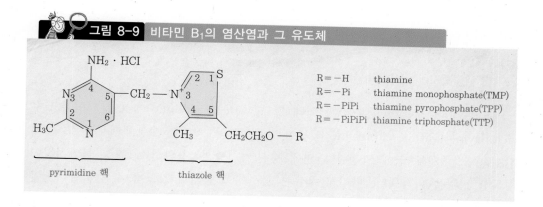

그림 8-9 비타민 B_1의 염산염과 그 유도체

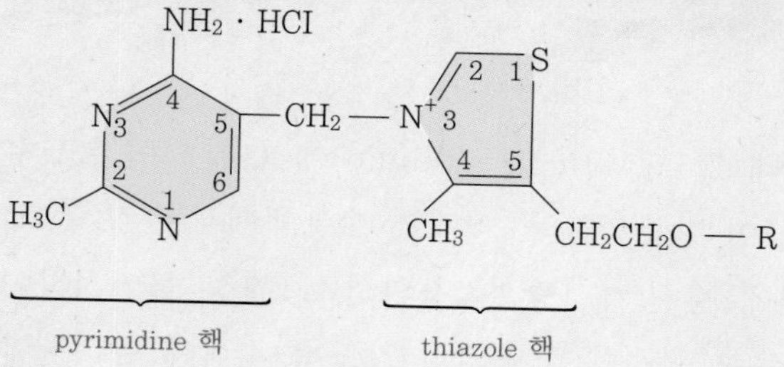

R = −H	thiamine
R = −Pi	thiamine monophosphate(TMP)
R = −PiPi	thiamine pyrophosphate(TPP)
R = −PiPiPi	thiamine triphosphate(TTP)

함유황성 amine의 뜻으로 thiamin으로 명명되었으며, 산성 용액에서는 120℃까지 안정하지만 알칼리 용액에서는 상온에서 불안정하여 빠르게 분해되고, 가열 시 분해 속도가 증가한다. 비타민 B_1은 수용성이고 내열성이 약하므로 보통의 가열조리 시 약 20~30% 손실된다. 한편 빛에 대해서는 비교적 안정하다.

아황산 및 아황산염[$SO_2(HSO_3^-)$]은 thiamin을 파괴한다. 예로서, 쌀을 증류수로 끓일 때는 thiamin의 손실이 극히 적지만 수돗물에는 8~10%, 우물물에서는 36%까지 손실이 있다.

Thiamin은 천연식품 중에 유리상태 또는 단백질과 결합되거나 thiamin pyrophosphate(TPP) 형태로 결합되어 cocarboxylase coenzyme의 기능을 한다. 즉 thiamin은 glycolysis 과정에서 pyruvic acid의 decarboxylation(탈탄산 작용)에 의하여 acetyl CoA를 생성시키며, TCA cycle에서는 α-ketoglutarate로부터 succinyl CoA를 생성시키는 작용을 한다. 즉, thiamin의 주역할은 탄수화물의 대사, 정상성장의 유지, 신경자극의 전달이다.

호기성 대사에서 필수물질로 thiamin이 부족하면 pyruvic acid가 정상적으로 대사되지 못하고 축적되어 각기병(다리가 붓는 병), 말초신경염, 베르나케 뇌병증(운동실조, 안구건조장애, 정신혼란 등의 증상)이 생긴다. Thiamin을 항신경성 인자라 하여

aneurin라고도 한다.

고사리, 차(tea), 커피, 블루베리, 싹눈양배추(brussels sprouts), 적양배추(red cabbage), 조개류, 물고기류의 내장에는 thiaminase가 존재하여 thiamin을 가수분해시키지만 가열처리에 의해 불활성화된다. Thiaminase에는 유기염기와 SH기 사이에 작용하여 분해하는 thiaminase I, pyrimidine 핵과 thiazole 핵 사이를 분해하는 thiaminase II가 있다.

맥주효모, 콩류, 밤, 호두와 같은 견과류, 쇠고기, 돼지고기에 포함되어 있다.

RDA는 1～1.4mg이며, 보통 1,000cal당 1mg 섭취하도록 권장하고 있다.

2) 비타민 B_2(riboflavin)

Riboflavin은 Gyorgyi(1954)에 의해 달걀흰자(egg albumin)에서 분리되었으며, lactoflavin(우유), hepatoflavin(간) 등이 발견되었다. 알칼리 수용액에서는 잘 녹고, 산성 · 중성에서는 열에 안정한 반면에 광선(가시광선, 자외선)에 가장 불안정하여 황록색 형광을 나타낸다. 따라서 우유는 광선에 노출되지 않도록 저장에 유의해야 하며, 비타민 C에 의하여 riboflavin의 광분해가 억제된다.

Riboflavin의 구조는 당알코올인 ribotol이 치환된 isoalloxazine 핵에 결합되어 있다.

그림 8-10 Riboflavin의 구조

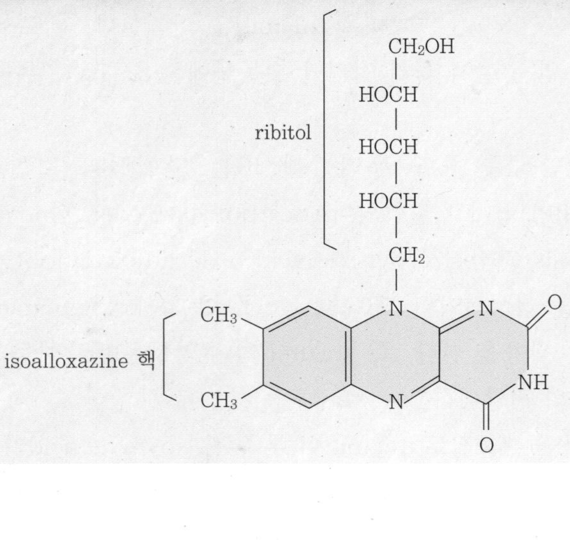

Riboflavin은 전자 전달계의 운반체인 riboflavin mononucleotide(FMN), riboflavin adenine dinucleotide(FAD)의 구성성분이다. FMN과 FAD는 특이적인 단백질과 결합하여 효소로서 존재하므로 흔히 보결분자단(prosthetic group)이라 하며, 포도당의 산화, 아미노산의 탈아미노 반응, 지방산 대사의 조효소로 작용한다.

그 외에 골수에서의 적혈구 형성, 글리코겐 합성 등을 한다.

RDA는 약 1.2~1.6mg이며, 결핍되면 목의 통증, 구내염, 설염(glossitis), 입술의 염증, 항문이나 음부 주위 염증과 같은 현상이 일어난다.

Riboflavin은 동식물계에 널리 분포되어 있고 육류, 닭고기, 어류, 유제품, 브로콜리, 아스파라거스 등에 함유되어 있다.

3) 비타민 B_3(niacin, nicotinic acid, nicotinamide)

항펠라그라 인자로서 옥수수를 주식으로 하는 지방에서 빈발하는 피부병인 펠라그라는 수세기 동안 풍토병으로 알려져 왔다. 니아신(niacin)은 nicotinic acid (pyridine-3-carboxylic acid), nicotinamide의 공식명칭이다.

니아신은 건조상태에서는 열, 광선, 산, 알칼리, 산화제에 안정하고, 수용액은 120℃까지 안정하다. 즉 다른 비타민에 비하여 매우 안정하며 조리과정에서도 별로 손실이 없다. 백색결정으로 물과 알코올에 녹는다.

그림 8-11 니아신의 구조

nicotinic acid (niacin)

nicotinamide (niacinamide)

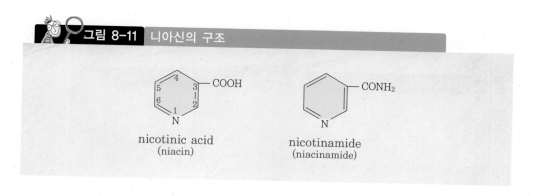

니아신은 glycolysis, 조직 호흡작용, 지방합성에 관여하는 조효소의 구성성분으로 NAD(nicotinamide adenine dinucleotide)와 NADP(nicotinamide adenine dinucleotide phosphate)의 수소전달 조효소이다.

니아신은 포유동물의 세포에 의해 tryptophan으로부터 합성되며, 그 tryptophan이 니아신으로 전환되는 비율은 60 : 1로 비교적 낮지만 육류는 tryptophan을 다량 함유하고 있어 니아신의 좋은 급원이다. 니아신은 곡류, 종피, 효모, 육류의 간에 많이 함유되어 있다.

니아신 결핍증은 설염(glossitis)과 펠라그라[three D's: 피부염(dermatitis), 설사(diarrhea), 치매(dementia)]이다. 피부염은 주로 목, 윗가슴, 등 등의 햇빛 노출부분에 발생한다. 옥수수는 tryptophan이 제한아미노산(단백가 17)이면서도, 니아신과 복합체를 형성하여 흡수를 방해하기 때문에 펠라그라의 요인이 된다. 옥수수 가공 시 석회수 처리(밀가루는 알칼리 처리)에 의해 흡수율을 높일 수 있다.

4) 판토텐산(pantothenic acid, vitamin B_5)

판토텐산(pantothenic acid)은 희랍어로 pantothen(어느 곳에서나 존재한다는 뜻)에서 유래된 이름으로 식품 중에 널리 분포되어 있다. 간으로부터의 여과성 인자(filtrate)로 알려진 비타민으로 coenzyme A(CoA)의 구성성분이며, β-alanine과 pantoic acid(γ-hydroxy + β,β-dimethyl butyric acid)가 peptide 결합으로 된 구조를 가진다.

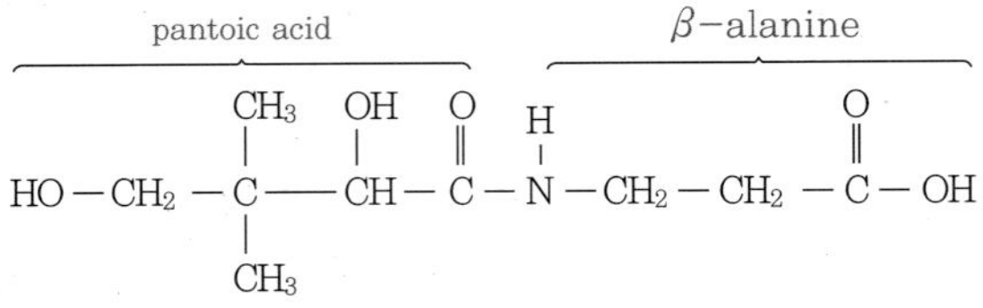

그림 8-12 Coenzyme A의 구조

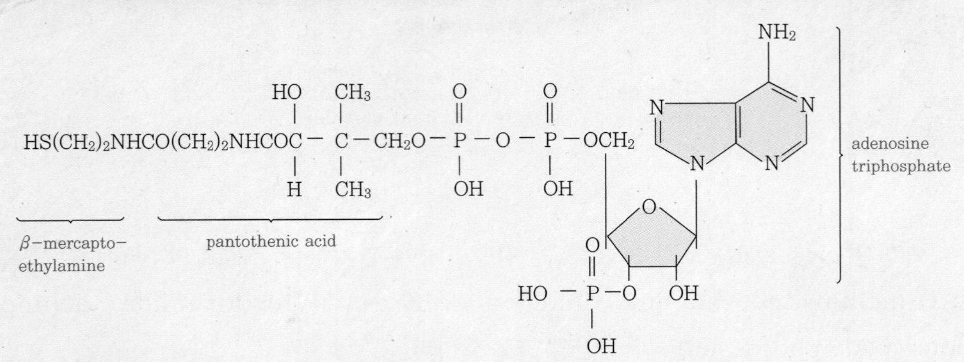

판토텐산은 CoA의 성분 및 ACP(acyl carrier protein)의 보결분자단으로 탄수화물, 지질, 단백질 대사과정 중 70개 이상의 효소가 CoA나 ACP를 이용한다. ACP는 특히 지방산 생합성에 필수적이다.

판토텐산은 체내에서 β-mercaptoethylamine과 결합하여 pantotheine이 되며 이것은 ATP와 결합하여 CoA를 형성한다.

판토텐산은 동식물계에 널리 분포하고 장내세균이 합성하므로 결핍증이 거의 발생하지 않는다. 소와 돼지 간, 계란노른자, 완두 등이 좋은 급원이다.

5) 비타민 B_6(pyridoxine. pyridoxal, pyridoxamine)

비타민 B_6는 항피부염(adermin)인자 또는 pyridoxine이라고 한다. 2-methyl pyridine의 유도체이며, pyridoxine, pyridoxal, pyridoxamine의 3종류가 있다. pyridoxine은 식물성 식품, pyridoxal은 동물성 식품에 주로 존재한다. 이 화합물들은 체내에서 상호 전환될 수 있으므로 비타민 B_6로서의 효능은 동일하다.

그림 8-13 비타민 B_6의 구조

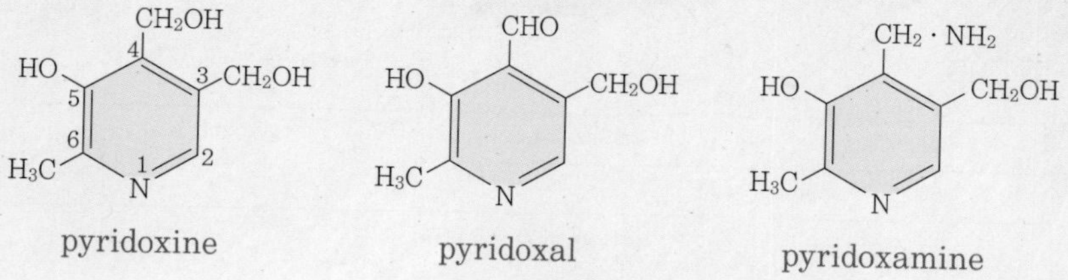

빛, 열에 대해 산성 용액에서는 안정하나, 알칼리성 용액에서는 불안정하고 알코올에 잘 녹는다.

비타민 B_6의 활성형은 pyridoxal-5-phosphate(PLP)로 아미노산의 대사에서 아미노기의 전이, 탈탄산, 라세미화 반응 등에 관여하며 조혈작용, 신경전달물질 합성에도 관여한다.

결핍증으로는 눈, 코, 입 주위의 지루성 피부염, 구각염(입술 가장자리의 염증)과 같은 피부과적 증상과 발작, 히스테리, 말초신경염과 같은 증상이 있다.

RDA는 1.1~1.4mg으로, 식이 단백질의 섭취가 증가함에 따라 요구량이 상승되며 간, 육류, 콩류, 녹황색 채소, 달걀, 땅콩, 호두, 옥수수 등에 포함되어 있다.

6) 엽산(folacin, folic acid, vitamin B_9)

식물의 잎(folium)에 존재한다는 뜻에서 유래되었으며, 1930년대 초기 인도에서 백미와 빵을 주식으로 하는 임신부의 거대 적혈구 빈혈증(Wills 인자)의 요인으로 알려졌다. 엽산은 시금치 잎에서 추출되)었으며(1941), pteroyl monoglutamic acid이다. 구조는 pteroic acid(pteridine + *p*-aminobenzoic acid)와 glutamic acid로 구성되어 있다.

활성형은 간과 효모에서 분리되었고, 3개 이상의 glutamic acid(3~7개)가 결합되어 있다. 엽산은 일종의 provitamin으로 작용하며, 생체 내에서 활성이 있는 것은 THF(tetrahydrofolic acid)이다. 이는 folic acid를 L-folate reductase가 환원하여 dihydrofolic acid(DHF)로 변화시키고, 이것은 dihydrofolate reductase에 의해 THF로까지 환원된다.

그림 8-14 엽산의 구조

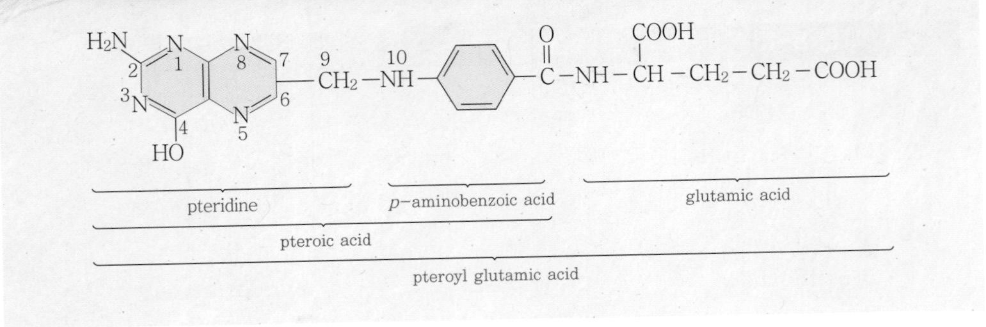

THF는 single carbon group 전달체로서 purine, pyrimidine의 생합성, 아미노산 상호변환, 메틸화 등을 통해 아미노산 및 핵산대사에 관여한다.

RDA는 0.2~0.25mg이며, 엽산 결핍증은 DNA 합성저해로 거대 적혈구성 빈혈증(악성 빈혈)이 유발되며 설염(舌炎), 소화기관의 기능장애, 설사, 신경계 손상을 초래한다. 간, 완두콩, 양배추, 브로콜리, 사탕무, 시금치 등에 분포한다.

7) 비타민 B_{12}(cyanocobalamine)

Minot(1926)에 의해 항악성 빈혈증 인자(anti-pernicious anemia)임이 확인되었으며, X-ray 회절 시험결과 구조가 확인된 바 있는데, 보통 CN기를 함유하고 있는

cyanocobalamine, CN 대신 OH기를 가진 hydroxycobalamine, NO_2를 가진 nitrocobalamine, Cl기를 가진 chlorocobalamine 등의 유도체가 있다. 5'-deoxyadenosyl cyanocobalamine이 단백질과 결합되어 중요한 조효소로 작용하며 동물 단백질 인자로서 분자 중에 Co를 함유하고 있어 cobalamine이라 부른다.

비타민 B_{12}는 정상적인 성장, 신경조직의 유지, 정상적인 혈액형성을 위해서 필요하며 지방간 축적 방지요소인 methionine과 choline의 합성에도 필요하다. 주로 동물성 식품에 함유되어 있는데, 특히 간과 신장에 많이 함유되어 있고 육류, 어류, 굴, 우유, 달걀 등에도 함유되어 있다.

비타민 B_{12}는 장내세균에 의하여 합성되므로 사람에게는 보통 결핍증이 나타나지 않으나 결핍증세가 생기는 것은 흡수의 결함에서 오는 것이다. 결핍증으로는 악성빈혈, DNA 합성장애, 신경장애(malfunction of nerve system) 등이 생긴다.

그림 8-15 비타민 B_{12}의 구조

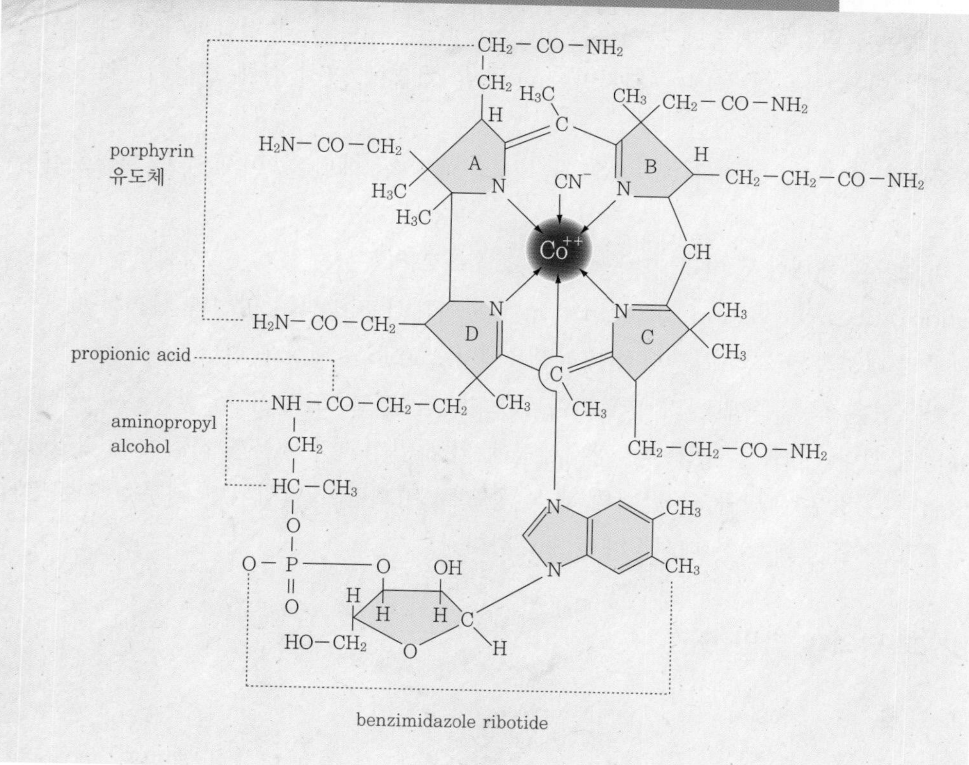

8) Biotin(비타민 B_7)

항난백장애(anti-egg white injury) 인자로서 피부염과 관계가 있는 항피부염 인자(haupto factor)라고 해서 비타민 H라고도 부른다.

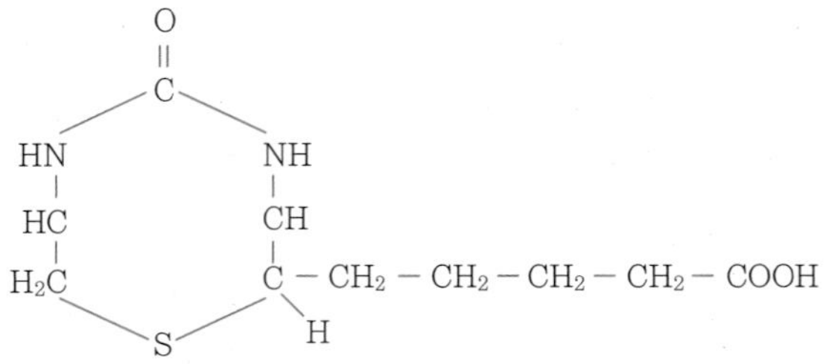

난백장애란 동물에 다량의 달걀흰자를 투여할 때 일어나는 영양장애로서 비오틴(biotin)이 달걀흰자 중에 들어있는 avidin과 biotin-avidin 복합체를 형성하여 비오틴 효소반응을 방해하기 때문이다(antivitamin).

비오틴은 달걀흰자 중에 들어있는 glycoprotein인 avidin과 결합하여 장 내에서 흡수되지 않는 불용성 물질이 되지만, avidin은 가열에 의해 쉽게 변성되므로 달걀을 익힐 경우 방지할 수 있다.

물에는 잘 녹지 않으나(단, 염은 잘 녹음), 메탄올, 에탄올, 아세톤, 클로로포름 등에는 잘 녹는다.

비오틴은 체내에서 여러 가지 효소의 조효소로 작용한다. CO_2 고정화반응(carboxy lation), decarboxylation, deamination에 관여해서 지방산의 합성과 산화작용, 탄수화물의 대사작용 그리고 단백질 대사작용에서 조효소의 역할을 한다.

비오틴은 식품 중에 널리 분포되어 있으며, 간장, 효모, 우유, 달걀노른자 등에 함유되어 있다. 비오틴은 장에서 장내세균에 의해 합성되기 때문에 사람에게 결핍증이 일어나는 경우는 드물고, 난백의 과식 등으로 비오틴이 결핍되면 지루성 피부염과 각종 효소 결핍에 의한 대사장애를 초래한다.

9) 그 밖의 비타민 B군

① 콜린(choline)

콜린은 담즙에서 처음 분리되어 chol(담즙)에서 유래되었다. 콜린은 체내에서 methyl기의 공여체로 작용하며 생리기능에 중요한 단백질 물질을 합성하는 데 관여한다.

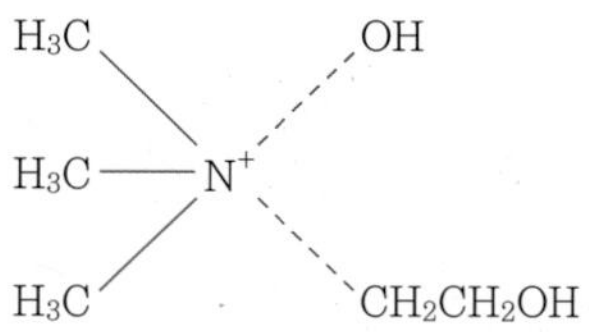

또한 인지질이면서 유화제인 lecithin을 형성하여 간에 지방이 비정상적으로 축적되는 지방간을 방지하며, 신경의 자극 전달물질인 acetylcholine의 전구체이다. 또한 betaine, sphingomyelin, plasmalogen 등의 구성 성분이며 감칠맛 성분이다.

쥐, 닭, 파리, 개 등은 부족증상이 자주 나타나지만, 식품 중에 널리 분포하기 때문에 인체에서는 거의 발생하지 않는다.

② 리포산(lipoic acid)

함황 화합물이며, thiotic acid 또는 protogen이라고 한다. Pyruvate dehydrogenase complex 및 α-ketoglutarate dehydrogenase complex의 조효소로 acyl CoA 전이반응에 관여하며, 효소 단백질의 lysine residue에 결합되어 세포의 산화환원반응에 주요한 기능을 한다.

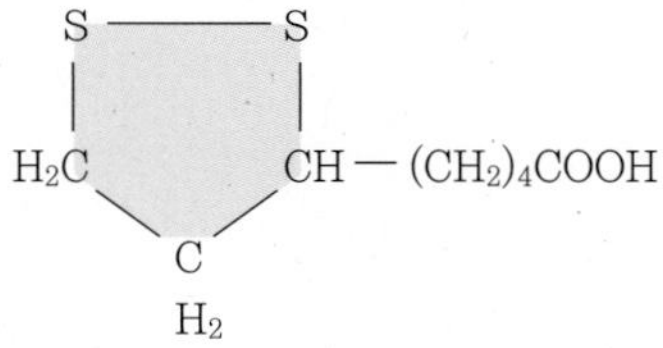

10) 유비퀴논(ubiquinone, coenzyme Q_{10})

Coenzyme Q_{10}은 인체의 모든 세포에서 발견되므로 ubiquinone(도처에 있다는 의미)으로 부르며 모든 세포의 에너지 생산과정에 관여하는 필수 보조인자이다. 모든 동식물에서 만들어지며 동물의 경우 간에서 합성이 된다.

Isoprenoid 측쇄의 수에 따라 소재가 다른데, UQ_{10}은 포유동물의 호흡계에 존재하고, UQ_6~UQ_9는 하등동물에 존재한다. 유비퀴논은 동물조직 안에서 합성되므로 진정한 비타민은 아니다. Coenzyme Q_{10}은 세포 내 산화과정에서 flavin 조효소(FAD, FMN)와 cytochrome 사이에 작용하며 쉽게 hydroquinone으로 환원된다. 주로 산화적 인산화에서 전자전달작용을 한다.

Coenzyme Q_{10}은 항산화 비타민인 비타민 E의 기능을 도와주는 등 항산화작용과 노화억제 효과가 있는 것으로 알려져 있다. 또한 coenzyme Q_{10}은 지용성인 데다 분자량이 작아 피부에 바르면 표피는 물론 진피까지 흡수되어 화장품에도 응용되고 있다.

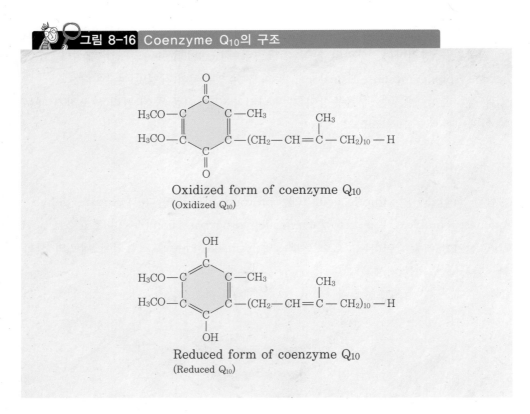

그림 8-16 Coenzyme Q_{10}의 구조

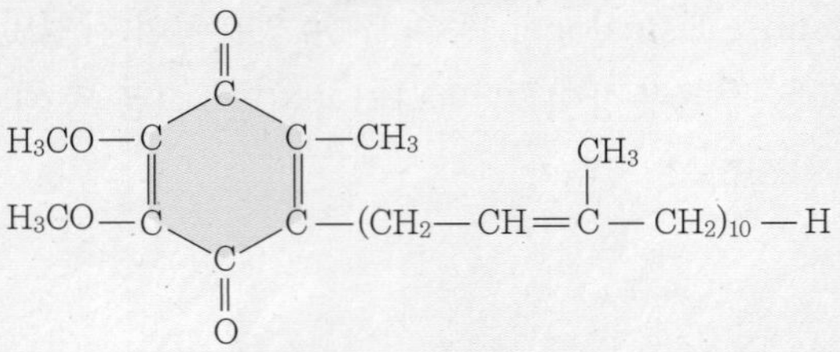

Oxidized form of coenzyme Q_{10}
(Oxidized Q_{10})

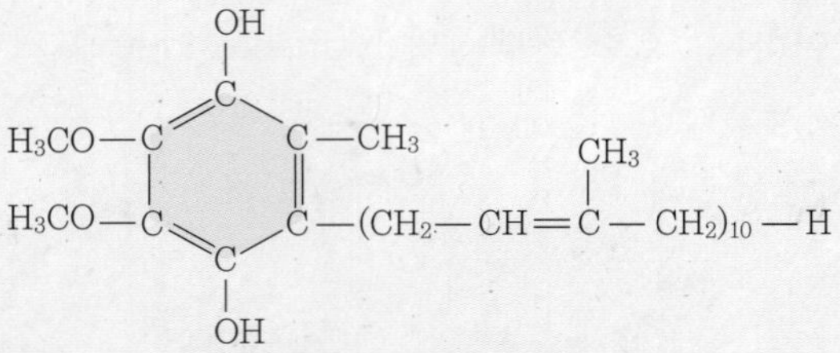

Reduced form of coenzyme Q_{10}
(Reduced Q_{10})

동물성 급원으로는 생선, 육류 등이 급원이 되고, 식물성 급원으로는 콩, 깨, 카놀라(canola)에서 나오는 유지, 맥아(wheat germ), 쌀겨에 풍부하나 일반 채소류는 시금치, 브로콜리를 제외하고는 함량이 적다.

11) 비타민 C(ascorbic acid)

항괴혈병인자(anti-scorbutic factor)로 알려져 있으며, 6탄당과 비슷한 구조를 가지고 있고, 백색 결정체로서 물, 에탄올, 글리세롤에 녹으며 해리되면 산성을 나타낸다.

Ascorbic acid는 식품 중에서 환원형(L-ascorbic acid, ASA)과 산화형(dehydro ascorbic acid, DHA)으로 존재한다. 환원형은 강한 비타민 C 작용을 나타내지만

DHA는 2,3-diketogluconic acid로 변화되므로 비타민 C의 효력은 1/2밖에 되지 않는다.

비타민 C는 비타민 B와는 달리 조효소로 작용하지 않고 항산화제로 작용한다. 전자를 쉽게 주고받을 수 있기 때문에 다양한 산화 · 환원반응에 관여한다.

Ascorbic acid는 pH 4.0 이하에서는 안정하나(자신은 산성을 나타냄) pH의 증가에 따라 불안정해지며 특히 중성 또는 Cu, Fe, O_2 등이 존재하면 불안정하다. 열에 비교적 안정하지만 수용액은 가열에 의해 분해가 촉진되어 가열조리 시 보통 50% 정도 파괴된다.

비타민 C의 생리적 기능은 다음과 같다.

① 결합조직 단백질인 콜라겐의 생합성에 관여한다. 콜라겐은 모세관 세포의 구성물질이므로 괴혈병 발생으로 결합조직에 이상이 발생하여 관절과 골막에 출혈현상이 생긴다.

② hydroxyl화 반응에 의해 신경전달물질(serotonin, epinephrine) 및 아린 맛 성분(homogentisic acid)을 생성한다.

③ 부신(副腎, adrenal body)에 다량 존재하면서 부신수질의 adrenalin(epineph rine)과 부신피질의 각종 스테로이드 호르몬 생성을 촉진한다.

④ 위 안에서 chelating에 의해 Fe의 흡수를 촉진하고, 혈장 Fe의 간으로의 이행과 저장철인 ferritin의 생성을 촉진한다.

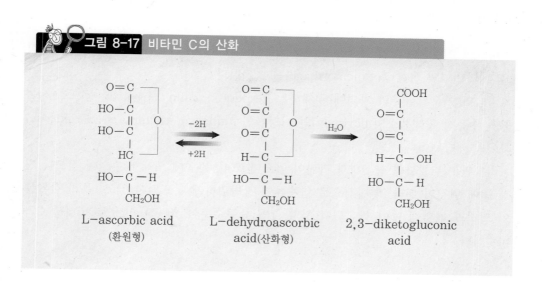

그림 8-17 비타민 C의 산화

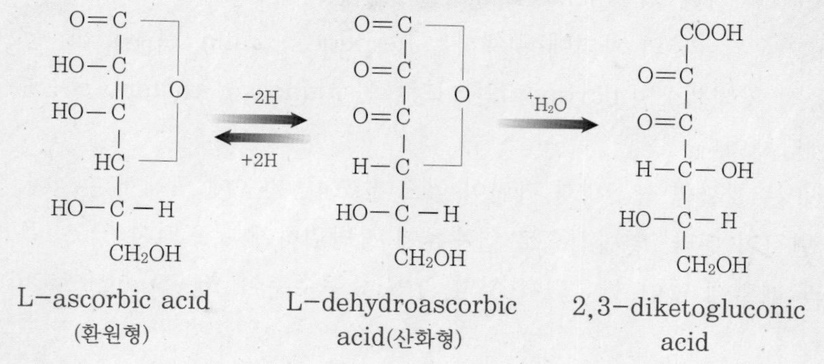

⑤ Folacin의 변화(THF 생성)를 촉진하며, nitrite와 2° amine의 반응에 의한 발암성 물질의 생성을 방지한다.
⑥ 스트레스 물질인 histidine의 탈탄산 생성물인 histamine의 분해를 촉진함으로써 해독작용을 한다.

비타민 C의 결핍증은 괴혈병(잇몸 출혈), 상처치유 연장, 비출혈 등이 있으며, ascorbic acid는 저장, 조리, 가공공정 중 실효되기 쉽고 빛, 금속이온, 효소 등에 의해 촉진된다.

특히 ascorbate oxidase는 생식품의 조직이 파괴되어 산소와 접촉되는 순간부터 ascorbic acid의 산화를 촉진하게 되는데, 이 효소는 오이, 당근, 호박, 가지 등에 많이 함유되어 있다.

비타민 C의 산화방지 방법은 다음과 같다.

① 과채류의 예비가열 처리(blanching): ascorbate oxidase의 불활성화
② 산소의 제거: 통조림 제조 시의 탈기, 가스치환
③ ascorbic acid보다 산화속도가 빠른 D-isoascorbic acid의 첨가
④ ascorbate ester(예: stearoyl ascorbate)의 첨가

비타민 C는 채소류, 피망, 감자, 무, 레몬 등에 많이 존재한다.

12) 비타민 P

비타민 P는 세포막의 투과성(透過性, permeability of cell membrane)을 조절하고, 비타민 C와 함께 출혈(hemorrhage)을 방지한다.

비타민 P는 감귤류의 과피에 존재하는 hesperidin, rutin, eriodictin 등으로 식물 중의 수용성 황색색소인 flavonoid와 이당류인 rutinose(β-rhamnose + β-glucose) 사이의 배당체이다.

비타민 P는 혈관의 삼투성과 관련이 있으며 조리, 가공에 의해서 손실이 적으나 저장 중에 변질이 된다. 일반적으로 엽채류에 광범위하게 분포되어 있고, 특히 감귤류의 껍질과 메밀에 많이 함유되어 있다. 1일 요구수준이 40~50mg으로 비타민 C와 비슷하다.

그림 8-18 비타민 P의 구조

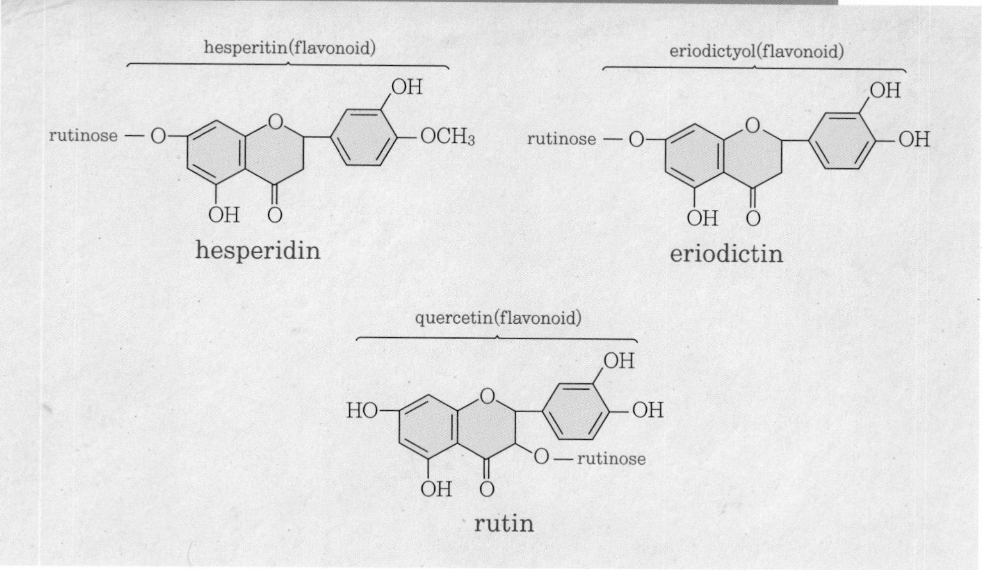

13) 비타민 L

비타민 L은 젖의 분비를 촉진하는 인자로 L_1(anthranilic acid)과 L_2(adenylthiomethyl pentose)가 있다.

그림 8-19 비타민 L의 구조

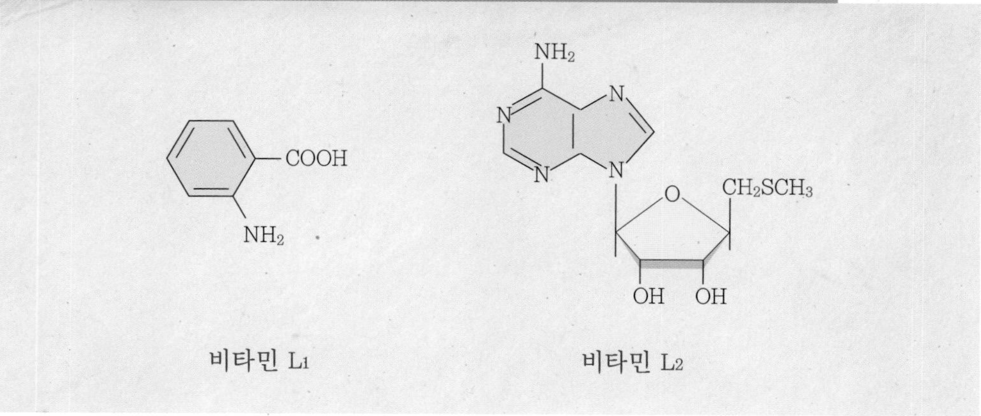

비타민 L은 뇌하수체 전엽을 비대시켜 젖의 분비 호르몬인 prolactin의 생성을 촉진하여 유즙분비를 촉진시킨다. 또한 다른 비타민과 달리 L_1과 L_2는 서로 대용될 수

없으며, 두 가지가 함께 있어야 효과를 낼 수 있다. 사람에는 장내세균에 의해 합성되므로 결핍증상은 별로 없다. 분포는 일반적으로 넓고 간, 효모, 쌀겨 등에 특히 많다.

CHAPTER 9

효소
(Enzyme)

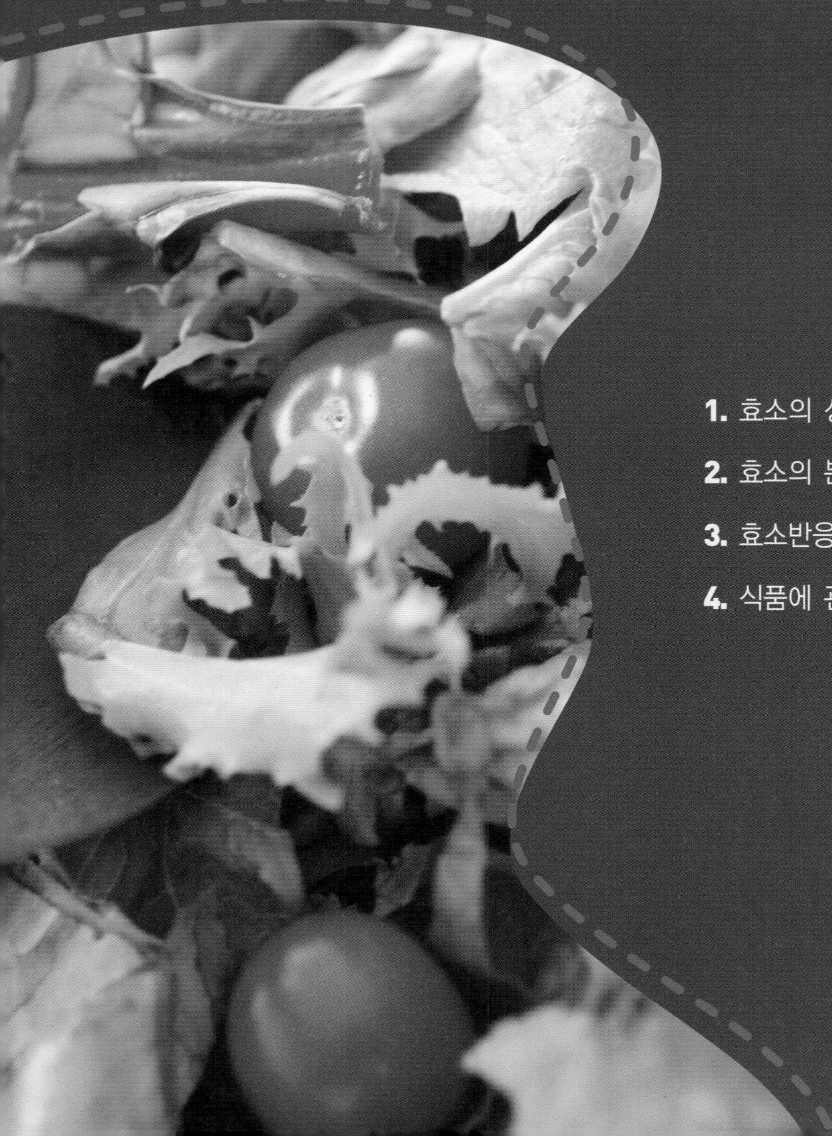

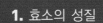

1. 효소의 성질
2. 효소의 분류
3. 효소반응에 영향을 미치는 인자
4. 식품에 관계되는 효소

효소(enzyme)는 생물에 의하여 생산되며 극미량으로 분해 및 합성 등의 화학반응의 속도를 촉진시키는 일종의 유기촉매로서 화학적 본체는 단백질이다. 효소가 식품에 작용하는 예를 보면 다음과 같다.

① 육류, 치즈, 된장의 숙성과 같이 식품 중의 효소작용을 적극적으로 이용하는 경우
② 일반적인 식품의 선도유지 및 식품의 변색방지를 위해 식품 중의 효소작용을 억제하는 경우
③ 과즙, 포도주에 pectinase를 첨가하여 혼탁을 방지하거나, 육류에 protease를 첨가하여 연화를 하는 등 외부로부터 효소를 넣어 식품의 질적 향상을 도모하는 경우
④ 전분에서 포도당을 제조하거나 glutamate, aspartate의 제조에 효소를 이용하는 경우

이와 같이 식품을 가공하거나 저장 중에 효소반응이 유리할 때는 효소작용을 촉진하도록 하거나 효소를 첨가하여야 하고, 반대로 효소반응이 좋지 않은 방향으로 진행될 때는 효소반응을 억제하여 식품의 선도유지를 하여야 하므로 효소의 일반적인 성질과 특성을 아는 것이 중요하다.

1. 효소의 성질

효소는 세포조직 내에서 생성, 분포되어 생체 내의 반응을 촉진하거나 억제하는 고분자의 유기화합물(단백질)로 생체촉매(biocatalyst)라 부른다. 촉매란 반응과정 동안 영구적인(permanently) 변화 없이 반응에 요구되는 활성화에너지(activation energy)를 감소시켜 반응속도를 높이는 단순화합물을 말한다. 즉, 효소는 반응을 촉매하는 동안 파괴되거나 변화되지 않아서 재사용할 수 있다는 것을 의미한다.

효소는 생물의 종류, 생체기관의 종류, 대사기구 및 환경의 차이 등에 따라서 각기 다른 효소가 존재하며 분자량은 약 수만~수십만으로 알려져 있다.

효소는 가수분해효소(hydrolase)와 같이 단순 단백질(simple protein)인 경우와 산화환원효소와 같이 복합 단백질(complex protein)인 경우가 있다. 세포에서 생성된

그림 9-1 효소와 활성화에너지

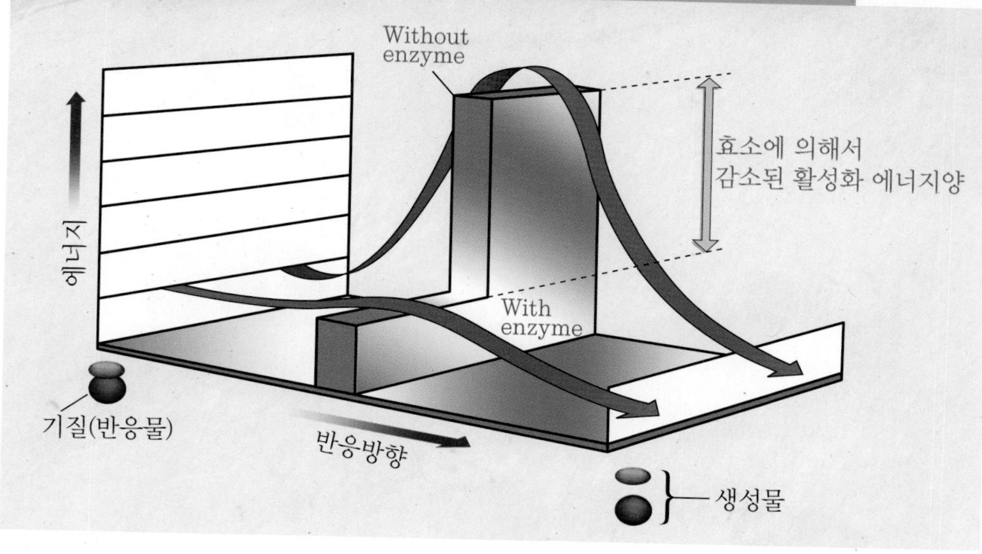

효소는 대부분 복합 단백질로 전기, 물리, 화학적 성질은 일반 단백질과 비슷하여 protease에 의해 분해되고 열, pH 등에 의해 변성(denaturation)되어 활성(activity)을 잃어버린다.

대부분의 효소는 복합 단백질로 비단백질 물질인 보결분자단(prosthetic group), 즉 조효소(coenzyme)와 복합체를 형성하여 효소작용을 나타낸다. 이때 단백질 부분을 Apoenzyme이라 하며, apoenzyme과 coenzyme이 결합한 상태를 holoenzyme이라 하고 이때에 비로소 효소활성을 갖게 된다.

효소의 기질 특이성은 apoenzyme에 의해서 결정되며 활성기는 prosthetic group에 존재한다. apoenzyme은 단백질로 열변성을 일으킨다. 단순단백질에 속하는 효소에는 단백질 분자 자체에 기질을 흡착하는 구조와 활성기가 존재한다.

Prosthetic group은 catalase, peroxidase의 Fe−porphyrin 같은 단백질과 강하게 결합된 경우와 hexokinase의 Mg^{+2}, amylase의 Ca^{+2}, carboxypeptidase의 Zn^{+2}, leucine aminopeptidase의 Mn^{+2}같이 단백질과 해리되기 쉽고 투석에 의해서 분리되는 금속이온(cofactor)이 있다. 또한 단백질과 해리되기 쉽고 투석성이며 내열성이 있는 유기화합물인 경우도 있다. 조효소로는 NAD, NADP, FAD, ATP, CoA, biotin 등이 알려져 있다.

그림 9-2 효소-기질반응

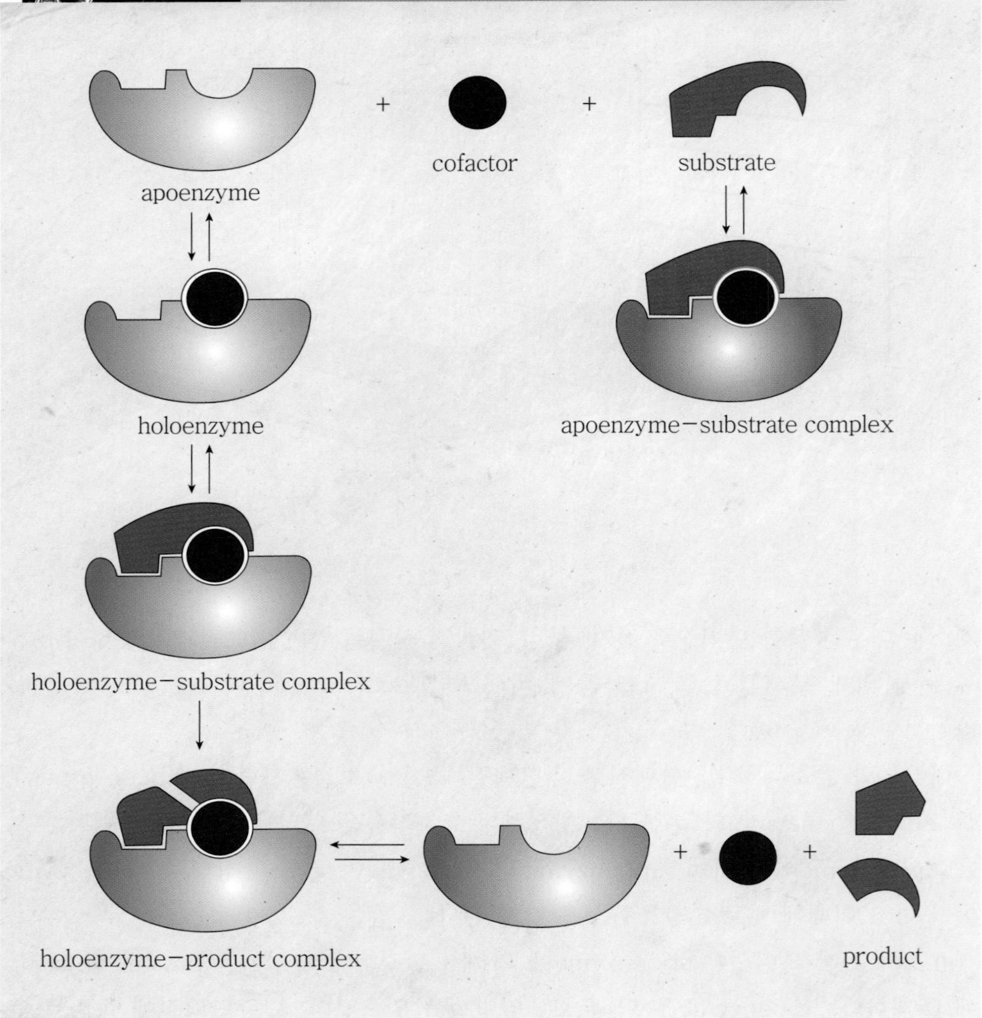
+
cofactor
+
substrate
apoenzyme
holoenzyme
apoenzyme−substrate complex
holoenzyme−substrate complex
holoenzyme−product complex
+
+
product

그림 9-3 Sucrase에 의한 설탕의 분해

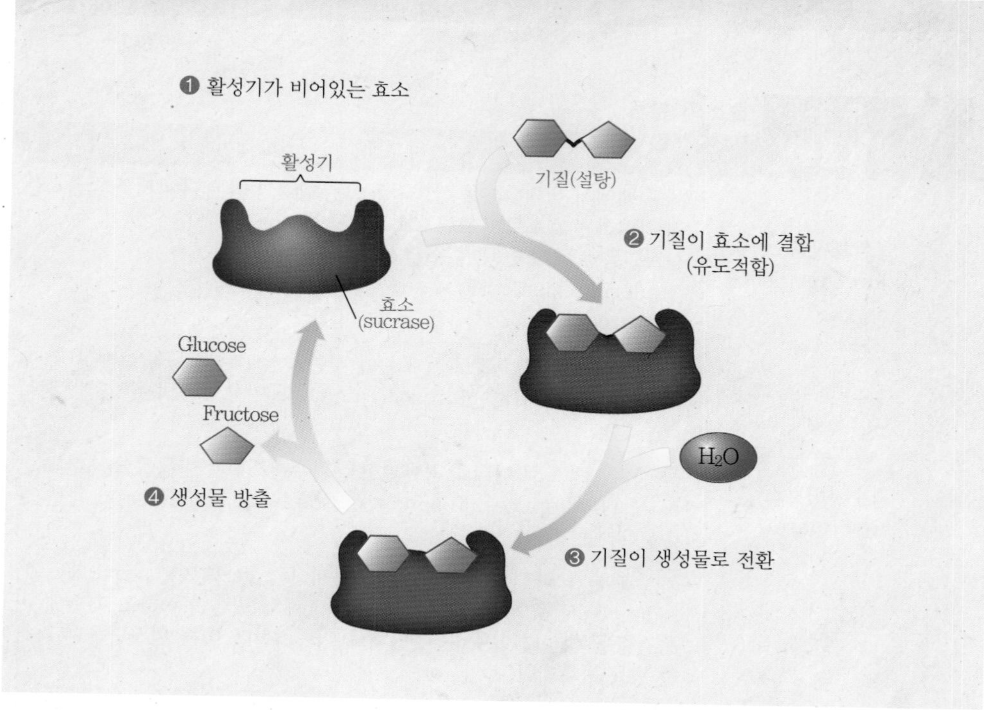

한편 효소는 특정한 기질 또는 하나의 제한된 그룹에만 속하는 물질에만 작용하는 기질 특이성과 한 종류의 화학반응만을 촉매하는 작용 특이성을 가지고 있다.

그림 9-4 효소의 기질 특이성

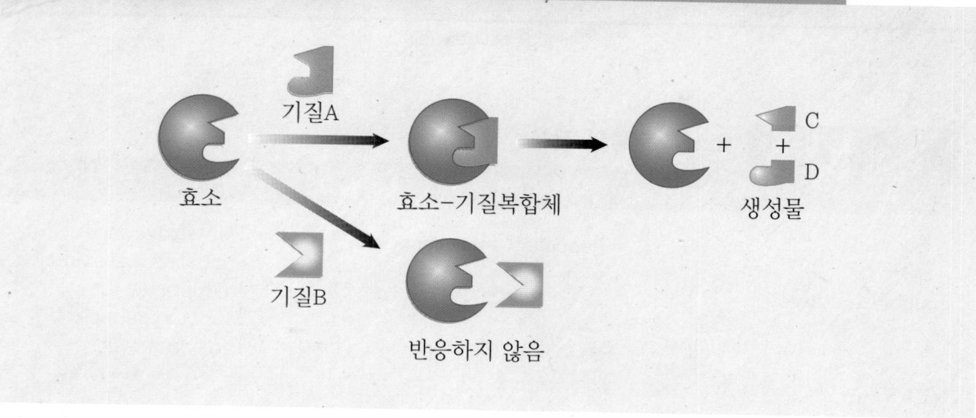

2. 효소의 분류

표 9-1 효소의 분류

번호	분류 효소명	반응형식 및 특성
1	산화환원효소 (oxidoreductase)	– 세포 내에서 생체성분을 산화적으로 분해하여 많은 에너지를 방출하는 데 관여하는 효소로서 호흡효소라고도 한다. – 산화반응, 탈수소반응, 수소첨가반응, 환원반응 – catalase(oxidase): $H_2O_2 + H_2O_2 \rightleftarrows O_2 + 2H_2O$ – dehydrogenase: $AH_2 + B \rightarrow A + BH_2$
2	전달효소 (transferase)	– 한 기질에서 다른 기질로 기 또는 원자단을 옮기는 반응을 촉매한다. – methyl기, acetyl기, glucose기, amino기, 인산기 등의 원자단을 전이하는 반응
3	가수분해효소 (hydrolase)	– 물 분자 개입으로 기질의 공유결합을 가수분해하는 반응을 촉매한다. – ester bond, glucoside bond, peptide bond, amide bond 등을 가수분해하는 반응
4	분해효소 (lyase)	– 가수분해가 아닌 방법으로 기질에서 물, 암모니아, carboxyl기, aldehyde기 등의 원자단을 분리(radical의 이탈반응)하고 기질에 이중결합을 생성하기도 하며, 반대로 이중결합에 이들 원자단을 부가하는 반응을 촉매한다.
5	이성화효소 (isomerase)	– 기질분자의 분해, 전위, 산화환원을 수반하지 않는 분자의 이성화반응을 촉매한다. – 입체 이성화반응, cis–trans 전환반응, 분자 내의 산화환원 및 분자 내 전이반응
6	연결효소 (ligase)	– 합성효소(synthetase)라고도 하며, ATP 또는 그것과 비슷한 triphosphate의 pyro인산결합의 분해와 공역하여 두 분자를 결합시키는 반응을 촉매한다. – ATP → AMP + PP 반응과 합성반응 – X + Y + ATP → X–Y + AMP + PP

표 9-2 효소의 분류와 작용

Class	Reaction type	Important subclasses
1 Oxidoreductases	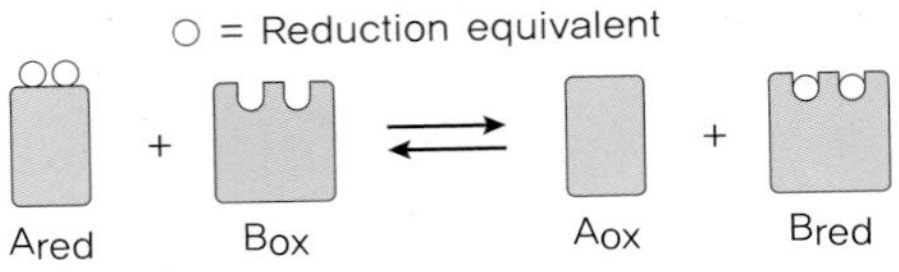	Dehydrogenases Oxidases, peroxidases Reductases Monooxygenases Dioxygenases

2 Transferases	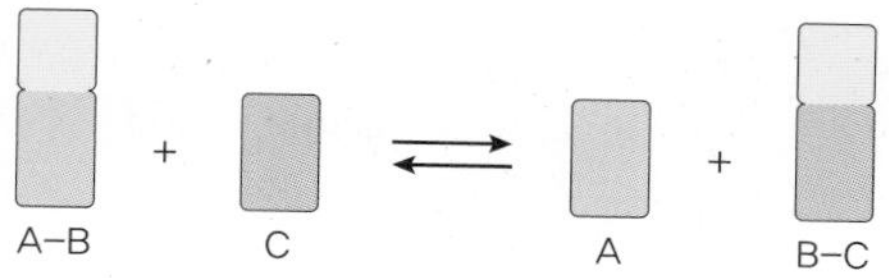	C_1−Transferases Glycosyltransferases Aminotransferases Phosphotransferases
3 Hydrolases	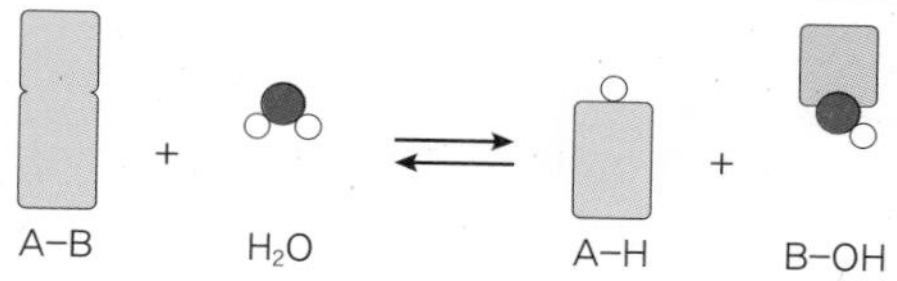	Esterases Glycosidases Peptidases Amidases
4 Lyases ("synthases")	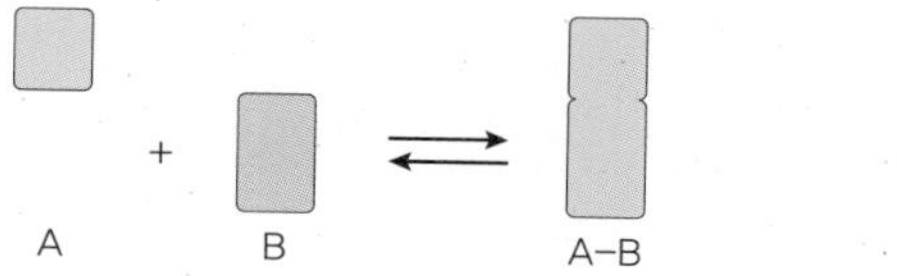	C−C−Lyases C−O−Lyases C−N−Lyases C−S−Lyases
5 Isomerases	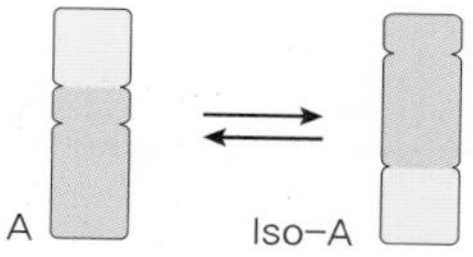	Epimerases *cis trans* Isomerases Intramolecular transferases
6 Ligases ("synthetases")	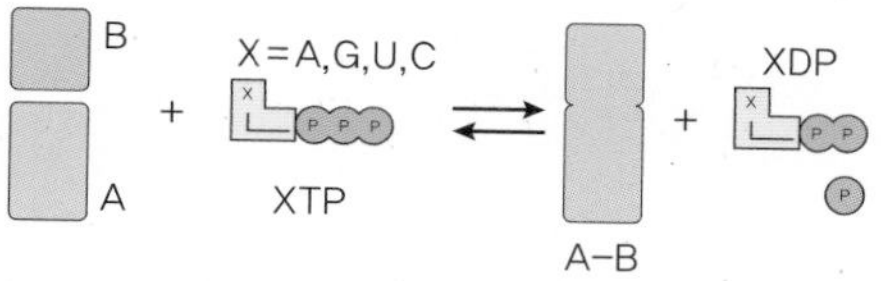	C−C−Ligases C−O−Ligases C−N−Ligases C−S−Ligases

표 9-3 효소분류명(Enzyme classification number)

1. Oxido−reductases (oxidation−reduction reactions)	1.1 Acting on −CH−OH 1.2 Acting on −C=O 1.3 Acting on −CH=CH− 1.4 Acting on −CH−NH_2 1.5 Acting on −CH−NH− 1.6 Acting on NADH ; NADPH
2. Transferases (transfer of functional groups)	2.1 One−carbon groups 2.2 Aldehydic or ketonic groups 2.3 Acyl groups 2.4 Glycosyl groups 2.7 Phosphate groups 2.8 S−containing groups

3. Hydrolases (hydrolysis reactions)	3.1 Esters 3.2 Glycosidic bonds 3.4 Peptide bonds 3.5 Other C−N bonds 3.6 Acid anhydrides
4. Lyases (addition to double bonds)	4.1 $-\overset{\vert}{C}=\overset{\vert}{C}-$ 4.2 $-\overset{\vert}{C}=O$ 4.3 $-\overset{\vert}{C}=N-$
5. Isomerases(isomerization reactions)	5.1 Racemases
6. Ligases (formation of bonds with ATP cleavage)	6.1 C−O 6.2 C−S 6.3 C−N 6.4 C−C

예: EC 3.2.1.1: α−amylase
EC 1.1.1.1: alcohol dehydrogenase

3. 효소반응에 영향을 미치는 인자

⊙ 온도

온도 상승에 따라 효소반응 속도가 증가하나 효소는 단백질이므로 고온에서 변성해서 효소활성이 약해지며, 어느 온도 이상이면 효소 기능을 상실한다. 즉, 최적온도가 존재한다. 효소의 최적온도(optimum temperature)는 대부분 30∼40℃이며, 식품 중의 효소는 식품원료를 70℃ 또는 그 이상에서 수분간 가열함으로써 불활성화된다.

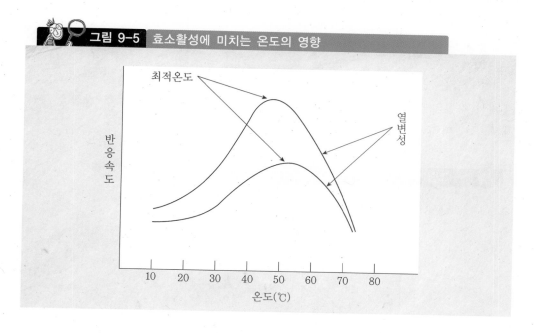

그림 9-5 효소활성에 미치는 온도의 영향

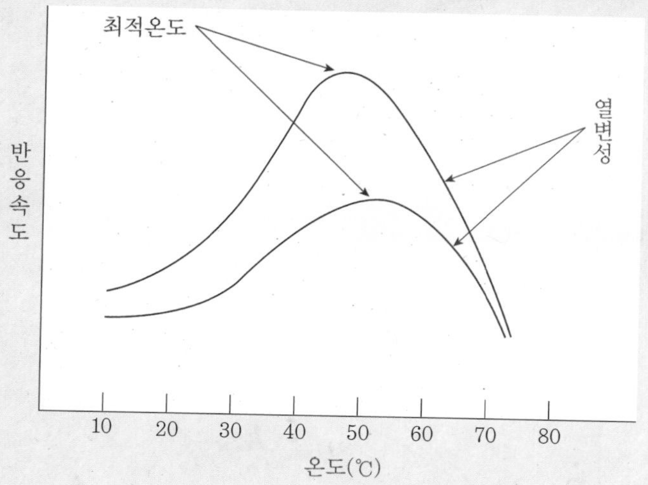

⊙ pH

효소반응에는 pH 조절이 필요하다. 작용 최적 pH는 4.5~8.0이나 예외로 pepsin은 pH 1.8, arginase는 pH 10.0이 최적조건이다.

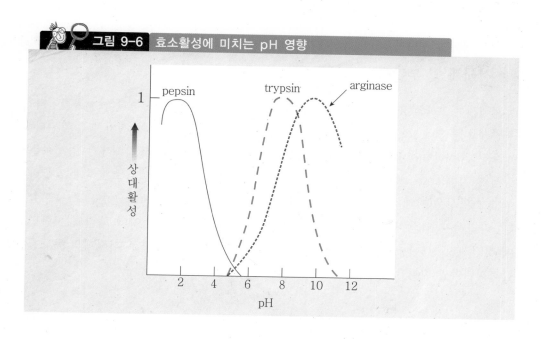

그림 9-6 효소활성에 미치는 pH 영향

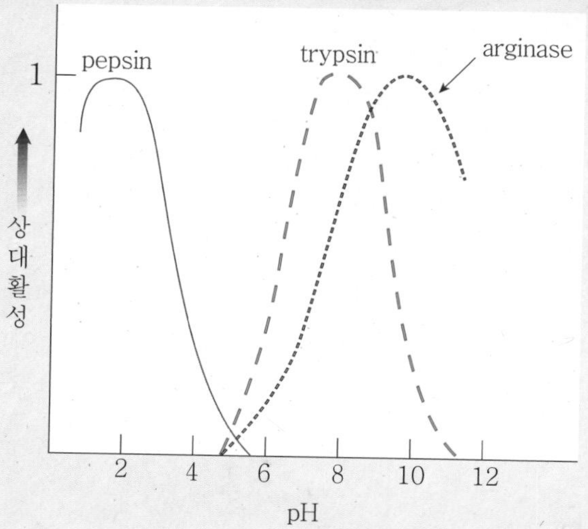

⊙ 효소농도 및 기질농도

효소반응은 반응 초기에 효소의 농도와 그 활성도가 비례한다. 일정한 효소량에 대해서 기질의 농도를 증가시키면 처음의 반응은 속히 진행되나 그 후 기질을 증가해도 그에 따라 증가하지 않고 일정해진다.

그림 9-7 효소 반응속도에 미치는 기질농도의 영향

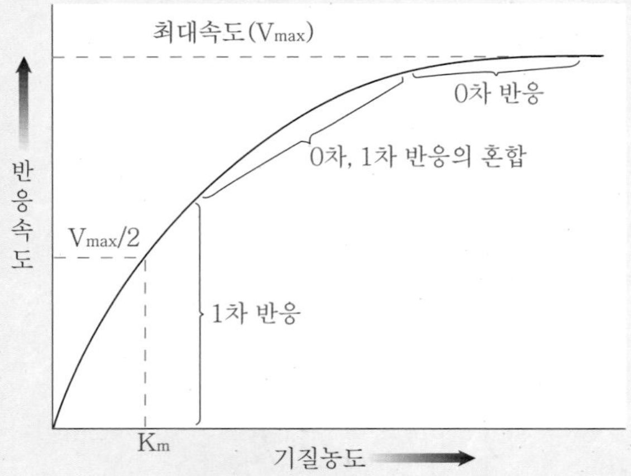

⊙ 저해제 및 부활제

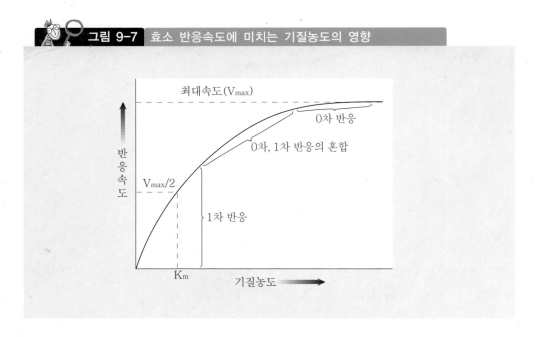

저해제는 효소작용을 억제하는 물질이며 부활제는 효소작용을 촉진하는 물질이다. 부활제로는 Ca, Mg, Mn 등이 있다. Carboxylase는 Mg^{+2}이온의 첨가로 부활된다. 효소저해(inhibition)에는 효소의 활성부위(active site)를 기질과 저해제가 경쟁하는 경쟁적 저해(competitive inhibition)와 저해제가 기질과는 다른 효소위치에 결합하여 효소활성을 저해하는 비경쟁적 저해(non-competitive inhibition) 등으로 구분한다. 따라서 경쟁적 저해를 억제하기 위해서는 기질의 농도를 높이면 해결되는 반면에 비경쟁적 저해는 저해제에 의해 효소의 구조가 변화하게 되므로 저해제의 농도를 감소시켜야만 한다.

그림 9-8 저해제에 의한 효소 반응저해

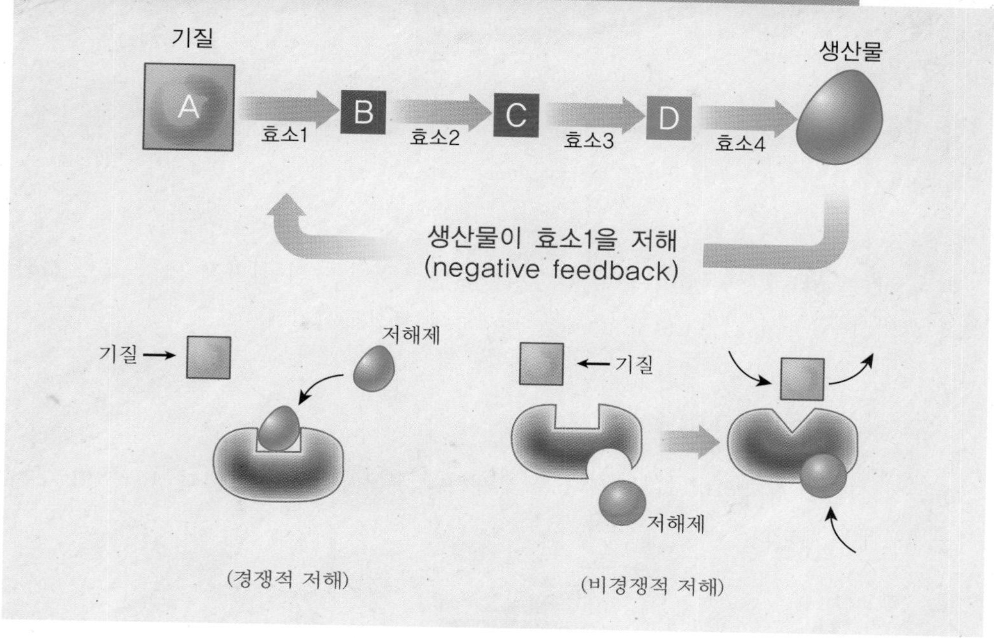

4. 식품에 관계되는 효소

(1) 산화환원효소(oxidoreductase)

1) Glucose oxidase(EC 1.1.3.4)

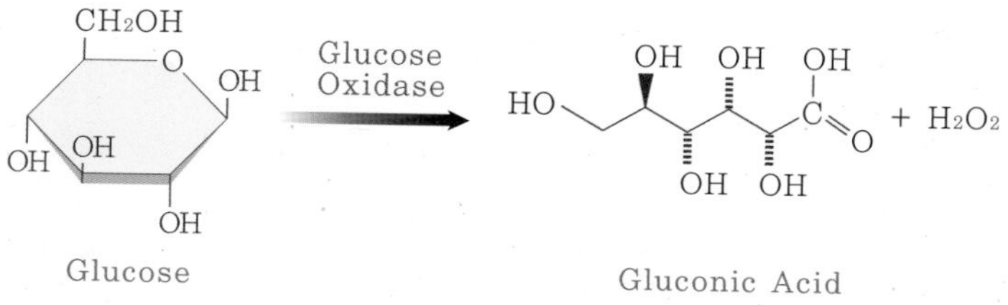

Asp. niger, Pen. notatum 등에서 생산되며, 최적 pH는 5.6~5.8이고, 30~40℃의 최적온도를 가진다. Glucose 정량, 산소 제거제(O_2 scavenger)로 사용되며 전지분유, 커피, 코코아, 유제품, 육제품의 저장성 증진에 사용된다.

2) Catechol oxidase(polyphenol oxidase, tyrosinase, EC 1.10.3.1)

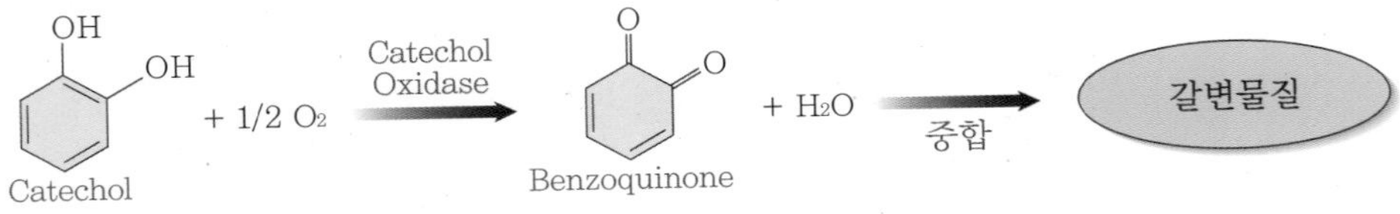

최적 pH는 pH 5.0~7.0이며, 갈변방지를 위해서는 Cl−의 첨가에 의한 효소 불활성을 하거나 citric acid, tartaric acid를 첨가하여 산성화시킨다.

3) Catalase(EC 1.11.1.6)

동물성 식품에 유래하며 과산화수소를 분해하여 동물세포를 보호한다. Peroxidase는 식물세포에 존재한다.

$$2H_2O_2 \xrightarrow{\text{catalase}} 2H_2O + O_2$$

주로 tetrapack 소독용, 치즈 보존제로 사용된 과산화수소를 분해하여 해독시킨다.

4) Lipoxidase(EC 1.13.11)

불포화지방산(linoleic acid 등)의 자동산화(산패)를 촉진하며, 동시에 각종 carotene을 파괴하므로 식품가공 시 열처리에 유의해야 한다.

(2) 가수분해효소(hydrolase)

1) Lipase

$$\text{중성지질} \xrightarrow{\text{lipase}} \text{free fatty acid} + \text{glycerol}$$

최적 pH는 5.8~8.6이며, 유지식품 가공 시 불완전한 열처리에 의해 lipase가 남아있으면 산패취의 요인이 된다. 식품산업에서는 소화제(digestive), 유제품 방향 증진제(우유에는 휘발성 저급지방산이 많다), 세탁세제(detergent), 지방산 제조 등에 이용된다.

2) Phosphatase(phosphoric Monoester hydrolases, EC 3.1.3)

정인산 모노에스테르를 가수분해시키는 효소로서 실활온도가 결핵균(*Mycobacterium tuberculosis bovis*)의 사멸온도인 저온살균조건(63℃, 30min)과 일치하므로 우유살균의 완전도를 검사하는 데 phosphatase test가 이용되고 있다.

3) α-amylase(액화효소, liquefying enzyme of starch, EC 3.2.1.1)

전분의 아밀로오스와 아밀로펙틴의 α-1,4 결합부위를 내부에서 가수분해하는 endo type 효소로 dextrin 이외에 maltose와 glucose 등이 생성된다.

침(saliva), 이자액(pancreatic juice), 맥아(malt sprouts), *Bacillus subtilis*, *Aspergillus* 등에서 발견되며, 최적 pH는 5.8~6.4(세균), 최적 온도는 50~70℃(NaCl, 아세트산 칼슘의 첨가 시 75℃로 상승)이다.

주로 물엿(corn syrup)과 포도당 제조 시 전분의 액화반응에 이용되고, ethanol 발효 시 술덧의 액화에 이용되며, 제빵공정에서 빵의 향미 개선 효과가 있다.

4) β-amylase(당화효소: saccharifying enzyme of starch, EC 3.2.1.2)

액화된 전분의 비환원형 말단(non-reducing terminal)으로부터 maltose 단위로 가수분해한다. 따라서 주생성물은 maltose 및 dextrin이다.

맥아(α-amylase와 공존하므로 혼합효소를 diastase라 함), 고구마 등에 존재하며, 최적 pH는 pH 5.0~7.0이다. 물엿 제조에 이용된다.

5) Glucoamylase(EC 3.2.1.3)

β-amylase에 의해 당화된 dextrin, maltose에 반응하여 비환원형 말단부터 α-1,4 결합부위와 α-1,6 결합부위를 포도당 단위로 완전히 가수분해시켜 순수한 glucose를 생산한다. 따라서 결정형 포도당(100% 포도당, 의료용 dextrose) 생산에 이용된다.[chapter 4, 6. 펙틴 가수분해효소 참조]

6) Pectinase

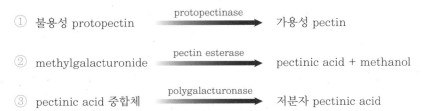

① 불용성 protopectin —protopectinase→ 가용성 pectin

② methylgalacturonide —pectin esterase→ pectinic acid + methanol

③ pectinic acid 중합체 —polygalacturonase→ 저분자 pectinic acid

Aspergillus niger, Penicilium screlotinia 등에서 생산되며, 그 용도는 다음과 같다.

- 과채류의 연화(김치류, 감, 토마토의 숙성 등): 특히 과실이 익어감에 따라 불용성의 protopectin이 protopectinase에 의해 가용성 pectin으로 분해된다.
- 과즙과 포도주의 청징화(清澄化, clarification)
- pectin esterase만의 선택적 반응(urea 처리에 의해 polygalacturonase를 불활성화시킴)을 통해 저칼로리 젤리(low sugar jelly) 생산

7) Lactase(EC 3.2.1.108)

유당에 작용하여 β-galactose와 glucose로 분해시키는 효소로서 대장균, 젖산균, 효모(*Saccharomyces fragalis*) 등의 균체를 비롯하여 아몬드, 사과, 복숭아 등의 일부 식물체에도 미량 존재한다.

용도는 소화제, 유당불내증(lactose intolerance)의 예방, 아이스크림, 농축유(연유)의 유당 거대결정생성 방지(모래알맛, sandiness의 방지) 그리고 유당의 상대적 감미도가 16에 불과하기 때문에 감미 증강(강화)에 이용된다.

8) Cellulase(EC 3.2.1.4)

식물성 섬유소인 cellulose에 작용하여 cellobiose와 β-glucose를 생성하는 효소로서 세균, 곰팡이, 방선균(토양미생물) 등에 널리 분포하고 있는데, 특히 *Aspergillus niger, Trichoderma viride* 등이 대표적 균주이다.

Cellulase의 용도는 다음과 같다.

① 전분용액 중의 cellulose 제거

② 대두단백질 분리물(ISP, isolated soy protein) 및 대두단백질 농축물(soy protein concentrate) 제조

③ 곡물, 두류 가공 시의 탈피(脫皮, dehulling)
④ 소화제
⑤ 사료첨가제(feed additive)
⑥ 식이섬유 제조(섬유음료, fiber beverage 제조)
⑦ 한천 제조

9) Invertase(sucrase, saccharase, EC 3.2.1.48)

Sucrose를 glucose와 fructose로 가수분해시키는 효소이며, 이 생성물은 선광도의 변화에 따라 전화당(invert sugar)이라 한다. 최적 pH는 4.5~5.0이며, 장내에도 존재하나 공업적으로는 효모인 *Saccharomyces cerevsiae* 배양액을 톨루엔, 클로로포름, 초산에틸 등으로 자가소화(autolysis)시켜 alumina로 흡착 · 정제한 것을 에탄올(ethanol), 글리세롤(glycerol) 처리를 거쳐 얻는다.

용도는 당의 거대결정생성 방지, 보습제(保濕劑, humectant) 그리고 전화당 생산에 이용된다. 전화당은 설탕보다 상대적 감미도가 높고, 용해성이 높아 각종 식품가공제품(초콜릿, 아이스크림, 양갱, 인공벌꿀) 생산에 이용된다.

10) Hesperidinase(EC 3.1.1.20)

Hesperidin(rutin, eriodictin 등과 비타민 P로 작용함)에 작용하여 수용성의 rhamnose와 hesperidin-7-glucose로 가수분해하는 효소로, 최적 pH 3.5, 최적온도 60℃이며 주요생산균주는 *Aspergillus niger*이다.

주로 밀감류 과즙제품의 백탁(白濁, white turbidity)을 방지함으로써 청징화에 사용된다.

11) Tannase

떫은맛 성분인 tannin에 작용하여 gallic acid와 알코올, 페놀(phenol), 당 등의 에스테르 결합을 분해시키는 효소로, 곰팡이인 *Aspergillus niger, Penicilium glaucum* 등에서 추출된다.

· 맥주 중의 tannin-protein complex를 분해하여 맥주의 청징화 공정에 사용된다.

12) Naringinase

감귤류 껍질의 쓴맛 성분인 naringin에 작용하여 1차적으로 수용성의 rhamnose와 naringenin-7-glucose로 가수분해시키고, 2차적으로 naringenin과 glucose로 가수분해함으로써 쓴맛을 제거한다.

이 효소의 최적조건은 최적 pH4.5, 최적 온도50℃이며, 주요 생산균주는 *Aspergillus niger*로서 감귤류 제품의 쓴맛 제거에 이용된다.

13) Protease

단백질 가수분해효소(protease)에는 endopeptidase와 exopeptidase로 구분한다. Endopeptidase는 peptide 내부의 특정 아미노산 부분을 선택적으로 가수분해하는 효소로, pepsin, trypsin, chymotrypsin, rennin 등이 이에 속한다. 반면에 exopeptidase는 peptide 말단(N-terminal 또는 C-terminal)을 가수분해하는 amino peptidase 및 carboxy peptidase 등이다.

Protein hydrolysate 생산 과정에서 생산 목적에 따라 protease의 선택이 중요한 과제이다. 예로, casein의 trypsin 처리 시 쓴맛을 지닌 peptide가 얻어지는데, 이는 Pro 및 Phe 등 소수성 아미노산에 기인하는 것으로 carboxy peptidase의 2단계 처리에 의해 아미노산까지 가수분해하면 해결된다.

Protease의 식품산업 이용은 다음과 같다.

① 육단백질의 연화(tenderization): 식물성 protease인 bromelain, ficin, papain 등의 연육제(meat tenderizing agent)로 이용
② 맥주의 청징화: 열대성 과일인 papaya의 과즙 함유 단백질 가수분해효소인 papain 이용
③ 치즈 제조: rennin(응유효소)에 의해 curd가 생성되며, green cheese 숙성 시 peptide, 아미노산 등의 정미물질을 생성
④ 간장, 된장, 젓갈류 등의 발효식품에서 가수분해작용을 통해 정미물질 생성

CHAPTER 10

식품의 색 (Colors)

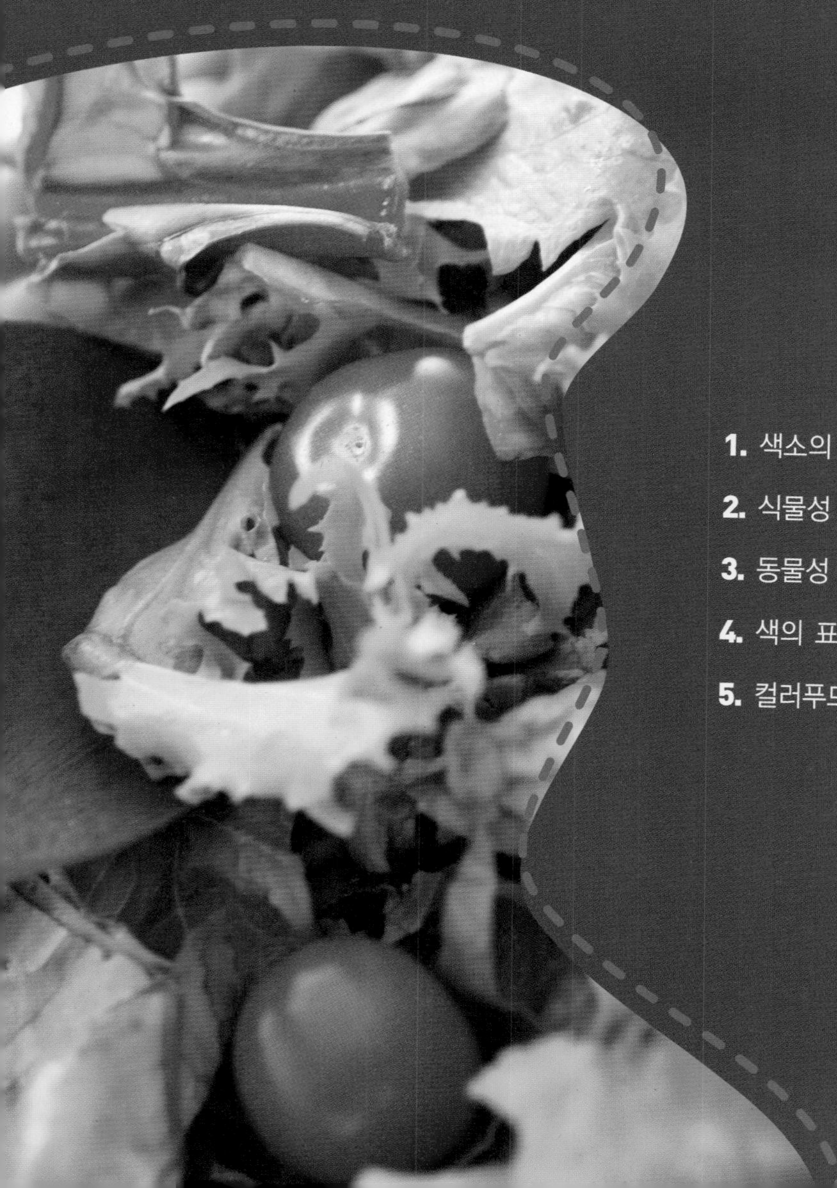

1. 색소의 분류
2. 식물성 색소
3. 동물성 색소
4. 색의 표시
5. 컬러푸드

식품은 그 종류에 따라 특유한 색을 가지고 있으며 식품의 신선도와 선택을 결정하는 중요한 요소가 된다. 자연식품에 존재하는 색은 대부분 맑고 선명하나 변질된 식품은 어둡거나 변색되므로 색은 식품의 품질변화를 나타내는 하나의 척도가 될 수 있다.

이러한 색은 태양의 가시광선 중에서 일부는 흡수하고 나머지 부분은 반사하거나 통과시키는데, 이것이 우리 눈의 망막을 거쳐 시각중추에 전달되어 흡수된 광선과 대응하는 색(보색)으로서 인지하게 된다(그림 10-1).

그림 10-1 색인 인지

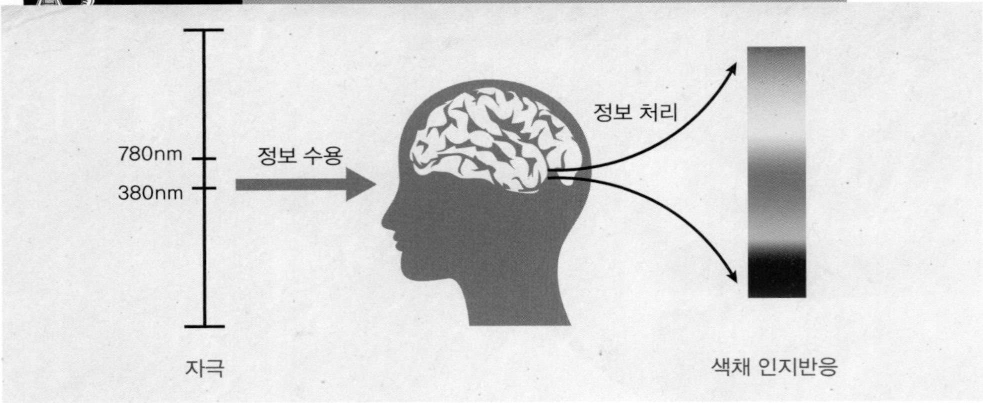

예로 사과와 레몬의 가시광선 파장에 따른 반사율을 표시한 그림을 보면 그 차이를 확인할 수 있다.

그림 10-2 사과와 레몬의 파장별 반사율 비교

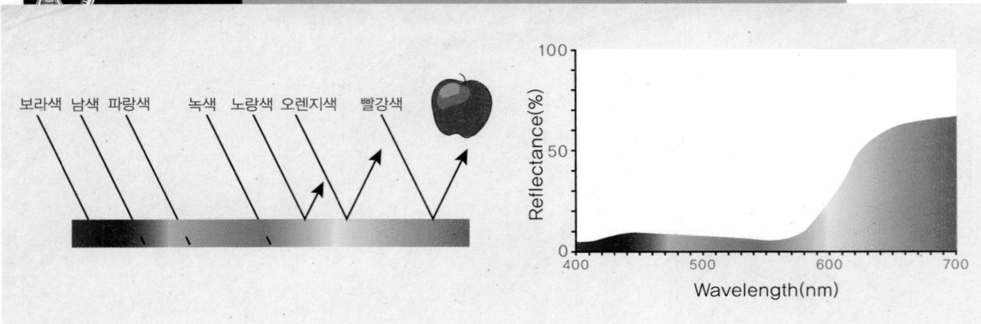

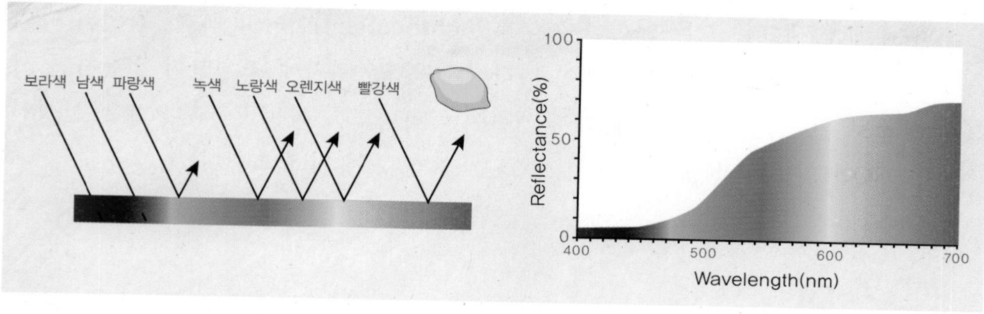

색에 대한 일반적인 이론에는 색소원(chromogen)설이 있다. 즉, 색소란 파장이 긴 red 영역(780nm)에서 파장이 짧은 violet 영역(360nm)까지의 가시광선에서 각 파장을 반사하는 물질로서, 식품의 색은 발색의 기본이 되는 원자단인 발색단[chromo phore, chromo(color)+phorein(to bear)]과 조색단[auxochrome, auxanien(to increase)+chrome(color)]이 존재하여야 한다.

발색단은 UV/Vis 영역에서 특정 파장의 빛을 흡수하여 화합물의 색깔에 관여하는 불포화 유기 작용기로 불포화결합(이중결합, 삼중결합)과 conjugated 결합 등이 있다. 가시광선 영역에서의 발색단에는 carbonyl기(>C=O), azo기(−N=N−), nitro기($-NO_2$), ethylene기(−C=C−), nitroso기(−N=O) 등의 원자단이 있다. 그 자체로서는 색깔을 띠지 않으며 조색단이 결합해야만 색깔을 낼 수 있다.

그림 10-3 발색단과 조색단의 결합에 의한 색소원 발색

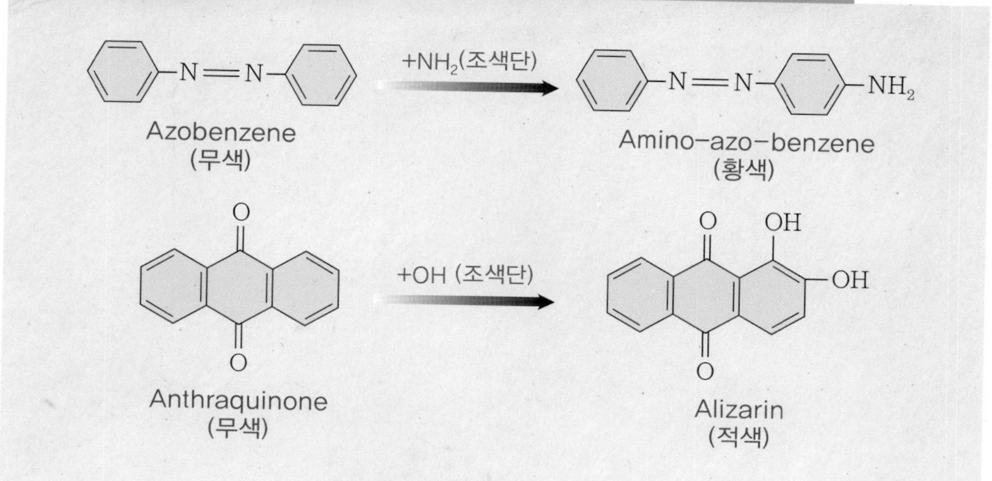

분자 내에 발색단을 갖는 화합물을 색소원(chromogen)이라고 하며, 광선의 자외선 부분만을 흡수해서는 선명한 색이 나타나지 않고, 여기에 조색단이 결합하면 선명한 색소로 된다. 발색단에 결합하여 색깔이 나타나도록 하는 원자단으로는 산성인 $-OH$, $-SO_3H$, $-COOH$와 염기성인 $-NH_2$, $-NR_2$ 등이 이에 속한다.

1. 색소의 분류

식품의 색소에는 자연색소와 인공색소가 있으며 자연색소는 다음과 같이 분류할 수 있다.

(1) 화학구조에 의한 분류

1) tetrapyrrole 유도체

그림 10-4 pyrrole과 porphyrin 구조

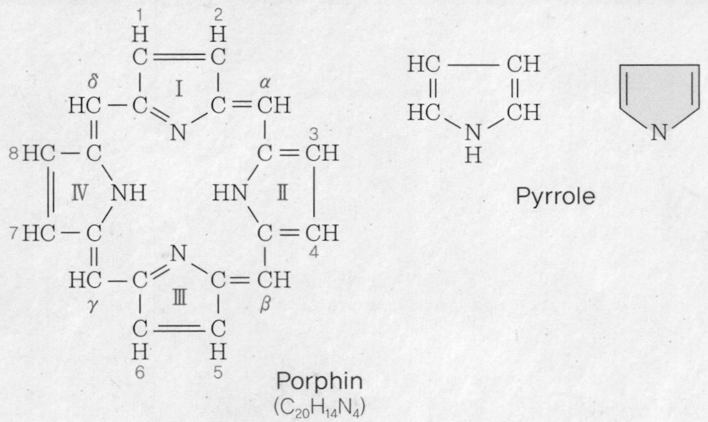

4개의 pyrrole 핵이 서로 methine기(−CH=)에 의해 결합하고 이중결합이 모두 공액구조인 porphyrin ring을 갖는 chlorophyll, hemoglobin, myoglobin 등이 있다.

2) isoprenoid 유도체

Isoprene[(CH_2=C(CH_3)−CH=CH_2]의 중합체로만 골격을 갖는 carotenoid가 이에 속하며 공액 이중결합을 갖는 발색단을 가진다.

3) benzopyrone 유도체

C_6−C_3−C_6의 구조를 갖는 flavonoid가 여기에 속한다.

그림 10-5 isoprene과 benzopyrone 구조

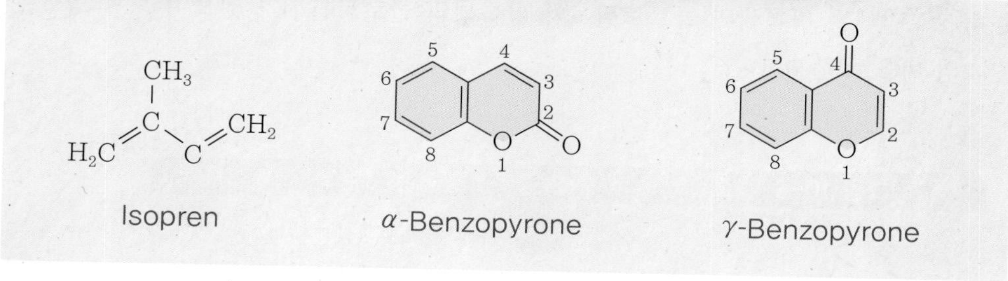

4) 기타

갈변반응에서 생성된 melanoidin, caramel 등이 있다.

(2) 출처에 의한 분류

1) 식물성 색소

- 지용성 색소(식물의 엽록체에 존재): chlorophyll, carotenoid
- 수용성 색소(식물의 액포에 존재): flavonoid계인 anthoxanthin(common flavonoid), anthocyanin, tanninflavonoid, anthocyanin, betalain

2) 동물성 색소

- hemoglobin: 동물의 혈액에 존재
- myoglobin: 동물의 근육조직에 존재
- carotenoid: 우유, 달걀노른자, 게, 새우, 연어, 송어 등에 존재

2. 식물성 색소

(1) 클로로필(chlorophyll, 엽록소)

엽록소는 식물체의 잎과 줄기에 널리 분포하는 녹색의 색소로, 카로테노이드(carotenoid)와 함께 단백질 또는 지단백질과 결합한 상태로 엽록체(chloroplast)에 존재하며 식물의 광합성작용(photosynthesis)에 관여한다. 또한 클로로필이 많은 곳에 비타민 C도 존재하므로 엽록소가 많은 식품은 비타민 C가 많다.

클로로필에는 청록색의 클로로필 a와 황록색의 클로로필 b가 있으며 보통 잎에는 3 : 1의 비율로 존재한다.

그림 10-6 클로로필 a의 구조(클로로필 b는 3번 탄소에 CHO)

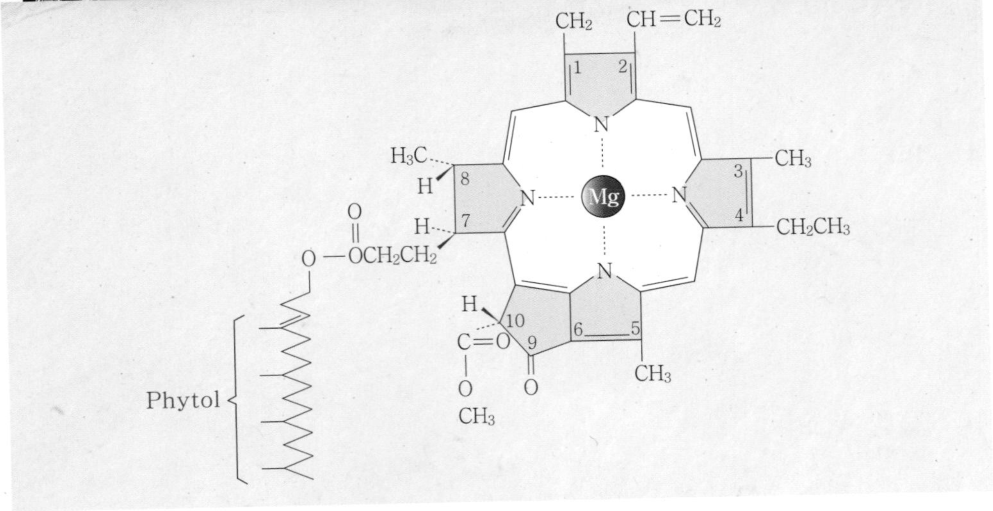

클로로필은 4개의 pyrolle 유도체가 methine 탄소(-CH=)에 의하여 연결된 porphyrin 고리의 중심에 Mg이 결합되어 있고, 하나의 pyrolle 고리에 결합된 propionic acid 치환기에 탄소수 20개의 알코올 phytol이 에스테르 결합으로 연결되어 있기 때문에 불용성이다.

1) 클로로필의 변화

① Chlorophyllase에 의한 변색(녹변, 갈변)

식물조직에 널리 분포되어 있는 chlorophyllase는 식물조직이 파괴될 때 유리되어 클로로필에 작용하면 phytol을 분리시켜 밝은 녹색의 chlorophyllide를 생성한다.

알칼리가 계속해서 존재하면 chlorphyllide는 다시 선명한 녹색인 chlorophylline이 생성된다. 그러나 산이 존재하면 Mg 이온이 $2H^+$ 이온으로 치환되어 갈색의 pheophor bide로 변한다. 녹색채소의 데치기(blanching)는 chlorophyllase를 비롯한 성분 변화를 주는 효소들을 파괴할 수 있으며 동시에 녹색이 선명해지는 효과가 있다.

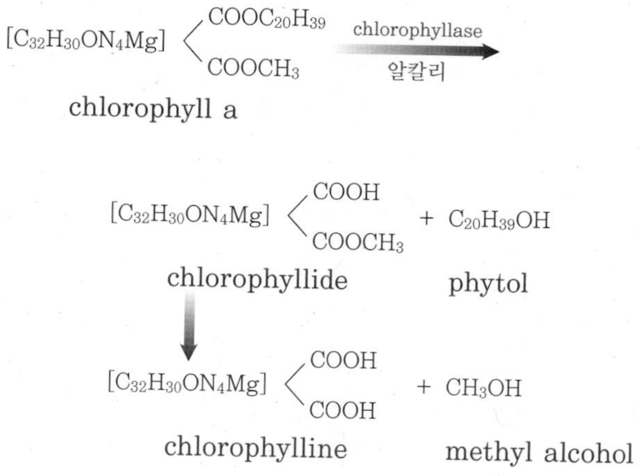

② 산(acid)에 의한 변색

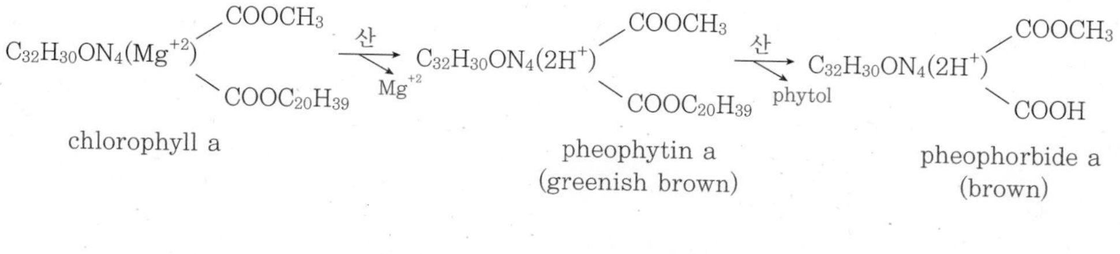

클로로필은 산에 의해 porphyrine 고리에 결합된 Mg 이온이 수소이온으로 치환되어 갈색의 pheophytin이 생성되고, 여기에 계속 산이 작용하면 phytol이 유리되어 갈색의 pheophorbide가 형성된다.

이러한 갈색화 현상은 푸른 야채를 저장(자기소화에 의한 유기산 생성), 배추나 오이김치의 발효과정(세균에 의해 젖산, 초산 생성)에서 일어난다. 산에 의한 갈색화 속도는 클로로필 a가 클로로필 b보다 빠르다.

③ 알칼리(alkali)에 의한 변색

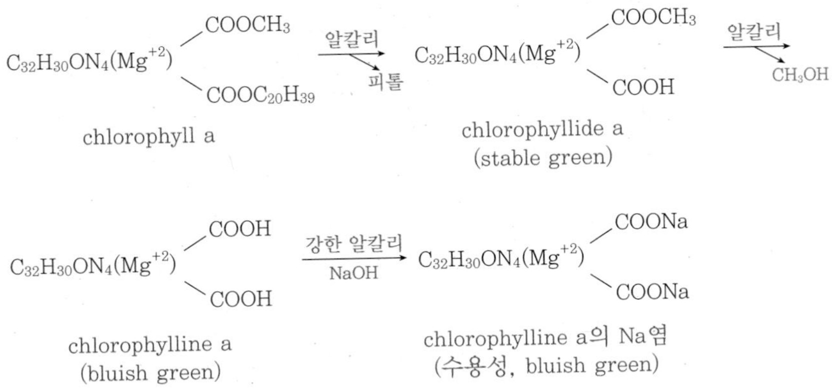

알칼리 식품은 거의 없으므로 클로로필과 알칼리의 반응은 실제 식품에서는 보기가 어렵다.

④ 금속(Ca, Cu, Fe)에 의한 영향

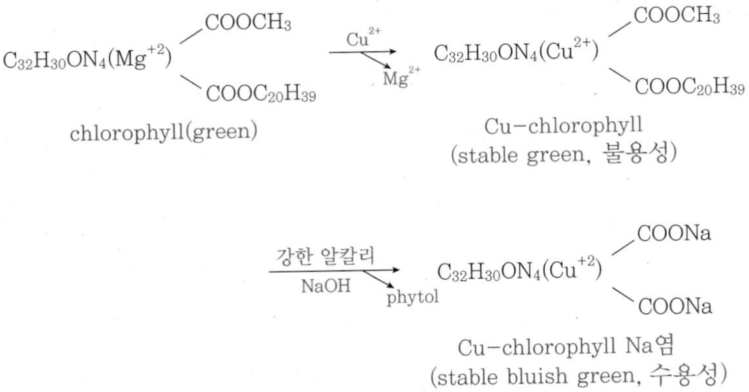

클로로필은 Cu나 Fe 등의 이온 또는 이들의 염과 함께 가열하면 클로로필 분자 중의 Mg과 치환되어 선명한 청록색의 Cu-chlorophyll 또는 선명한 갈색의 Fe-chlorophyll을 형성한다. 그러나 이들은 물에 녹지 않으므로 강한 알칼리(NaOH)로 가수분해하여 Cu-chlorophyll의 Na염 또는 Fe-chlorophyll의 Na염으로 하면 물에 잘 녹으며 색깔도 안정한 식품 착색제를 만들 수 있다. 이러한 구리의 클로로필 안정화 효과는 완두콩 통조림 제조 시 소량의 $CuSO_4$를 첨가하면 가열 살균 시의 변색을 억제하는 것에서 찾아 볼 수 있다.

⑤ Lipoxygenase에 의한 탈색(脫色, discoloration)

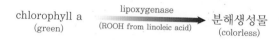

chlorophyll a (green) —lipoxygenase (ROOH from linoleic acid)→ 분해생성물 (colorless)

그림 10-7 클로로필의 변화과정

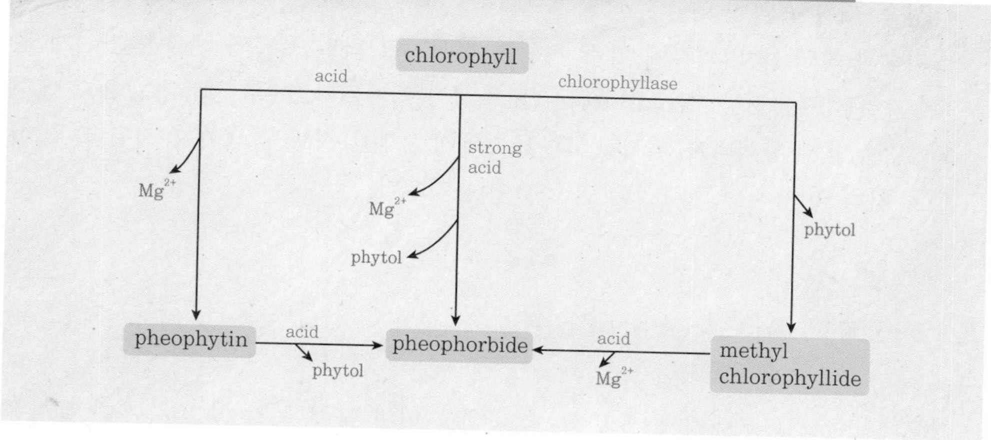

⑥ 조리 저장 중의 변화

■ 채소를 삶을 때

녹색 채소를 삶으면 단백질이나 lipoprotein과 결합하고 chlorophyll이 유리되고 채소조직의 부분적 파괴가 일어난다. 유리된 chlorophyll은 세포 내에 존재하던 휘발성, 비휘발성 유기산들에 의해 pheophytin으로 변화한다. 따라서, 채소를 삶을 때 뚜껑을 열어서 산을 휘발하면 갈변을 방지할 수 있다. 파괴율은 chlorophyll a가 b보다 크다.

■ Blanching

식품 성분의 변화를 주는 효소가 파괴되고 녹색이 선명해진다. 이는 chlorophyll의 일부가 pheophytin으로 전환하는 것을 촉진한다(60~80℃에서 최적, 100℃에서 전환이 적음). 가열하면 채소 조직의 부분적인 파괴에 의해 액포 내의 휘발성 및 비휘발성 유기산이 유리된다. 녹색채소를 천천히 오래 삶으면 단백질과의 결합이 끊어져 클로로필이 유리되고 유기산과 반응해서 pheophytin을 생성하므로 갈색으로 변화되며, 가열할 때 많은 양의 물을 사용하면 유기산이 희석되는 효과가 있어 클로로필이 더 잘 유지된다.

■ 김치류

발효 과정에서 생성된 초산 · 젖산 등이 chlorophyll에 작용하여 pheophytin, pheophorbide을 생성하여 갈변된다.

■ 성숙·저장 중의 변화

미숙과(녹색)는 익어감에 따라 녹색이 적어지고 과일 특유의 색깔을 가지게 된다. 과일을 저온저장하면 chlorophyll 소실이 억제된다. 예로 서양배는 20℃에서 7~10일 만에 황색과가 되지만, 0~15℃에서 2개월 정도 녹색이 유지된다. 또한 CO_2 처리 및 방사선 조사를 하면 녹색이 유지된다.

(2) 카로테노이드(carotenoid)

카로테노이드는 오렌지색, 노란색, 적황색을 띠며 물에 녹지 않고 유지나 유기용매에 잘 녹는 구조가 비슷한 색소들을 총칭하며, 당근(carrot)에서 얻은 색소라 하여 카로테노이드라고 불린다.

이 색소는 isoprene 단위 8개가 결합하여 형성된 tetraterpene의 기본구조를 가지며, 양쪽 끝에 8개의 탄소원자로 된 구조물(고리 모양의 α 및 β-ionone과 사슬 모양의 pseudo ionone)이 결합된 carotene류와 부분적으로 산화되어 -OH, >CO 등을 가진 xanthophyll로 분류된다.

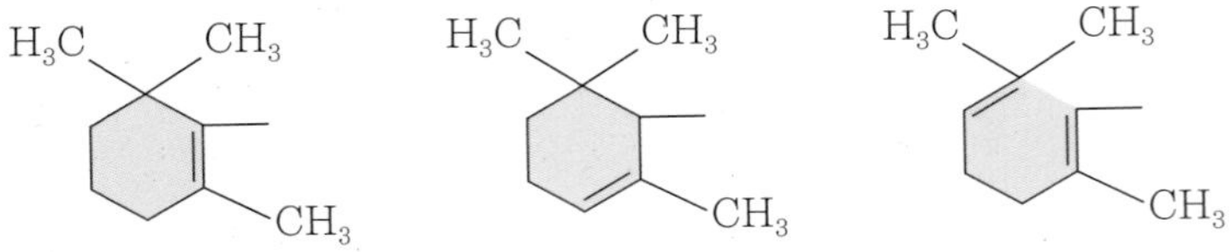

β-이오논 핵 α-이오논 핵 슈도 이오논 핵

Carotene류는 석유 에테르에 녹고 탄화수소이지만, xanthophyll류는 알코올에 녹으며 산소를 포함하는 구조를 갖는다.

① carotene류

- α-carotene : α-ionone핵 + β-ionone핵(1분자 vit. A)
- β-carotene : β-ionone핵 + β-ionone핵(2분자 vit. A)
- γ-carotene : pseudo-ionone핵 + β-ionone핵(1분자 vit. A)
- lycopene : pseudo-ionone핵 + pseudo-ionone핵(효력 없음)

② xanthophyll류

- monohydroxy carotenoid: cryptoxanthin
- dihydroxy carotenoid: lutein
- polyhydroxy carotenoid: neoxanthin
- keto form xanthophyll: capsanthin, mycoxanthin, fucoxanthin

Carotene은 7개 이상의 공액 이중결합(conjugated double bond)을 가지고 있어 산화되어 탈색되기 쉬우며 특히 건조식품의 산화는 심하다.

식품 중의 함량은 0.1% 이하이며, 배당체, 에스테르 또는 단백질과 결합된 형태로 존재한다. 카로테노이드의 색은 공액 이중결합으로 이루어진 발색단에 기인되는데 공액 이중결합의 수가 증가함에 따라 황색에서 주황이나 적색으로 색이 짙어진다.

카로테노이드계 색소는 산, 알칼리에 의해 파괴되지 않고 안정하며 산소가 없는 조건에서는 광선의 조사에 영향을 받지 않는다.

Astaxanthin은 원래 빨간색을 가지고 있으나 동물조직 내에서 단백질과 결합하여 복합체의 형태로 존재하므로 청색 내지 남색으로 나타난다. 즉 새우나 게 등의 갑각류를 삶든지 산에 담그면 붉게 변하는 이유는 astaxanthin과 결합하고 있는 단백질이 변성하고 분리되어 astaxanthin이 유리해서 본래의 색으로 환원되고 공기 중에서 계속 가열되는 동안 산화되어 짙은 빨간색의 astacin이 되기 때문이다.

카로테노이드는 불포화도가 높아 산화에 매우 약한 성질이 있다. 그러므로 공기 중의 산소나 산화효소인 lipoxidase, lipoperoxidase, peroxidase 등에 의해 쉽게 산화되어 퇴색되고 빛은 이러한 산화를 촉진시킨다. 이러한 카로테노이드 색소의 변색을 방지하려면 가열에 의한 효소의 불활성화, 기밀포장 또는 가스치환(탈기, N_2/CO_2 치환)에 의한 산소와의 접촉방지, 차광성 용기 등을 사용하여 광선차단, 도포처리(coating treatment, wax coating) 그리고 항산화제, 상승제(synergist) 첨가 등을 실시한다.

표 10-1 식품에 함유된 카로테노이드 색소

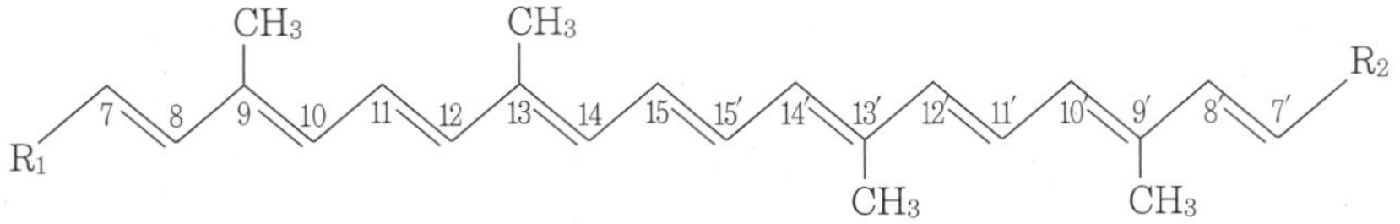

명칭	구조식	소재	비타민 A 효과
(carotene류)			
α-carotene	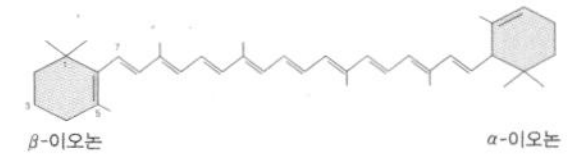	당근, 차, 밤, 수박, 대두유	있음
β-carotene	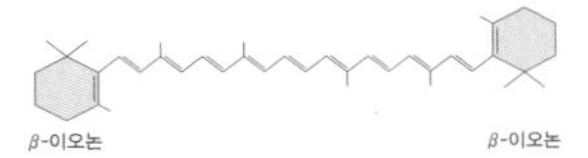	당근, 감자, 녹색식물, 고추, 토마토, 오렌지	있음(최강)
γ-carotene	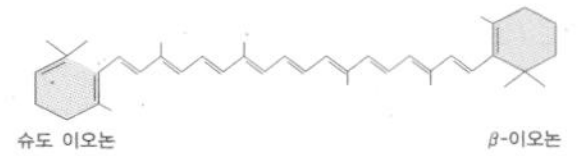	살구, 야자유, 당근	있음
lycopene	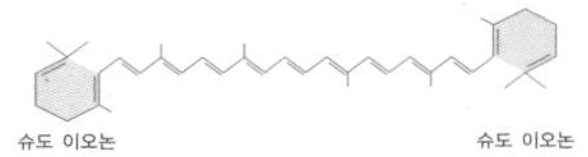	토마토, 수박, 감	없음
(xanthophyll류)			
lutein	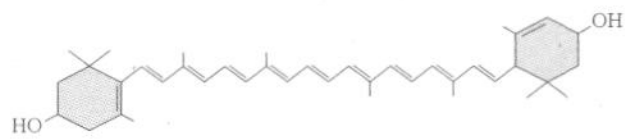	달걀노른자	없음
zeaxanthin	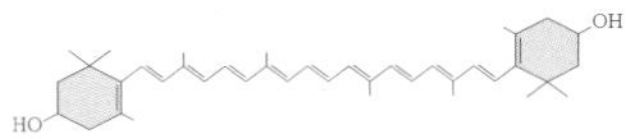	옥수수	없음
cryptoxanthin	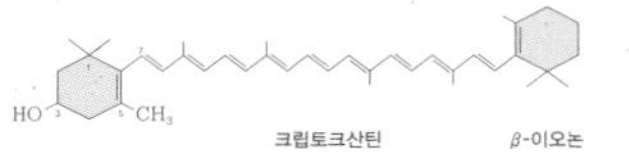	옥수수, 감귤	있음
capsanthin	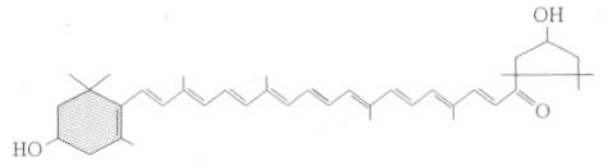	고추	없음
astaxanthin	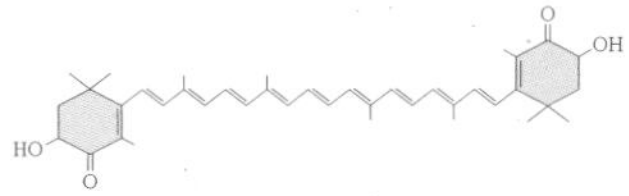	새우, 게	없음

그림 10-8 Astaxanthin의 산화와 astacin 구조

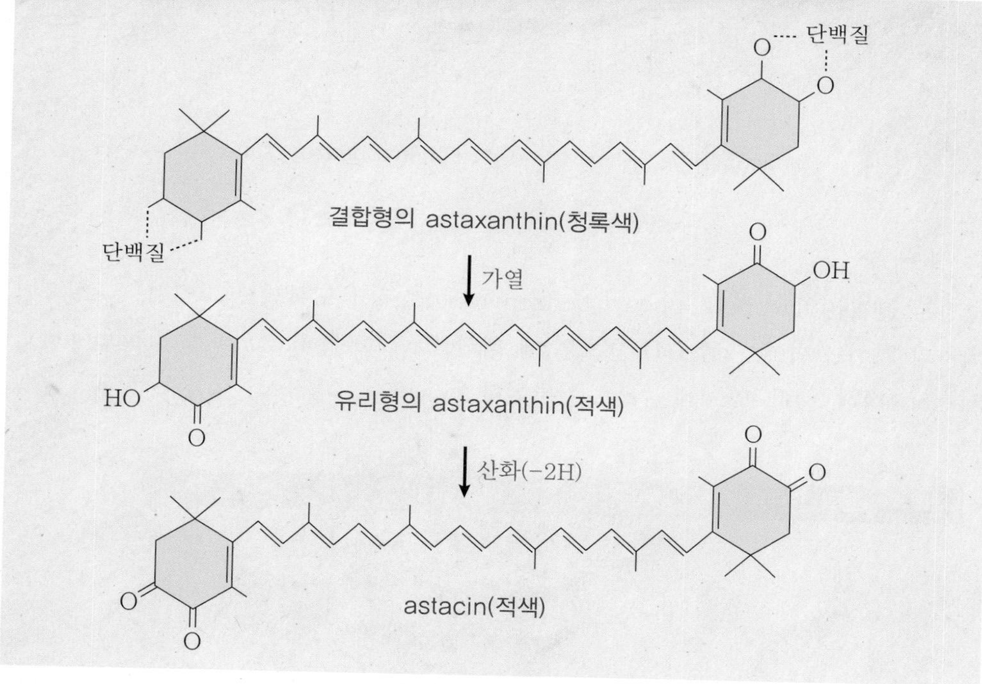

(3) 플라보노이드(flavonoid)

플라보노이드는 식물계에 널리 분포하는 수용성 색소로서 밀감이나 백색 채소 등에 유리된 상태 또는 배당체의 형태로 세포액에 존재한다. 그 화학구조는 2개의 벤젠 고리가 3개의 탄소 사슬로 연결된 $C_6-C_3-C_6$의 구조이며, 라틴어로 falvus(노란색)라는 말에서 유래된 노란색 계통의 색소를 이루고 있다.

넓은 의미의 플라보노이드는 anthoxanthin, anthocyan, tannin(catechin, leucoanthocyan) 등이 포함되나 좁은 의미에서는 anthoxanthin만을 의미한다.

1) 안토잔틴(anthoxanthin, 일반적인 플라보노이드)

보통 flavone이라고 부르며 녹엽, 과실의 껍질(특히 밀감류의 껍질), 꽃 등에 널리 분포되는 담황색(pale yellow) 내지 노란색의 색소이다.

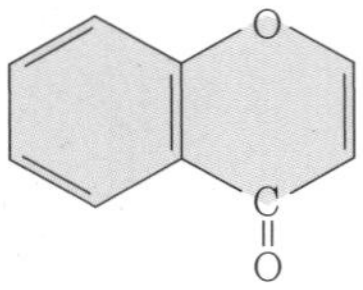

benzopyrone

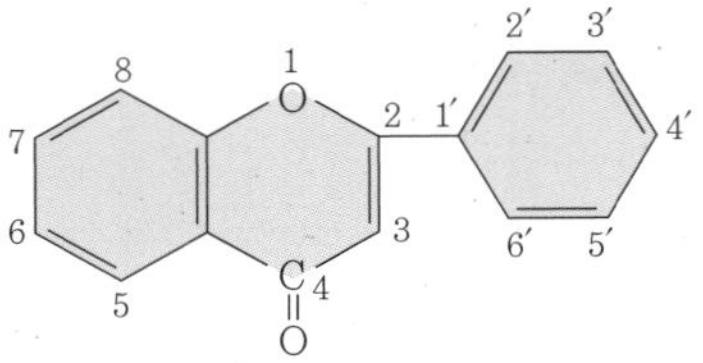

2–phenyl benzopyrone

기본 골격은 flavone(2–phenyl benzopyrone)으로서 노란색 색소이며, 3, 5, 7번 위치의 차이(산화에 의한 OH기 도입)에 따라 flavone계, flavonol계, flavanone계, flavanonol계, isoflavone계 등으로 분류된다.

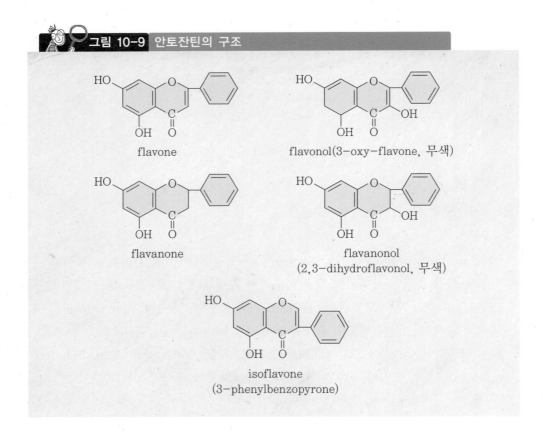

그림 10-9 안토잔틴의 구조

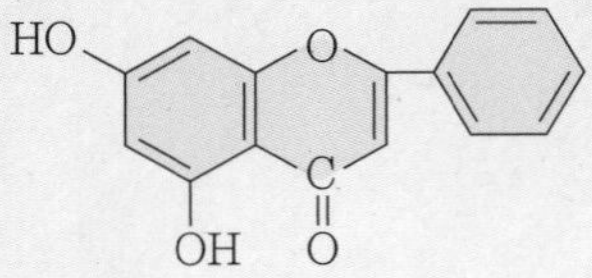

flavone

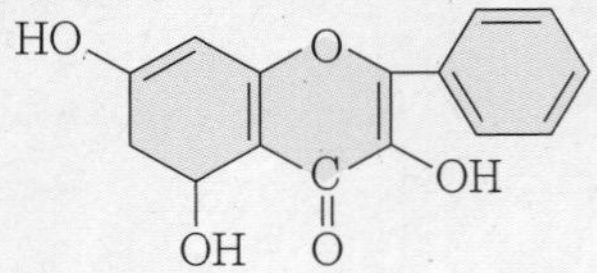

flavonol(3–oxy–flavone, 무색)

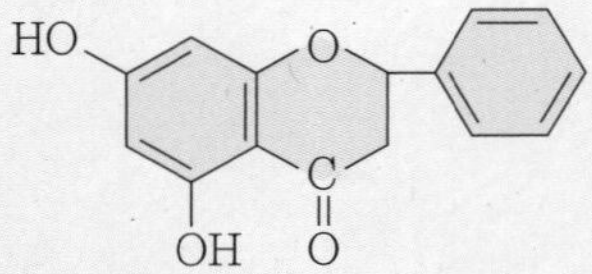

flavanone

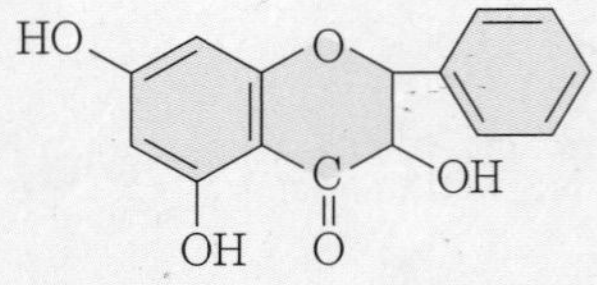

flavanonol
(2,3–dihydroflavonol, 무색)

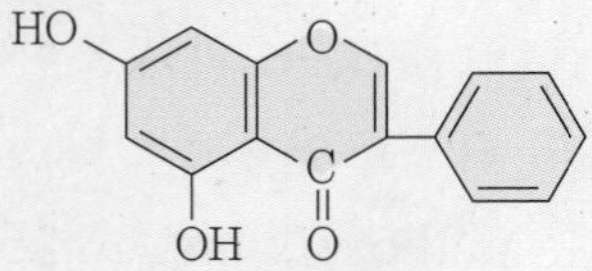

isoflavone
(3–phenylbenzopyrone)

안토잔틴은 천연식품 중에는 rhamnose, galactose 또는 rhamnosyl glucose (rutinose) 등과의 배당체로 존재한다.

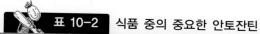

표 10-2 식품 중의 중요한 안토잔틴

종류	색소명	색	구조	소재 및 특징
flavone계	apigenin	담황색	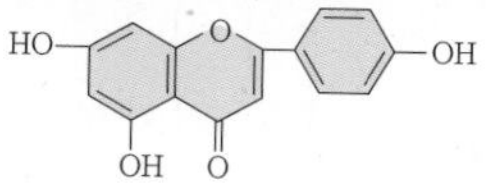	옥수수
	apiin	무색	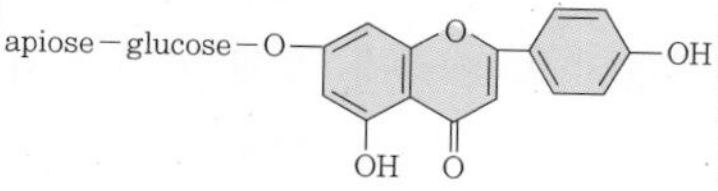	파슬리(parsley) apigenin의 배당체
	tritin	담황색	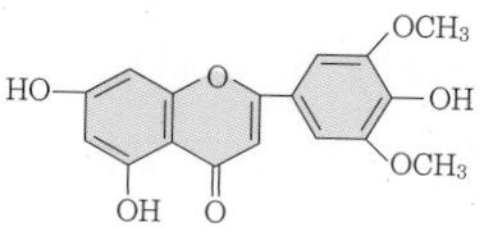	밀가루, 아스파라거스, 베이킹파우더(baking powder)의 알칼리에 의해 비스킷이 황갈색을 띤다.
flavonol계	quercetin	노란색	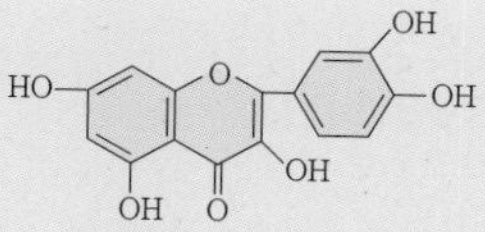	양파껍질
	rutin	무색	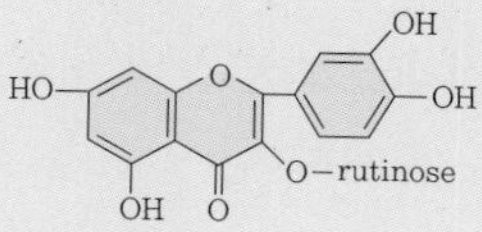	메밀, 토마토 quercetin의 배당체이며 비타민 P의 효과가 있다.
flavanone계	hesperidin	무색	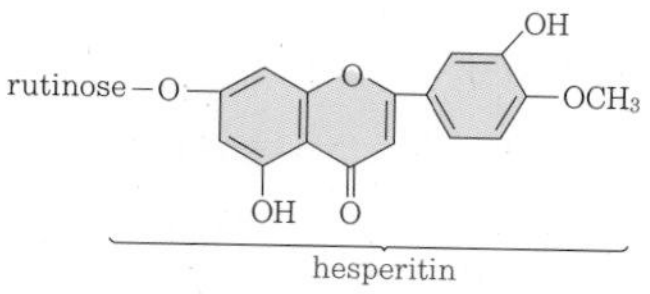	감귤껍질 hesperitin의 배당체 밀감 통조림 제조 시 백탁의 원인물질, 비타민 P의 효과가 있다.
	naringin	무색	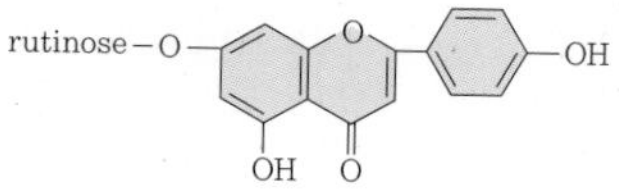	감귤껍질 밀감의 쓴맛성분 naringenin의 배당체
	eriodictin	무색	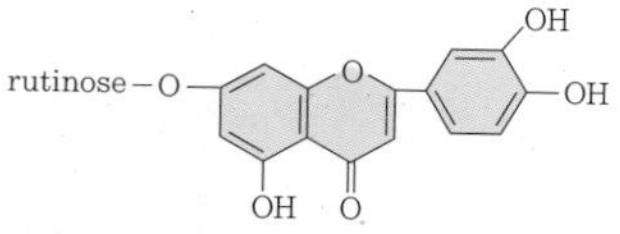	감귤껍질 비타민 P의 효과가 있다.
flavanonol계	dihydro-quercetin	노란색	식품 중에서는 발견되지 않음	단풍잎 flavonol계 색소의 환원형태
isoflavone계	daidzein	노란색	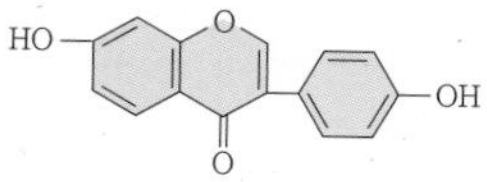	콩
	daidzin	무색		콩, daidzein의 배당체

안토잔틴은 일반적으로 산에 대해서는 안정하나 알칼리에서는 불안정하기 때문에 pH 11~12에서 비당부분(aglycone)의 고리구조가 열려 chalcone이 생성되어 노란색 또는 갈색을 띠거나 배당체들이 가수분해되어 짙은 노란색을 띤다. 그러나 산성에서는 안정하나 무색이다. 실제로 밀가루에 $NaHCO_3$을 첨가하여 빵이나 튀김옷을 만들면 노란색이 되고 양파, 양배추, 감자, 고구마, 콩 등은 가열 조리 시 물에 존재하는 알칼리염(경수, hard water)에 의해 노란색이 선명하게 나타난다.

또한 안토잔틴은 페놀성 OH기로 인해 금속이온과 chelate를 형성하여 다양한 색깔을 띤다. 예로, Al^{3+}(노란색), Fe^{2+}/Fe^{3+}(청색, 자색, 청갈색), Cr^{3+}(적갈색)의 화합물을 형성한다. 실제로 감자를 철제 칼로 썰면 적색이나 적갈색을, 양파를 알루미늄 냄비에서 삶으면 노란색을 띤다. 안토잔틴은 다른 polyphenol 화합물들과 마찬가지로 매우 쉽게 산화되어 갈색화한다.

2) 안토시아닌(anthocyanin)

식품 중의 안토시안(anthocyan)은 플라보노이드의 일종으로 꽃이나 과일의 빨간색, 자색 또는 청색의 수용성 색소들로서 꽃의 색깔이라고 하여 화청소(花靑素)라고 부른다.

안토시아닌은 배당체로 존재하며, 이것은 산, 알칼리, 효소 등에 의하여 가수분해되어 aglycone인 안토시아니딘(anthocyanidin)과 당류로 분리되는데, 당으로는 주로 glucose, galactose 또는 rhamnose 등이 직접 결합하거나, 당과 유기산(malonic acid, p-hydroxybenzoic acid, cinnamic acid, caffeic acid) 간의 에스테르가 결합된 배당체이다. 일반적으로 안토시아니딘과 안토시아닌을 합한 것을 안토시안이라고 한다.

안토시아니딘의 기본구조는 2-phenylbenzopyrylium chloride(flavylium chloride)로 1번 위치의 산소가 3가의 oxonium(양이온)이므로 염화물의 형태로 존재한다.

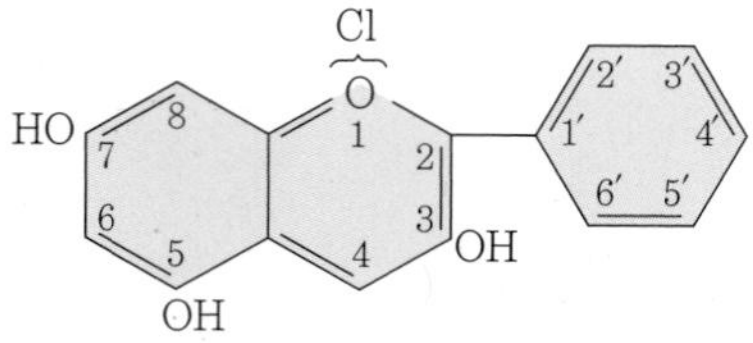

안토시아닌은 2-phenyl ring에 결합되는 치환기(OH, OCH_3)의 유무와 수, 그리고 3, 5번 탄소위치에 결합되는 당의 종류와 수에 따라 여러 종류가 있는데 보통 6종류의 안토시아니딘이 분포되어 있다.

그림 10-10 안토시아니딘 구조에 따른 분류

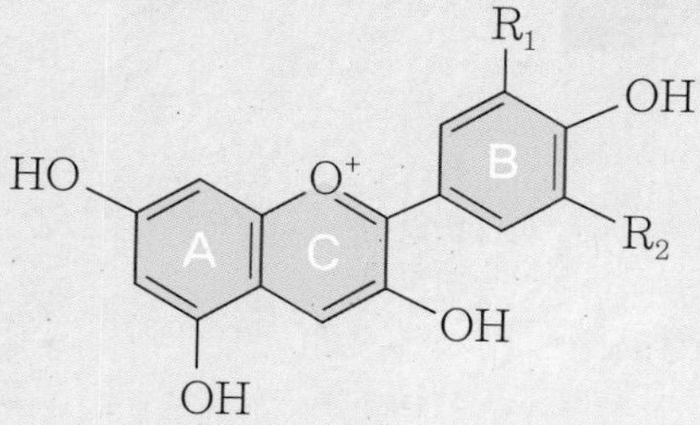

Anthocyanidins:

Pelargonidin $R_1 = R_2 = H$
Cyanidin $R_1 = OH,\ R_2 = H$
Delphinidin $R_1 = R_2 = H$
Peonidin $R_1\ OCH_3 = R_2 = H$
Petudinin $R_1\ OCH_3 = R_2 = OH$
Malvidin $R_1 = R_2 = OCH_3$

그림 10-11 안토시아니딘 구조에 따른 색의 변화

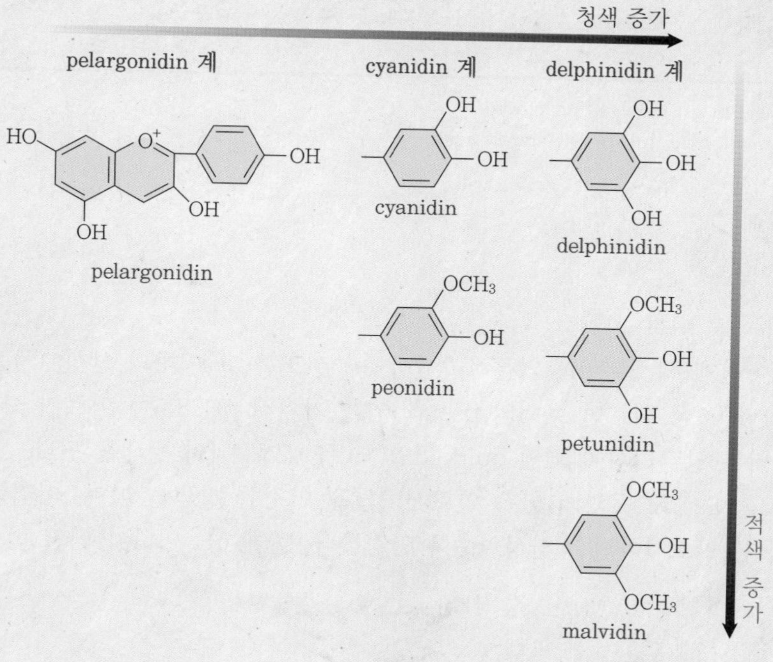

일반적으로 phenyl기의 OH기가 증가하면 청색이 짙어지고 methoxyl기($-OCH_3$)가 증가하면 빨간색이 점차로 짙어진다.

식품 중의 안토시아닌계 색소는 표 10-3와 같다.

표 10-3 식품 중에 함유되어 있는 안토시아닌계 색소

anthocyanidin	anthocyanin	결합방식	함유식품
pelargonidin계	callistephin	P-3-Gl	양딸기(적색)
	pelargonin	P-3-Gl-5-Gl	나팔꽃, 석류(적색)
	fragarin	P-3-Ga	버찌, 야생딸기(적색)
cyanidin계	crysanthemin	C-3-Gl	뽕나무열매, 검정콩(암적색)
	cyanin	C-3-Gl-5-Gl	소엽, 붓순나무(적색)
	keracyanin	C-3-Gl · R	버찌(암적갈색)
	shisonin	C-8-Gl-5-Gl · pC	소엽(적색)
peonidin계(Pe)	oxycoccicynin	Pe-3-Gl	월귤나무
	peonin	Pe-3-Gl-5-Gl	작약, 포도
delphinidin계	delphinin	D-3-Gl, Gl-pB	참제비 고깔
	nasunin	D-3-Gl, R, pC-5-Gl	가지(적색)
	violanin	D-3-Gl, R, pB-5-Gl	제비꽃
	hyacin	D-3-Gl, Gl	가지(청색)
	perillanin	D-pC	소엽(적색)
petunidin계(Pt)	petunidin	Pt-3-Gl-5-Gl	포도
malvidin계(M)	malvin	M-3-Gl-5-Gl	포도
	oenin	M-3-Gl	포도(심홍색)

Gl: glucose, Ga: galactose, R: Rhamnose
pC: p-coumaric acid, pB: p-oxybenzoic acid

① 안토시아닌의 변화

가. pH에 따른 변화

안토시아닌계 색소는 pH 의존적이어서 pH 3 또는 그 이하의 산성에서는 붉은색이나, pH 4~5에 이르면 무색의 pseudo염을 거쳐서 pH 8.5에 이르면 보라색으로 변하고, 더욱 알칼리성이 되면 quinoid염(Na, K)으로 되어 청색을 띤다. 알칼리 상태에서 Mg, Fe, Al 등과의 금속 안토시아닌은 안정한 청색을 띠며, 이러한 변화는 가역적이다. 안토시아닌은 산성일수록 안정하나, 한계 pH 이하가 되면 변색한다(딸기는 pH 1.8).

나. 금속에 의한 변화

각종 금속과 반응하여 착화합물을 만든다. 즉 Fe과는 어두운 갈색, Sn과는 회색이나 자색, Al과는 녹색, Pb과는 적색 화합물을 형성한다.

다. 산소에 의한 변화

산소에 의해서 급속하게 산화되어 그 색을 잃게 된다.

라. 당류, 당류 분해산물에 의한 변화

Sucrose, glucose, fructose, xylose나 formic acid, levulinic acid, furfural, 5-hydroxymethyl furfural과 같은 maillard 반응이나 caramel 반응에 의한 당류 분해산물이 공존할 때 쉽게 파괴된다. Ascorbic acid의 중간생성물에 의해 퇴색(discoloration)이 촉진되며, anthocyanin의 농도에 비례한다.

마. 효소

Polyphenolase에 의해 갈변(browning)되며, anthocyanase에 의해 가수분해되므로 퇴색한다. 포도주스의 과잉 anthocyanin 제거에 이용된다.

3) 탄닌(tannin)

탄닌은 식물체의 각 부위에 널리 존재하는 물질로서 떫은맛(astringent taste) 또는 쓴맛을 낸다. 원래 무색이지만 공기나 금속이온 또는 산화효소에 의해 짙은 갈색, 흑색, 짙은 홍색 등으로 변화되는 불안정한 물질로 식품 색깔에 중요한 역할을 한다.

탄닌은 어떤 일정한 구조를 갖지 않는 polypenol성 화합물로 식물의 줄기, 잎사귀, 뿌리 등에 널리 분포하고 있고, 특히 덜 익은 과실과 식물의 종자에도 상당량 함유되어 있으며, 익지 않은 감의 떫은맛의 원인이 되고 있고, 녹차나 홍차 커피 등의 쓴맛의 일부를 형성하고 있다.

그림 10-12 탄닌의 구조

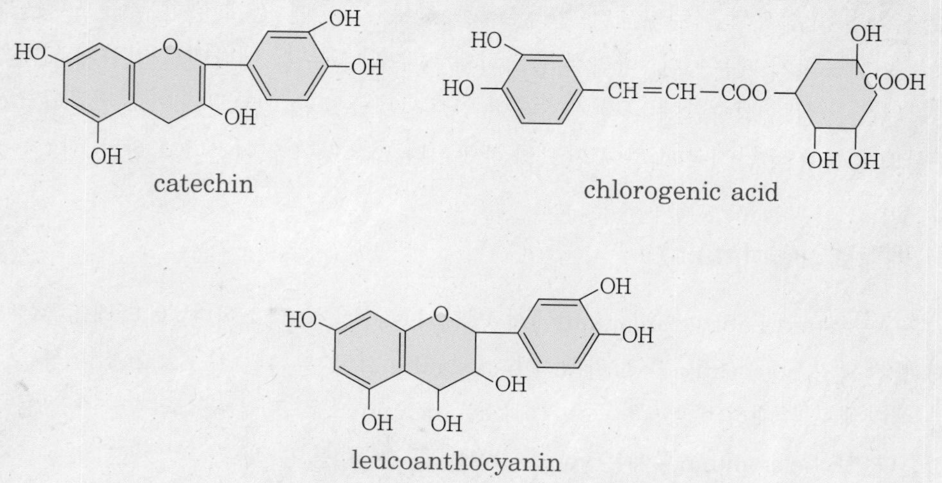

보통 식물의 성분으로 존재하는 탄닌은 크게 3가지로 구분한다.

① catechin과 그 유도체
② leucoanthocyanin류
③ chlorogenic acid와 같은 hydroxy acid

Catechin과 leucoanthocyanin은 차(tea)에 많이 존재하며 과실에 함유되어 있다. 차에는 많은 종류의 catechin과 gallic acid가 에스테르 결합된 epicatechin gallate로 존재하고 있다.

Hydroxy산 중에서는 chlorogenic acid 이외에 caffeic acid, phenyl cafeate 등이 있으며 그중에서 caffeic acid가 가장 일반적인 페놀성 화합물로서 나뭇잎에 많다. Hydroxy산은 과실이나 채소류, 감자류, 콩류 등의 색, 맛 그리고 갈색화 반응 등에서 중요한 역할을 한다.

탄닌류는 공기 중의 산소에 의해서 쉽게 산화, 중합되어 흑갈색의 불용성 중합체를 형성하여 떫은맛이 없어진다. 또한 단백질과 결합하여 침전을 일으키는데 실제로 맥주의 원료인 홉(hop)이나 보리 속의 leucoanthocyanin은 보리의 globulin 단백질과 결합하여 불용성의 침전을 만들어 맥주 혼탁의 원인이 된다.

탄닌은 각종 금속이온들과 쉽게 결합하여 착화합물을 만드는데, Sn 또는 Zn은 옅은 회색, Ca 또는 Mg은 적갈색, Fe^{+2}과는 옅은 갈색 또는 청색, Fe^{+3}과는 암갈색이나 짙은 청색의 화합물을 형성한다. 그 예로, 차나 커피를 경수로 끓였을 때 표면에 갈색, 적갈색의 침전을 형성하며, 탄닌의 함량이 큰 채소를 통조림할 때 통에서 녹아 나오는 Fe^{+2}에 의해 회색으로 변화하고, 통 속에 산소가 남아 있거나 열면 Fe^{+2}은 Fe^{+3}로 산화되어 청록색을 나타낸다. 또한 감을 칼로 자를 때 검게 변하는 것도 탄닌과 Fe^{+2}이 반응하기 때문이다. 따라서 통조림의 경우 그 내부를 에나멜로 칠하게 된다.

탄닌은 과실이 성숙함에 따라 산화되어 안토시아닌 또는 안토잔틴으로 전환되고 또 중합되어 불용성 물질로 변하여 탄닌의 쓴맛이나 떫은맛이 없어진다고 한다.

4) 베타레인(betalain)

홍당무류(red beet)나 amaranth에서 발견되는 수용성 색소이다. 베타레인류는 크게 빨간색의 betacyanin과 노란색의 betaxanthin으로 분류된다. Betacyanin류는 보통 배당체로 존재하며 이 중 중요한 색소는 betanin으로 전체 색소의 75~95%를 차지한다. 또 betaxanthin류에는 vulgaxanthin Ⅰ과 Ⅱ 등이 있다.

이상의 베타레인 색소들은 pH 4~6에서 가장 안정하며, 산성에서는 빨간색, 알칼리성에서는 자색, 청색으로 변한다. 이 색소들은 산화, 가열 등에 의해서 서서히 파괴된다.

베타레인 색소들과 다른 색소들과의 관계는 아직 확실히 규명되지 않았지만 안토시아닌 색소들이 베타레인 색소들을 함유한 300종의 당근류에서 검출되고 있지 않은 사실이 알려져 있다.

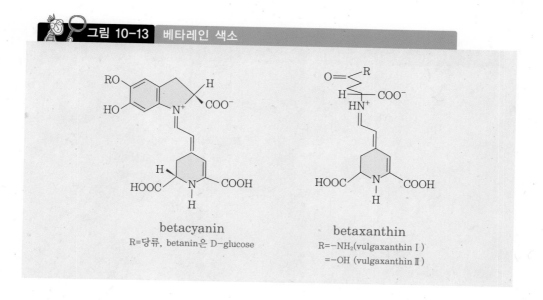

그림 10-13 베타레인 색소

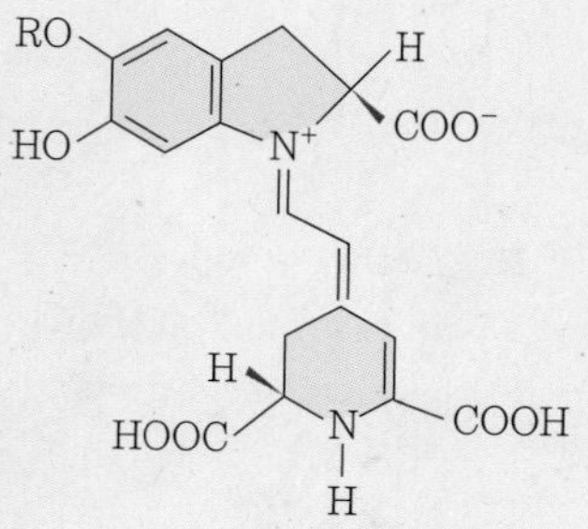

betacyanin

R=당류, betanin은 D-glucose

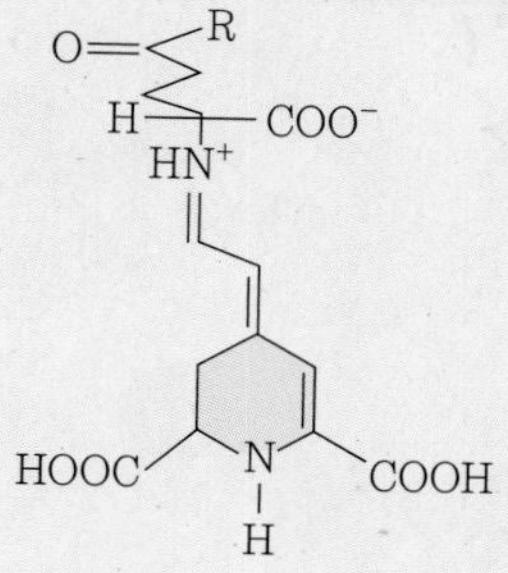

betaxanthin

R=$-NH_2$(vulgaxanthin Ⅰ)

=-OH (vulgaxanthin Ⅱ)

3. 동물성 색소

동물성 색소는 동물의 육류색소인 heme 색소(hemoglobin과 myoglobin)와 일부 동물성 식품의 카로테노이드계 색소와 그 밖의 색소가 있다.

(1) 헴(heme) 색소

육류조직에 함유되어 있는 myoglobin(Mb)과 혈액에 함유되어 있는 hemoglobin(Hb)은 육류의 대표적인 색소로서 Fe의 주요 급원이다. 살아있는 동물의 혈액에는 90%가 hemoglobin, 10%가 myoglobin이지만, 육류나 육제 가공품은 피를 제거했기 때문에 5%의 hemoglobin과 95%의 myoglobin을 함유하고 있다.

그림 10-14 Myoglobin의 구조

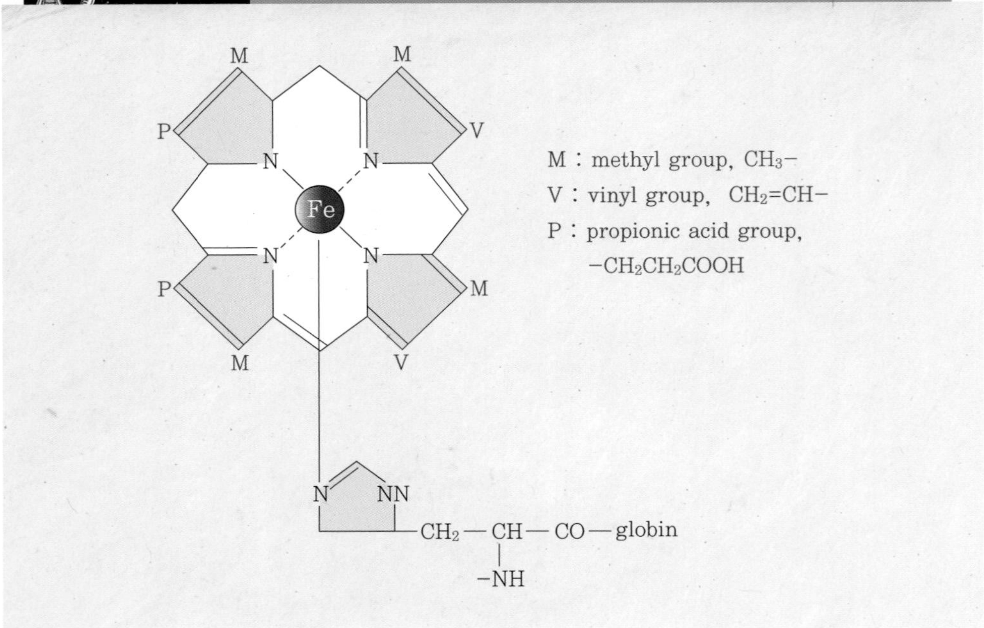

Hemoglobin과 myoglobin은 모두 산소와 결합할 수 있는 기능을 가진 헴이 결합된 색소단백질(chromoprotein)이다. 혈액 중의 hemoglobin은 폐로부터 산소를 조직으로 운반하고, 조직의 세포 중에 들어있는 myoglobin은 hemoglobin에 의해 운반된 산소를 받아 동물의 대사작용에 공급하므로 잠정적인 산소의 저장체 역할을 한다.

Myoglobin은 한 분자의 단백질 globin과 한 분자의 비단백질 부분인 헴으로 구성되어 있으며, hemoglobin은 한 분자의 globin과 4분자의 헴이 결합되어 있다. Myoglobin은 헴(ferroprotoporphyrin)의 중심에 있는 Fe와 globin 단백질의 histidin의 immidazole ring의 질소원자와 결합한 구조를 가진다.

1) 산화 및 가열조리에 의한 변색

그림 10-15 Myoglobin의 산화 및 가열에 의한 변화

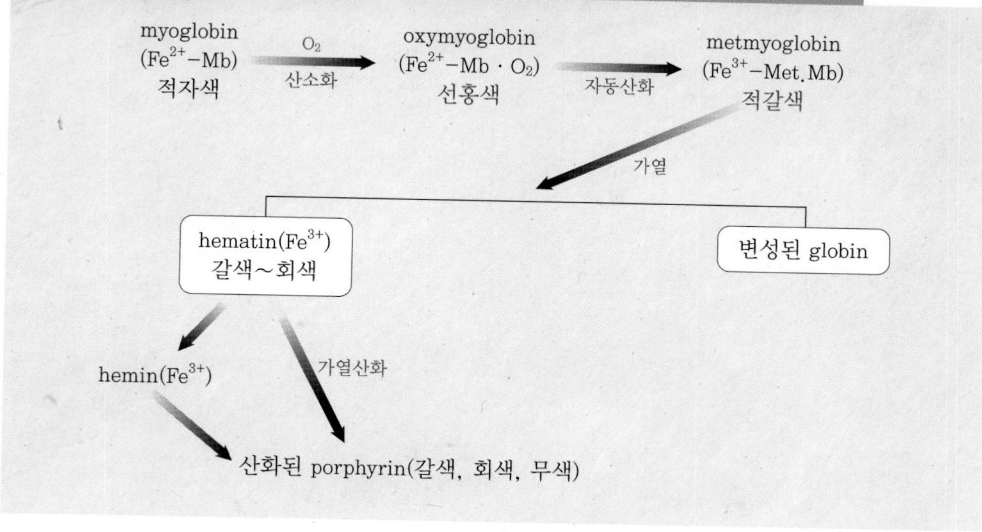

2) 세균작용에 의한 녹변(綠變)

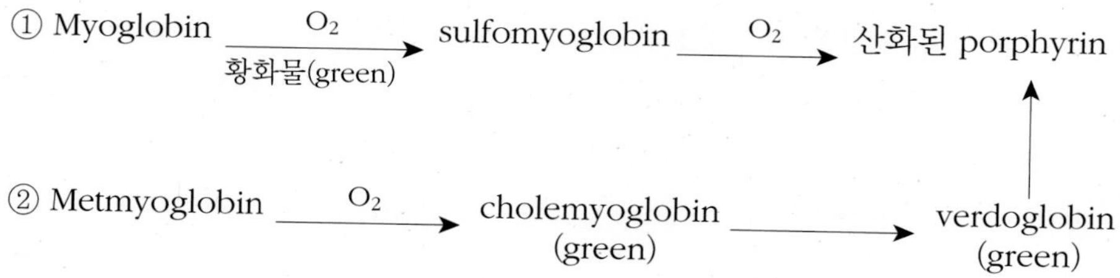

3) 육제품의 발색

햄, 소시지, 베이컨 등의 절임육류 가공품(cured meat product)의 경우에는 가열, 조리 중에도 육류의 분홍색이 그대로 유지된다. 위와 같은 절임육류의 색의 고정(color fixation)은 절임 중에 사용한 질산염(nitrate, KNO_3, $NaNO_3$)이 미생물 작용에 의해 아질산염(nitrite, $NaNO_2$)으로 변한 후에 myoglobin과 결합하여 nitrosomyoglobin(NO–Mb)을 형성함으로써 일어난다.

이 nitrosomyoglobin은 선명한 분홍색(선적색)을 갖고 있으며, 가열, 조리 등의 과정에 대해서 안정하다. 한편 가열, 조리될 때는 globin이 변성되어 떨어져 나감으로써 nitrosomyochromogen이 형성된다.

그림 10-16 절임 중 myoglobin의 변화

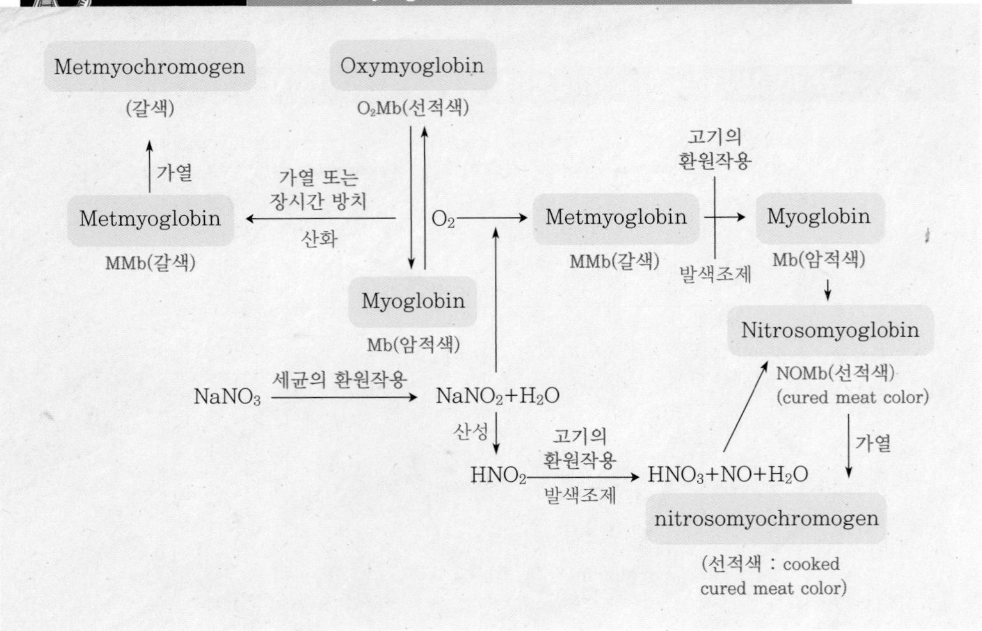

(2) 동물성 카로테노이드 색소

노란색, 오렌지색, 빨간색을 나타낸다. 새우, 게 등의 갑각류에는 카로테노이드 색소인 astaxanthin이 단백질과 결합하여 청록색을 띠고 있으나, 가열하면 astaxanthin이 단백질과 분리되는 동시에 공기에 의해 산화되어 astacin으로 변하여 빨간색이 된다.

또, 달걀노른자의 노란색은 carotene이 산화된 lutein(xanthophyll)이며, 비타민 A의 효과는 없다.

식품 중에는 형광물질(fluorescent substance)이 존재하는데, 물고기의 눈, 우유, 알, 달걀흰자 위에서 황록색을 띠는 형광은 riboflavin(비타민 B_2)이며, 연어나 송어의 살에는 연녹색의 salmenic acid, 물고기 껍질의 광택 성분인 guanine 등이 있다.

담즙색소(bile pigment)에는 노란색의 bilirubin과 다시 혐기적 조건에서 탈수소되어 생성되는 녹색의 biliverdin이 있다. 이들 색소는 hemoglobin의 최종 분해산물로서 꽁치 비늘의 청색은 biliverdin에 유래한다. 생리적으로는 환원되어 urobilinogen(오줌)/stercobilinogen(분변)이 되고, 배설 후 산화되면 urobilin(오줌)/stercobilin(분변)의 노란색 색소가 된다.

기타 색소로는 어패류, 새우, 게 등에 청색으로 존재하는 hemocyanin(Cuporphyrin)과 오징어의 흑색인 melanin 등이 있다.

4. 색의 표시

색을 표현하는데 있어서 사람마다 표현하는 방법이 다르고, 특히 어떤 빛 아래에 있는가에 따라서도 다르게 나타난다.

색을 표시하는 방법으로는 빛에 따른 특성을 설명하는 CIE(국제조명위원회) 색체계, 색상, 명도, 채도의 3가지 특성으로 설명하는 Munshell 색체계, L, a, b로 표시하는 Hunter 색차계가 있으며, 식품에서는 일반적으로 Hunter 색체계를 사용한다.

(1) 색체계(color system)

CIE 색체계는 모든 색을 red(R), green(G), blue(B)의 3가지 기본색을 적당히 혼합하여 나타낼 수 있다는 원칙에 근거를 두고 설명된다.

모든 색은 파장 700nm의 빨간색(R), 516nm의 녹색(G), 435nm의 파란색(B)을 정점으로 하는 삼각형에 나타내는 색으로 표현할 수 있다. 3가지 기본색의 상대적 비율을 삼자극치(tristimulus value)라고 한다.

$$x = \frac{X}{X+Y+Z},\quad y = \frac{Y}{X+Y+Z},\quad z = \frac{Z}{X+Y+Z}$$

그림 10-17 CIE 색체계

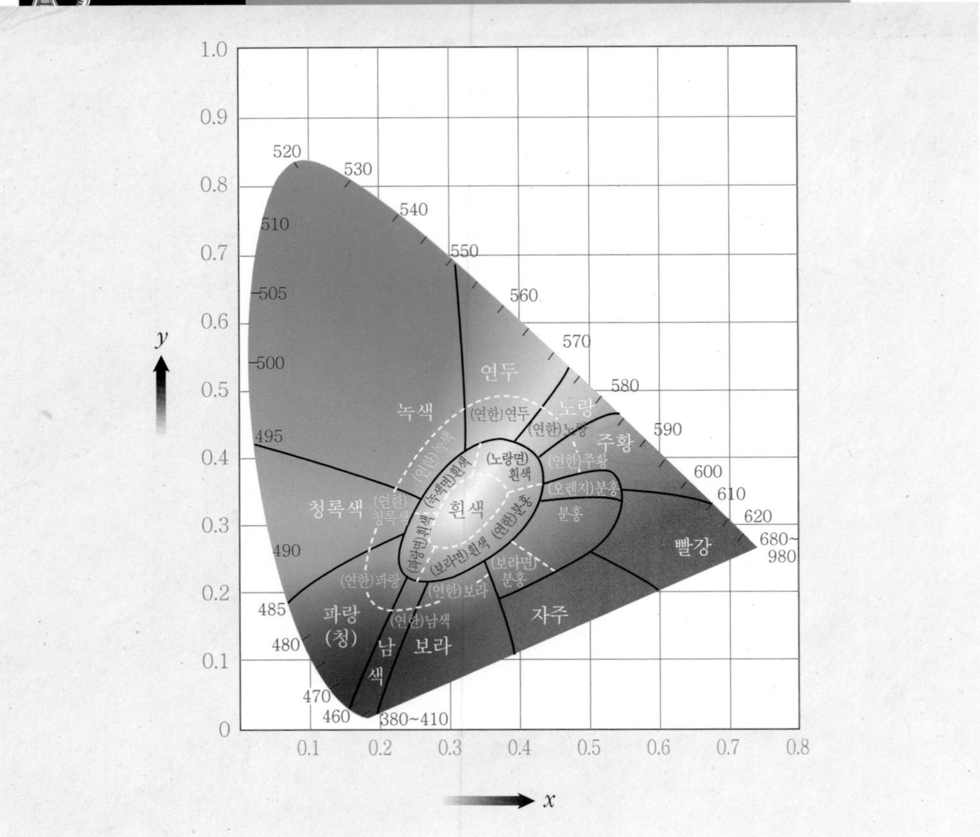

그림 10-18 Munsell 색체계

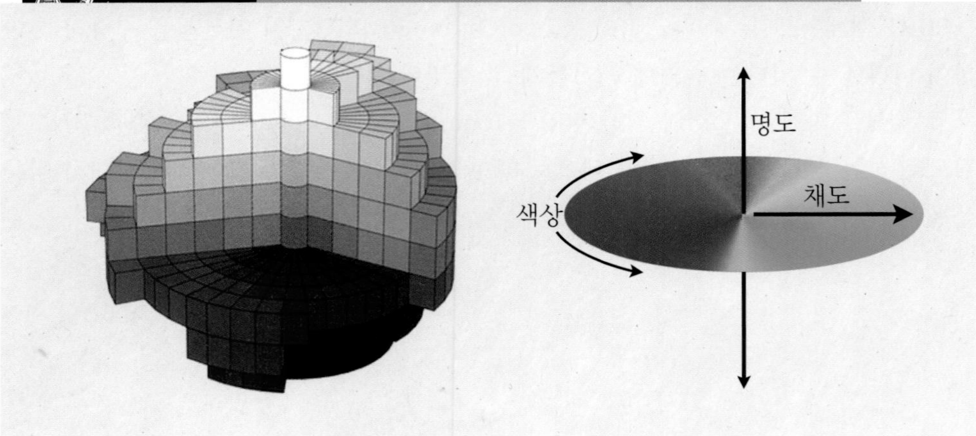

R, G, B를 X, Y, Z로 표시하면, 측정하는 색은 기본색의 비율은 x, y, z로 나타낼 수 있다.

Munsell 색체계는 모든 색을 3가지 요소인 색상(hue, H), 명도(value, V), 채도(chroma, C)의 특성으로 설명한다. 색상은 빨간색(R), 노란색(Y), 녹색(G), 파란색(B), 보라색(P)의 5가지 색상과 그 중간색상인 YR, GY, BG, PB, RP의 10개로 나뉜다. 명도는 색상에 대해 수직으로, 채도는 수평으로 표시한다.

Munsell 색체계에서 색은 HV/C로 나타낸다. 예로, 5R1/10은 색상은 중간 정도의 빨간색(R)이고 명도가 1로 어두우며, 채도가 10인 색을 의미한다.

그림 10-19 Hunter 색체계

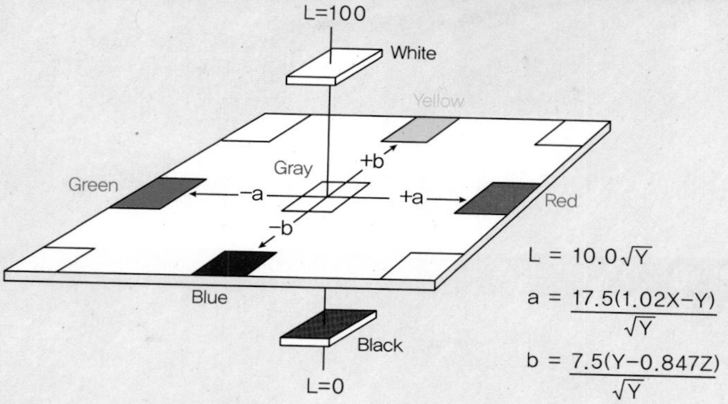

$$L = 10.0\sqrt{Y}$$

$$a = \frac{17.5(1.02X-Y)}{\sqrt{Y}}$$

$$b = \frac{7.5(Y-0.847Z)}{\sqrt{Y}}$$

Hunter의 색체계는 인간의 시각에 기본을 두고 3가지 색인 빨간색, 녹색, 파란색 수용체(receptor)에 의해 색이 감지되는 것을 기준으로 한다. 그러나 주로 사용하는 것은 Hering의 4원색 학설에 기초한 Hunter a, b 체계이다. L(0～100)은 명도(lightness)를 나타내고, +a(0～100)와 -a(0～-80)는 빨간색과 녹색의 강도를, +b(0～70)와 -b(0～-70)는 노란색과 파란색의 강도를 나타내어 이들 좌표로부터 얻은 수치로 모든 색의 특성치를 나타낼 수 있다.

(2) 색의 표시방법

색의 표시는 물체 색에 의한 방법과 색의 3속성에 의한 방법, 수치에 의한 방법, 색차 표시법 등이 있다.

색의 3속성인 색상, 명도, 채도로 표시하는 것은 Munsell 색도계를 이용하는 것이며, 수치에 의한 방법은 CIE colorimeter와 Hunter colorimeter를 사용한다.

예로 사과의 색을 colorimeter를 이용하여 측정하면 다음과 같다.

Munsell color space

001 MUNSELL
2.5R 4.2/11.5

L*a*b* color space

001 L 43.31
a+47.63 b+14.12

XYZ(Yxy) color space

001 Y 13.37
x .4832 y .3045

그림 10-20의 (A)는 CIE 색체계에 사과의 색을 나타낸 값이다.

그림 10-20 CIE 색체계에 표시한 사과의 색(A)

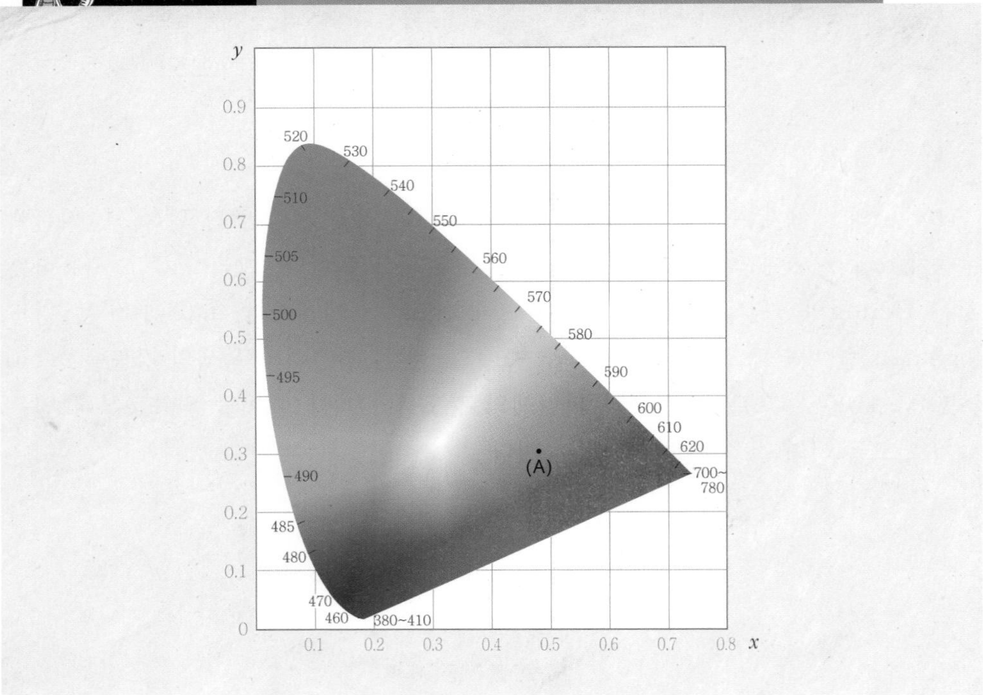

색차 표시법은 2가지 색의 차이를 정략적으로 표시하는 것으로 다음과 같이 표시된다.

$$\triangle E = \sqrt{(\triangle L)^2 + (\triangle a)^2 + (\triangle b)^2}$$

$\triangle L$=두 가지 물체 색의 명도차이
$\triangle a$=두 가지 물체 색의 색도지수 차이(빨강색 ⇄ 녹색)
$\triangle b$=두 가지 물체 색의 색도지수 차이(노랑색 ⇄ 청색)

5. 컬러푸드(color food)

컬러푸드는 5가지 색인 red, green, blue, black, white 등을 나타내는 식품으로 색깔에 따른 효능을 지녀 고혈압, 당뇨, 면역력 증진 등 건강에 도움을 주는 것으로 알려져 있다. 특히 컬러푸드에 공통적으로 함유되어 있는 피토케미컬 성분이 세포 손상과 발암물질 생성을 억제하기도 한다.

⊙ Red food

토마토, 사과, 딸기, 수박, 자두, 석류, 붉은 고추, 대추, 오미자 등의 red food에는 발암물질을 수용성으로 만들어 체외로 배출하는 작용을 하는 polyphenol 성분을 함유하고 있다.

구아바, 파파야, 핑크색 자몽, 수박, 토마토의 붉은색 성분에 존재하는 lycopene은 남성 전립선을 튼튼하게 하고 폐암을 예방하는 효과가 있으며, 붉은 고추의 매운 맛 성분인 capsaicine은 혈액응고 위험을 감소시켜 심혈관계 질환을 예방한다. 적포도, 블루베리, 체리, 붉은 양배추 등에 많은 flavonoid는 암세포 성장을 억제한다.

⊙ Yellow food

늙은 호박, 노란 파프리카, 유자, 파인애플, 망고, 당근, 밤, 호박, 파파야, 귤, 오렌지, 감, 살구, 황도 등의 yellow food는 β-carotene과 α-carotene을 함유하고 있다. 특히 노화와 암세포 생성을 억제하는 β-carotene이 풍부하게 들어 있으며, 야간 시력과 건강한 피부에 필수적인 비타민 A로 전환된다. 따라서 야맹증, 안구건조증, 백내장 등을 예방하고 세포분화 등에 도움이 된다.

Green food

브로콜리, 양배추, 아스파라거스, 셀러리, 오이, 시금치, 매실, 녹색 파프리카, 피망, 아보카도, 키위 등의 green food에는 혈압과 혈중 콜레스테롤을 낮추는 sulforaphane 성분이 들어 있다. 이는 위염을 일으키는 헬리코박터 파이로리균을 억제하는 작용도 한다. 또한 배추, 양배추, 케일 같이 녹색잎 야채에는 indole이 다량 함유돼 있어 발암물질로부터 몸을 보호하며, 특히 유방암을 예방하고 간 독소를 빼는 역할을 하는 것으로 알려져 있다. 완두콩, 아보카도, 키위, 시금치 등에 있는 카로티노이드 색소인 lutein과 zeaxanthin 성분은 눈을 건강하게 한다.

White food

마늘, 양파, 무, 감자, 버섯, 도라지, 콩나물, 생강, 바나나, 배, 백도 등의 white food에 들어 있는 anthoxanthin은 노화억제와 항암작용을 한다. 마늘, 양파의 매운맛 성분인 allicin은 혈중 콜레스테롤을 낮추어 고혈압과 동맥경화를 예방한다. 감자류의 saponine도 항암작용을 통해 암세포의 증식을 억제한다. 대두, 두부, 두유, 콩가루에 함유된 genistein(향미성분), daidzein(색소성분) 등의 phytosterols은 항암작용과 골다공증 위험을 감소시킨다.

Black food

검은쌀, 검은깨, 검은콩, 오징어먹물, 김, 미역, 다시마 등과 같은 black food에는 flavonoid 성분이 함유돼 있어 노화방지와 항암작용 등의 효능이 있다. 검은색 곡류와 해조류 등에 풍부한 셀레늄, 레시틴 등 여러 무기질과 비타민이 flavonoid와 함께 상승효과를 나타낸다. 레시틴은 뇌기능을 활성화하는 데 꼭 필요한 성분으로 학습력과 기억력, 집중력 강화 효과가 있다. 특히 검은콩에는 여성 호르몬인 에스트로겐 역할을 하는 isoflavone이 다량 함유돼 갱년기 장애 극복에 도움이 된다.

표 10-4 식품의 색과 효능

식품의 색	RED	YELLOW	GREEN	BLACK	WHITE
해당식품	토마토	파인애플	브로콜리	검은깨	양파
색소	라이코펜	플라보노이드	클로로필, 카로틴	안토시아닌	퀘르세틴
생리 활성물질	비타민 C, 셀레니엄	비타민 C	셀레니움, 루테인, 설포라판	레시틴, 토코페롤, 세사몰	비타민 C, 셀레니움, 다이페닐아민
효능	암 발생 억제, 심장 혈관계 질환 예방	단백질 식품의 소화 작용 증진, 피로회복, 식욕증진	성인병 예방, 발암물질 억제, 항산화 작용	항산화 작용, 두뇌 영양공급, 신장 기능 개선	암 예방, 노화방지, 혈액정화

CHAPTER 11

식품의 갈변 (Browning)

1. 식품의 효소적 갈변
2. 식품의 비효소적 갈변

식품을 조리, 가공, 저장할 때 본래의 색이 변화되어 갈색으로 변하는 현상을 갈변(갈색화, browning)이라 한다. 식품의 갈변현상은 식품의 외형과 냄새를 변화시키며 또한 비타민과 아미노산이 손실되어 영양가가 감소되는 등의 품질저하를 일으키는 경우가 많다. 그 반면에 홍차, 커피, 맥주, 빵, 비스킷, 된장이나 간장의 색 등과 같이 식품의 향과 색에 영향을 주어 품질을 향상시키는 경우도 많다.

식품 중에 일어나는 갈변반응은 효소에 의한 효소적 갈변(enzymatic browning)과 효소가 관여하지 않는 비효소적 갈변반응(non-enzymatic browning)으로 분류할 수 있다.

① 효소적 갈변

- polyphenolase(polyphenol oxidase, PPO)에 의한 갈변
- tyrosinase에 의한 갈변

② 비효소적 갈변

- amino-carbonyl 반응에 의한 갈변(Maillard 반응)
- 캐러멜화(caramelization)에 의한 갈변
- ascorbic acid 산화에 의한 갈변

1. 식품의 효소적 갈변(enzymatic browning)

이 반응은 polyphenol oxidase에 의한 polyphenol의 산화와 tyrosinase에 의한 tyrosine의 산화로 분류할 수 있다. 효소에 의한 갈변은 사과, 배, 복숭아, 바나나, 밤, 감자, 가지, 양송이 등 많은 종류의 과일과 채소들의 껍질을 벗기거나 파쇄할 때 일어난다. 이 반응은 공기 중의 산소와 그 물질에 함유되어 있는 산화효소가 반응하여 페놀(phenol) 화합물이 갈색색소인 멜라닌(melanin)으로 전환되기 때문에 일어난다. 반응은 산소가 없으면 효소가 존재하더라도 일어나지 않으며, 이미 고온으로 가열처리된 식품에서는 일어날 수 없다.

(1) Polyphenol oxidase(PPO)에 의한 갈변

Polyphenol oxidase는 Cu를 함유하고 있는 금속효소로서 diphenol oxidase 또는 polyphenolase 등으로 불리는 산화효소이다. 이 효소는 catechol 또는 catechol 유도체인 chlorogenic acid 등이 공기 중의 산소에 의해 quinone 또는 quinone 유도체로 산화되는 반응을 촉매한다. 이 반응에 의해 형성된 물질들은 활성이 매우 크므로 계속 산화, 중합 또는 축합되어 멜라닌 색소를 생성한다.

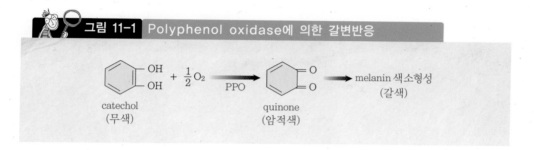

그림 11-1 Polyphenol oxidase에 의한 갈변반응

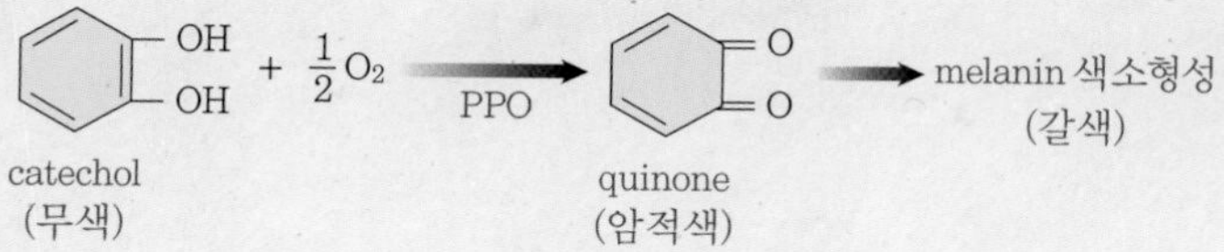

Polyphenol oxidase는 DOPA(3,4-dihydroxyphenylalanine), pyrogallol, catechol 등에 민감하며, 사과에서 추출한 polyphenol oxidase는 최적 pH가 5.8~6.8이다. 이 효소는 Cu에 의해 활성화되며, Cl^-에 의해 억제된다. 따라서 사과나 배를 깎아서 금속용기를 피하고 묽은 소금물에 담그면 갈변을 막을 수 있다.

홍차(black tea)의 제조과정에서 녹차에 존재하는 catechin, gallocatechin 같은 탄닌이 polyphenol oxidase에 의해 산화, 중합하여 홍차의 적색색소인 theaflavin이 생성된다.

(2) Tyrosinase(monophenol oxidase)에 의한 갈변

Tyrosinase는 Cu를 함유한 산화효소로서 polyphenol oxidase와 그 작용이 매우 비슷하며, 채소류, 과실류 특히 감자의 갈변에 밀접한 관계가 있다. 또한 수용성이므로 감자의 절편을 물에 담가두면 갈변이 잘 일어나지 않는다.

Tyrosinase는 tyrosine으로부터 DOPA를 생성하는 phenol hydroxidase의 작용과 DOPA로부터 DOPA-quinone을 생성하는 본래의 tyrosinase 작용 2가지가 있으며, DOPA quinone은 더욱 산화되어 적색의 DOPA chrome을 생성하며 이것이 중합하여 갈색의 멜라닌을 형성한다.

그림 11-2 Tyrosinase에 의한 갈변반응

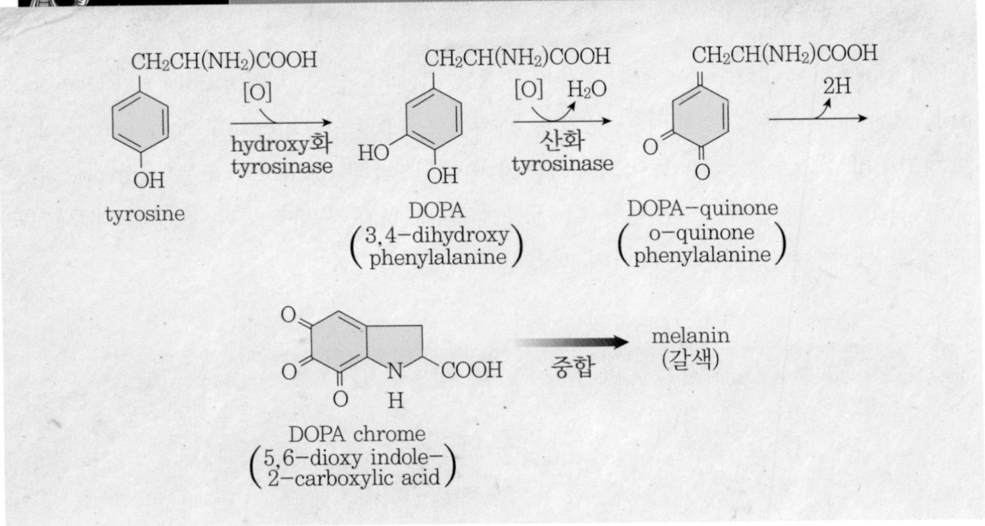

(3) 효소적 갈변의 억제방법

효소에 의한 갈변은 효소, 기질, 산소의 3가지 요소가 있을 때 일어나므로 어느 하나를 제거하면 갈변을 억제할 수 있다.

억제방법으로는 효소를 불활성화시키는 방법과 효소의 최적조건을 변동시키는 방법이 원칙적으로 이용된다.

표 11-1 효소적 갈변의 억제방법

종류	방법	예
가열처리(blanching)	효소는 단백질로 구성되어 있으므로 polyphenol oxidase, tyrosinase 등을 가열로 불활성화시킨다. 고온에서 효소단백질이 변성된다.	채소, 과일 통조림의 blanching
pH 조절	Polyphenol oxidase(최적 pH 5.8~6.8)가 존재하는 식품의 pH를 변화시켜 산성으로 하여 억제. pH 3 이하에서는 효소활성이 저하되나, pH 5~7에서는 활성이 높다.	과일을 박피 후 산용액에 침지, 구연산이나 염산(HCl) 용액에 침지
온도조절	−10℃까지는 효소작용이 계속되므로 식품의 온도를 −10℃ 이하로 유지한다.	냉동저장

효소저해제 이용	아황산가스와 아황산염은 polyphenol oxidase에 대하여 강한 저해작용을 가지므로 감자, 사과, 복숭아 등의 가공 시 갈변방지를 위해 사용된다.	SO_2, 아황산염, 소금의 사용. SO_2는 가스상태로, 아황산염은 묽은 용액상태로 사용된다.
효소 및 기질 제거	갈변기질과 효소가 수용성인 경우 물에 담가 침출시키면 polyphenol 화합물에 의한 갈변을 막을 수 있으며 산소의 접촉도 막을 수 있다. 탄닌을 제거할 목적으로 과즙에 젤라틴 같은 것을 가하면 결합되어 불용성 물질로 침전되어 제거할 수 있다.	감자, 고구마, 밤 껍질을 벗긴 후 물에 침지
산소 제거	산소가 존재하면 효소적 갈변이나 비효소적 갈변이 촉진되므로 산소를 제거하여 산소의 접촉을 억제한다.	분유 등의 밀폐용기에 N_2가스, CO_2가스 등 불활성가스를 충전. 원료의 전처리 과정에서 과일절편을 소금물이나 맹물에 담그는 것도 산소의 차단에 의한 갈변억제방법이다. 과육을 설탕액에 담가 진공치환으로 과육 중의 공기를 당액과 치환하기도 한다.
환원성물질 첨가	갈색화반응은 산화반응이므로 환원성물질을 가하면 억제할 수 있어 효소적, 비효소적 갈변을 억제한다.	1. ascorbic acid 첨가 2. SH 화합물, cysteine, glutathione
금속이온 제거	Polyphenol oxidase와 tyrosinase는 구리를 가진 금속효소로 Fe, Cu 용기를 사용하면 효소활성 촉진으로 갈변이 증가한다.	철제금속용기 사용 억제 대나무, 스테인리스 그릇 사용
과즙 이용	파인애플주스에는 sulfhydryl(-SH) 물질이 있고, 레몬에는 구연산과 비타민 C가 많아 환원제의 역할을 한다.	귤, 레몬, 파인애플, 토마토 등은 갈변물질이 없으나 사과, 배, 복숭아, 가지, 우엉 등은 polyphenol 화합물이 많아 갈변되기 쉽다.

2. 식품의 비효소적 갈변(non-enzymatic browning)

(1) Maillard 반응(amino-carbonyl reaction, melanoidine reaction)

Maillard(1912)가 glucose와 glycine의 용액을 가열할 때 갈색색소(melanoidine)가 형성되는 것을 관찰하고 처음 보고하여 Maillard 반응이라고 부른다. 이 반응은 식품에 아미노 화합물(amino acid, peptide, protein, amine)과 carbonyl 화합물(당, aldehyde, ketone)이 공존하면 상온에서도 일어나는 전형적인 비효소적 갈변 반응이다.

이는 효소적 갈변과 비교하면 외부로부터 가열 등에 의하지 않아도 거의 자연발생적으로 일어나는 것이 특징이며, 식품의 색뿐만 아니라 맛, 냄새에 큰 영향을 주고 lysine과 같은 필수아미노산의 파괴 등에 의한 영양가의 감소 등을 가져온다.

모든 식품은 당과 단백질을 함유하고 있으므로 거의 모든 식품에서 Maillard 반응은 일어날 수 있으며, 특히 식품을 가열하거나 장기간 저장할 때 주로 이 반응을 일으킨다.

1) Maillard 반응 과정

이 반응은 초기단계, 중간단계 및 종결단계의 세 단계로 진행된다.

① 초기단계

초기단계에서는 환원당과 amino 화합물의 축합반응에 의해 질소배당체(D-glycosylamine)를 형성하고 형성된 질소배당체가 amadori 전위를 일으켜 amadori 전위 생성물을 생성한다.

Amadori 전위는 질소배당체가 대응하는 ketose로 전환되는 것으로, D-glucosylamine인 경우에는 D-fructosylamine으로 전위되는 것이다. 이 초기단계에서는 색의 변화가 없다.

② 중간단계

Amadori 전위 생성물들은 자동산화, 탈수에 의해 amino 화합물을 이탈하고 반응성이 풍부한 osone류, furfural류, reductone류가 형성되며, 산화된 당류의 분해가 일어나 각종 휘발성 물질이 형성된다. 이 단계의 생성물은 무색 내지 담황색을 띠게 된다.

③ 최종단계

중간단계에서 형성된 reductone류, furfural 유도체들과 같은 환상물질, 각종 분해 생성물 사이에 여러 상호반응이 일어나 착색물질을 형성한다. 최종단계에서는 aldehyde와 CO_2가 생성되는 Strecker 반응, aldol condensation 그리고 갈색물질을 형성하는 반응(melanoidine 형성반응)이 있다.

그림 11-3 Glucose와 아미노산의 Maillard 반응

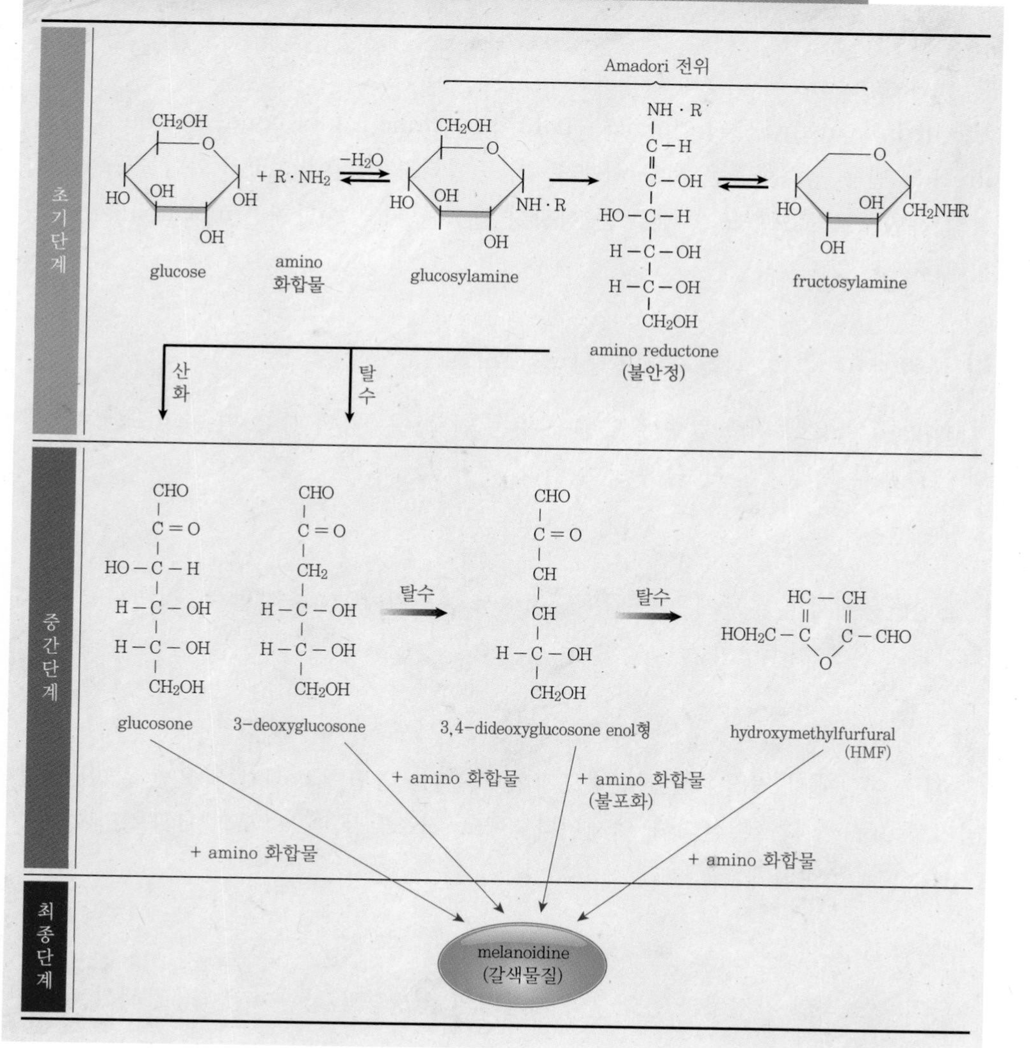

가. Strecker 반응

중간단계에서 생성된 α-dicarbonyl 화합물과 α-amino acid는 탈탄산(decarboxylation), 탈아미노(deamination) 반응을 거쳐 탄소수가 하나 적은 aldehyde와 CO_2가 생성된다. 이때 생성되는 aldehyde는 식품의 향기성분이 된다. 그 예로는, 빵을 구울 때, 커피콩을 볶을 때, 육류를 가열할 때 생성되는 냄새 화합물이 있다. Strecker 반응으로 생긴 amino reductone은 계속 여러 반응에 참여하여 갈변에 관여한다.

나. aldol condensation

중간단계에서 reductone의 분해에 의해 생성된 carbonyl 화합물들 중 α-위치에 수소를 가진 화합물들은 aldol condensation을 일으키며 점점 큰 분자량의 화합물을 생성한다.

다. melanoidine 색소 형성

5-hydroxymethyl-2-furfural(5-HMF), reductone, aldol condensation 화합물, Strecker 반응 생성물들은 서로 쉽게 축합, 중합되고 여기에 amino 화합물들의 계속적인 축합으로 불포화도가 매우 큰 형광성 갈색을 지닌 중합체인 melanoidine이 형성된다.

2) Maillard 반응에 영향을 미치는 인자

Maillard 반응에 의한 갈변에 영향을 주는 인자로는 당의 종류 및 아미노산의 종류와 pH, 수분, 산소, 온도, 금속 등이 있다.

① 온도

갈변반응에서의 온도계수 Q_{10}은 3~5로서 온도가 10℃ 증가할 때 갈변은 3~5배 촉진되어 온도 의존성이 높다.

② pH

pH 3 이상에서 커질수록 갈변속도가 증가한다. 반면에 pH가 낮으면 갈변반응은 염기성 amino기가 손실되어 억제된다. 예로 건조달걀 제조 시의 HCl을 첨가하면 $NaHCO_3$로 중화하게 된다.

③ 당류

당의 구조적인 안정성과 용액중의 개환형의 존재량과 상관이 있다. 갈색화는 오탄당 〉 육탄당, 단당류 〉 이당류, mannose 〉 galactose 〉 glucose 의 순서로 진행된다. 설탕은 유리 carbonyl가 없고 과당은 아미노산과 반응하지 않아서 갈변화가 어렵다.

④ 아미노산

β–alanine > α–alanine > γ–aminobutyric acid > β–aminobutyric acid > α–aminobutyric acid

긴사슬의 복잡한 치환기의 아미노산은 갈변속도가 낮으며, 염기성 아미노산이 산성 아미노산 보다 빠르다.

⑤ 반응물질의 농도(Ellis, 1959)

$Y = k \times [S] \times [A]^2 \times [T]^2$

단, k = rate constant, [S] = 환원당의 농도, [A] = 유리 아미노기를 가진 물질의 농도, [T] = 반응시간

⑥ 수분, 금속, 빛

수분함량 커질수록 급증하며 최적 수분함량은 10~15%이다. Fe, Cu는 reductone류의 산화를 촉매하여 갈변이 촉진되며, 자외선 영역에서 갈변이 촉진된다.

따라서 Maillard 반응 속도를 낮추는 방법은 다음과 같이 생각할 수 있다.

식품은 냉장에서 저장하고, pH를 낮추고, 반응물질을 희석하거나 제거, 수분함량을 10~15% 이하로 낮추며, 저해물질을 첨가(아황산과 그 염기(aldehyde)와의 부가화합물 형성에 의한 반응정지), 불활성 가스로 치환하거나 탈산소제를 첨가하여 산소를 제거, 금속이온(Fe, Cu)의 제거 및 이들 소재 기구를 사용하지 않는 방법이 있다.

(2) 캐러멜화 반응(caramelization)

Amino 화합물과 유기산이 존재하지 않는 상태에서 주로 당류를 그 녹는점보다 조금 높은 온도(160~200℃)에서 가열하면 흑갈색의 물질인 캐러멜이 생성된다. 이 반응을 캐러멜화 반응이라 한다.

당류 중에는 fructose가 glucose보다 탈수되기 쉬워 캐러멜화되기 쉽고 sucrose는 탈수중합에 의하여 humin과 isosaccharosane의 혼합물이 되어 짙은 갈색이 된다.

캐러멜은 식품가공에서 장류, 청량음료, 약식, 과자류, 청주, 양주, 합성주 등의 착색에 이용되고 있다.

캐러멜화 반응의 상세한 반응 메커니즘은 잘 알려져 있지 않다. 이 반응은 산성과 알칼리성 모두에서 일어난다.

(3) Ascorbic acid 산화에 의한 갈변

비타민 C인 ascorbic acid는 채소, 과실 등에 풍부하게 존재하며 그 환원력 때문에 항산화제(antioxidant), 항갈색화제(antibrowning agent)로서 작용하지만, 비가역적인 산화가 일어나면 갈변반응에 관여하게 된다. 따라서 ascorbic acid 함량이 많은 감귤류 가공품에서는 이러한 갈변이 문제가 된다.

Ascorbic acid의 산화에 의한 갈변은 다음과 같이 발생한다.

① ascorbic acid의 산화와 탈탄산에 의한 reductone 생성(O_2 존재)
② ascorbic acid의 탈수와 탈탄산에 의한 osone류 생성(O_2 없을 때)
③ 축합 · 중합에 의한 갈색물질의 생성
④ 유기산류의 생성
⑤ DHA(dehydroascorbic acid) 및 아미노산의 상호반응에 의한 홍변(紅變)

CHAPTER 19

식품의 향미 (Flavor)

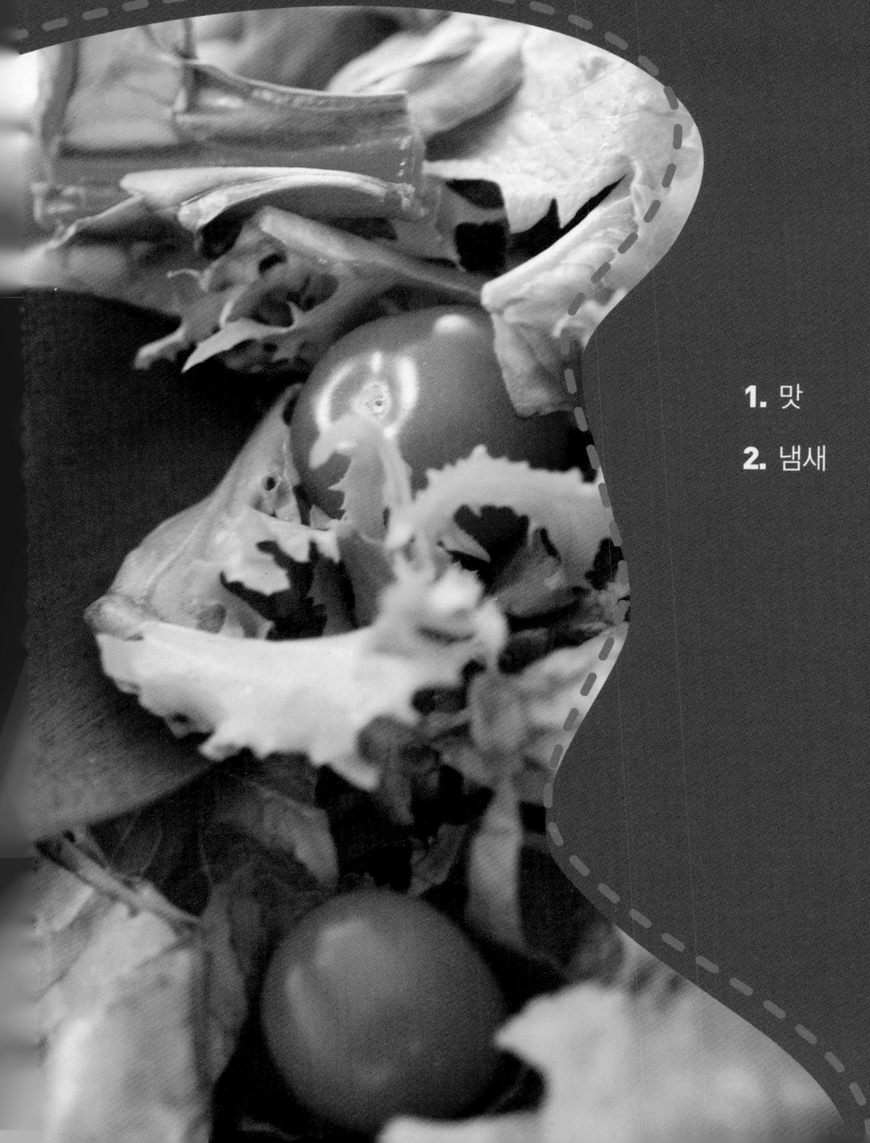

1. 맛

2. 냄새

식품의 향미(flavor)는 화학적 감각(chemical senses)을 통하여 입 안의 물질로부터 느껴지는 전체적인 인상으로 정의되는 것으로 맛(taste), 향(aromatic) 또는 냄새(odor) 및 입속 감촉(mouthfeel)으로 불리는 화학적 감각요소가 포함된다.

맛은 입안에서 수용성 자극물질에 의해 느껴지는 미각이며, 향은 입속 물질로부터 발산되는 휘발성물질에 의해 느껴지는 후각(嗅覺)을 말한다. 입속 감촉이란 떫은맛, 매운맛, 얼얼한 맛 등과 같은 감각이 입과 코에 있는 연조직의 말초신경을 자극하는 화학적 감각요소이다.

1. 맛(taste)

맛은 좁은 의미로는 혀에 의해서 느껴지는 짠맛, 단맛, 신맛, 쓴맛에 대한 혀의 지각반응을 뜻하지만 혀 및 구강표면은 감촉, 냉온감, 청량감 및 통증으로 알려진 매운맛 등 여러 종류의 감각을 느끼므로 넓은 의미에서의 맛은 이런 감각까지 모두 포함한다.

(1) 맛의 분류

식품의 맛은 여러 가지 요소가 복합된 것으로 과학적으로 해명하고 분류하기는 매우 곤란하며, 맛의 표현방법도 나라마다 다르다.

Henning은 식품의 맛을 단맛(sweet taste), 신맛(sour taste), 짠맛(saline taste), 쓴맛(bitter taste)의 4가지로 분류하고 이것을 4원미(4原味, four primary taste)라고 하였다. Henning은 4가지 기본 맛 사이의 관계를 미각 프리즘(prism)이라 하며, 맛들은 이 4가지 맛이 혼합되어 생긴다고 하였다.

이들 기본 맛 요소들은 서로 독립적으로 작용하는 것으로 생각되고 있다.

즉, 색의 경우에는 2가지 색을 혼합하면 새로운 색을 형성하지만(예: 빨간색 + 녹색 = 노란색), 맛의 경우에는 2가지 이상 맛이 혼합될 경우 새로운 맛이 형성되거나 원래의 맛이 없어지는 것이 아니라 원래의 맛의 강도(intensity)가 다소 감소하거나 증가하는 경향을 나타낸다.

우리나라에서는 전통적으로 단맛, 신맛, 짠맛, 쓴맛, 매운맛의 오미(五味)를 기본 맛으로 하여 왔으며, 중국과 일본에서는 매운맛 대신에 감칠맛을 기본 맛으로 여긴다.

기타의 맛으로는 감칠맛(palatable taste), 떫은맛(astringent taste), 아린맛(acrid taste), 금속맛(metallic taste), 알칼리맛(alkaline taste), 콜로이드맛(colloidal taste) 등이 있다.

맛은 연령, 성별, 개성, 다른 물질의 존재, 식품의 조직(texture), 온도, 통각(痛覺), 후각, 시각 등에 의해 달라진다.

맛은 온도의 차이에 따라 느껴지는 정도가 다르다. 일반적으로 혀의 미각은 10~40℃일 때 가장 잘 느끼고, 특히 30℃에서 가장 예민해지며 이 온도에서 멀어질수록 미각은 둔해진다. 온도가 상승함에 따라 단맛은 증가하고 짠맛과 쓴맛에 대한 반응은 감소한다. 맛을 느끼는 최적 온도는 신맛 5~25℃, 단맛 20~25℃, 짠맛 30~40℃, 쓴맛 40~50℃ 그리고 매운맛 50~60℃로 알려져 있다.

(2) 맛의 인식

맛은 미각에서 느끼는 화학적 감각으로, 혀에는 유두가 존재하며, 유두에는 맛세포를 가지고 있는 미뢰(tast bud)가 존재한다. 맛을 내는 물질이 맛세포의 표면막에 접촉하면 이온통로를 통해 각 물질에 맞는 맛세포 활동을 자극하고, 이는 미각신경에 신호를 보내 맛정보를 중추신경으로 보내게 된다. 이에 인해 맛을 느끼게 된다.

혀에서 유두는 혀 앞쪽과 양 옆에 많이 존재하는 반면에 혀 중앙에는 적게 존재하며 맛을 주로 느끼게 된다.

과거에는 혀의 위치에 따라 맛을 느끼는 부분이 다르다고 여겨졌으나 실제는 맛 세포에는 모든 맛을 느끼는 감각수용체가 존재하므로 맛 세포가 있는 혀의 모든 지점에서 맛을 감지할 수 있다.

맛의 종류에 따라 맛세포에서 맛을 감지하는 경로가 다르다. 단맛, 신맛, 감칠맛은 맛세포에서 각 맛을 내는 물질과 특이적으로 결합하는 맛 수용체와 결합하여 맛세포로 들어가는 반면에 신맛, 짠맛은 맛 수용체가 아니라 맛 세포 표면에 발현된 이온채널을 통하여 Na^+, H^+ 이온이 직접 맛세포로 들어가게 된다. 이후 세포내 Ca^{+2} 이온이 증가하고 이로 인해 맛 신호가 전달된다.

그림 12-1 혀의 구조와 미세포

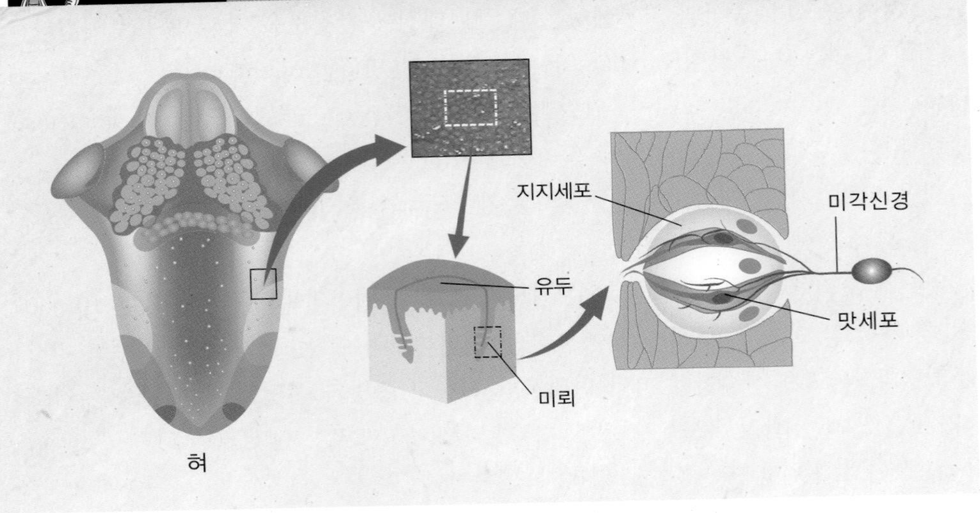

(3) 맛의 변화

1) 맛의 변조(modulation)

한 가지 맛을 느낀 직후에 다른 맛을 정상적으로 느끼지 못하는 현상이다. 예로, 설탕을 맛본 후에 물을 마시면 신맛이나 쓴맛을 느끼는 현상과 오징어를 먹은 직후에 식초나 밀감을 먹으면 쓴맛을 느끼는 현상, 쓴 약을 먹은 후에 물을 마시면 달게 느끼는 현상 등이 있다.

2) 맛의 순응(adaptation)

맛의 피로(fatigue)현상이라 하며 같은 맛을 계속 맛보면 감각이 차츰 약해지는 것으로 맛 성분의 농도가 낮으면 순응이 빨리 일어나고, 농도가 높아짐에 따라 순응에 의해 미각이 소멸되는 시간이 길어진다.

3) 맛의 상승(synergistic effect)

같은 종류의 맛을 가지는 2종류의 맛 성분을 서로 혼합하면 각각 가지고 있는 맛보다 훨씬 강하게 느껴지는 현상이다. 예로, 분말주스에서 설탕액에 사카린(saccharin)을 첨가하면 단맛이 증가하는 현상과 멸치국에서 Na-glutamate의 감칠맛이 Nainosinate 10% 혼합 시에는 5배, Na-guanylate 10% 첨가 시에는 17배 증가하는 현상이 있다.

4) 맛의 대비효과(contrast effect)

서로 다른 맛이 몇 가지 혼합되었을 경우, 주된 맛 성분의 맛이 강해지는 현상이다.

5) 맛의 상쇄효과(offsetting effect)

2종류 이상 혼합되었을 때 각각의 맛이 느껴지지 않고 조화된 맛을 느끼는 현상이다. 예로, 술, 간장, 김치 등의 숙성이 있다.

6) 맛의 상실

① 미맹물질(味盲物質, taste-blind substances)

쓴맛은 개인차가 심한 것으로 미맹물질(phenylthiocarbamide(PTC), *p*-ethoxyphenylthiourea, hioacetamide, thioacetanilide, dithiocyanic acid 등)에 대해서 대부분 사람은 쓴맛을 느끼나 일부 사람들이 맛을 느끼지 못하는 경우 이 사람을 미맹이라고 한다. 그러나 미맹은 다만 S = CN- 원자단에 대하여 쓴맛을 못 느낄 뿐 다른 맛성분에 대해서는 정상이므로 일상생활에는 지장이 없다. 이 현상은 유전적 원인에 의해 나타난다.

② gymnemic acid

인도의 *Gymnemia sylvester*란 식물의 잎을 씹은 후에는 일시적(1~2시간)으로 단맛과 쓴맛을 느끼지 못하는데, 이 잎의 주성분은 gymnemic acid로 glucose + arabinose + gymnemagenin로 구성되어 있다.

식품의 맛은 일반적으로 단일 맛으로 구성되어 있는 것은 거의 없고 몇 가지가 서로 혼합되어 복합체를 형성하는 경우가 많다. 4가지 기본 맛 간의 상호작용은 짠맛은 신맛을 억제하고 짠맛과 신맛은 단맛을 상승시키며, 단맛은 짠맛과 신맛을 억제하는 것으로 알려져 있다.

맛을 나타내는 성분의 미각과 그 정도는 종류에 따라 각각 다르기 때문에 미각의 정도를 비교하는 방법으로 역가(threshold value)를 사용한다.

맛의 역가는 맛을 느낄 수 있는 맛 성분의 최저농도를 말하는데, 최소감미농도라고도 하며 일반적으로 쓴맛이 가장 낮고 단맛 성분이 가장 높다.

예를 들면, 짠맛을 내는 소금의 경우는 0.2%, 단맛을 내는 설탕의 경우는 0.5%, 신맛을 내는 초산의 경우는 0.012%, 쓴맛을 내는 quinine은 0.0005%, 감칠맛을 내는 guanosine monophosphate는 0.03% 정도의 농도에서 각각의 맛을 느낄 수 있다.

즉, 단맛 수용체는 설탕과 약하게 결합하고 쓴맛은 강하게 결합하게 된다. 이는 쓴맛이 독소에 대한 정보를 준다면 단맛은 영양분에 대한 정보를 제공하게 된다. 독은 존재 여부를 감지하는 게 중요하지만 영양분은 양도 중요하다. 따라서 쓴맛은 극소량으로도 지속돼야 더 이상 섭취하지 않지만 단맛은 적당한 수준에서 사라져야 계속 음식을 먹을 수 있다.

그러나 연구자에 따라 역가는 상당한 차이를 보이며, 이는 조사방법, 물질의 순도, 피검자의 수, 통계처리방법, 온도, 연령, 성별, 흡연 여부 등에 따라 달라진다.

표 12-1 맛의 상호작용

강한 맛	약한 맛	맛의 변화	예
설탕	소금	단맛 증가	단팥죽, 팥고물
설탕	사카린	단맛 증가	분말주스
설탕	구연산	단맛 증가	
소금물	산	짠맛 감소	김치
소금물	설탕	짠맛 감소	
산	설탕	신맛 감소	과즙
산	소금물	신맛 감소	
쓴맛	설탕	쓴맛 감소	커피
MSG	소금	감칠맛 증가	
짠맛	구연산	짠맛 증가	
짠맛	설탕	짠맛 감소	
설탕	구연산	단맛 증가	
주석산	설탕	신맛 감소	

(4) 주요 맛 성분

1) 단맛(sweet taste) 성분

단맛은 화학구조와 밀접한 관계를 가져 $-OH$, $-NH_2$, $-SO_2NH_2$ 등의 원자단을 가진 화합물은 대체로 단맛을 가지며 이들을 감미 발현단이라고 하고, 여기에 조미단인 H 또는 CH_2OH 등이 결합하면 단맛이 생긴다고 보고되고 있다.

당류, 당알코올, 글리세롤처럼 OH기가 많은 다가(多價) 알코올(polyhydroxy alcohol)은 일반적으로 단맛을 가지며 묽은 알코올도 단맛을 가진다.

① 단맛 물질

- 다가 알코올: glucose, fructose, maltose, lactose, sucrose 등의 당류와 ethylene glycol, glycerol, erythritol, sorbitol, mannitol 등의 당알코올
- 방향족 amine류: *p*-nitrotoluidine, *p*-phenethyl carbamide(dulcin)
- 방향족 nitro화합물: *m*-nitrobenzoic acid, 4-alkoxy-3-aminonitrobenzene
- Be, Pb 등의 염류
- 기타: stevioside, α-hydroxyisocaproic acid(당뇨병 환자용)

② 인공감미료(synthetic sweetener)

단맛이 천연감미료보다 높아 비만방지 때문에 식품음료에 널리 사용되었으나, 인체에 유해하다는 것이 알려져 사용이 금지되었다. 현재 우리나라에서 사용이 허가되는 것은 아스파탐(aspartam), 사카린나트륨(sodium saccharin), 아세설팜칼륨(acesulfam potassium), 수크랄로스(sucralose)등이 있다. 아스파탐은 아미노산계 감미료로 aspartyl-phenylalanine-1-methyl ester 구조로 FDA 승인(1981년)을 받은 물질로 설탕의 200배 단맛을 낸다.

단맛이 강한 반면 열량이 적어 현재 빵류, 건과류 및 이의 제조용 믹스에서 0.5% 이하로 사용되며 기타 식품의 경우에는 제한 없이 사용된다. 특히, 다이어트 콜라와 같은 저가당 식품에 많이 사용되고 있다. 그러나 최근 여러 연구 결과에서 유해할 수 있는 다른 가능성이 보고되고 있다.

사카린나트륨은 김치류(0.2g/kg 이하), 기타 절임식품(1.0g/kg 이하), 발효 음료류를 제외한 음료류(0.2g/kg 이하), 어육가공품(0.1g/kg), 영양보충용 식품, 환자용품, 식사대용식품(1.2g/kg 이하), 그리고 뻥튀기(0.5g/kg 이하) 식품에서만 제한적으로 사용이 허가되고 있다(300~400배 감미도).

아세설팜칼륨은 2003년에 FDA 승인을 받은 인공감미료(200배 감미도)로 건과류, 팥 등 앙금류(2.5g/kg 이하), 껌 및 인삼껌(5.0g/kg 이하), 잼류, 절임류, 빙과류, 아이스크림류, 아이스크림 분말류, 아이스크림 믹스류, 플라워페이스트(1.0g/kg 이하), 음료수, 가공유류, 발효유류(0.5g/kg 이하), 설탕 대체식품(커피, 홍차 등에 직

접 넣어 설탕을 대체하여 제공하는 경우, 15g/kg 이하), 영양보충용 식품, 환자용 식품, 식사대용 식품(2.0g/kg 이하) 그리고 기타식품에서는 0.35g/kg 이하로 사용이 허가되고 있다.

수크랄로스는 Splenda라는 상표로 알려져 있는 인공감미료로 설탕의 600배, 사카린의 4배인 높은 단맛을 가지고 있다. 1991년 캐나다에서 처음으로 사용이 허가된 후, 현재 60여 국가에서 사용이 허가되고 있다. 우리나라에서는 건과류(1.8g/kg 이하), 껌류(2.6g/kg 이하), 잼류(0.4g/kg 이하), 설탕 대체식품(12g/kg 이하), 영양보충용 식품, 환자용 식품, 식사대용 식품(1.25g/kg 이하) 그리고 기타식품에서는 0.58g/kg 이하로 사용이 허가되고 있다.

단맛 성분의 감미도를 비교하기 위하여 설탕의 단맛을 100 또는 1로 하여 표준으로 삼는데 단맛 성분의 감미도는 표 12-2와 같다.

표 12-2 단맛 성분의 감미도

종류	감미도	종류	감미도
당류		**방향족 화합물**	
Sucrose	100	Glycyrrhizin	5,000
Maltose	50~60	Phyllodulcin	20,000~30,000
Lactose	16~27	Perillartin	20,000~50,000
Mannose	32~60	Stevioside	30,000
Glucose	50~74	Rebeaudioside A	25,000~45,000
Fructose	100~173		
Galactose	27~32		
Rhamnose	60		
Xylose	40		
Raffinose	23		
Glucosamine	50		
Invert suger	120		
당알코올류		**인공감미료**	
Xylitol	75	Saccharin	20,000~70,000
Sorbitol	48~70	Dulcin	7,000~35,000
Frythriol	45	Na-cyclohexyl-sulfamate	3,000~4,000
Inositol	45		
Mannitol	45	Aspartam	15,000~20,000
Dulcitol	41		
Glycerol	48		
Glycol	49		

그림 12-2 인공감미료의 구조

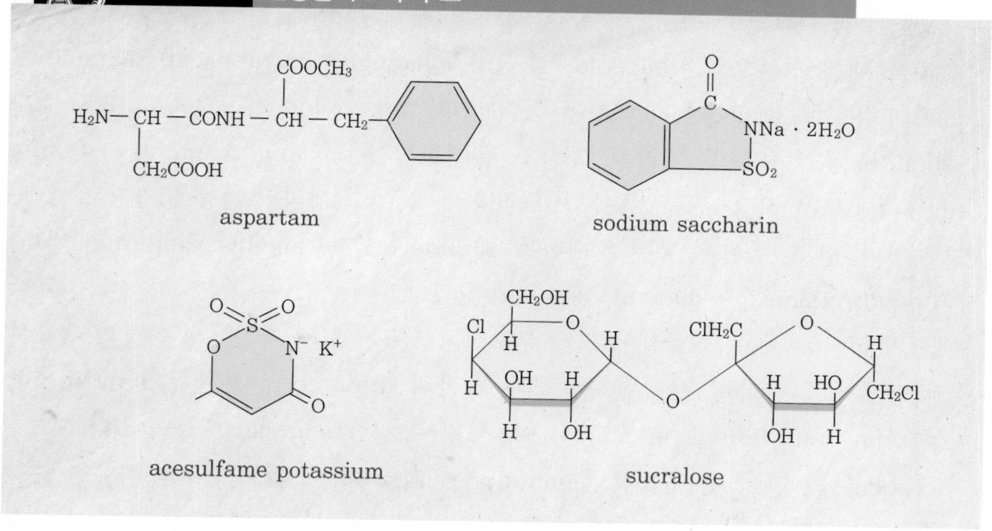

2) 짠맛(saline taste) 성분

짠맛의 세기는 SO_4^- > Cl^- > I^- > HCO_3^- > NO_3^- 로 음이온에 의해 좌우된다. 짠맛을 내는 성분으로는 NaCl, KCl, NH_4Cl, NaBr, NaI과 같은 무기염과 disodium malate, diammonium malate, sodium gluconate, diammonium sebacinate(신장염 환자의 대용염) 등의 유기염이 있다.

3) 신맛(sour taste) 성분

신맛은 수소이온에 의하여 느껴지며 맛의 강도는 HCl > HNO_3 > H_2SO_4 > formic acid > citric acid > malic acid > lactic acid > acetic acid > butyric acid이다. Succinic acid는 신맛보다는 맛난맛을 낸다.

식품의 pH는 대개 5.6~6.0이나 식초, 과일 이외에는 실제로 신맛이 느껴지지 않는다. 간장(pH 4.0~5.0)의 신맛은 다른 맛성분(주로 당분)과의 상호작용에 기인한다. 신맛은 온도가 상승할수록 다소 증가한다.

4) 쓴맛(bitter taste) 성분

Quinine으로 대표되는 쓴맛은 여러 맛 가운데 가장 낮은 농도에서 감지된다. 쓴맛은 보통 불쾌하게 느껴지지만 다른 맛과 적절히 혼합하면 조화된 맛을 낸다. 쓴맛 성분 가운데 일부 alkaloid는 독성을 나타내지만 역가가 낮으므로 다량섭취를 방지할 수 있게 된다.

쓴맛을 내는 성분으로는 alkaloid, glycoside(naringin, cucurbitacin), terpenoid, guaiacol 유도체, amine류, ketone류 등이 있다.

Alkaloid는 식물체의 염기성 함질소 유기화합물(basic nitrogenous organic compound)로서 진정, 진통, 흥분, 이뇨작용 등 특이한 생리적 기능을 가지고 있다. 홍차, 커피, 콜라, 음료수 등에 존재하는 caffeine(1,3,7-trimethyl xanthin)과 커피, 차의 theobromine(3,7-dimethyl xanthin)이 있다.

배당체(glycoside)는 식물계에 널리 분포하고 있고, 채소, 과실에서 쓴맛의 대부분은 배당체에 의한다고 생각한다. 양파 껍질의 quercetin, 감귤류의 naringin, hesperidin, rutin, eriodictin 그리고 오이 꼭지부분의 cucurbitacin 등이 있다.

Ketone류에는 맥주 홉의 성분인 humulone, lupulone이 있고 맥주의 특유한 쓴맛은 주로 이들 성분에 의한 것이다. 이들 성분은 항균력이 강하여 맥주 제조 시 부패 방지의 역할을 하며 인체 내에서 유해미생물을 억제한다. 흑반병에 걸린 고구마의 쓴맛은 ipomeamarone에 의한 것으로 유독성분이다.

무기염류(inorganic salts) 중에서 두부 제조 시 간수로 사용하는 $CaCl_2$, $MgCl_2$는 쓴맛을 가진다. 기타 쓴맛 성분으로는 limonin(감귤류 껍질), gentiobiose(crude wine) 그리고 두류, 인삼, 도토리에 존재하는 saponin이 있다.

5) 매운맛(hot taste) 성분

매운맛은 통각의 일종으로 미각신경을 강하게 자극할 때의 감각이다. 이 맛이 적당할 때는 소화액의 분비를 촉진하고 식욕을 돋워주며 또한 식물의 살균작용에 유익하다.

6) 떫은맛(astringent taste) 성분

떫은맛은 혀 표면에 있는 점막 단백질이 일시적으로 변성, 응고되고 미각신경이 마비되면서 일어나는 수렴성(astringency)의 불쾌한 맛이다. 떫은맛이 강하면 불쾌하나 약하면 쓴맛에 가깝게 느껴지고 특히 차나 포도주에서의 약한 떫은맛은 다른 맛과 조화되어 독특한 풍미를 부여한다.

식품 성분의 떫은맛은 페놀성 물질인 탄닌류로서 녹차의 epicathechin gallate, 밤 속껍질의 diosprin, 커피의 chlorgenic acid, 밤 과피의 ellagic acid 등이다. 이들은 불용성으로 변하면 떫은맛이 없어진다.

표 12-3 매운맛을 내는 물질

매운맛 물질	함유식품
gaiacol zingerone curcumin capsaicine shagoal vanillin	겨자 카레분 고추 생강 바닐라콩
amide chavicine sanshool	후추 산초
allylisothiocyanate *p*-hydroxybenzylisocyanate alkylisothiocyanate dimethylsulfide divinylsulfide diallysulfide allicine	흑겨자, 산규, 무 백겨자 겨자 석순, 파래, 고사리, 아스파라거스 부추 부추 마늘

이 외에 오래된 지질식품에서 지질의 분해로 생긴 유리 불포화지방산이나 이것의 산화로 생긴 aldehyde류가 있으며 이는 오래된 훈제품이나 건어물 등에서 떫은맛을 부여한다.

7) 감칠맛(맛난맛, palatable taste) 성분

다시마나 간장, 된장의 맛은 식욕을 돋우는 독특한 맛인데 이 맛을 맛난맛 또는 감칠맛이라고 하며 동양인들은 이 맛을 예부터 즐겨 왔다.

감칠맛을 내는 물질로는 아미노산 관련 화합물과 핵산이 대부분이고, 생체성분으로도 중요한 화합물이기 때문에 동식물계에 널리 분포하고 있다.

감칠맛을 내는 물질을 공업적으로 제조한 것이 화학조미료이다. 현재 알려진 화학조미료로는 monosodiumglutamate(MSG)와 핵산계 조미료인 sodium-5′-inosinate(5′-IMP), sodium-5′-guanylate(5′-GMP) 및 유기산인 sodium succinate 등이다. 이들 물질을 혼합 사용하면 맛의 상승작용이 일어나 맛이 한층 더 강하게 느껴진다.

표 12-4 식품 중의 맛난맛 성분

종류	MSG	아미노산 peptide amide	5'-IMP	5'-GMP	5'-AMP	Na-succinate
축육류	+	++	+++		(++)	
어육류	+	++	+++		(++)	
게, 새우	+	+	++		(+++)	
오징어, 문어	++	+++	−		(++++)	
조개	+++	+++	−		(++++)	++++
다시마	++++	++				
채소, 과실		++				
표고버섯즙				+++		
된장, 간장	+++	+++				

*5′-AMP는 맛난맛은 없지만 참고로 기재한다.

8) 아린맛(acrid taste) 성분

유기산, 배당체, 탄닌류, 무기염류 등의 쓴맛과 떫은맛이 혼합되어 나타나는 맛으로 물에 담가 제거한다. 토란이나 죽순의 homogentisic acid(2,5-dihydroxyphenyl acetic acid)가 대표적이며 tyrosine과 phenylalanine에서 생긴다.

9) 알칼리맛과 금속맛(alkaline taste and metallic taste) 성분

알칼리맛은 풀이나 나무의 재나 $NaHCO_3$ 등에서 느낄 수 있는 맛이며, 금속맛은 금속용기에서 용출되는 Ag, Fe, Sn 등에 기인하는 맛이다.

10) 콜로이드맛(교질맛, colloidal taste) 성분

식품에는 물리적인 촉감의 미끄러운 것이나 끈끈한 것이 있어서 이것을 맛에 포함시키기도 한다. 콜로이드맛이란 식품이 혀의 표면이나 입속의 점막에서 감각적으로 느끼는 맛이다.

이 감각은 주로 식품의 콜로이드 상태에 좌우되며, 고분자 물질인 다당류나 단백질에 기인하는 경우가 많다. 예로, algin, agar, galactan, glucomannan, pectin, α-starch, amylopectin과 밀가루의 gluten, 족순의 gelatin, mucin과 같은 단백질이 있다.

2. 냄새(odors)

식품의 냄새는 미량으로 함유된 휘발성 성분에 기인되며 영양성분이 아니고 식품에 대한 기호를 결정해 주는 요소이다.

냄새는 보통 후각기관에서 느끼는 감각을 이론적으로 다룰 때 또는 바람직하지 않거나 불쾌한 경우에 사용되는 용어이고, 향기(perfume, aroma)는 식품의 냄새 중 바람직하거나 호감이 가거나 즐거움을 주는 냄새를 말한다. 냄새는 보통 향기와 불쾌한 냄새를 주는 냄새, 즉 stink로 나누고 있다.

식품의 냄새는 식품의 가공, 저장, 조리 중에 현저히 변화되므로 이러한 공정에서 식품 특유의 향미를 유지시키는 문제, 식품의 처리가공 또는 포장에서 올 수 있는 이취의 혼입 및 발생이 문제가 된다.

식품의 향미가 손실되거나 이취가 혼입 발생하여 식품 고유의 향기가 없어지는 것을 off-flavor라고 한다. 한편 좋지 않은 냄새가 있을 때 이보다 더 강한 향기물질을 첨가하여 stink를 덮어버리는 것을 mask라고 한다. 생선요리 시에 생강이나 고추, 마늘같은 강한 향신료를 첨가하는 것은 생선의 비린내를 mask하는 작용이라고 볼 수 있다.

(1) 냄새의 분류

1) 기본적인 냄새(Amoore, J.E., et al., 1964): 7가지

① 장뇌 냄새(camphorous odor)
② 사향 냄새(musky odor)
③ 꽃 냄새 (floral odor)
④ 박하(薄荷) 냄새(minty odor)
⑤ 에테르 냄새(ethereal odor)
⑥ 매운 냄새(pungent odor)
⑦ 썩은 듯한 냄새(butyric odor)

2) Henning에 의한 분류: 6가지

① 꽃향기(flowery odor): 장미, 매화, 백합

② 매운 냄새(spicy odor): 마늘, 생강, 후추
③ 수지(樹脂) 냄새(resinous odor): 테르펜(terpene)유, 송정유(松精油)
④ 과일향기(fruity odor): 밀감, 사과, 레몬
⑤ 썩은 냄새(putrid odor): 부패육, 부패란
⑥ 탄내(burnt odor): 캐러멜류, 커피, 타르(tar)

3) Crocker와 Henderson에 의한 분류: 1차로 4가지로 나누고 다시 8개의 강도(intensities)별로 세분

① 꽃향기(fragrant odor): methyl salicylate
② 산 냄새(acid odor): 20% acetic acid
③ 썩은 냄새(caprylic odor): 2,7−dimethyloctane
④ 탄내(burnt odor): guaiacol

그림 12-3 Henning의 후각프리즘

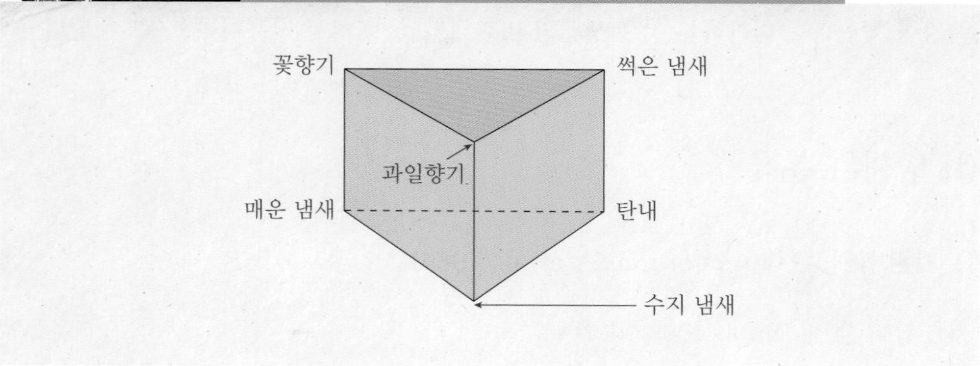

(2) 식물성 식품의 냄새

식물성 식품의 냄새성분은 주로 알코올 및 알데히드(aldehyde)류, 에스테르(ester)류, 테르펜(terpene)류 및 유황화합물이다.

1) 양배추

양배추의 향기 성분은 함황 아미노산인 sulfide, disulfide 및 isothiocyanate류로

서 겨자유(mustard oil)의 주성분인 allyl isothiocyanate가 주요성분이다.

양배추와 이와 유사한 채소들은 신선한 상태에서는 별로 냄새가 없으나 가열조리를 할 때 강한 냄새를 갖게 되는데, 이러한 냄새는 채소류의 가열조리 중에 이들이 함유하고 있는 isothiocyanate가 분해되어 COS(carbonyl sulfide), RNH_2(아민), H_2S, CS_2 등의 유황화합물이 생성되기 때문이다.

2) 양파

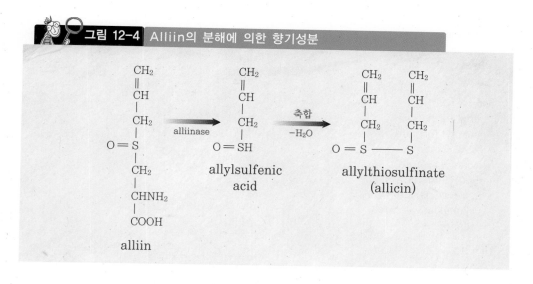

그림 12-4 Alliin의 분해에 의한 향기성분

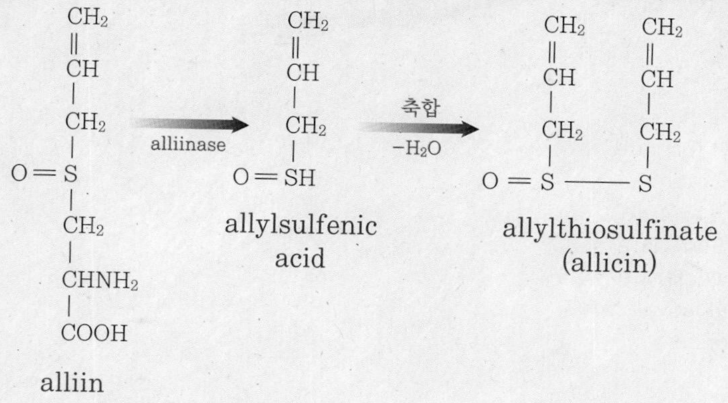

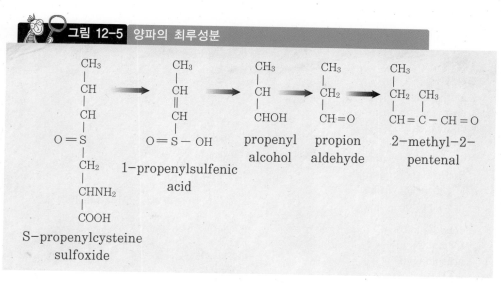

그림 12-5 양파의 최루성분

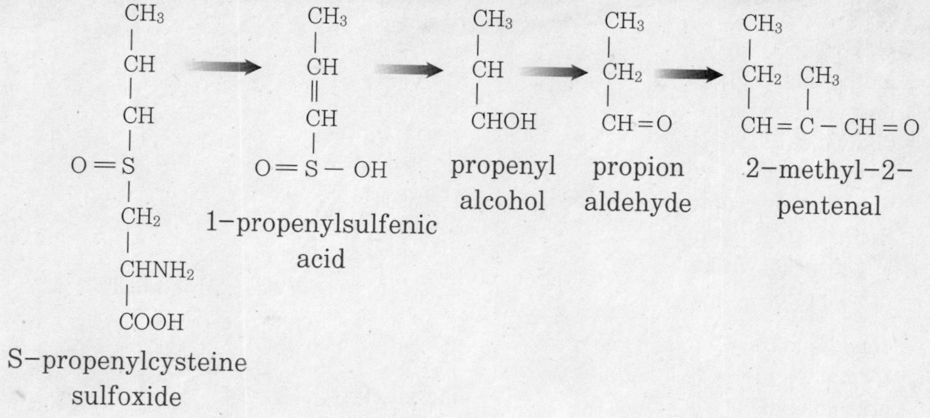

표 12-5 식물성 식품의 냄새성분

명칭	소재
알코올류	
ethyl alcohol	주류, 과실류, 옥파
propyl alcohol	주류, 사과
isobutyl alcohol	주류
isoamyl alcohol	주류, 사과, 레몬
penylethyl alcohol	주류
pentanol	감자
β, γ-hexanol	녹차, 차엽
송이버섯 alcohol	송이버섯
오이 alcohol	오이
furfural alcohol	커피
benzyl alcohol	차엽
linalool	차엽, 레몬
ester류	
amyl formate	사과, 복숭아, 당근
isoamyl formate	배
ethyl acetate	파인애플
isoamyl acetate	배, 사과
methyl butylate	사과
methyl valerate	청주
isoamyl isovalerate	바나나, 송이버섯
sedanolide	셀러리
정유류	
limonene	오렌지, 레몬, 등자나무, 박하
베리라 aldehyde	자소
mentol	박하
thymol	자소
오이게놀	정자유
citral	오렌지, 레몬
함황화합물	
methyl mercaptane	무
propyl mercaptane	양파
dially disulfide	양파, 파, 마늘
S-methylcystein sulfoxide	양배추, 순무
β-methyl mercapto propionate	파인애플
furfural mercaptan	커피
allyl isothiocyanate	겨자, 산규, 무
alkyl sulfide류	소풀, 마늘, 양파, 무, 고사리, 아스파라거스
aldehyde, keton류	
formaldehyde	양파
acetaldehyde	양파, 사과
aceton	양파, 사과
α, β-hexenol	사과 또는 차엽

양파와 마늘의 특유한 냄새는 주로 휘발성 유황화합물의 전구물질인 alliin(S-allycystein sulfoxide)의 분해과정에서 형성되는 것으로 생각되고 있으며, alliin은 효소 alliinase에 의해서 allicin을 생성한다. 향기의 주성분은 alcohol, acetone, sulfide, disulfide, trisulfide, mercaptan, acetaldehyde 등이다.

양파의 최루성분은 S-propenyl-L-cysteine sulfoxide가 효소작용을 받아 생성되는 1-propenylsulfenic acid에 기인한다고 한다. 반면에 파, 마늘의 최루성분은 alliin이다. 또한 양파를 삶았을 때 단맛이 나는 이유는 disulfide가 환원되어 mercaptane (CH_3SH)을 생성하기 때문이다.

3) 겨자유(mustard oil, wasabi)

겨자씨 중에 함유되어 있는 주요 glucosinolate인 sinigrin(allyl glucosinolate)은 원래 냄새가 없으나, 이것을 마쇄할 때 그 조직 내에 존재하는 효소 myrosinase(thioglucosidase)에 의해서 가수분해되어 자극성을 가진 allyl isothiocyanate를 형성한다.

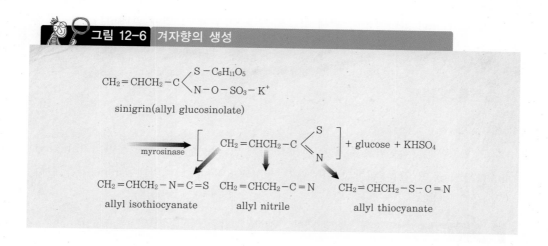

그림 12-6 겨자향의 생성

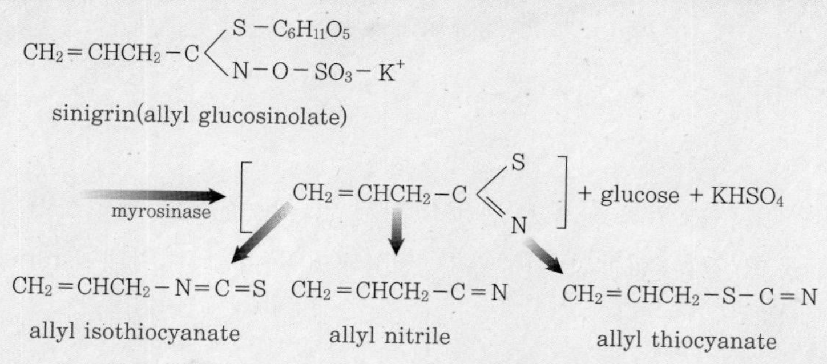

4) 버섯류

송이버섯은 여러 가지 버섯 중에서 향기가 높은 버섯으로서 많이 이용된다. 그 특유한 향기의 주성분은 methylcinnamate(계피산 메틸)이며, 여기에 1-octene-3-ol이 가해져서 독특한 향기가 생긴다. 표고버섯의 주요 향기는 lenthionine이다.

그림 12-7 버섯의 향기성분

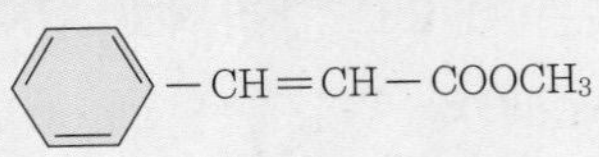

methylcinnamate

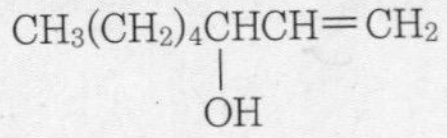

1-octene-3-ol

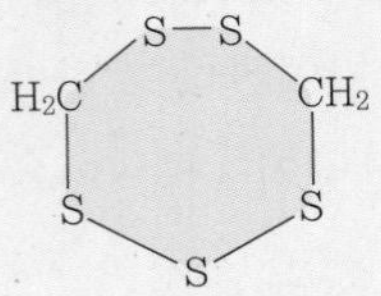

lenthionine

(3) 동물성 식품의 향기성분

동물성 식품 중에서 육류, 어류 등은 단백질, 아미노산, 기타 질소화합물들의 분해에 의한 휘발성 아민(amin)화합물들이 냄새성분에 관여한다. 우유 및 유제품에는 지방산 및 carbonyl 화합물들이 냄새 성분의 주를 이루며 그 외에 알데히드, 알코올류들이 관여한다.

1) 수산물의 냄새

① 해수어(sea fish)

선도가 좋은 어류는 별로 특유한 냄새가 나지 않으나 선도가 떨어지면서 trimethylamine(TMA) 등과 같은 휘발성 아민류가 생성되어 특유한 비린내(fishiness)가 난다.

그림 12-8 비린내의 생성

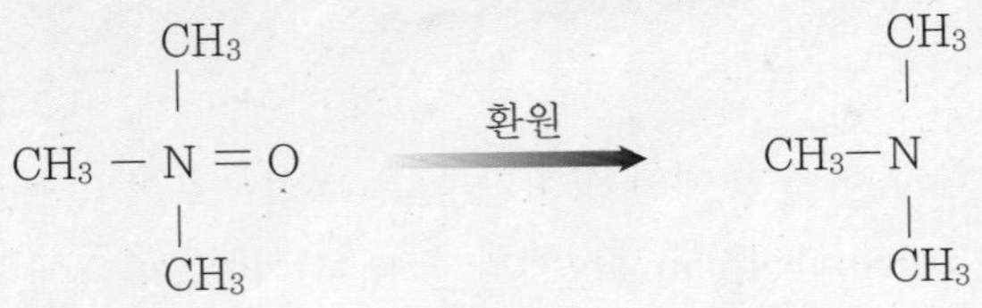

trimethylamine oxide (맛난맛) → trimethylamine (비린내)

TMA는 신선한 어류에는 존재하지 않으나 저장 중에 선도가 저하됨에 따라 냄새가 없는 trimethylamine oxide가 세균에 의한 환원작용에 의해 생성된다. 따라서 어류의 선도를 측정하는 데 있어서 하나의 척도가 될 수 있다.

어류의 선도가 상당히 저하되었을 때 발생하는 자극치의 원인은 ammonia이며, 이것은 urea가 세균의 작용에 의해 분해됨으로써 생성된다.

② 민물고기(river fish)

민물고기는 trimethylamine oxide가 매우 적으므로 그 냄새의 본체는 아미노산인 lysine에서 cadaverine을 거쳐 생성된 piperidine이다. 어류가 더욱 선도가 떨어지면 δ-aminovaleraldehyde, δ-aminovaleric acid가 생성되며, 그 밖에 H_2S, CH_3SCH_3, CH_3SH, RCHO/RCOR′, 유기산 등이 생성된다.

그림 12-9 민물고기에서의 냄새성분

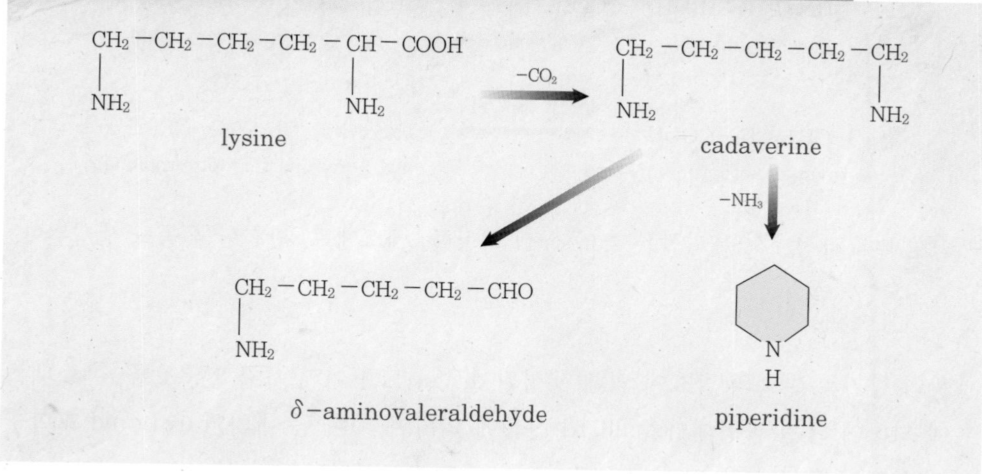

2) 축산물의 냄새

육류도 어류와 마찬가지로 죽은 후 장시간 방치하면 자기소화작용과 미생물에 의한 오염이 진행되어 악취가 난다. 이 현상을 선도저하의 특징으로 들 수 있으며, 주성분은 휘발성 함황 화합물과 함질소 화합물이다.

날고기(raw meat)에서는 피 냄새가 나며, 가열조리육에서는 휘발성 아민류, 알데히드류, 케톤(ketone)류, H_2S, CH_3SH, NH_3 등이 있다.

우유의 향기는 저급지방산과 acetone체에 의한 것이며, 우유가 오래되면 특수 지방산이 lactone화하여 악취를 풍기게 된다. 신선유(fresh milk)에는 acetone, acetaldehyde, butyric acid, methyl mercaptan 등이 있으며, 시유(market milk)에는 유기산류, carbonyl 화합물, 황화합물, 알코올류 등이 있다.

버터의 향기는 *Streptococcus*속 세균의 작용에 의하여 형성되는 diacetyl로서 버터 중에는 0.0002~0.0004% 함유되어 있으며 다음과 같은 평형을 유지한다.

$$\text{acetoin}(CH_3CHOHCOCH_3) \rightleftarrows \text{diacetyl}(CH_3COCOCH_3)$$

3) 가공식품의 냄새

① 치즈

$$\underset{\text{methionine}}{CH_3S-CH_2-CH_2-CH(NH_2)-COOH} \xrightarrow{\text{광분해}} \underset{\beta\text{-methylmercaptopropionaldehyde}}{CH_3S-CH_2-CH_2CHO} \xrightarrow{O_2}$$

$$\underset{\beta\text{-methylmercaptopropionic acid}}{CH_3S-CH_2-CH_2-COOH} \xrightarrow{CH_3CH_2OH} \underset{\text{ethyl }\beta\text{-methylmercaptopropionate}}{CH_3S-CH_2-CH_2COO-CH_2CH_3}$$

숙성 발효과정에서 유기산류, carbonyl 화합물, 에스테르, 황화합물 등도 생성된다.

② 빵

빵의 향기는 반죽의 발효에 의해 생성된 diacetyl 및 여러 가지 알코올류, 에스테르류에 의하여 굽는 과정에서 Maillard 반응에 의하여 70여 종 내외의 carbonyl 화합물이 생성되어 빵의 향을 이루게 된다.

③ 훈연식품

주요 성분으로는 carbonyl 화합물(24.6%), 유기산류(39.9%), 페놀류(15.7%) 등이며, 훈연재료로는 참나무류, 벚나무 등이 사용된다.

훈연성분의 근원은 방향족 유도체들의 중합체로 목질부의 cementing 역할을 하는 리그닌(lignin)이다. 훈연에 의해 표면건조에 의한 저장성 향상, 살균력과 항산화작용으로 저장안정성 증진, 육제품의 발색 촉진, 특유의 풍미를 부여(치즈, 햄)하게 된다.

CHAPTER 13

식품의 독성물질 (Toxic Compounds)

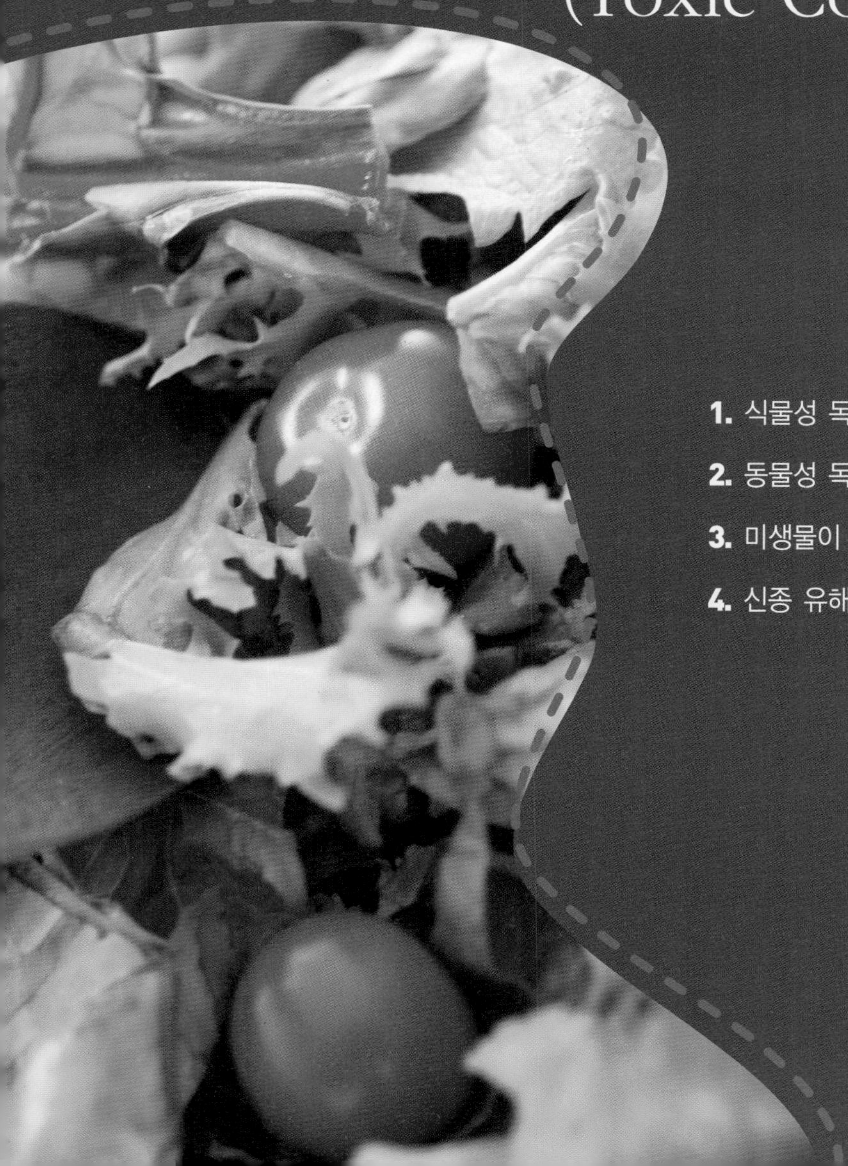

1. 식물성 독성물질들
2. 동물성 독성물질들
3. 미생물이 생성하는 독성물질들
4. 신종 유해물질

독성물질(toxic compounds)은 섭취될 때 인체에 해를 주거나 정상적인 건강상태를 유지하는 데 지장을 주는 물질이다. 독성물질은 그 종류가 다양하며 비록 당장에 건강을 해칠 만한 양은 아니라 하더라도 많은 식품에 널리 분포될 수도 있으며, 반복 섭취되는 수도 있다.

독성물질에 속하는 것으로는 다음과 같은 것들이 있다.

① 자연식품에 원래 존재하는 물질로서 식품을 이루는 정상적인 구성성분으로 생각되는 독성물질
② 저장 중에 기생, 번식하는 생체들로서 특히 미생물들의 신진대사 과정 중에 형성된 물질들이다. 그 예로 미생물들의 독성 신진대사물(toxic microbial metabolites)이 있다.
③ 잔류 농약에 의한 독성물질들로서 방미제, 살충제, 살초제, 식물성장 촉진제 등의 농약성분 잔류 물질들이 있다.
④ 조리, 가공 및 저장 중 또는 섭취한 후에 체내에서 식품 성분들 간 또는 식품성분과 공기 중의 산소 내지는 체내 성분들과의 상호작용의 결과로 형성되는 독성물질
⑤ 오염을 통해서 들어오는 물질들
⑥ 기타 독성물질의 혼입 또는 오염으로, 예를 들면, 생산과정 중에 혼입되는 화학물질, 용기 포장에서 용출되는 화학물질, 불량첨가물에 의한 독성물질, 방사능에 의한 독성물질이 있다.

1. 식물성 독성물질들

(1) 알칼로이드(alkaloid)

알칼로이드는 주로 식물체에 존재하며 질소를 함유한 염기성 유기화합물로서 알칼리(alkali)와 비슷한 성질을 갖는다는 의미로 알칼로이드로 부른다. 생체 내에서 강한 생리작용을 하며 쓴맛을 가지고 있다.

1) Solanine

부패한 감자나 저장 중에 생긴 푸른 싹, 즉 발아된 부위에는 solanidin이라 불리는 스테로이드계 알칼로이드와 glucose, galactose, rhamnose로 구성된 배당체인 solanine이 0.2~0.4% 함유되어 있다.

이것은 생체 내에 존재하는 choline esterase의 작용을 억제함으로써 복통, 위장장애, 현기증, 의식장애 등이 생긴다. Solanine은 보통의 가열로는 파괴되지 않으므로, 발아부분의 새싹을 제거해 버리고 껍질을 깎아서 먹는 것이 안전하다.

그림 13-1 Solanidin의 구조(OH의 H 대신 당이 결합하면 solanine)

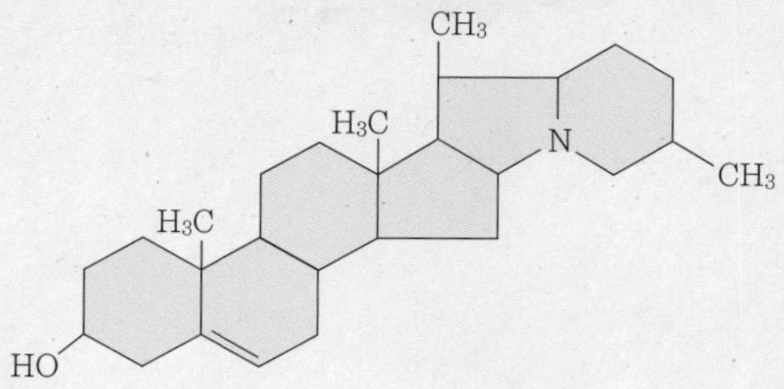

2) Retrosine, Monocrotaline

잡초의 씨에서 혼입되어 밀가루에 존재한다.

3) Lycorin

가을 꽃무릇의 구근 속에 있으며, 녹말 속에 혼입되거나 밀가루 중에 섞여서 중독을 일으키는 경우가 있다.

4) Tomatine

토마토의 배당체로 이것의 aglycon은 tomatidine이다. Tomatidine은 항곰팡이성을 가지고 있다.

5) Theobromine, Caffeine

Purine 염기를 가지고 있는 알칼로이드로서 쓴맛을 가지고 있으며 소량이면 흥분, 이뇨 등의 생리작용을 가지나 다량 섭취하면 유독성분이 된다.

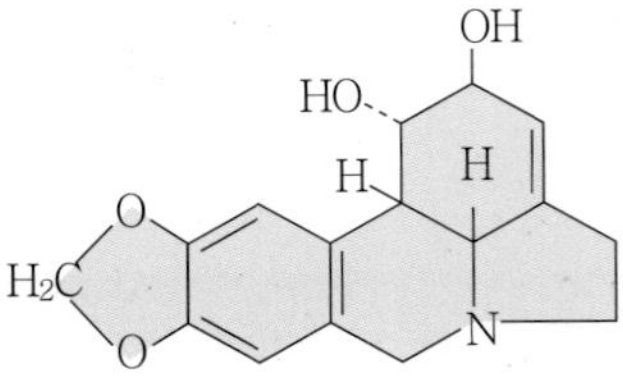

lycorin

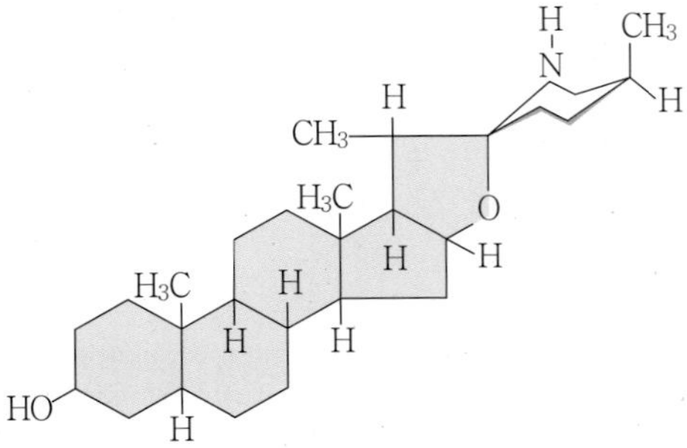

tomatidine

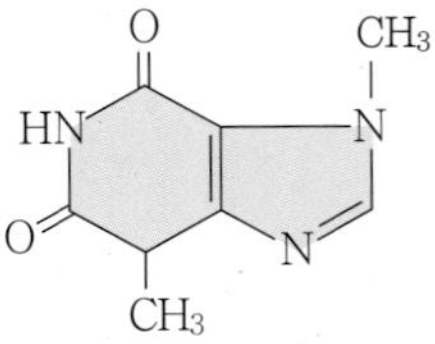

theobromine

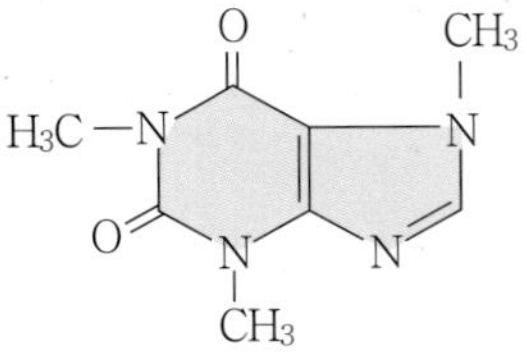

caffeine

(2) 청산(cyan) 배당체 함유식품

식품 중에 함유된 배당체는 쓴맛을 가지며 유독하나, 소량으로도 약효를 나타내므로 약리작용을 가지고 있어 약용으로 이용되기도 한다.

청산 배당체는 가수분해되면 독성을 나타내는 청산(HCN)이 생성된다. 식물에는 20여 종 이상의 청산 배당체가 존재하는 것으로 알려져 있다. 대표적인 청산 배당체에는 amygdalin, dhurrin, linamarin 등이 있다. Amygdalin은 신 살구, 복숭아, 청매실, 비파, 쓴 아몬드 등의 씨에 함유되어 있다. Dhurrin은 수수와 죽순 등에, linamarin은 cassava와 리마콩 등에 들어있으며, linamarin은 고등식물, 특히 강낭콩 등에 함유되어 있다.

청산 배당체는 식물 조직이 파괴되면 효소(emulsin)작용에 의해 glucose와 cyanohydrin으로 가수분해되며, 불안정한 cyanohydrin은 HCN으로 가수분해된다. 청산은 매우 독성이 강한 산으로 치사량은 200mg 정도로 호흡효소에 대하여 억제작

그림 13-2 청산의 생성

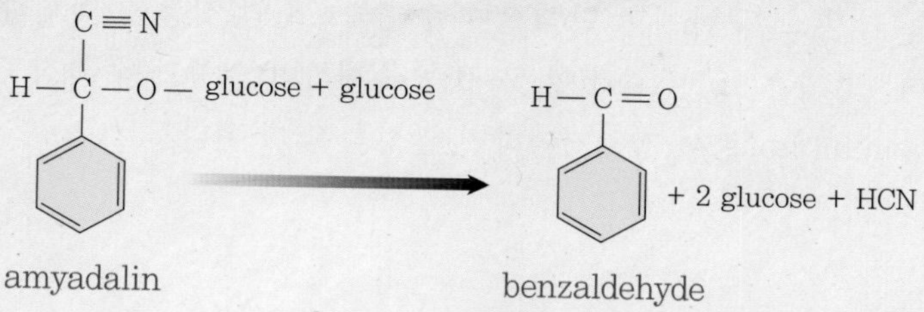

용을 한다.

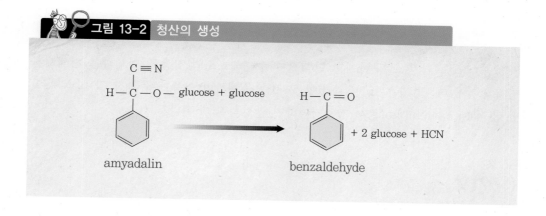

식품을 가열하여 가수분해효소를 불활성화시키거나 물에 담가두어 청산 배당체를 용출시키면 청산의 생성이 억제된다.

(3) 독버섯의 유독물질

식물독에서 그 종류가 많은 것은 독버섯이고, 식용이 되는 약 300종 중에서 약 30종의 유명한 독버섯이 있다.

버섯의 독성분으로는 peptide류인 amanitatoxin과 muscarine을 포함해 약 12종이 알려져 있다. Amanitatoxin은 알광대버섯, 흰알광대버섯, 독우산버섯 등에서 발견된다. 이 독성분은 치사율이 70%인 맹독이며 내열성이 크다. Muscarine도 맹독으로 치사율이 높으며 광대버섯, 파리버섯, 땀버섯 등에서 발견된다.

독버섯에 의한 증상은 구토, 복통 등을 일으키는 위장장애형과 혼수, 황달과 같은 콜레라형, 근육경련과 같은 증상이 나타나는 뇌증상형이 있다.

(4) 단백질, 아미노산류

1) ricin

아주까리 종자, 콩, 완두에 들어있으며 적혈구를 응집시키는 작용을 한다. 열에 의하여 파괴되기 쉽다.

2) 단백질 분해효소 억제물질들(antitrypsin 또는 trypsin inhibitor)

날콩, 땅콩, 감자, 고구마에는 단백질 가수분해효소의 작용을 억제하는 저해제가 함유되어 있다. 콩에는 antitrypsin이 5~6종 존재하며 그중에서 가장 잘 알려져 있는 것이 Kuniz inhibitor로서 가열처리하면 활성을 잃게 된다.

(5) 기타

1) Lysolecithin

쌀 등의 곡류에 존재하는 인지질의 일종으로 용혈성(溶血性) 독성분이다. 동물에게 주사하면 즉사하는 유독물질이다.

2) 식물성 페놀 화합물

감귤류, 특히 레몬주스에 미량으로 존재하는 isopimpinellin은 독성을 가지고 있으며, 쥐방울풀(snake root)에 함유되어 있는 benzofuran toxol은 이 풀을 먹인 젖소에서 분비한 우유를 먹으면 우유병에 걸리게 한다. 또한 셀러리, 파슬리, parsnip에 있는 myristicin도 유독물질이다.

3) Gossypol

목화씨 중에 미량(0.6%) 존재하는 유독물질로서 면실유의 경우 정제과정에서 대부분 제거되지만 껍질 중에 잔존하므로 사료로 사용하는 데 문제가 있다. Gossypol이 함유된 사료를 오래 급여하면 부종이 생긴다.

2. 동물성 독성물질들

(1) 복어에 존재하는 독성물질: tetrodotoxin($C_{16}H_{32}NO_{16}$)

Tetrodotoxin은 현재까지 알려진 비단백질성 독소 중에서 그 독성이 가장 강한 약염기성의 결정성 물질로서 복어의 이가 위아래 2개씩 모두 4개가 있어서 복어의 독을 tetrodotoxin[tetras(4) + odontos(이빨)]이라고 부른다. 쥐의 경구투여에서 LD_{50}이 180㎍/kg으로 운동마비, 지각마비로 인한 호흡곤란을 일으켜 죽는다.

주로 복어의 알, 난소, 간에 많이 들어 있고, 극히 미량이지만 피부와 근육조직에도 함유되어 있다. 그 함량은 계절에 따라 다소 차이가 있으나 일반적으로 산란기 직전인 봄철에 가장 많아진다.

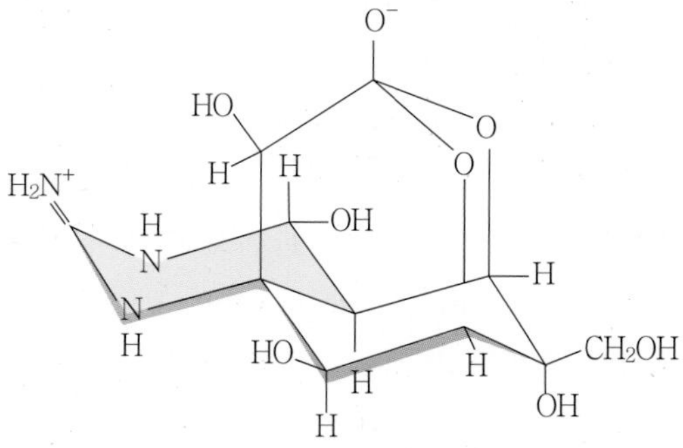

(2) 조개류의 유독물질

조개류의 유독물질은 조개 내에서 만들어지는 것이 아니라, 바다 속에 있는 편모조류인 *Dinoflagellate*에 의해 형성된 독소를 조개류가 섭취하여 그 독성물질이 조개류 내장에 존재하게 된다.

① 검은 조개(섭조개)에 존재하는 독성물질: mytylotoxin(saxitoxin)

② 모시조개(바지락)에 존재하는 독성물질: venerupin

3. 미생물이 생성하는 독성물질들(mycotoxin)

(1) 프로타민(protamine–아민류)

단백질, 동물의 시체 등이 부패세균의 작용으로 분해될 때 생성되는 염기성 함질소화합물로서 cadaverine, putrescine, histamine, tyramine 등이 있다.

육류, 어류에서 발생하며 대장균, 변형균, 형광균, 고초균 등이 관여한다.

(2) 맥각 알칼로이드(alkaloid)

보리, 밀, 호밀 등에 잘 번식하는 곰팡이인 맥각균(*Calriceps purpurea*)의 균핵을 맥각(ergot)이라 하며, 이 곰팡이에 오염된 곡류는 흑청색으로 변색되고 부스러지기 쉽다. 맥각은 인체의 근육을 수축하고, 강한 자궁수축 작용, 분만의 촉진 및 분만 시의 지혈작용이 있어 의약품으로 사용되어 왔으나, 그 양이 많아지면 유독물질로 작용한다. 이 유독물질은 알칼로이드에 속하는 물질로서 맥각 알칼로이드라고 한다.

종류에는 ergotamine, ergocristine, ergometrine, ergosine, ergotoxine 등이 있으며 보리, 호밀, 밀 등에서 발생한다.

(3) 곰팡이가 생성하는 독성분

종류	소재	관여 미생물
mycotoxine	콩, 옥수수, 황변미	*Aspergillus, Penicillin*
aflatoxine	우유	*Aspergillus citrinum*
citridine	황변미	*Penicillium citrinum*
islanditoxin, luteoskyrin	황변미	*Penicillium islandicum*

4. 신종 유해물질

식품 중의 신종 유해물질은 식품의 제조, 가공, 조리과정 중 가열, 건조, 발효과정과 식품에 첨가되는 물질에 의해 식품 성분 간의 화학적인 반응을 거쳐 자연적으로 생성되는 물질 중에서 위험성 확인 등의 평가절차를 통해 확인된 물질을 말한다.

지금까지 밝혀진 대표적인 신종 유해물질은 3가지 유형으로 구분할 수 있다.

(1) 가열처리 과정 중 식품성분과 반응하여 자연적으로 생성

식품의 제조가공 중의 가열공정은 식품성분을 변화시키기도 하지만 아크릴아마이드(acrylamide), 벤조피렌(benzopyrene) 등을 생성하기도 한다. 이 물질들은 현재 발암물질로 알려져 있다.

아크릴아마이드는 전분이 많은 감자, 곡류 등의 식품을 높은 온도에서 조리, 가공할 때 아미노산인 asparagine과 반응하여 생성되며, 열처리 온도, 시간이 증가하면 아크릴아마이드 생성량이 증가하는 경향이 있다. 감자 등의 식품에서 아크릴아마이드를 최소화는 방법으로는 냉장고에 보관하지 말고 8℃ 이상의 어둡고 찬 곳에 보관하고, 감자를 튀기거나 굽기 전에 껍질을 벗겨 물에 15~30분간 담가두었다가 사용

그림 13-3 asparagine으로부터 acrylamide 생성기작

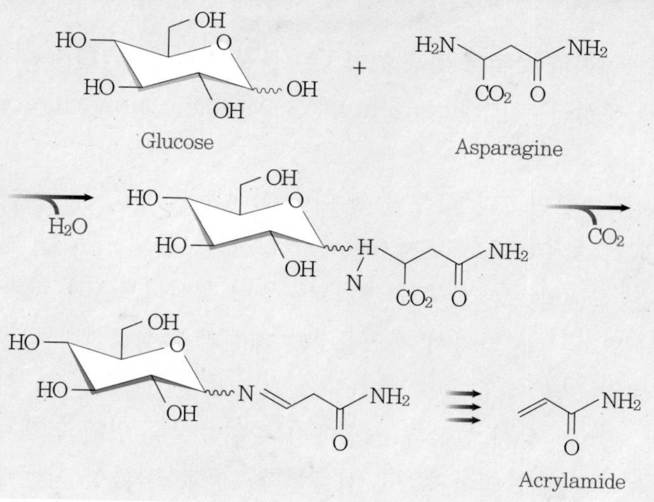

하며, 감자를 튀길 경우에 온도는 160℃, 가정용 오븐에서는 200℃ 이하로 사용한다. 즉 식품을 지나치게 높은 온도에서 오래 조리하지 않도록 주의한다.

벤조피렌은 식용유 원료로 사용되는 곡류의 습기 제거를 목적으로 건조 등의 열처리 공정을 거치거나, 식용유 제조 · 가공 시 기름성분을 착유하기 위한 가열처리 과정에서 식품의 주성분인 지방 등이 불완전연소하면 생성되며 불꽃이 직접 식품에 접촉할 때 다량 생성될 수 있다. 또한 가정에서는 직화하거나 고온(350~400℃)에서 가열하거나 굽기, 튀기기, 볶기 등의 조리나 가공 중에 생성될 수 있다. 식용유지에서의 벤조피렌 기준은 2.0 ㎍/kg 이하이다. 벤조피렌을 줄이기 위해서는 가능하면 검게 탄 부분이 생기지 않도록 조리하고, 탄 부분을 제거하고 섭취한다. 고기를 구울 때는 불판을 충분히 가열하고 조리하며 연기를 마시지 않도록 주의해야 한다.

그림 13-4 벤조피렌의 구조

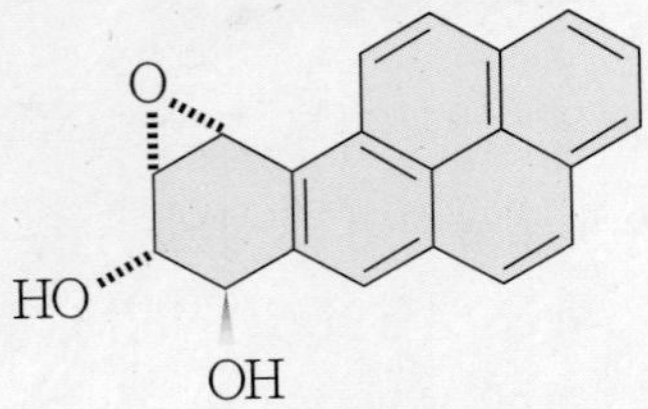

(2) 식품에 첨가되는 물질이 식품성분과 반응하여 생성

식품의 제조가공이나 보존을 위해 첨가하는 물질인 식품첨가물이 식품 중의 다른 성분과 반응하여 생성되는 벤젠(benzene)과 3-MCPD(3-Monochloropropane-1,2-diol) 등이 있다.

식품에 사용된 비타민 C가 식품 중에 미량 함유된 Cu, Fe 등 금속이온의 촉매 작용으로 산화되고, 보존목적으로 첨가된 안식향산나트륨의 구조를 변화시켜 벤젠이 형성된다. 이는 식품의 보관상태와 첨가되는 안식향산나트륨과 비타민 C의 함량에 따라 생성량이 변화된다. 따라서 제조공정의 개선과 안식향산나트륨의 사용제한 등으로 벤젠 생성을 줄일 수 있다.

3-MCPD는 단백질 등이 함유된 식품에서 향미증진을 위해 단백질을 아미노산으로 산분해하는 과정에서 얻어지는 부산물이다. 간장, 식물성 단백가수분해물 등의

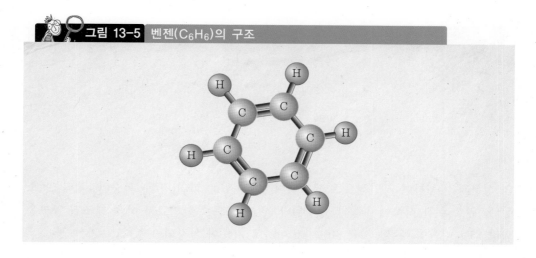

그림 13-5 벤젠(C_6H_6)의 구조

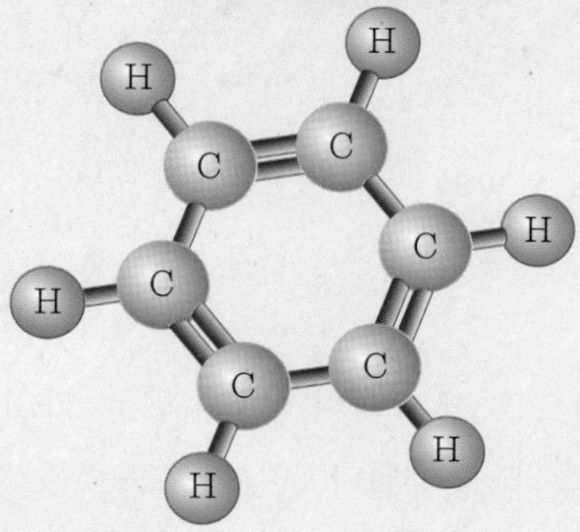

그림 13-6 3-MCPD의 구조

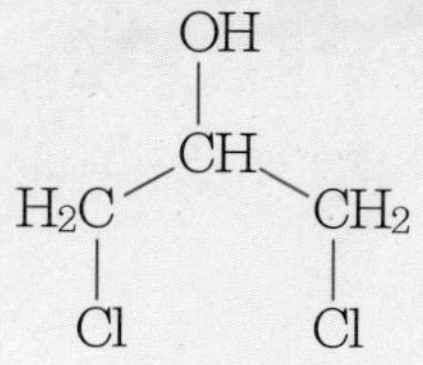

식품제조과정 중 생성되는 물질로서 이들을 원료로 사용한 간장, 소스류, 수프류 등에서 검출된다.

(3) 발효과정 동안 자연적으로 생성

발효과정을 거치는 동안 식품에는 유용한 성분도 있지만 자연적으로 에틸카바메이트와 바이오제닉아민 등이 생성되기도 한다.

에틸카바메이트(ethyl carbamate, urethane)는 carbamic acid의 ethyl ester로 동물 발암원이다. ethyl carbamate는 식품저장 및 숙성과정 중 화학적인 원인으로 자연 발생하는 독성물질로 알코올음료와 발효식품에 함유되어 있다. 특히 알코올성 음료에는 포도주, 청주, 위스키 등에 존재하며, 발효식품의 경우에는 miso(일본식 된장), natto, 요구르트, 치즈, 김치, 간장이 함유한 것으로 알려져 있다.

발효과정 중에 생성되는 에탄올이 식품에 있는 에틸카바메이트 전구체인 요소 등

그림 13-7 에틸카바메이트의 생성

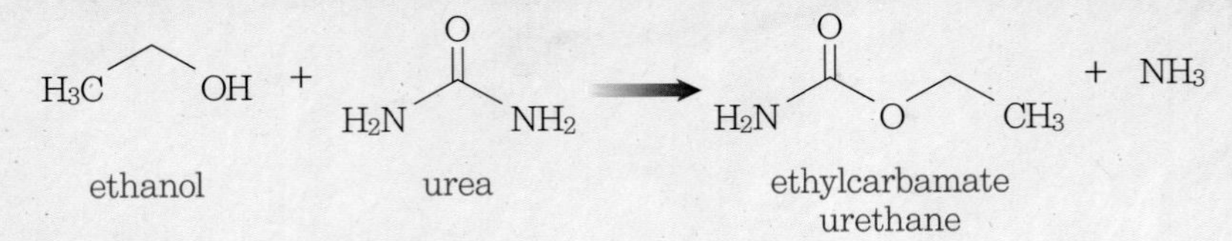

의 성분과 반응하여 자연적으로 생성되며, 씨가 있는 과일(자두, 복숭아, 체리, 포도 등)을 원료로 한 식품에서 높게 생성된다. 현재 포도주를 원료로 하여 제조된 알코올 함량 15% 미만인 주류에서는 30㎍/kg 이하로 기준이 설정되어 있다.

바이오제닉아민(biogenic amine)은 아미노산의 탈탄산작용, 알데하이드와 케톤의 아미노화, 아미노기 전이반응에 의해 주로 생성되는 질소화합물이다. 바이오제닉아민은 저분자량이며 미생물, 식물과 동물의 대사과정에서 합성되므로 이들 세포에서 흔히 발견되는 구성성분이다. 식품과 음료 중의 바이오제닉아민은 원재료의 효소작용과 미생물의 아미노산 탈탄산 작용으로 생성된다.

그림 13-8 바이오제닉아민의 합성

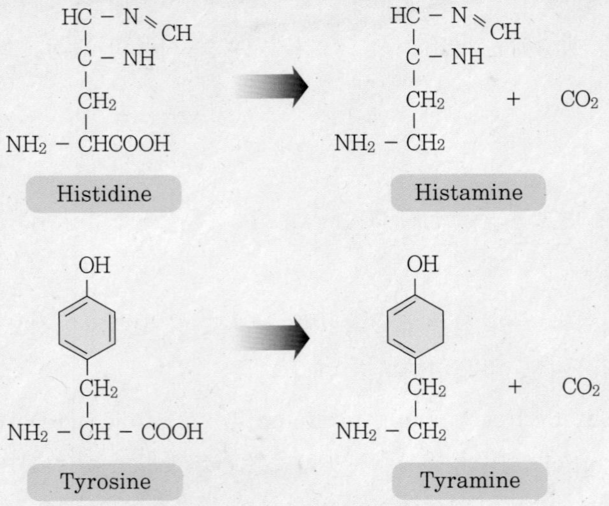

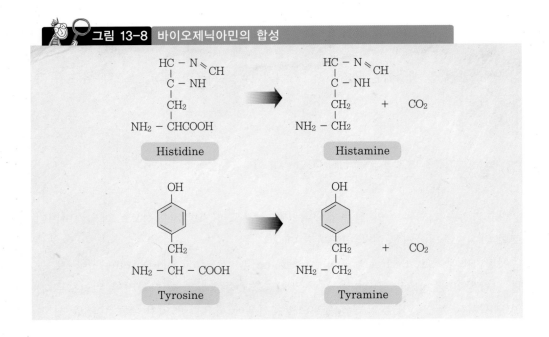

식품에서 발효, 숙성과정 중에 생성되는 효소에 의해 단백질이 분해되어 생성되고, 어류 및 육류 식품 중 생성량은 미생물의 부패정도를 알 수 있는 지표가 된다.

CHAPTER

14

식품의 물성 (Rheological Properties)

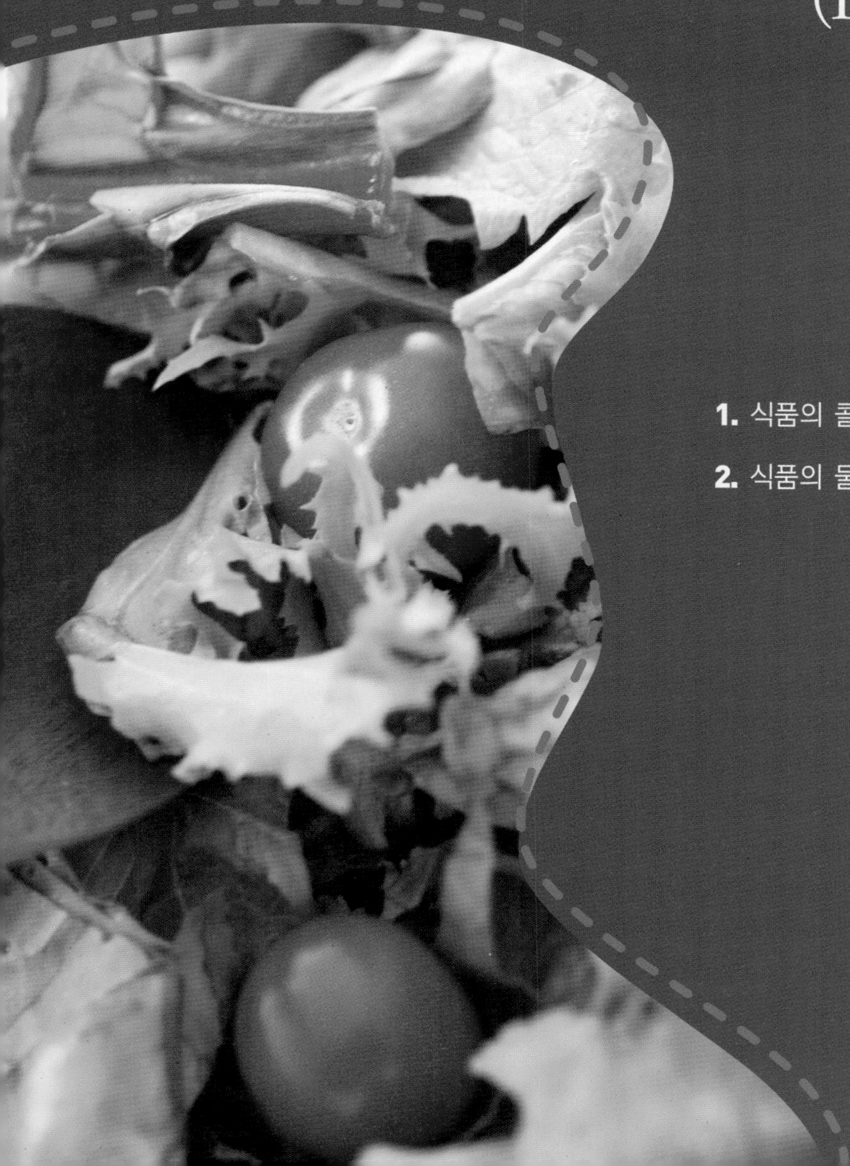

1. 식품의 콜로이드성

2. 식품의 물성론

식품의 기호적 가치를 가지고 있는 맛, 냄새, 색 이외에 입안에서 느껴지는 감촉과 관계되는 식품의 물성이 있다. 식품의 물성은 콜로이드(colloid)성과 rheology 성질로 나눌 수 있다.

1. 식품의 콜로이드(colloid)성

용매에 용질을 첨가하여 형성되는 용액의 형태는 크게 3종류로 나눈다. 첫째는 물에 설탕이나 소금을 첨가할 때 형성되는 진용액(true solution)으로, 1nm 이하의 작은 용질이 용매에 녹아 균질한 상태를 유지하게 된다. 둘째는 물에 진흙이나 전분을 첨가할 때 형성되는 현탁액(suspension)으로 용질이 100nm 이상으로 크기 때문에 저어 주면 잠시 섞여 있다가 곧 용매와 분리된다. 셋째는 용질이 진용액과 현탁액의 중간 크기를 가진 콜로이드(교질)이다. 이는 10^{-5}～10^{-7}cm(1～100nm)의 입자크기를 가진 일부 단백질 등의 용질이 용매 중에서 녹지도 침전되지도 않고 잘 분산되어 존재한다.

콜로이드 용액은 이렇게 분산되어 존재하므로 용매, 용질, 용액이라는 용어 대신에 분산매(分散媒, dispersing medium), 분산질(分散質, 분산상, dispersed phase), 분산계라는 표현을 사용한다.

(1) 콜로이드의 종류

콜로이드는 분산질과 분산매를 구성하는 물질의 상태에 따라 여러 가지로 분류한다(표 14-1).

또한 분산질과 분산매의 친화성에 따라 친액성 콜로이드와 소액성 콜로이드로 분류한다. 분산매와 분산질의 친화성이 크면 친액성 콜로이드, 분산매와 분산질의 친화성이 작으면 소액성 콜로이드라 한다. 이때 분산매가 물이면 친수성(hydrophillic) 콜로이드, 소수성(hydrophobic) 콜로이드라고 한다.

표 14-1 콜로이드의 종류

분산매	분산질	명칭	식품의 예
액체	기체	거품(포말, foam)	맥주, 생크림
	액체	emulsion	우유, 마요네즈
	고체	suspension	nectar, 주스
고체	기체	고체포말(solid foam)	bakery products
	액체	solid emulsion	젤리, 아이스크림, 버터
	고체	suspension	초콜릿

친수성 콜로이드(hydrocolloids, hydrophillic colloids)에는 다음과 같은 것이 있다.

- 식물 추출물(plant exudate): gum tragacanth, gum arabic
- 식물종자 고무: locust bean gum, guar gum
- 합성 고무질 물질: CMC, HPC, MC
- 해조류 추출물: carageenan, algin, agar, PGA(propylene glycol alginate)
- 발효생성물: xanthan gum, dextran
- 기타: pectin

콜로이드의 유동성(流動性, fluidity)에 따라서 졸(sol)과 겔(gel)로 분류한다. 졸은 분산매가 액체이고, 분산질이 고체(suspension) 또는 액체(emulsion)인 콜로이드로서 유동성이 있는 액체 상태이다. 예로, 우유, starch suspension, 된장국(suspension), 수프(soup), 친수성 gum의 콜로이드 등이 있다. 겔은 졸이 가열조리 등에 의해 유동성을 잃어 반고체화된 상태로서 두부, 치즈, 어묵, 된장, 밥, 삶은 달걀, 육제품, 마요네즈, 젤리, 잼, 젤라틴 젤리 등이 그 예이다.

이러한 식품의 유동성은 식품의 관능적 요인과 가공조작에 큰 영향을 미치게 된다. 예로, 미각에 대한 예민도(역가 또는 강도) 및 감미도에 큰 영향을 주며, 특히 가공식품의 점도(viscosity)에 영향을 미치므로 가열, 열교환, 여과, 수송, 이동 등의 가공공정에 대한 영향이 크다.

(2) 식품 콜로이드의 안정성과 변화

① 식품 콜로이드용액의 안정성은 콜로이드 입자의 침강속도, 분산매와의 친화성,

분산매의 밀도와 점성 등의 영향을 받는다.

② 조미료나 전해질을 첨가하면 잼, 젤리에서처럼 액체가 분리되는 현상(synerisis)이 일어날 수 있다.

③ Emulsion에는 유화제, suspension에는 증점제(thickening agent)를 첨가하여 콜로이드로서의 조직을 보존, 향상시킬 수 있다.

④ 균질우유(homogenized milk)의 지방구는 미세화에 의해 유착(癒着, coalescence)이 방지된다. 즉 creamline 생성이 예방된다.

⑤ 우유나 두유의 가열처리 시 표면 열변성에 의한 표면피막 형성 또는 달걀 열처리 시 가열변성에 의해 비가역적인 변화가 오게 된다. 예로, casein은 100℃, 12시간 가열에 의해 변성이 초래될 만큼 안정하다.

(3) 식품의 유화현상(emulsification phenomenon)

분산매가 액체이고 분산질도 액체인 콜로이드 상태를 유화액(emulsion)이라고 한다.

1) Emulsion의 생성

① 응축법(condensation method): 기름을 알코올에 녹인 다음 다량의 물에 격렬하게 교반하면서 투입하면 emulsion이 생성된다.

② 분산법(dispersion method): 기름과 물의 두 액체를 심한 교반에 의해 혼합하거나, 한쪽 액체에 다른 액체를 분출시켜 조제한다.

③ 공업적 제법: 주로 분산법에 의해 제조되는데, 적당한 유화제를 첨가하여 emulsion을 얻는다(유화제에 대한 설명과 분류는 유지편을 참고).

2) Emulsion의 형태

Emulsion은 마요네즈나 우유와 같이 물 속에 소량의 기름방울이 잘 분산되어 있는 oil in water type(O/W)과 버터나 마가린처럼 기름 속에 소량의 물방울이 미세하게 잘 분산된 water in oil type(W/O)으로 구분된다.

3) 유화제(emulsifier, emulsifying agent)

분자 중에 친수성 원자단(hydrophilic group)과 친유성(소수성) 원자단(lipophilic group, hydrophobic group)을 함께 보유한 물질로서 서로 섞이지 않는 물질 사이의 계면(界面, interface)의 장력(張力, tension)을 낮추어 서로 잘 섞이게 함으로써 안정한 emulsion을 만든다.

① 천연유화제(natural emulsifier)

- 단백질계: gelatin, casein, albumin
- 당질계: 전분 및 각종 pectin, agar 등의 hydrocolloid
- 기타: 분유, 달걀노른자, 대두 등의 lecithin

② 허가된 합성식품유화제

Glycerin fatty acid ester, sucrose fatty acid ester, sorbitan fatty acid ester, propylene glycol fatty acid ester 등

(4) 거품(氣泡, foam)

분산매인 액체 중에 기체(공기, freon gas, propane gas, butane gas)가 분산된 것으로, 음식을 먹을 때 입안의 촉감과 깊은 관계가 있다. Emulsion과 마찬가지로 유화제처럼 다른 물질(기포제)이 액체와 기체 사이의 계면에 흡착되어 안정화시키면 기포안정성(foam stability)이 증가한다.

맥주의 거품이 안정한 것은 단백질, peptide 및 hop의 성분 등이 기체와 액체의 계면에 흡착되어 있기 때문이다. 사이다는 기포제가 함유되어 있지 않기 때문에 거품이 쉽게 없어진다. 또한 달걀흰자의 수용성 단백질이 제과, 제빵에서 기포제의 역할을 한다.

식품에서는 거품이 바람직한 경우도 있지만 두부, 물엿, 발효제품 등의 제조에서는 거품이 불리하다. 거품을 방지하려면 표면장력을 감소시켜야 하는데, 그 방법으로 찬 공기를 이용하는 방법, 청포유, 지방산 에스테르, silicone 등의 소포제(antifoamer, defoaming agent)를 사용한다.

2. 식품의 물성론(Rheology)

(1) Rheology의 개념

Rheology란 외부의 힘에 의한 식품재료, 중간산물, 최종제품의 변형과 유동 특성을 규명하고 그 정도를 정량적으로 표현하는 학문이다. 과거에는 고체식품이면 변형상태인 탄성(elasticity)을, 액체식품이면 유동상태인 점성(viscosity)에 대한 연구를 하였다. 그러나 액체에서 점성이 아닌 소성(plasticity)이란 성질이 발견되고, 탄성이나 점성도 독립적이 아니라 액체나 고체에도 같이 존재하는 성질임을 발견하면서 점탄성(viscoelasticity)이라는 개념이 나타났다.

또한 식품을 씹을 때(mastication)에는 견고성(hardness), 점성, 탄력성, 점탄성, 부서짐성(brittleness), 응집성(cohesiveness), 부착성(adhesiveness), 점착성(gumminess), 씹힘성(chewiness) 등의 각종 물리성이 총합적으로 작용하여 식품 고유의 조직감(sense of texture)을 느끼게 된다.

1) 점성과 탄성(viscosity and elasticity)

① 점성

점도(viscosity) 또는 점조도(consistency)라 부르며 유체의 흐름에 대한 저항(resistance against the flow)을 나타내는 물리적인 성질로 유체가 흐르기 쉬운지 어려운지를 나타내는 성질로 유동성(fluidity)과 반대되는 현상을 말한다. 즉, 어떤 식품이 갖고 있는 유체의 점도가 높다는 것은 구성하고 있는 유체 각 성분 사이의 상호작용에 의해 시스템 내부에서 흐름에 대한 내부마찰(internal friction)이 크다는 의미를 갖는다.

유체의 흐름에서 나타나는 내부마찰은 쌓여있는 층과 인접한 층 사이에서 일어나는 유체의 움직임을 확인할 수 있으며, 내부마찰이 커지는 정도에 따라 유체를 움직이는 힘의 크기도 점차 증가한다. 이러한 현상을 층밀림(shearing) 혹은 전단(shear)이라 한다.

그림 14-1과 같이 두 개의 평행한 평면 사이에서 한쪽은 고정되어 있고, 다른 쪽에 힘(F)을 가하여 밀게 되면, 쌓여있는 분자들이 층층이 밀려가듯이 거리(y)에 따라 유체의 흐름이 차이가 생기게 된다(예: 카드놀이). 이때 작용된 힘을 층미는 힘(전단응력, shear stress)이라고 한다.

그림 14-1 두 개의 평행한 평면 사이에서 일어나는 유체 흐름

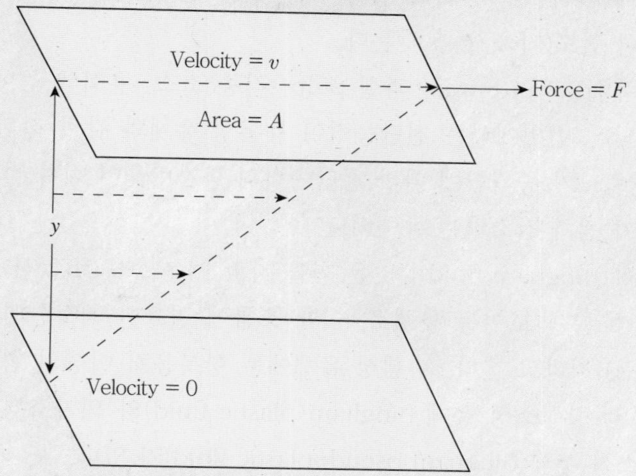

이와 같이 거리(y)에 따라 속도가 감소하는 것을 층밀림속도(전단속도, shear rate, dv/dy)라고 한다.

층미는 힘에 대한 층밀림속도는 비례관계를 가지므로 다음과 같은 관계식이 성립된다.

$$\frac{F}{A} = \tau = \mu\left(\frac{-dv}{dy}\right) = \mu\dot{\gamma}$$

τ : 층밀림 변형력(dyne · sec/cm^2)

μ : 비례계수 또는 점도(dyne · sec/cm^2, 또는 poise)

$\dot{\gamma}$: 층밀림 속도(sec^{-1})

v : 유체의 속도(cm/sec)

y : 미는 힘 중심으로부터의 거리(cm)

물은 층밀림 변형력이 적어 비교적 잘 흐르고 점성이 낮다. 반대로, 전분을 당화시켜 만든 물엿은 전단응력이 크고 점성이 크다.

유체의 흐름은 시간 비의존성 유체와 시간 의존성 유체로 나누고 있다. 시간 비의존성 유체는 뉴톤성 유체(Newtonian fluid), 의가소성 유체(pseudoplastic fluid), 디라탄트 유체(dilatant fluid), 빙햄의가소성 유체(Bingham pseudoplastic fluid)로 나눈다. 그리고 시간 의존성 유체는 thixotropic 유체와 rheopectic 유체로 나눈다.

- 뉴톤성 유체: 물, 알코올, 묽은 염용액, 순사한 벌꿀용액 등에서처럼 전단속도가 증가함에 따라 전단응력이 일정하게 증가하는 유체로서 전단속도가 변해도 항상 일정한 점도(기울기)를 갖는다.
- 의가소성 유체: 과일 puree, 과실 pulp, 각종 소스, 유화액 등에서 보인다. 전단속도가 낮은 범위에서는 전단응력이 뉴톤성 유체와 같이 직선적으로 비례하지만, 전단속도가 증가함에 따라 전단응력의 증가비율이 점차 감소하여 그 기울기인 점도가 점차 감소하는 유체이다.
- 빙햄성 유체(Bingham fluid): 낮은 힘을 가할 때는 흐르지 않다가 일정한 힘 이상이 되면 흐름을 보이는 유체로, 이때 흐름에 필요한 최소한의 힘을 항복응력(yield stress)이라고 한다. 빙햄성 유체에는 항복응력 이상의 힘에서 뉴톤성 흐름을 보이는 빙햄소성 유체(Bingham plastic fluid)와 의가소성 흐름을 보이는 빙햄의가소성 유체(Bingham pseudoplastic fluid)가 있다.
- 디라탄트 유체: Dextran(5~10%)을 첨가한 벌꿀용액, 농도가 높은 전분액의 경우 호화가 증가함에 따라 처음에는 잘 저을 수 있으나, 시간이 증가함에 따라

그림 14-2 시간 비의존성 유체의 유동 특성

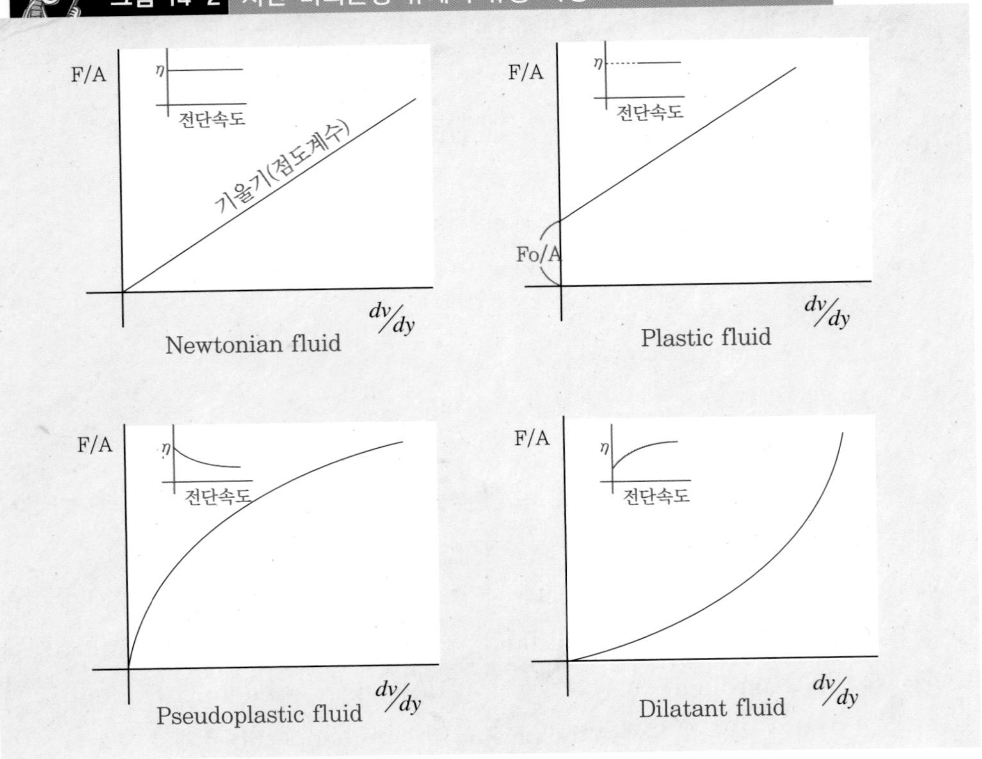

고체상태가 되면서 저을 수 없을 정도가 된다. 이는 호화가 증가함에 따라 수분이 전분입자들의 빈 공간 사이로 흡수되면서 유리되어 있던 물이 없어져 부피가 크게 증가하여 부푼(dilate) 상태가 되기 때문이다. 따라서 전단속도가 증가하게 되면 필요한 전단응력이 더 증가하여 증가비율이 점차 증가하게 된다. 즉, 점도가 점차 증가하는 유체이다.

- Thixotropic 유체: 시간이 경과함에 따라 점도가 점차 감소하는 유체로 전분젤, 마요네즈 등이 있다.
- Rheopectic 유체: 일정한 전단속도에서 시간에 따라 점도가 점차 증가하는 유체로 계란흰자, 크림 등을 세게 저을 때 나타난다.

그림 14-3 시간 의존성 유체

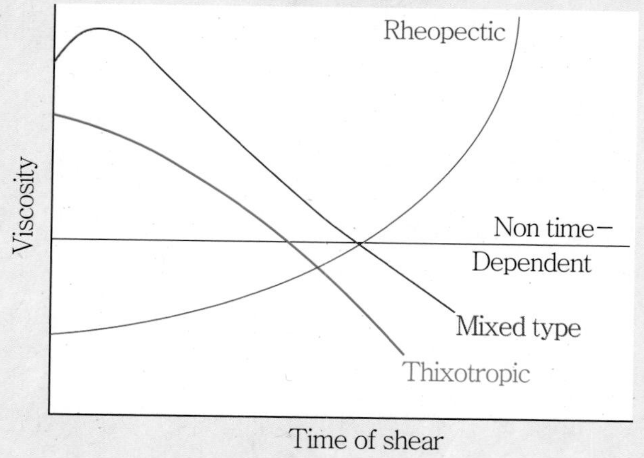

② 탄성

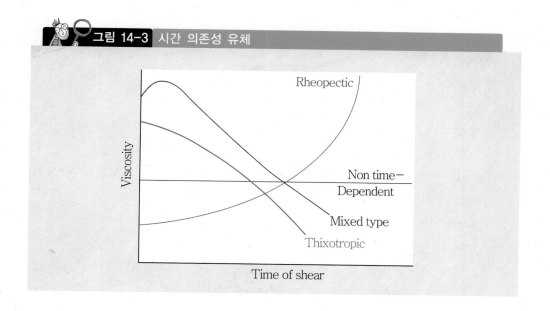

외부에서 힘의 작용을 받아 변형되어 있는 물체가 외부의 힘을 제거하면 원래 상태로 되돌아가려는 성질

2) 소성(塑性, plasticity)

외부 힘에 의해 변형(deformation)이 일어난 것이 그 힘을 제거하여도 원래의 모습으로 복원되지 않는 성질이다. 예로, 버터, 마가린, 생크림 등이 있다. 이들 소성체는 수저로 떠서 접시에 쌓아 옮겨 놓아도 흐르지 않는다. 딱딱한 물엿(고점체)은 수

저로 쉽게 떠서 옮기기가 어려우나 접시에 놓아두면 흘러 퍼지는데 이는 고점도이지만 복원성이 떨어지기 때문이다.

3) 점탄성(粘彈性, viscoelasticity)

Polyethylene film은 외력이 가해지면 탄성변형과 점성 퍼짐 현상이 동시에 일어나므로 고체상 점탄성체라 한다.

또한 아마인유, 동유(桐油, tung oil) 등의 건성유(drying oil)를 공기 중에서 가열하면 점도가 점차 증가하여 교반봉을 끌어 올리면 길게 실이 생기고, 긴 실이 끊어지면 재빨리 원래의 모습으로 되돌아가는 성질을 나타낸다. 이러한 유체상을 점탄성체라 하며, 추잉검, 부드러운 떡, 밀가루 반죽(wheat flour dough) 등이 있다.

① 점탄성체(粘彈性體)의 특성

- Spinability: 청국장이나 난백 용액에 젓가락을 넣어 당겨 올리면 실처럼 당겨 올라오는 성질
- Weissenberg 효과: 액체의 탄성에 기인하는 성질로 연유에 젓가락을 세워 돌리면 젓가락을 따라 올라온다. Rheogonimeter에 의해 측정한다.
- Consistency: 점성과 탄성이 복합되어 나타나는 성질로서 단단함의 척도이다. Farinograph에 의해 반죽, 떡 등을 측정한다.
- Extensibility: 빵의 반죽이나 어묵처럼 외력을 가할 때 늘어나는 성질로서 extensograph에 의해 측정한다.
- Tenderness, texture: 입 안에서의 저작감과 밀접한 성질로 점탄성과 밀접한 관계가 있으며, tenderometer, texturometer로 측정 가능하다.

4) 항복값(降伏價, yield value)

생크림처럼 작은 힘을 가한 상태에서는 탄성을 나타내나, 이어서 큰 힘이 가해지면 소성을 나타내어 부서진다. 이때 탄성에서 소성으로 변화시키는 한계의 힘을 항복값이라 한다. 이러한 성질을 빙햄소성(Bingham plasticity)이라 한다.

5) Psychrorheology(심리적 물성학, Sullivan, 1923)

식품의 물리적 성질과 인간의 감각에 의한 식품 특성 간의 관계를 연구하는 학문으로, 식품의 rheology와 소비자의 선택 사이의 관계를 연구하는 학문분야이다.

예로, 표 14-2와 같이 물에 대한 심리적 반응이 온도에 따라 다양하게 나타난다.

표 14-2 온도에 대한 물의 느낌

온도(℃)	물에 대한 느낌	온도(℃)	물에 대한 느낌
0	반쯤 녹은 물	10	수은(mercury)
15	젤라틴	25	물
38	기름(oil)	42	그리스(grease)

(2) 식품의 조직감(texture)

식품의 조직감은 음식물을 섭취하여 씹을 때 작용하는 힘과 조직 상호관계에서 느끼는 복합적 감각이다. 식품의 조직감 측정은 관능적인 방법과 기계적인 방법에 의해 이루어진다. 관능적인 방법은 식생활 습관과 건강상태 그리고 치아의 상태에 따라 차이가 생길 수 있으나, 기계적인 방법은 치아의 저작작용을 이용한 texturometer를 이용한 것으로 객관성을 가지고 있어 주관적인 관능검사 결과와 비교 연구할 수 있다.

식품의 조직감을 구성하는 특성과 texture profile 요소에 대한 분류와 묘사법은 A. S. Szczedniak와 P. Sherman에 의하여 연구되었다. Szczedniak의 조직감에 대한 특성 분류는 역학적, 기하학적 및 기타 특성요소로 분류되며 표 14-3과 같다.

그림 14-4 Texture 곡선

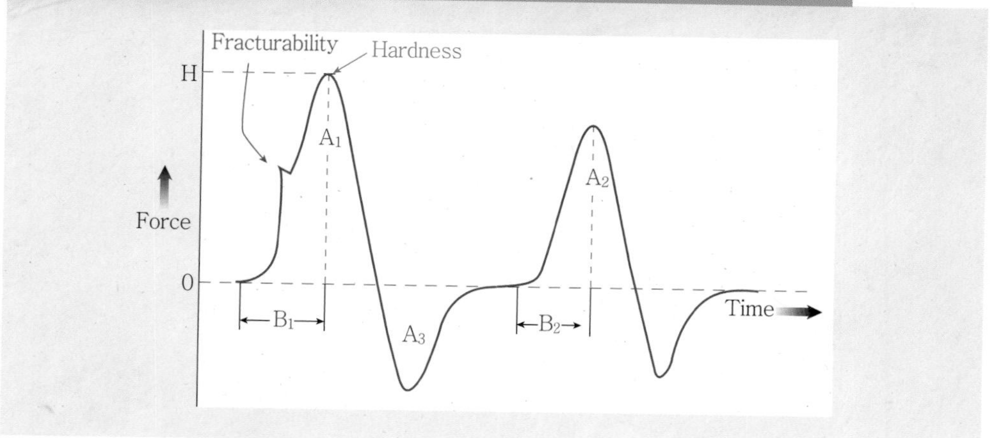

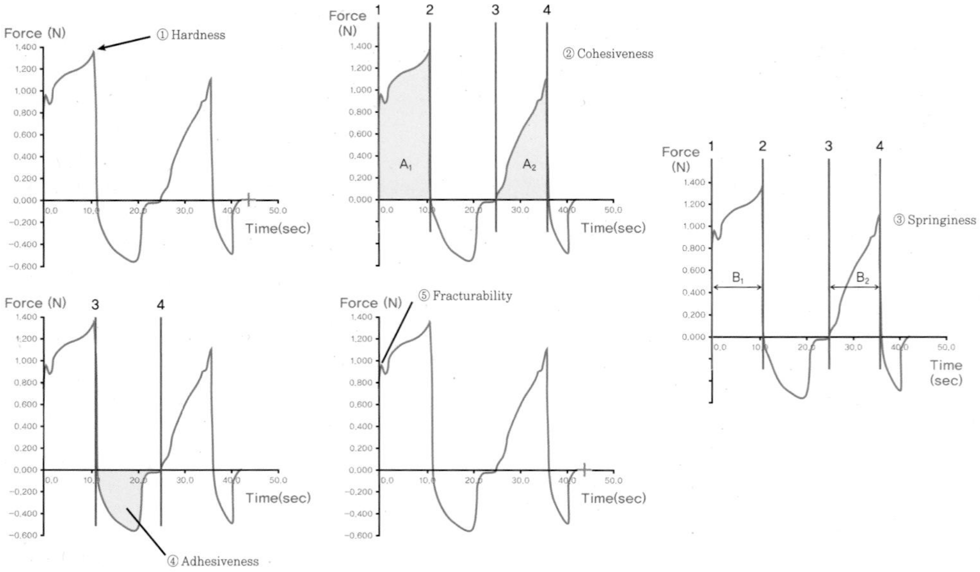

① 견고성(hardness): 첫 번째 peak의 높이(H)

② 응집성(cohesiveness): A_2/A_1

③ 탄력성(springiness): 첫 번째 peak의 최대값 도달 시간(B_1)과 두 번째 peak의 최대값 도달 시간(B_2)의 비(B_2/B_1)

④ 부착성(adhesiveness): 기준선(baseline) 아래에 생긴 peak의 면적(A_3)

⑤ 부서짐성(fracturability): 첫 번째 peak의 굴곡의 높이

⑥ 점착성(gumminess): 견고성 × 응집성 × 100

⑦ 씹힘성(chewiness): 견고성 × 응집성 × 탄력성 × 100

표 14-3 조직감의 구성특성과 표현(Szczedniak법)

■ 역학적 특성에 속하는 요소

1차 특성	2차 특성	조직감 표현 및 특징
• 견고성(hardness)		• 식품을 변형시키는 데 필요한 힘 부드러운(soft) → 굳은(firm) → 단단한(hard)
• 점도(viscosity)		• 묽은(thin) → 끈적이는(viscous)
• 탄성(springiness)		• 변형된 식품이 다시 원래 상태로 회복하려는 성질. 탄력이 없는(plastic) → 탄성이 있는(elastic)
• 응집성(cohesiveness)	응집성과의 관계	
	• 부서짐성(brittleness)	• 식품 내 분자간의 결합이 서로 교차되어 혀나 치아로 힘을 주었을 때 부서지지 않고 서로 결합하려는 성질
	• 씹힘성(chewiness)	• 부서지기 쉬운(crumbly) → 바삭 부서짐(crunchy) → 잘 깨어지는(brittle)
	• 껌성(gummines)	• 혀나 치아에 의하여 쉽게 파괴되거나 용해되지 않고 입 안에서 잔류하려는 특성. 부드러운(tender) → 씹히는(chewy) → 거친(tough)
• 접착성(adhesiveness)		• 혀에 의해 인지되는 반고체 물질의 텍스처의 특성 바삭바삭한(short) → 눅진한(milder) → 죽 같은(pasty) • 혀나 입천장으로 인지할 수 있는 특성 끈적끈적한(sticky) → 들러붙는(tacky) → 찐득거리는(gooey)

■ 기하학적 특성에 속하는 요소

1차 특성	조직감 표현
• 입자 크기와 모양 • 입자 모양과 결합형태	• 가루성의(gritty), 거친(coarse) • 섬유 모양의(fibrous), 세포조직 모양의(cellular), 결정 모양의(crystalline)

■ 기타 특성에 속하는 요소

1차 특성	조직감 표현
• 수분 함량 • 지방 함량	• 마른(dry), 물기가 있는(moist), 젖은(wet), 질퍽질퍽한(watery) • 기름기가 있는(oilness), 매끄러운(greasy)

그림 14-5에 일반적인 texture profile을 나타내었다.

그림 14-5 다양한 식품에서의 texture profile

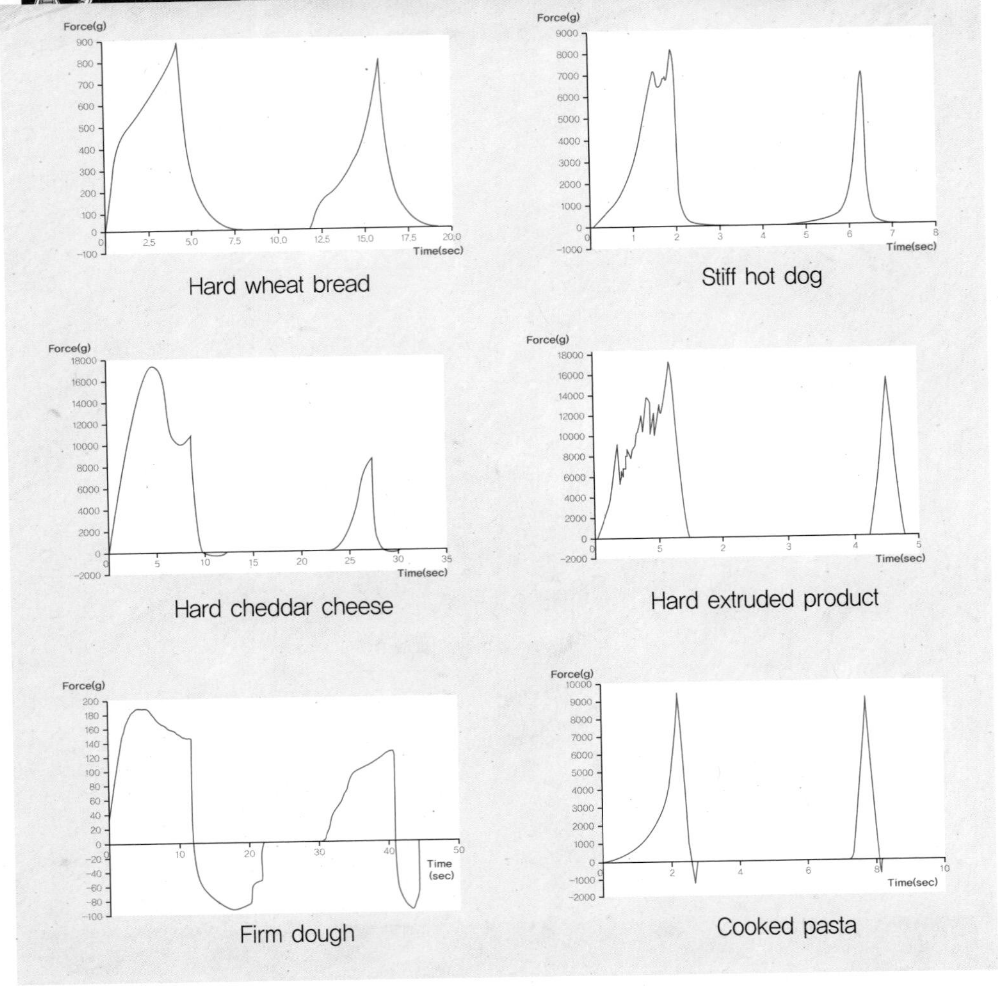

부록

Supplement

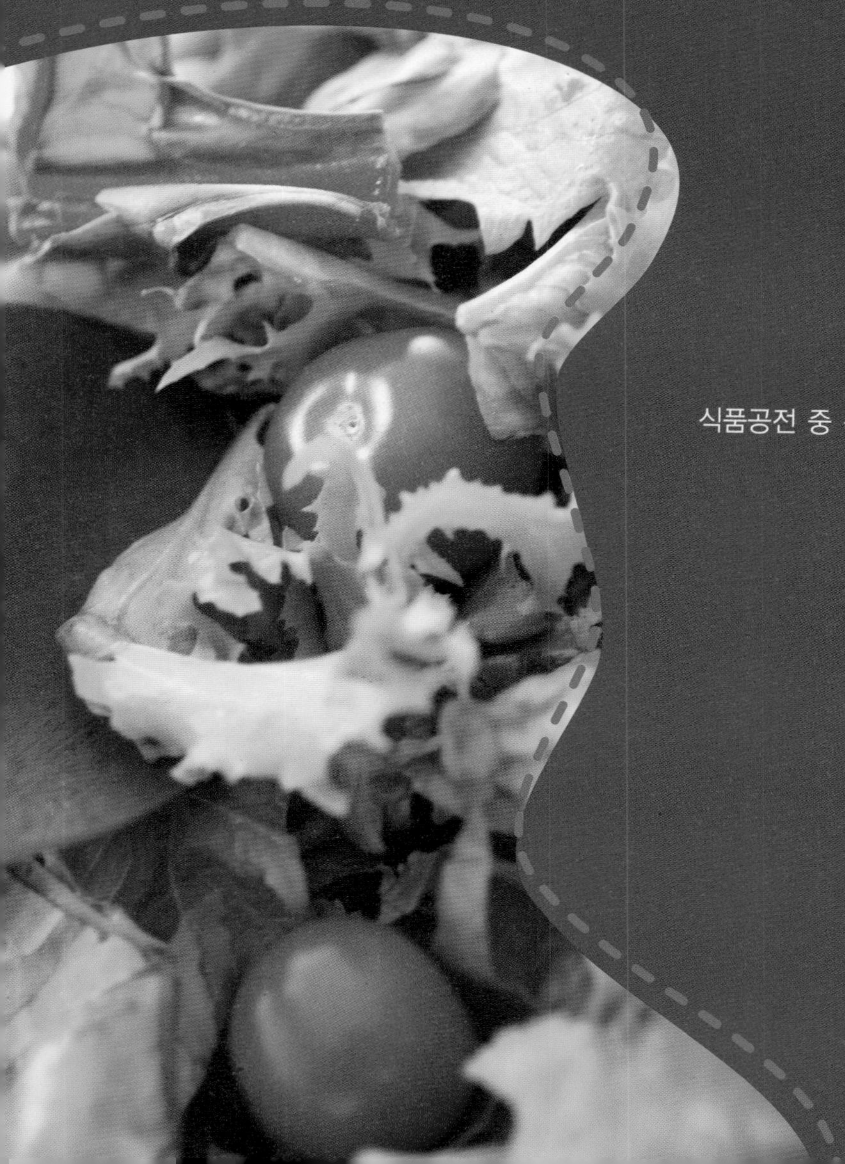

식품공전 중 식품분류(식품군, 식품종, 식품유형)

식품공전 중 식품분류(식품군, 식품종, 식품유형)

1. 과자류, 빵류 또는 떡류_과자류, 빵류 또는 떡류라 함은 곡분, 설탕, 계란, 유제품 등을 주원료로 하여 가공한 과자, 캔디류, 추잉껌, 빵류, 떡류	
1-1 과자류, 빵류 또는 떡류	과자, 캔디류, 추잉검, 빵류, 떡류
2. 빙과류_원유, 유가공품, 먹는 물에 다른 식품 또는 식품첨가물 등을 가한 후 냉동하여 섭취하는 아이스크림류, 빙과, 아이스크림믹스류, 식용얼음	
2-1 아이스크림류	아이스크림, 저지방아이스크림, 아이스밀크, 샤베트, 비유지방아이스크림
2-2 아이스크림 믹스류	아이스크림믹스, 저지방아이스크림믹스, 아이스밀크믹스, 샤베트믹스, 비유지방아이스크림믹스
2-3 빙과	빙과
2-4 얼음류	식용얼음, 어업용 얼음
3. 코코아가공품 및 초코렛류_테오브로마 카카오(Theobroma cacao)의 씨앗으로부터 얻은 코코아매스, 코코아버터, 코코아분말과 이에 식품 또는 식품첨가물을 가하여 가공한 기타 코코아가공품, 초콜릿, 밀크초콜릿, 화이트초콜릿, 준초콜릿, 초콜릿가공품	
3-1 코코아가공품류	코코아매스, 코코아버터, 코코아분말, 기타 코코아가공품
3-2 초콜릿류	초콜릿, 밀크초콜릿, 화이트초콜릿, 준초콜릿, 초콜릿가공품
4. 당류_전분질원료나 당액을 가공하여 얻은 설탕류, 당시럽류, 올리고당류, 포도당, 과당류, 엿류 또는 이를 가공한 당류가공품	
4-1 설탕류	설탕, 기타설탕
4-2 당시럽류	당시럽류
4-3 올리고당류	올리고당, 올리고당 가공품
4-4 포도당	포도당
4-5 과당류	과당, 기타과당
4-6 엿류	물엿, 기타 엿, 덱스트린
4-7 당류가공품	당류가공품
5. 잼류_과일류, 채소류, 유가공품 등을 당류 등과 함께 젤리화 또는 시럽화한 것으로 잼, 기타잼	
5-1 잼류	잼, 기타잼

6. 두부류 또는 묵류_두류를 주원료로 하여 얻은 두유액을 응고시켜 제조·가공한 것으로 두부, 유부, 가공두부를 말하며, 묵류라 함은 전분질이나 다당류를 주원료로 하여 제조한 것	
6-1 두부류 또는 묵류	두부, 유부, 가공두부, 묵류
7. 식용유지류_유지를 함유한 원료로부터 얻은 원료 유지를 식용에 적합하도록 제조·가공한 것 또는 이에 식품 또는 식품첨가물을 가한 것으로 식물성유지류, 동물성유지류, 식용유지가공품	
7-1 식물성유지류	콩기름(대두유), 옥수수기름(옥배유), 채종유(유채유 또는 카놀라유), 미강유(현미유), 참기름, 추출참깨유, 들기름, 추출들깨유, 홍화유(사플라워유 또는 잇꽃유), 해바라기유, 목화씨기름(면실유), 땅콩기름(낙화생유), 올리브유, 팜유류, 야자유, 고추씨기름, 기타식물성유지
7-2 동물성유지류	식용유지, 식용돈지, 원료우지, 원료돈지, 어유, 기타 동물성유지
7-3 식용유지가공품	혼합식용유, 향미류, 가공유지, 쇼트닝, 마가린, 모조치즈, 식물성크림, 기타 식용유지가공품
8. 면류_곡분 또는 전분 등을 주원료로 하여 성형, 열처리, 건조 등을 한 것으로 생면, 숙면, 건면, 유탕면	
8-1 면류	생면, 숙면, 건면, 유탕면
9. 음료류_다류, 커피, 과일·채소류음료, 탄산음료류, 두유류, 발효음료류, 인삼·홍삼음료 등 음용을 목적으로 하는 것	
9-1 다류	침출차, 액상차, 고형차
9-2 커피	커피
9-3 과실·채소류 음료	농축과·채즙(또는 과·채분), 과·채주스, 과·채음료, 숙면, 건면, 유탕면
9-4 탄산음료류	탄산음료, 탄산수
9-5 두유류	원액두유, 가공두유
9-6 발효음료류	유산균음료, 효모음료, 기타발효음료
9-7 인삼홍삼음료	인삼홍삼음료
9-8 기타음료	혼합음료, 음료베이스

10. 특수용도식품_특정 대상을 위하여 식품과 영양성분을 배합하는 등의 방법으로 제조·가공한 것으로 조제유류, 영아용 조제식, 성장기용 조제식, 영·유아용 곡류조제식, 기타 영·유아식, 특수의료용도 등 식품, 체중조절용 조제식품, 임산·수유부용 식품	
10-1 조제유류	영아용 조제유, 성장기용 조제유
10-2 영아용 조제식	영아용 조제식
10-3 성장기용 조제식	성장기용 조제식
10-4 영·유아용 곡류조제식	영·유아용 곡류조제식
10-5 기타 영·유아식	기타 영·유아식
10-6 특수의료용도 등 식품	환자용식품, 선천성 대사질환장용식품, 유단백 알레르기 영·유아용 조제식품, 영·유아용 특수조제식품
10-7 체중조절용 조제	체중조절용 조제식품
10-8 임산·수유부용 식품	임산·수유부용 식품
11. 장류_동·식물성 원료에 누룩균 등을 배양하거나 메주 등을 주원료로 하여 식염 등을 섞어 발효·숙성시킨 것을 제조·가공한 것으로 한식메주, 개량메주, 한식간장, 양조간장, 산분해간장, 효소분해간장, 혼합간장, 한식된장, 된장, 고추장, 춘장, 청국장, 혼합장 등	
11-1 장류	한식메주, 개량메주, 한식간장, 양조간장, 산분해간장, 효소분해간장, 혼합간장, 한식된장, 된장, 고추장, 춘장, 청국장, 혼합장, 기타장류
12. 조미식품_식품을 제조·가공·조리함에 있어 풍미를 돋우기 위한 목적으로 사용되는 것으로 식초, 소스류, 카레, 고춧가루 또는 실고추, 향신료가공품, 식염	
12-1 식초	발효식초, 희석초산
12-2 소스류	소스, 마요네즈, 토마토케첩, 복합조미식품
12-3 카레(커리)	카레(커리)분, 카레(커리)
12-4 고춧가루 또는 실고추	고춧가루, 실고추
12-5 향신료가공품	천연향신료, 향신료조제품
12-6 식염	천일염, 재제소금(재제조소금), 태움·용융소금, 정제소금, 기타소금, 가공소금
13. 절임류 및 조림류_동·식물성 원료에 식염, 식초, 당류 또는 장류를 가하여 절이거나 가열한 것으로 김치류, 절임류, 조림류	
13-1 김치류	김칫속, 김치
13-2 절임류	절임식품, 당절임
13-3 조림류	조림류

14. 주류_곡류, 서류, 과일류 및 전분질원료 등을 주원료로 하여 발효, 증류 등 제조·가공한 발효주, 증류주, 주정 등 주세법에서 규정한 주류	
14-1 탁주	탁주
14-2 약주	약주
14-3 청주	청주
14-4 맥주	맥주
14-5 과실주	과실주
14-6 소주	소주
14-7 위스키	위스키
14-8 브랜디	브랜디
14-9 일반증류주	일반증류주
14-10 리큐르	리큐르
14-11 기타주류	기타주류
14-12 주정	주정

15. 농산가공식품류_농산물을 주원료로 하여 가공한 전분류, 밀가루류, 땅콩 또는 견과류가공품류, 시리얼류, 찐쌀, 효소식품 등을 말한다. 다만, 따로 기준 및 규격이 정하여진 것은 제외	
15-1 전분류	전분, 전분가공품
15-2 밀가루류	밀가루, 영영강화 밀가루
15-3 땅콩 또는 견과류 가공품류	땅콩버터, 땅콩 또는 견과류가공품
15-4 시리얼류	시리얼류
15-5 찐쌀	찐쌀
15-6 효소식품	효소식품
15-7 기타 농산가공품류	과·채가공품, 곡류가공품, 두류가공품, 서류가공품, 기타농산가공품

16. 식육가공품 및 포장육_식육 또는 식육가공품을 주원료로 하여 가공한 햄류, 소시지류, 베이컨류, 건조저장육류, 양념육류, 식육추출가공품, 식육함유가공품, 포장육	
16-1 햄류	햄, 생햄, 프레스햄
16-2 소시지류	소시지, 발효소시지, 혼합소시지
16-3 베이컨류	베이컨류
16-4 건조저장육류	건조저장육류
16-5 양념육류	양념육, 분쇄가공육제품, 갈비가공품, 천연케이싱
16-6 식육추출가공품	식육추출가공품
16-7 식육함유가공품	식육함유가공품
16-8 포장육	포장육

17. **알가공품류**_알 또는 알가공품을 원료로 하여 식품 또는 식품첨가물을 가한 것이거나 이를 가공한 전란액, 난황액, 난백액, 전란분, 난황분, 난백분, 알가열제품, 피단	
17-1 알가공품	전란액, 난황액, 난백액, 전란분, 난황분, 난백분, 알가열제품, 피단
17-2 알함유가공품	알함유가공품
18. 유가공품_원유를 주원료로 하여 가공한 우유류, 가공유류, 산양유, 발효유류, 버터유, 농축유류, 유크림류, 버터류, 치즈류, 분유류, 유청류, 유당, 유단백가수분해식품을 말한다. 다만, 커피고형분 0.5% 이상 함유된 음용을 목적으로 하는 제품은 제외	
18-1 우유류	우유, 환원유
18-2 가공유류	강화우유, 유산균첨가우유, 유당분해우유, 가공유
18-3 산양유	산양유
18-4 발효유류	발효유, 농후발효유, 크림발효유, 농후크림발효유, 발효버터유, 발효유분말
18-5 버터유	버터유
18-6 농축유류	농축우유, 탈지농축우유, 가당연유, 가당탈지연유. 가공연유
18-7 유크림류	유크림, 가공유크림
18-8 버터류	버터, 가공버터, 버터오일
18-9 치즈류	자연치즈, 가공치즈
18-10 분유류	전지분유, 탈지분유, 가당분유, 혼합분유
18-11 유청류	유청, 농축유청, 유청단백분말
18-12 유당	유당
18-13 유단백 가수분해식품	유단백 가수분해식품
19. 수산가공식품류_수산물을 주원료로 분쇄, 건조 등의 공정을 거치거나 이에 식품 또는 식품첨가물을 가하여 제조·가공한 것으로 어육가공품류, 젓갈류, 건포류, 조미김 등	
19-1 어육가공품류	어육살, 연육, 어육반제품, 어묵, 어육소시지, 기타 어육가공품
19-2 젓갈류	젓갈, 양념젓갈, 액젓, 조미액젓
19-3 건포류	조미건포류, 건어포, 기타 건포류
19-4 조미김	조미김
19-5 한천	한천
19-6 기타 수산물가공품	기타 수산물가공품

20. **동물성가공식품류**_「축산물 위생관리법」에서 정하고 있는 가축 이외 동물의 식육, 알 또는 동물성 원료를 주원료로 하여 가공한 기타식육 또는 기타알제품, 곤충가공식품, 자라가공식품, 추출가공식품 등을 말한다. 다만, 따로 기준 및 규격이 정하여진 것은 제외	
20-1 기타식육 또는 기타 알제품	기타식육 또는 기타 알, 기타 동물성가공식품
20-2 곤충가공식품	곤충가공식품
20-3 자라가공식품	자라분말, 자라분말식품, 자라유제품
20-4 추출가공식품	추출가공식품
21. **벌꿀 및 화분가공품류**_꿀벌들이 채집하여 벌집에 저장한 자연물 또는 이를 가공한 것으로 벌꿀류, 로열젤리류, 화분가공식품	
21-1 벌꿀류	벌집꿀, 벌꿀, 사양벌집꿀, 사양벌꿀
21-2 로얄젤리류	로얄젤리, 로얄젤리제품
21-3 화분가공식품	가공화분, 화분함유제품
22. **즉석식품류**_바로 섭취하거나 가열 등 간단한 조리과정을 거쳐 섭취하는 것으로 생식류, 만두, 즉석섭취·편의식품류를 말한다. 다만, 따로 기준 및 규격이 정하여져 있는 것은 제외	
22-1 생식류	생식제품, 생식함유제품
22-2 즉석식품 편의식품류	즉석섭취식품, 신선편의식품, 즉석조리식품
22-3 만두류	만두, 만두피
23. **기타식품류**	
23-1 효모식품	효모식품
23-2 기타가공품	기타가공품

참고문헌

ASCN/AIN Task force on trans fatty acid, position paper on trans fatty acid. Am. J. Clin. Nutr., 63, 663(1996)

Alexander, R.J., Zobel, H.F. Developments in carbohydrate chemistry, American Association of Cereal Chemists, USA(1992)

deMan, H.M. Principles of Food Chemistry, 2nd edition. AVI(1990)

Eliasson, A.C. Carbohydrates in Food, Marcel Dekker, Inc., USA(1996)

Styer, L. Biochemistry, W.H. Freeman and Company, USA(1981)

강인수, 김동희, 김정숙, 성태수, 신해헌, 조득문, 조효현. 현대 식품화학, 지구문화사(2005)

김광수, 김순동, 서권일, 신승렬, 윤광섭, 조영수. 식품화학, 학문사(2000)

김동훈. 식용유지의 산패, 고려대학교 출판부(1994)

김동훈. 식품화학개론, 수학사(1999)

김일성, 이광원, 이재철, 정동욱. 영양과 건강, 신광문화사(2005)

김일성, 주동식, 김동수, 김종대. 식품과 건강, 신광문화사(2004)

김혜영, 김미리, 고봉경. 식품품질평가, 도서출판 효일(2004)

남궁석, 심창환, 전호남, 조소현, 허남윤. 식품학총론, 진로연구사(2002)

남궁석. 도해식품학, 광문각(2001)

문범수, 이갑상. 식품재료학, 수학사(2000)

문범수. 식품첨가물. 수학사(1999)

변유량 외. 현대 식품공학, 지구문화사(2002)

서제원, 홍석환, 이홍경. 호텔 · 외식산업에 필요한 기초 식품학. 한올출판사(2004)

송채철. 식품재료학, 교문사(2000)

송태희, 최웅, 최희숙, 금종화, 신두호, 하상철. 식품화학, 도서출판 효일(2004)

심창환, 권경순, 김영희, 문숙희, 오성찬, 국승욱. 최신 식품학, 도서출판 효일(2003)

안승요. 식품화학, 교문사(2002)

이성우, 김광수, 김순동. 식품학, 수학사(1999)

이장순, 박우포, 김효선. 식품학, 도서출판 효일(2002)

임병우, 강순아, 정세영, 주향란, 조봉금, 장경원, 야마다고우지, 박동기. 건강기능성 식품학, 도서출판 효일(2004)

장현기, 남궁석. 식품학개론, 유림문화사(2000)

정동효, 심상국, 노봉수, 황재관, 김철호. 식이섬유의 과학, 신광문화사(2004)

조신호, 조경련, 강명수, 송미란, 주난영. 식품학, 교문사(2002)

조형용, 신해헌, 김영숙, 최동원. 식품분석실험, 광문각(2004)

채수규, 김수희, 신두호, 오현근, 이송주, 장명호, 최웅. 표준 식품화학, 도서출판 효일(2000)

최홍식, 여경목. 식품품질관리학, 신광출판사(2003)

한명규. 최신 식품학, 형설출판사(2003)

홍진숙, 박혜원, 박란숙, 명춘옥, 신미혜, 최은정, 정혜정. 식품재료학, 교문사(2005)

국가법령정보센터(http://www.law.go.kr)

식품안전나라(http://foodsafetykorea.go.kr)

식품의약품안전처(www.mfds.go.kr)

http://www.bio.miami.edu/~cmallery/150/chemistry/

찾아보기

ㄱ

가공식품 011
가공유지 118
가수분해적 산패 144
가수분해효소 236
가열산화 152
가용성 전분 070
갈락토오스 050
갈락토올리고당 061
감미료 015
강글리오시드 124
거울상 이성질체 040
건성유 118
겔 형성 능력 076
겔 327
결합수 026
경쟁적 저해 244
경화 113
고급지방산 107
고리구조 044
고형분 012
공유결합 023
과당 049
과산화물 함량 측정법 154
과산화물가 154
구상 단백질 177
구성성분 012
구아 고무 080
그리스어 접두사 038
글리코겐 072
기하 이성체 112

ㄴ

나선구조 066
난백장애 228
노화 097
노화 억제방법 098
뉴톤성 유체 331

ㄷ

다당류 038
다량 무기질 198
다분자층 수분 030
다중불포화지방산 109
단당류 038, 047
단백가 166
단백질 변성 189
단백질 질소계수 160
단백질의 구조 179
단백질의 1차 구조 179
단분자층 수분 030
단순 글리세리드 117
단순다당류 063
단순지질 105
단일불포화지방산 109
당산 051
당알코올 051
당의 환원성 046
당지질 120, 123
덱스트란 084
덱스트린 070
동물성 스테롤 128
동질이상현상 133
등온흡습곡선 028

등전점 170, 189
디라탄트 유체 334

ㄹ

라울의 법칙 028
라이헤르트-마이슬가 139
레시틴 121
로단가 138
로커스트콩 고무 080
리그닌 075

ㅁ

만노오스 051
말토올리고당 060
맥아당 055
모세관수 030
무기질 196
무기질 밸런스 198
무기질의 변화 208
무코다당류 085
미각 프리즘 294
미량 무기질 198
미맹물질 297

ㅂ

반건성유 118
발색단 253
발연점 136
방향족 아미노산 164
배당체 054
배위수 025
베타카로틴 131
변광회전 044
보결분자단 174
보존료 014
복합다당류 074
복합단백질 174
복합지질 105
분산계 326
분산매 326
분산질 326
분해효소 240
불건성유 118
불포화지방산 109
비경쟁적 저해 244
비누화가 137
비누화될 수 없는 지방질 106
비누화될 수 있는 지방질 106
비대칭 040
비대칭 탄소원자 040
비중 135
비타민 210
비타민 A 214
비타민 D 216
비효소적 갈변반응 284
빙햄성 유체 332
빵제품의 노화 097

ㅅ

산가 138
산도 200
산성 식품 200
산성 아미노산 163
산패 144
산화방지제 014
산화에 의한 산패 144
산화환원효소 240
삼자극치 275
상대습도 028
색소원 254
색체계 275
설탕 057
섬유상 단백질 177
세레브로시드 123
세팔린 120, 122
셀룰로오스 071
쇼트 융점 135
쇼트닝 141
쇼트닝의 기능성 141
수분 012

수분활성도 027
수크랄로스 016, 300
스쿠알렌 131
스테롤 128
스핑고미엘린 122
시스 구조 112
식물성 스테롤 128
식용색소 015
식품 010
식품공전 013
식품위생법 013
식품첨가물 014
식품첨가물공전 014
식품화학 010
신속 겔 형성 펙틴 077
쌍극자 모멘트 024

ㅇ

아라비아 고무 079
아미노당 051
아밀로오스 065
아밀로펙틴 065, 067
아세설팜칼륨 299
아질산나트륨 015
아질산염 273
알돈산 051
알칼리도 200
알칼리성 식품 200
액상과당 050
양성화합물 169
연결효소 240
연소점 136
연화점 135
열량성분 012
염기성 아미노산 164
염석 효과 188
염용 효과 187
영양강화제 016
영양소 010
올리고당 038
왁스 119
완속 겔 형성 펙틴 077
요오드가 138
우론산 051
우선성 042
위치 이성체 112
유당 054, 056
유당불내증 057
유도기간 145
유도단백질 176
유도지질 105, 127
유리지방산가 138
유지의 가소성 134
유지의 가열산화 152
유지의 변향 153
유화 140
유화제 016, 119
응고제 016
의가소성 유체 332
의자형 구조 046
이눌린 070
이당류 038, 054
이성화효소 240
인공감미료 016
인공색소 015
인지질 120
인화점 136
입체이성체 040

ㅈ

자동산화 145
자유수 026
잔탄 고무 084
저급지방산 107
전달효소 240
전분 063
전화 057
전화당 057
제한 수분활성도 032
조단백질 160
조색단 253
조절성분 012

조효소 210, 237
졸 327
좌선성 042
중성 아미노산 163
중성지방 117
중합도 062
증점안정제 017
지단백질 126
지방산 106
지방족 아미노산 163
지방족 탄화수소 131
지용성 비타민 214
지질 104
진용액 326

ㅊ
착색료 015
착향료 015
천연유지 118
층밀림속도 331

ㅋ
카라기난 083
카라야 고무 079
카일로마이크론 126
캐러멜화 100, 291
캐러멜화 반응 291
컬러푸드 279
콜레스테롤 128
클로로필의 변화 257
키틴 074
킬슈너가 139

ㅌ
탄수화물 036
탄화수소 131
테르페노이드 지질 106
트래거캔스 고무 080
트랜스 구조 112
티오당 051

ㅍ
팽창제 016
퍼셀라란 084
펙틴 075
펙틴 물질 075
펙틴의 등급 077
포도당 049
포접화합물 066
포화지방산 107
폴렌스키가 139
프락토올리고당 061
필수아미노산 166
필수지방산 110

ㅎ
한천 081
함황(含黃) 아미노산 164
항산화제 155
항안구 건조성 알코올 215
향미증진제 015
헤너가 139
헤미셀룰로오스 075
헥사브로마이드가 139
호정화 098
호화 092
혼탁점 137
혼합 글리세리드 117
환상 아미노산 165
활동점 135
활성화에너지 236
황산콘드로이틴 086
효소의 기질 특이성 237
효소의 분류 240
효소의 최적온도 242
효소저해 244
효소적 갈변 284
효소 236
히스테리시스 030
히알루론산 085

기타

高 methoxyl pectin(HMP) 077
低 methoxyl pectin(LMP) 077
2차 구조 180
2,4-DNPH 법 155
3당류 039
3차 구조 183
4원미(4原味) 294
4차 구조 185
5탄당 047
6탄당 049
α-전분 094
α-amylase 090
α-helix 구조 181
β-구조 181
β-전분 094
β-amylase 090
β-cellobiose 071
β-galactosidase 056
γ-linolenic acid 116
κ-casein 194
ω-계열 지방산 115
ω-3 계열 지방산 115
ω-6 계열 지방산 116
ω-9 계열 지방산 116
amadori 전위 288
ascorbic acid 산화 292
CIE 색체계 275
cis 구조 112
furanose형 045
Haworth의 투시식 044
Hunter의 색체계 277
kjeldahl법 160
Maillard 반응 100
O/W형 140
pyranose형 045
rapid setting펙틴 077
slow settling펙틴 077
Strecker 반응 290
TBA가 155
trans 구조 112
V 도형 093
W/O형 140
X-선 회절도 094

A

achromodextrin 070
activation energy 236
aglycon 054
aldose 038
amygdalin 054
amylodextrin 070
antivitamin 211
apoenzyme 237
avitaminosis 211
axerophtol 214

B

bifidus factor 057

C

capillary water 030
caramelization 291
carrageenan 083
chitin 074
chromogen 254
coenzyme 210, 237
competitive inhibition 244
cyclodextrin 060

D

DE 077
dextran 084
dextrorotatory 042
diastase 091
DM 077
D-ribose 048

E
enzyme 241
erythrodextrin 070

F
four primary taste 294
free radical 145
fructose, fruit sugar 049

G
galactose 050
gel 327
genin 054
Glucoamylase 091
glycogen 072

H
Hexose 049
HDL 126
HMF 099
holoenzyme 237
hysterisis 030

I
induction period 145
inhibition 244
inversion 057
invert sugar 057
invertase 057

k
ketose 038

L
lactase 056
lactose intolerance 057
L-arabinose 047
LDL 126
levorotatory 042
lipase 151
lipohydroperoxidase 151
lipoxidase 151
L-rhamnose 048

M
maltase 055
maltodextrin 070
mannose 051
mask 305
mineral balance 198
monomolecular layer 030
multimolecular layer 030
mutarotation 044

N
Naringin 054
non-competitive inhibition 244

O
off-flavor 305
oxi-LDL 127

P
pectase 100
pectic acid 076
pectin 075
pectinase 100
pectinic acid 075
pentose 047
phytosterol 129
polyphenol oxidase 284, 285
prism 294
protein score 166
protopectin 076

protopectinase 100
provitamin 211

Q
quinone 285

R
racemic mixture 043
rancidity 144
rennin 198
retinol 214
ring structure 044

S
salting in 187
salting out 187
shortening 141
Sinigrin 054
sol 327
Solanine 054

T
texturometer 335
Trehalose 058
triglyceride 117
tristimulus value 275
true solution 326
Tyrosinase 284

V
vitamer 210
vitamin 212
VLDL 126

Z
zoosterol 128

저자소개

신해헌

- 연세대학교 식품공학과
- 연세대학교 식품생물공학과(Ph.D)
- Univ. of Illinois at Urbana-Champaign(UIUC), visiting scholar
- 백석문화대학교 외식산업학부 교수

식품학

2019년 3월 4일 초판 인쇄
2019년 3월 6일 초판 발행

지 은 이 • 신 해 헌
발 행 인 • 김 홍 용
펴 낸 곳 • 도서출판 효 일
디 자 인 • SDM(에스디엠)
주 소 • 서울특별시 동대문구 용두동 102-201
전 화 • 02) 928-6643
팩 스 • 02) 927-7703
홈페이지 • www.hyoilbooks.com
E-mail • hyoilbooks@hyoilbooks.com
등 록 • 1987년 11월 18일 제6-0045호

값 25,000원

ISBN 978-89-8489-475-4